원예번식학

대표저자

박 권 우

선진문화사

집 필 진

박 권 우 고려대학교 명예교수
강 호 민 강원대학교 교수
구 양 규 원광대학교 교수
안 율 균 한국농수산대학 교수
윤 태 명 경북대학교 교수
이 긍 주 충남대학교 교수
이 상 현 전남대학교 교수
이 온 유 세종대학교 교수
조 영 열 제주대학교 교수

머리말

지난 20년간 한국의 원예산업은 많이 발전하였다. 원예산업의 총생산이 작물생산을 추월했고 채소종자 시장은 식량작물의 2배에 달하고 있으며 채소 종자산업은 정부의 gold seed project를 계기로 새로운 도약을 하고 있다. 또한 1990년대에 시작한 플러그묘 산업은 국내 필요한 엽채류나 과채류묘의 대부분을 생산하고 접목묘는 일본에 수출까지 한다. 과수 묘목 생산도 그동안 사과, 배, 복숭아 등이 주축이었으나 최근에는 다양한 열대과수가 재배되면서 번식산업이 확대되고 있다. 다만 한국의 화훼산업은 2005년 이후부터 주춤한 상태나 앞으로 소비증대와 함께 번식산업도 발전하리라 본다.

이와같은 원예산업의 발전의 근간에는 국내 종자 및 번식산업이 크게 기여하고 지난 40년간 원예번식학 서적도 번식기술보급에 농가나 후학들에게 많은 영향을 주었다고 자부한다.

국내에서 원예번식학을 처음 발간한 분은 1980년 필자의 선고이신 순천대 박병호교수였다. 그 후 1985년 국내 농학분야에서는 처음으로 부자간에 공저로 원예번식학 개정판을 저술하였다. 선친께서 소천 후에 1999년 이창후교수님 이하 여러분과 3판을 개정하여 발간했으며, 지난 20년간 원예산업 분야의 눈부신 발전을 바탕으로 4판을 집필하게 되었다.

이번에는 개화, 발근, 접목생리를 보완하고 무, 배추, 고추 등 채소의 채종재배를 첨부하여 종묘생산 분야와 원예영양번식 분야의 새로운 지식 제고에 도움이 되게 하였다. 그러나 제한된 지면에 내용이 부족한 부분은 지속적으로 보완하려고 한다.

개정 4판을 집필하는데 참여하신 교수님들, 자료를 제공해주신 이창후교수님, 그림자료를 주신 정희돈교수님, 박한영교수님, 유성오교수님, 문형수박사, 월드비전 자문위원 이광식박사, 코레곤종묘 양동휜 회장, 농협종묘 양만성박사, 끝으로 원고를 정리해준 강원대 강호민교수 실험실 여러분께 감사를 드립니다. 농학전문 서적의 발간이 어려운 시점에서 발행을 협조해주신 선진문화사 양희돌 대표님께 진심으로 고마움을 표합니다.

앞으로 새로운 번식 지식을 보완하여 5판이 발간되어 이 분야의 학문과 산업발전에 지속적으로 기여하기를 집필진 일동은 희망합니다.

저자대표 박권우

〈초판〉 머리말

원예의 발전과 그 이용은 한 나라의 자연과학 발전의 척도라고 볼 수 있으며, 이는 인류문명의 첨단적인 산업이라 할 수 있다. 원예의 발전은 번식의 이론과 기술로부터 출발되었으며, 여러가지 식물의 번식기술 또한 원예번식으로부터 발전되었다.

종자에 의한 유성번식은 수많은 품종개량을 가져왔고, 대소립의 각종 종자번식으로부터 미세한 란류의 무균배양에 이르기까지 다양한 기술을 요하게 되었으며 무성번식은 삽목, 접목으로부터 조직배양 등 각종 식물번식의 근간을 이루어왔는바, 이는 모두 원예번식 기술의 발전에 기인한 것이다.

오늘날 원예작물이 국민 생활에 미치는 영향은 식생활과 영양 면에서나 국민 정서 순화 면과 농가 경제향상 면에서 다른 작물이 따를 수가 없을 만큼 그 비중은 막중하며, 또한 여러 가지의 번식산업은 상품 생산적 경영형태로 발전하여 가업화되어 가고 있다. 원예번식의 이론과 기술 면에서 발전을 보게 된 것은 식물의 육종학, 생리 생태학 등과 관련된 학문의 발전에 힘입은 바 크며, 또한 다양한 환경조절 및 생산 자재를 활용하여 우량한 품종육성과 묘목번식이 원예산업을 발전시키는 데 크게 이바지하였다고 보여진다.

예부터 농학의 성패는 육묘에 있고, 육묘 반타작이라는 말이 구전되어왔다. 이는 번식, 즉 육묘가 차지하는 비중이 매우 크다는 것을 말하는 것이며, 번식기술의 우열이 농업 경영의 성패를 가름한다는 뜻이기도 하다.

본서는 원예산업의 발전과 기업화의 기간이 되는 각종 원예번식에 대하여 번식의 기초이론과 최신기술을 밝혔으며, 원예식물을 번식하고자 하는 농민이나 취미가 그리고 대학생들에게 이해와 습득이 용이하게 엮었으며 독자에게 다소라도 도움이 되었으면 하는 기대를 가져본다.

1980년 2월

著者 朴秉昊

차 례

제1장 총론

제2장 종자번식

제3장 영양번식

제1장

총 론

1.1 원예번식학의 정의와 중요성

원예는 농학의 한 분야로 17세기부터 용어를 사용해 왔다. 원예(horticulture)는 성곽 안(hort: hof)에서 재배(culture)하는 텃밭 식물인 채소, 과수, 화훼식물이 대상이 되고 농학(agriculture)은 성곽 밖(agri)에서 재배하는 밀, 보리 등 일반 식량 작물이 대상이 된다. 원예번식학(horticultural propagation)은 식물번식학(plant propagation)의 한 분야로서 원예의 범주에 속하는 채소, 과수, 화훼식물의 번식을 다루기 위하여 원예식물의 생육과 개화 생리, 육종의 기초와 채종, 종자번식과 무성번식, 번식 관련 시설과 재료 등 원예식물 번식에 관련된 모든 분야의 이론과 실제를 다루는 학문이다.

원예번식학이 새로운 산업으로 눈부시게 발전하는데는 다음과 같은 몇 가지 중요한 요인이 있다.

첫째, 고품질 원예식물 종자의 가치는 매년 상승한다. 고품질 토마토, 파프리카의 씨앗 가격은 동량의 골드바(gold ware)와 같은 정도로 가치가 창출되는 산업이다. 따라서 외국의 종묘산업체는 좋은 종자를 생산하여 판매하려고 부단한 노력을 한다. 국내에서도 골드씨드 프로젝트(gold seed project)라는 국가적인 고품질 채소종자 육성 산업을 지원하고 있으며 개인 종묘회사도 많은 노력을 하고 있다. 이는 종자의 부가가치가 높기 때문이다.

둘째, 원예작물 번식산업은 작물생산과 분리되었다. 과거 6~70년대 만 해도 농가에서는 상추, 파, 쑥갓, 시금치, 호박 등은 자가채종(自家採種)하였으나 최근에는 자가채종이 거의 이루어지지 않고 종자를 구입하여 사용한다. 고추, 배추 등 주요 김장채소도 자가 육묘하였으나 90년대 초 플러그를 이용하는 공정육묘시스템이 도입된 후에는 육묘산업체와 생산농가가 구분되어서 묘를 생산하여 공급하여 자가육묘는 많이 감소하였다. 초본 화훼류도 플러그묘가 대세이며 과수 묘목이나 딸기도 묘생산자와 생산농가가 구분되어있다.

셋째, 원예식물의 다양화는 새로운 번식체계를 구축하였다. 지구의 온난화에 따라 국내에서도 아열대 및 열대작물의 재배 가능성이 증가함에 따라 많은 외래식물의 수입이 이루어져 번식되어 재배되고 있다. 특히 한국은 90년대 이후 여행 자율화로 관심 농가가 해외를 방문하여 새로운 작물을 수입하여 재배 판매하게 되었다. 최근에는 인터넷을 통하여 전 세계에서 직접 구입하여 통관과 신고 절차를 받아서 재배하게 되어 식물의 번식도 과거보다 다양화되었다.

넷째, 번식 관련 재료나 기기가 급속하게 발전하여 묘의 대량생산이 가능하게 되었다. 과거 제한적이었던 육묘 상토의 세분화, 작물 파종기 개발, 공정육묘 시스템의 발전, 종자가공 및 포장기 등의 자동화가 이루어져서 종묘의 대량생산을 가능케 하였다.

끝으로 한국의 육종기술이 세계적으로 인정되어서 종자 수출을 증대시키고 있다. 한국의 무, 배추, 고추의 육종은 세계적인 수준에 달하여 종자 수출에 공헌하고 있으며 정부에서도 채소 종자 생산기술의 제고와 수출진작을 위하여 많은 지원을 하는 것이 원예 번식기술을 도약하게 하였다.

이상과 같은 발전적인 요인과 함께 국민생활 수준의 향상에 따른 고기능성 원예식물 수요증가는 새로운 작물에 많은 관심이 증대되는 추세이다. 따라서 수입 재배되는 작물의 번식기술 확립과 묘의 대량 공급의 요구가 증대하여 그 어느 때보다 원예번식학의 중요성이 커지고 있다.

원예번식을 잘하기 위하여서는 다음 세 가지 점에서 충분한 지식이 필요하다.

첫째, 식물의 다양성에 비추어 식물의 생장, 발달, 그리고 형태학 등에 대한 기초 지식의 습득이 필요하다. 따라서 원예학 전반의 기초 지식이 요구된다. 이것은 곧 번식과학(science of propagation)에 대한 지식이 필요하다는 것을 의미한다.

둘째, 번식에 관련한 전문적 기술의 습득이다. 우리가 아무리 과수류의 접목이론을 배워도 실제 접목을 할 수 없거나, 조직배양의 이론이 있어도 조직배양의 기초가 되는 배지 만들기나 기내번식 기술이 확립되지 않으면 곤란하다. 따라서 고도의 번식기술(art of propagation)이 있어야 한다.

셋째, 다양한 식물(kinds of plant)을 알고 그들 각각의 번식방법을 확실히 알아야 한다. 그러기 위해서는 보다 많은 동서양의 원예식물을 접하고 각각 식물의 특성과 번식방법을 정확히 알아서 이에 대처해야 한다.

이상의 세 가지 점에 대한 깊이 있는 지식의 축적을 이루어야만 원예식물 번식을 제대로 할 수 있으며 산업화하더라도 경영의 합리화를 기할 수 있다.

그러면 원예 번식산업의 급속한 발전과 함께 원예번식 산업에 종사하려고 이 분야를 연구하는 사람들이 참여할 수 있는 기구나 단체는 어떤 것이 있을까?

이는 한 국가에 있어 국민의 생활 수준, 학문적인 수준 그리고 시장의 잠재력 등에 따라 다르지만 〈표 1-1〉에서 같이 구분할 수 있다.

표 1-1 원예 번식산업에 있어 구분과 내용

산업 구분	내 용
가정원예 산업	최근 증대하는 도시 및 가정원예가들의 번식, 생산 및 관련 산업
공정육묘 산업	채소묘, 초본 및 화훼묘, 왜성대목 등의 대량 생산
원예종자 산업	채소, 화훼 고품질 종자 생산회사, 등록종자 생산농가
상업적 원예산업	분화식물, 관엽식물 생산자, 과수묘목 생산자(대목, 묘목) 조림용 묘목 생산자(관광농원용 묘목, 조원용, 조경용 수목 생산)
조직배양묘 산업	상업적 각종 조직배양묘 생산(무병묘, 대량증식, 육종재료) 연구기관에서의 묘생산(개인 또는 공공단체 묘생산)
유전자은행 및 비영리단체	유전자 유지를 위한 통상적 번식, 국가 및 개인식물원 번식업무

위에서 언급한 세 가지 기본지식과 함께 가정원예에서는 간단한 종자나 영양번식 기술이 필요하지만, 공정육묘는 종묘의 기계적인 대량 생산, 원예종자 산업은 채소나 화훼의 육종을 통한 고품질 종자 생산, 상업적인 생산에서는 분화 및 조림식물의 생산, 조직배양산업은 조직배양에 대한 확실한 기술이 요구된다. 근래 종자은행이나 식물원 등에서는 제한적이지만 유전자 유지용 번식이나 식물원 자체 이용 식물을 생산하는 시스템을 가지고 있다.

'육묘가 반농사'라는 말이 있다. 영농의 성공을 좌우하는 원예번식에 대한 지식은 실제 재배에서 가장 중요한 분야이다.

1.2 원예식물 번식의 역사

식물번식은 인간이 어느 일정한 장소에 정착하면서 그들의 생명을 유지하기 위해 안정적인 식량 확보 차원에서 가장 근본적으로 이루어진 행위였다. 이와 같은 행위는 농업발전과 함께 이루어졌기 때문에 그 역사는 지금부터 수 만 년 전부터라고 생각이 된다. 근대 육종의 발달 전에 오랜 세월 동안 식물의 개량은 나름대로 인간의 손에 의해 이루어졌다. 그 발전과정을 보면 크게 다음 세 가지로 정리할 수 있다.

첫째, 몇 가지 식물은 야생식물로부터 직접 선발됐다고 본다. 그러나 인간의 손에 의해 야생 상태보다 다소 진보된 상태로 발전됐다. 예컨대 리마 빈(Lima bean), 토마토, 보리, 그리고 벼가 여기에 해당이 된다.

둘째, 다른 종류는 야생종들의 교잡종에서 나타난 식물의 선발이다. 이들은 염색체 수의 변화를 가져왔으며 대체로 단순야생종이 없다. 예를 들어 옥수수, 밀, 담배, 그리고 딸기류 등이 여기에 속한다.

셋째, 드물게 나타나는 자연돌연변이 계통의 선발이다. 그들은 원산지 환경에 잘 적응하지 못한 점이 있으나 인간에게 아주 유익했다. 이들에 해당되는 식물은 양배추, 브로콜리, 그리고 방울다다기양배추(Brussels sprout) 등이다.

이상의 세 가지 식물의 기본번식 과정에서 일반 식용작물과 함께 원예식물의 번식도 이루어졌다고 본다. 따라서 원예식물 번식의 역사에 대해 지금까지 깊이 연구된 바는 없으나, 위에서 언급했듯이 국내 또는 외국의 작물 번식 또는 재배 역사를 통해 간접적으로 추정할 수 있다고 생각된다.

이와 같은 견지에서 국내 또는 국외의 식물 재배 역사를 통해 원예식물 번식의 지난 발자취를 알아보기로 한다.

1.2.1 국내

국내에서는 학문적으로는 1960년대에 원예학이 농학으로부터 분리되어 역사가 짧은 만큼 원예작물 번식의 역사를 일반작물에서 분리시켜서 살펴볼 수는 없다. 따라서 농경문화의 변천과 함께 살펴보기로 한다.

한국의 농경문화(農耕文化)는 기원전 3000년경에 이루어졌으며, 그 당시는 주로 원시적인 곡물을 재배했으리라 추측된다. 그러나 이 시기는 원예작물을 가꾼 것이 아니고 자연에서 채취하여 이용했으리라 추측될 뿐 번식에 대한 특별한 지식은 없었으리라 본다.

고조선(古朝鮮)과 부족국가시대(部族國家時代)에 들어 당시의 중국 문헌을 통해 중국에는 원예전문가가가 있었다는 기록이 있어 국내에도 상당한 원예기술이 존재했으리라 믿는다. 즉 B.C. 5~6 세기에는 아욱, 미나리, 순무, 박, 외, 무, 마늘, 파, 우엉, 죽순 등 채소류와 밤, 대추, 복숭아, 오얏, 뽕나무, 잣, 등 과수류가 중국에서 가꾸어진 것으로 보아 국내에서도 기록에는 찾을 수 없으나, 몇 종류는 가꾸어졌을 가능성이 있다. 그러나 당시의 번식기록은 나무 열매를 장대 등으로 따기, 이들의 보관, 저장, 그리고 거기서 나온 씨를 뿌리는 등 극히 기본적인 번식법으로 이루어졌었다. 반면에 당시 중국의 정사를 기록한 한서(漢書, B.C. 206~

A.D. 5: 前漢時代)를 보면, 온돌에서 채소를 길렀다는 기록이 있는데 이들의 영향을 받아 국내에서도 우리가 추측한 이상의 작물 번식이 이루어졌을 가능성을 배제할 수도 없다.

삼국 및 통일신라 시대에는 보다 많은 원예작물이 가꾸어졌는데, 문헌상으로 인정할 수 있는 것은 박(三國史記), 상추, 오이, 참외(高句麗, 海東釋史), 가지, 쥐참외(新羅, 海東釋史), 마늘(新羅, 三國遺史), 마(百濟, 三國遺史), 모과(高句麗, 外臺秘要方), 감귤(耽羅, 三國史記), 산복숭아, 은행(三國遺史), 복숭아(慶州 古墳出土), 오얏, 배(발해, 新唐書) 등이다. 이들이 기록상에 나타난 만큼 재배기술뿐만 아니라 번식도 어느 정도 수행되었을 것이다. 즉 신라에서는 원전(園田)이라는 관원(官園)을 두어 왕실의 공용채소나 과실을 생산하고 관리하였으며, 관원에서는 원전의 책임자로 하여금 농노(農奴)나 그들의 자녀에게 원예기술 교육을 실시했다고 한다. 이때 육묘, 이식법(移植法), 삽목(揷木), 취목(取木, 휘묻이), 분주(分株, 포기나누기), 전정(剪定) 등 번식기술을 교육하였다.

고려시대는 권농정책(勸農政策)에 힘입어 보다 많은 채소류와 과수류 및 화훼류가 재배되었으며, 그에 따라 번식법도 발전하였으리라 본다. 이 시기에 참외재배(肅宗 2년, 1104년)가 번창했다고 기록되고 있어 참외의 채종재배가 이루어졌을 것이다. 아울러 동국이상국집(東國李相國集, 1168~1241)에는 외, 가지, 순무, 파, 아욱, 박에 관련된 시를 읊은 가포육영(家圃六詠)이 실려 있는데, 이로 미루어 이들 작물의 채종재배가 가능했음을 보여준다. 당시에 출토된 많은 고려청자(제작년도 1159년 이전) 그림에는 연(蓮)당초, 모란당초, 국당초, 포도동자문 등이 나타나고 있어, 연, 모란, 국화, 포도 등의 이용이 상당한 수준에 있었음을 알 수 있다. 한편 고려 후기의 향약구급방(鄕藥救急方, 1236)에는 송(菘, 배추)의 기록이 나타나 이때부터 우리가 즐기는 배추(불결구종, 不結球種)의 채종재배가 이루어졌으리라 추측된다. 고려사(高麗史)에서 과수류로는 밤나무, 잣나무, 배나무, 대추나무 등을 가꾸도록 권장했다는 기록과 모란(牧丹), 산채(山菜), 서양화, 포도(葡萄) 등 포함한 여러 꽃이 충숙왕(1314~1339)때 이미 도입하여 재배되었다는 기록을 통해 번식기술의 발전을 유추해볼 수 있다.

조선시대에는 원예식물의 번식과 재식에 많은 관심을 가졌는데, 이는 이태조(李太祖)가 장원서(掌苑署, 高宗 19년 폐지)라는 부서를 설치하여 화훼류와 정원수목의 식재, 접목의 지도, 감독 등을 맡게 했기 때문이다. 또한 세종(世宗)은 국내 현존하는 최고의 농서(農書)인 농사직설(農事直說)을 정초(鄭招)로 하여금 1429년 편찬케 했는데 여기에는 벼의 이앙재배를 포함하여 종자처리와 저장, 삼, 기장, 조, 수수, 피, 콩, 팥, 보리, 밀, 참깨 등의 재배법이 수록되어있다(그림 1-1, 좌). 강희안(姜希顔)은 원예작물의 재배 및 번식을 위한 최초의 서적인 양화소록(養花小錄)이라는 책을 편찬하여 원예발달에 크게 공헌하였다.

신사임당(1504~1551)의 초충도(草蟲圖)에는 가지, 수박, 오이 등 채소류와 양귀비, 맨드라

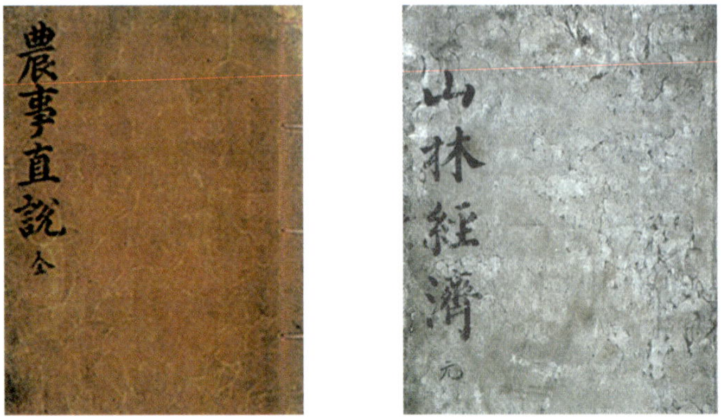

그림 1-1 농사직설(정초, 1429)과 산림경제(홍만선, 숙종연간)(출처:한국민족문화 대백과사전)

미, 원추리가 나타나는 것으로 미루어서 이들 작물이 채종되어서 일반적으로 재배된 것으로 추측이 된다. 조선시대 중기에 있어서 원예재배 및 번식기술은 상당한 수준에 달해 홍만선(洪萬選, 1664~1715)의 산림경제(山林經濟)라는 책에서는 작물의 종류, 품종, 재배방법 등에 대해 다양하고 조직적인 기록이 나타나고 있다(그림 1-1, 우). 그러나 조선 말기에 어두운 시대가 오면서 원예기술은 다소 쇠퇴했으나, 이 시기에 외세가 들어오면서 양상은 다소 달라졌다. 즉, 미국, 영국, 캐나다인들과 일본인들을 통해 새로운 서양사과, 복숭아류, 서양배 종류 등이 소개되고, 이들의 조직적인 번식기술이 도입되었기 때문이다.

우리나라 최초의 권업모범장이 1905년 뚝섬에 세워지면서 원예발전은 적극성을 보였으며, 그 후 1910년 한일합방 이후부터 1945년 해방이 될 때까지 일본인들에 의해 원예번식기술은 급속히 발전하게 되었다. 그러나 해방 후 일본인들의 철수와 6.25 같은 격변기 등으로 우리나라 국민이 가장 많이 이용하는 채소류의 자가 채종의 어려움을 겪다가, 우장춘(禹長春)박사의 환국을 계기로 채소종자의 자급터전이 이루어졌으며, 이를 바탕으로 원예시험장이 주축이 되어 개인종묘상과 함께 많은 노력으로 오늘날과 같은 채소종자 산업을 구축하였다. 특히 1970년대 무, 배추의 자가불화합성과 웅성불임성을 이용한 일대 잡종 종자육성 기술 확립은 한국의 채소종자 생산기술을 획기적으로 발전시키는 계기가 되었다.

이와 같은 기술체계의 발달에 따라 배추과 채소의 채종기술은 70년대 이미 세계적 수준에 다다랐다. 1990년대 들어서는 국내 인건비가 상승하면서 국내 채종보다는 해외 채종이 많이 이루어지게 되었으며 특히 과채류의 채종은 중국 등 해외에서 실시되었다. 그러나 90년대 개방화 시대와 IMF체제로 인하여 많은 외국종자가 자유롭게 거래되고 외국회사에 의한 국내 종묘회사의 합병, 인수 등이 이루어져 어느 때보다 채소종자의 생산은 어려운 시대를 맞이하였다. 2000년대에는 경쟁력 있는 종자생산은 명맥을 유지하나, 경쟁력이 없는 분야는 외국산 종자가 상당히 우위를 점유하고 있다. 따라서 정부에서는 2010년 들어 골드씨드 프로젝트(gold seed projects)를 운영하면서 주요 채소류의 자급화와 종자 수출에 박차를 기하고 있다. 이런 와중에 최근 딸기의 신품종육성을 통한 자국 품종 재배의 획기적인 증대로 로열티를 감소시키면서 딸기묘의 대량생산 기술체계를 확립하였다. 아울러 고추 탄저병 저항성 품종의 육성 등 내병성 품종의 육성과 플러그묘 생산을 통한 고추재배 기술확립은 한국의 고추육종 및 번식체계의 표준화에 기여하였다.

영양번식 기술은 기록적인 측면에서 부족하며 권업모범장이 설치된 이후, 그리고 일본인들에 의하여 전국에 설치된 농업학교에서 삽목, 접목에 대한 기술교육이 이루어졌다고 본다. 본격적인 과수, 화훼의 번식은 원예시험장이 설치된 후에 많은 분들의 노력에 의하여 이루어졌다고 본다.

1.2.2 국외

서양의 번식역사는 원시시대, 그리스 및 로마시대, 중세시대, 근세시대로 나누어 살펴보고 동양의 역사도 간단히 언급한다.

1) 원시와 파라오시대

한반도 문화보다 그 역사적인 발생 연한이 앞서는 세계 4대 문명의 발생지에서는 이미 B.C. 10000~7000년부터 원시인들에 의해 자연에서 식물의 채취가 이루어져 왔다. 그와 같은 인류 문명의 발전과 함께 신대륙에서는 B.C. 7000년경에 호박이나 고추를 이용했으며, 중앙아메리카에서는 마야인들이 옥수수를 B.C. 2500년경에 식용하였음을 옛 주거지에서 탄화(炭化)된 알곡류를 통해 알 수 있었다. 그들은 옥수수 신(神)을 숭상했다.

그림 1-2 피라미드 벽에 나타난 양파 먹는 모습(루브르박물관, 저자 원도)

이집트의 벽화(B.C. 3200~3000)에서도 보리나 밀의 그림을 발견할 수 있으며, 이 시기에 이집트인들은 ceder와 juniper 등을 멀리 시리아나 소아시아에서 이집트에 옮겨 심을 정도의 기술을 가지고 있었다고 한다. 또한 기록상으로 피라미드를 만들 때 양파와 무를 먹었다는 것이 벽화 등에 나타나, 이들 작물의 번식도 이미 상당한 수준에 있었다고 본다(그림 1-2).

Crete의 왕(B.C. 1800년 경)이 살던 곳에서는 보리, 올리브, 무화과, 루피너스, 크로커스, 백합, 수선, 장미 등의 그림이 발견된 것으로 미루어 보아 이 시기를 전후하여 지중해 연안에서 원예식물의 번식이 많이 이루어졌음을 알 수 있다.

이와 같은 여러 상황으로 미루어 보아 우리는 두 가지 점을 추측할 수 있는데, 첫째 이 시기(B.C. 2000~1800)에 이미 원예작물을 체계적으로 수집하여 생산물을 판매 또는 물물교환했으며, 둘째 정원식물의 소재를 발견하고 이들을 그들의 목적에 따라 적응시키고 번식시켜 재배할 수 있었다는 점이다.

2) 그리스, 로마시대

나일강과 페르시아 문명의 발상지로부터 전해진 식물에 관련된 번식 지식은 로마, 그리스에서 보다 체계적으로 발전하게 되었다.

그리스의 Theophrastus(B.C. 370~285)는 550가지 식물을 네 가지 종류(tree, shrub, under shrub, herb)로 나누고, 식물의 종자, 휘묻이, 접목 등을 그의 Historia de Plantis와 De Causis Plantarum책에 실어 농학과 원예학 기술발전에 획기적인 공헌을 하였다. 이 원서가 그 후 3세기가 지난 A.D. 1세기까지 농업에서 이용되었다. 로마인인 Pliny는 양배추 씨를 파의 일종인 leek주스에 담갔다 뿌리면 해충이 예방이 된다고 했으며, Columella(약 1세기 AD)는 포도 줄기삽을 언급하였다. 그 이외 많은 학자들이 식물의 번식을 언급하였다.

이와 같은 식물학 및 번식의 기술은 로마제국이 멸망하고 A.D. 500년까지 약 1000년간 많은 발전을 가져왔다. 그러나 로마제국이 멸망한 후 약 10세기까지 식물학에서는 암흑기에 해당하는 혼란기를 맞았다. 그후 11세기부터 십자군의 수차례에 걸친 예루살렘 원정으로 중동의 많은 화훼류가 유럽으로 흘러들어 오게 되었고, 그만큼 번식기술도 발전을 가져왔다. A.D. 1200년 경에 Albert라는 학자가 De Vegetabilibus라는 7권의 책을 저술하였는데, 그 가운데 제7권이 Columella 이후의 최대의 농서로서 경제(經濟) 및 약용작물(藥用作物) 270가지, 일반식물 250여 종류의 성상과 번식 및 꽃에 대해 자세히 언급되어 있다.

3) 중세시대

식물번식이나 종자의 이용은 16세기 문예부흥기 이후에 유럽에서 많은 관심을 가졌다. 즉

긴 유럽의 문명의 어둠이 걷히면서 인간은 심적인 여유를 가지게 되었으며, 그에 따라 소원 시되었던 원예식물의 번식은 많은 체계를 갖게 되었다. 동시에 Columbus의 북미 발견으로 포르투갈인들에 의해 많은 식물, 즉 옥수수, 고구마, 감자, 고추, 토마토, 파인애플, 해바라기 등이 유럽 특히 중세기에 부유했던 북이탈리아 농가들에 전파되고 가꾸어지기 시작했다. 그래서 1550년경에는 이탈리아인들이 토마토와 고추를 먹게 되었다. 이것은 수입된 채소가 그 나름대로 번식기술을 터득해서 재배되었다고 추측된다.

아울러 가지는 열대 아시아에서, 봉선화는 인도에서, 튤립은 1559년 페르시아에서 네덜란드로 수입되어 재배되었다.

식물 및 원예학에서 중요한 다양한 식물의 구조와 식물의 종자 발아 생리에 관하여 이탈리아인의 Andrea Cesalpino가 De plantis libri XVI(1583)라는 책에서 언급하였는데, 이 책은 15권으로 되어있으며, 약 1,500가지 식물에 대해 분류하고 구조와 발아 생리 등에 대해 언급하였다. 이것이 Theophrastus 이래 종자의 구조 및 발아에 대해 논한 최초의 저서이다.

4) 근세시대

그 후 Robert Hook가 1600년대 현미경제작에 따라 식물의 번식기관에 대한 관찰을 보다 정확하게 할 수 있게 되어 종자의 구조와 발아 등에 대해 과거보다 자세하게 연구하게 되었다. 그 당시에 관심이 일기 시작한 원예 붐에 따라 영국의 Cambridgeshire의 Rag(1623~1705)에 의해 식물별로 영양번식과 종자번식을 하는 것을 분류하였다. 독일, Tübingen의 Camerer(Camerarius: 1666~1721)는 식물의 유성번식에 대해 많은 연구를 하였으며, 재료로는 시금치, 삼, 호프, 옥수수 등을 이용하였다. 그 후 식물의 수정(授精)에 대해서는 원예가인 Bradley(1777)에 의해 튤립을 대상으로 연구하게 되었다. 영국, Hales(1727)는 Cambridge에서 Vegetable Staticks라는 책을 발간했는데, 여기서 환상박피(ringing), 절단법(incision), 중간접목(intergrafting) 등을 보고하고 있어 이 시기의 원예번식이 오늘날의 수준에 달함을 알 수 있다.

식물의 잡종(雜種)에 관한 연구는 Koelreuter(1760)에 의해 nicotiana, dianthus, hibiscus 등에서 체계화되었다. 그 후 번식 및 유전에 관한 연구는 많은 발전을 가져와 Darwin(1809~1882)의 '진화론', Mendel(1822~1884)의 '식물잡종의 연구', Devries(1901~1903)의 돌연변이설, Shull(1909)과 East(1909)의 잡종강세 현상, Jones(1918)의 복교잡효과 등의 연구를 통해 오늘날 원예번식의 기초와 실제적 이론의 구축을 가져왔다.

특히 21세기 들어서 조직배양 기술의 확립과 이를 통한 바이러스프리(virus free) 원예식물 묘의 대량증식, 인공종자의 개발, 다양한 포트를 이용한 공정육묘 기술의 확립, 채소 묘의 접목기계화, 완전 자동 정식기의 개발 및 적용 등은 원예번식 기술을 급속하게 현대화하여 고품질화, 대량생산화, 생력화하였다.

5) 동양의 번식역사

서양의 발전에 비해 동양권은 인도와 중국을 중심으로 식물학 또는 지금의 원예작물 번식연구가 이루어졌는데, 대상은 주로 약용식물로서의 가치가 인정된 작물에 한정되었다.

인도에서는 B.C. 4000년 경에 울금(turmeric)을 인도 치료법인 Ayurveda에서 사용하였고 B.C. 6세기경에 산스크리스트(Sanskrist)어로 기록된 책 Sushruta Samhita에는 700여 종의 약용식물을 소개하고 있어 당시 인도에서 많은 약용식물을 자연에서 채취하거나 재배하여 많이 사용하였음을 알 수 있다.

중국에서는 B.C. 3000~2000년경에 생존하였던 것으로 추측되는 신농씨(神農氏), 염제(炎帝)가 약용식물(藥用植物)에 대해 연구하였다. 이때부터 번식에 대한 지식이 구전(口傳)되어 오다가 도홍경(陶弘景, A.D. 452~536)에 의해 신농초본경(新農草本經)이라는 책이 저술되어 365개 식물의 약용적인 효과와 번식 등에 대한 언급이 있었다. 식물의 번식에 대한 연구는 약용식물에 한정된 채 17세기까지 도홍경의 책에 의해 발전하다가 1650년경에 식용작물에 대한 연구가 이루어졌다. 서양에 문호를 개방한 19세기까지 서양에서와 같은 분류나 과학적인 연구가 없이 식물의 특징, 번식 등에 대해서만 언급되어 오다가 그 후 서양의 분류이론을 받아들여 오늘의 식물번식에 관한 이론의 기초를 이루었다.

20세기 말에는 일본이 고구마나 기타 원예식물의 번식에 식물공장 적용을 시도하여 큰 성과를 가져왔다.

1.3 원예식물번식 산업의 현황

우리나라의 원예번식 산업은 크게 채소, 과수, 화훼분야로 나눌 수가 있다. 식량작물(벼, 보리, 콩, 옥수수, 감자)은 국가가 주관하고 있지만 채소종자 생산은 육종, 생산, 조제를 민간이 주관하며 보급은 자유시장 형태이다. 과수와 화훼는 육종단계와 도입육종은 관이 주관하나 생산, 조제는 민간이 그리고 판매는 자유시장의 체계를 유지한다. 따라서 원예작물의 번식 현황은 민간단체의 자료에 의존하는 실정이다. 이는 국내에서는 원예작물의 종묘생산에 대한 구체적인 자료가 부족하다는 의미로 채소종자 생산추세, 공정육묘 생산 묘의 수량, 과수 묘목의 생산 현황, 화훼류 생산실적 등을 통하여 현재 국내에서 유통되는 원예 관련 식물의 종묘 생산량을 추산할 수가 있다.

1.3.1 세계 및 한국 현황

세계의 채소 종자시장은 미국, 중국, 프랑스, 브라질, 캐나다 등 5개국이 종자시장의 약 66%를 점유하고 있다. 그리고 10대 다국적 기업(예, 몬산토, 듀폰, 신젠타 등)이 종자시장의 73%를 점유한다. 2015년 주요 종자 수입국은 네델란드, 미국, 멕시코, 스페인, 이탈리아이며, 주요 수출국은 네델란드, 미국, 프랑스, 중국, 칠레이다.

2017년 세계채소 종자시장은 약 85억 불이며 앞으로 연간 9.4%씩 증가하여 2023년 이후는 144억 불이 예상된다(Mordor, 2019). 현재 세계적으로 가장 수요량이 증가하는 채소는 고추, 가지, 배추, 파프리카, 상추이다.

유전자변형 채소의 재배는 2000년 4천4백만 ha에서, 2010년 1억4천8백만 ha, 2016년은 1억 8천5백만 ha로 증가하였으며, 앞으로 더욱 증가 되리라 본다. 국내에서 유전자변형 식물체의 재배는 국립종자원에 신고하여 재배해야 한다.

한국의 종자시장 규모는 매우 작지만 〈표 1-2〉에서 보면 채소종자 시장은 식량작물의 2배에 달하며 하한치가 3,192억원, 상한치가 3,224억원으로 집계액은 2,902억원으로 판명되었다(김 등, 2014). 과수는 추정 상한치가 348억원, 화훼는 963억원으로 각각 채소에 비하여 과수는 약 10%, 화훼는 30%를 차지하는 것으로 나타났다. 버섯종균산업이 최대 274억원으로 과수와 큰 차이가 없다. 인삼과 기타 약용식물 등 특용식물 시장 규모는 최대 1,617억원으로 식량작물과 같은 시장 규모이며 채소의 약 50%를 차지하고 있다.

표 1-2 국내 종자산업 품목류별 시장규모 추정(김 등, 2014)

작목별 구분	집계액	추정 하한치	추정 상한치	조사치 시장비율 반영율
식량작물	1,496	1,646	1,870	80%
채소	2,902	3,192	3,224	90%
과수	174	191	348	50%
화훼	867	954	963	90%
버섯	137	151	274	50%
특용작물	970	1,067	1,617	60%
합계	6,545	7,201	8,296	

〈주: 추정치 하한은 조사 시 축소를 감안 10% 상향, 추정치 상한은 전문가의 추정치〉

한국의 채소종자 시장 규모를 최대 3억 불(3,224억원)로 보면 2020년대 세계시장을 100억 불(추정치)의 약 3% 정도 점유를 하는 것으로 예상된다.

국내에 등록되는 작물 품종 수는 90년대 식량작물은 10개 미만이었으나 꾸준히 증가하여 2010년대 말에는 거의 100개가 등록되었다(표 1-3). 이와 같은 경향은 과수, 채소, 화훼도 같았다. 과수는 2000년에 174개에서 2017년 368개로 약 220개, 채소는 72에서 615로 약 550개, 화훼는 약 200개, 버섯은 같은 기간 약 90개가 증가했다. 가장 두드러진 증가는 2010년대 이후 급등하는 기타 종류로서 다양한 열대작물이 주를 이루고 있다. 2000년에 14종류이던 것이 2017년 672, 종류로 약 650여 종이 증가하여 가장 큰 폭으로 증가하였다. 기타 품목은 농가의 적극적인 품목 다양화에 따라서 지속적인 증가가 예상된다(국립종자원, 2019).

표 1-3 연도별 품종 등록현황 (2017.12 현재)

연도	계	식량	과수	채소	화훼	버섯	특용	기타
2000	415	7	174	72	42	89	17	14
2002	485	8	188	93	58	100	18	20
2004	571	16	210	117	78	104	20	26
2006	736	18	235	163	110	115	26	69
2008	871	33	257	189	139	126	28	99
2010	924	32	283	181	149	121	29	129
2012	1,073	39	328	202	160	118	33	193
2014	1,491	58	445	255	214	125	47	347
2016	2,019	78	341	587	253	161	43	556
2017	2,217	99	368	615	251	176	36	672

1.3.2 채소 분야

1) 종자생산

주로 종자번식을 많이 실시하는데 근래 채종기술의 급속한 발전으로 국내에서 신품종이 육성되어 매년 등록, 생산되고 있다. 대체로 교잡종이 고정종보다 많으나 상추는 등록품종 대부분이 고정종이다. 교배종의 품종 수가 고정종에 비해 가장 높은 비율을 나타내는 작물은 고추, 오이, 수박, 배추 순서이다.

이들 등록된 채소 종자의 최근 30년간 채종면적과 채소 종자 생산실적을 보면 85년을 기점으로 다소 변화가 있었으나 최근에는 큰 변화가 없음을 알 수가 있다. 그러나 대체적인 경향은 채종면적 2,000~3,000ha, 채종량은 년간 약 300만ℓ의 범위 내에 있다.

그러면 이와 같은 채종면적의 변화는 어떤 작물에 의해 가장 큰 영향을 받는가를 알아보기로 한다. 우리나라 채소종자의 생산 가운데 가장 많은 양을 차지하는 것은 무이다. 최근 5년간 무채종량은 전체 채종량의 50% 이상을 차지한다(표 1-4). 다음으로 중요한 채종작물은 배추,

표 1-4 채소 종류별 종자 총생산량과 국내생산량(괄호 내) (단위, 1000kg, 대목용:kg)

작 물	2005	2010	2015	2017	2018	
					해외채종	국내채종
고 추	63(3)	36(2)	47(0.7)	40(0.8)	29.9	0.9
당 근	43(1)	40(0.3)	49(0.3)	79(0.03)	21.8	0.03
무	862(267)	589(121)	1,105(128)	897(72)	621.4	67.6
배 추	213(151)	90(59)	220(118)	132(67)	84.9	58.5
브로콜리	–	–	0.01	11(0.3)	4.8	0.1
상 추	64(0.8)	37(5)	32(0.7)	26(0.6)	38.9	0.4
수 박	12(0.9)	13(0.4)	14(1)	15(1)	13.7	0.8
시 금 치	224(6)	177(10)	151(5)	111(0)	250.6	0
양 배 추	79(6)	68(5)	148(4)	55(7)	87.9	2.0
양 파	35(5)	41(9)	59(12)	51(15)	41.4	10.0
오 이	11(1)	15(0.8)	53(0.7)	23(0.6)	10.8	0.8
참 외	2(0.3)	0.8(0.2)	0.7(0.08)	0.8(0.08)	1.0	0.08
토 마 토	2(0.03)	1(0.09)	5(0.04)	5(0.02)	6.6	0.07
파	44(4)	79(3)	29(0.4)	27(0.1)	48.2	0.04
호 박	23(2)	17(0.5)	133(0.5)	100(2)	129.2	1.0
대목용 고추	10	116	23	23		68
대목용 수박	10	0	543	286		40
대목용 오이	5	0	0	7		0
대목용 참외	80	40	0	0		0
대목용 토마토	0	40	11	2		7
대목용 호박	590	245	181	53		83
계	1,752	1,238	2,060	1,571	1,391	142

(출처: 한국 종자협회)

시금치, 파, 고추 순서이다. 이처럼 무와 배추 종자 생산이 많은 것은 김장재료로서 중요하기 때문이다. 그러나 일부 채소의 자급율이 낮으므로 국가와 민간 기업의 적극적인 노력이 필요하다.

국내 채소종자의 생산지를 보면 90년대는 국내생산이 약 35%이고 해외채종이 약 65%이었다. 그러나 2000년대는 국내생산이 평균 약 20%대이고 해외 생산이 약 80%를 점유한다. 이와 같은 경향은 국내의 인건비가 비싼 것이 가장 큰 요인이나 주요 채소인 배추과, 박과 채소류의 채종시기가 우기와 겹치는 기후적 요인도 크다고 본다. 그래서 여름이 건조한 지중해성 기후지대에서 채종이 많이 이루어진다

2017년 자료(표 1-4)를 보면 해외채종이 가장 많은 작물은 시금치로 100% 해외에서 채종된다. 그 외 오이, 참외, 토마토, 고추, 당근, 상추 등은 99% 해외에서 채종한다. 다만 무 72%, 배추 67%. 양파 15%. 양배추 7% 정도만 국내에서 채종된다. 국내 대표 종자 기업의 시장 점유율에 대한 정확한 수치는 알 수 없지만 농우바이오, 팜한농, 사카다, 코레곤 등 4대 종자회사가 약 55%를 점유하고 그 이외 업체가 나머지 시장을 나누어 점유하는 것으로 보고되고 있다(한농신. 2019).

채소종자의 수출입을 보면 80년대 90년대 초에는 수출국이었으나 90년대 중반에 들어와서는 수입국으로 전환되었다. 무, 배추, 당근, 수박 종자는 수출이 많이 이루어지나, 무, 호박, 파, 당근 등은 수입을 많이 한다. 연간 종자 수출액은 1995년에는 740만 불이고 수입액은 840만 불이다. 수출액 중에 많이 차지하는 것은 무, 배추로써 주종을 이루고 수입종자는 토마토, 양파가 가장 큰 비중을 차지했다. 그러나 10년이 지난 2005년도는 수출액이 약 1,500만 불, 수입량이 약 3,000만 불이었다. 2015년에는 수출량이 4,500백만 불, 수입량은 약 6,900만 불로 수출과 수입액이 지난 1995년에 비하여 수출은 약 6배, 수입은 약 8배로 증가하였다(표 1-5). 앞으로 정부와 민간단체가 주도하는 골드씨드 프로젝트(gold seed project)가 제대로 작동이 되면 수출액은 더 증가하리라 본다.

1995년에는 무, 배추의 수출이 주였으나 20년이 지난 지금은 고추, 무, 양배추, 배추 순서로 수출이 이루어진다. 한국의 고추와 무의 육종은 세계적인 수준으로 2가지 채소종자 수출이 전체 수출의 절반을 차지한다(표 1-6).

표 1-5 종자의 수출입현황 (단위: 1,000kg)

년도	수출량		수입량	
	천kg	천$	천kg	천$
2005	343	15,277	1,695	30,270
2010	348	23,017	1.795	50,925
2015	616	45,510	2,061	68,770
2018	532	45,559	1,784	60,909

(자료: 한국종자협회 보고서 발췌정리)

표 1-6 주요 수출 채소류의 연도별 점유율(%)

채소류	2005	2010	2015	2017	평균(%)
고추	33	30	21	29	28
무	29	17	30	18	24
양배추	12	14	11	13	13
배추	13	9	8	9	10
토마토	1	4	4	6	4
오이	1	4	5	6	4
기타	11	22	21	19	17

(자료: 한국종자협회 보고서 발췌정리)

표 1-7 채소류 묘소요량(농진청, 2016)

작물		재배면적 (ha)	육묘 비율	재식주수 (천주/ha)	묘소요량(백만주)			
					실생묘율		접목묘	
					%	주	%	주
엽채류	배추	24,229	100	29.6–55.6	100	718–1,346	0	0
	양배추	6,765	100	29.6	100	200	0	0
	상추	3,387	100	27.8–33.3	100	94–113	0	0
	소계					1,012–1,659		
과채류	수박	13,440	100	7.4–9.5	1	1	99	99–127
	참외	5,064	100	15.9–18.5	2	2	98	79–92
	오이	4,781	100	13.9–22.2	11	7–12	89	59–95
	호박	9,007	100	11.1–14.8	78	78–104	22	22–29
	멜론	1,498	100	11.4–15.6	91	15–21	9	2
	가지	720	100	25	59	11	41	7
	토마토	6,391	100	25–40	31	50–79	69	110–176
	고추	36,634	100	25–28.6	90	824–942	10	92–105
	파프리카	724	100	20.2	100	15	0	0
	소계					1,003–1,187		469–633
인경채	양파	19,896	100	333.3–666.7	100	6,632–13,264	0	0
	파	15,204	100	117.6–190.5	100	1,789–2,896	0	0
	소계				100	8,421–16,160	0	0
총계						10,436–19,006		469–933

2) 묘의 생산

90년대 초에 플러그 육묘시스템이 도입되어 97년에 전국에 약 50개소 채소육묘회사가 운영되었는데 15년이 지난 2014년 292개소로 6배 증가했으며, 육묘장 면적은 20ha에서 195ha로 10배가 증가하였다.

정부에서 추산 한 바로는 2016년 실생묘가 104~190억 주, 접목묘가 4.7~9.3억 주가 필요한 것으로 나타난다. 〈표 1-7〉은 2016년 분석 자료이나 재식 주수를 제시하였으므로 조사연도의 면적이 나오면 여기에 실생묘율을 곱해주면 묘소요량은 쉽게 계산 할 수가 있을 것이다.

앞으로 채소 육묘산업은 지속적으로 발전할 것이 예상되는데 2018년 현재 엽채류 공정육묘 묘보급이 약 65%, 과채류는 약 80%인데 이를 각각 90% 이상 달성하도록 지속적으로 노력해야 한다고 본다. 이를 위하여 체계적인 육묘관리 시스템 구축(종묘업 등록제, 묘품질 인증제 도입), 우량묘생산기반 조성(육묘 기반 시설 확충, 우수 육묘기술 체계 보급), 우량묘 유통, 소비 활성화(육묘 분쟁 해결, 유통묘 표시제 등)등이 요구된다.

1.3.3 과수 분야

우리나라 과수 묘목생산은 정확한 통계자료는 없으나 사과 등 6대 과종(사과, 포도, 감귤, 배, 복숭아, 감)의 연간 수요량은 약 900만 주이며 이 가운데 약 40%인 약 400만 주 내외가 합법적인 묘목업체인 등록된 업체, 농협, 농업기술센터에 의하여 공급되며 60%는 무등록 업체에 의하여 공급된다(농식품부, 2016). 물론 자가 육성 묘를 사용하는 농가도 많다. 시장규모는 약 400억 수준으로 전체 종자 시장 약 6천 억원의 7%를 차지한다. 국산 과수 품종의 보급률은 11~23%에 달한다.

과수는 영양번식을 주로 하는데 영세한 묘목업체가 많아서 묘목 생산과 공급시스템에 많은 문제점이 있는데 특히 품종과 계통관리의 부실과 바이러스감염관리가 부재한 상태이다. 2009~2013년 조사된 바이러스 감염률은 복숭아 65%, 사과 47.6%, 포도 47.3%, 감 30%, 배 29%, 감귤 25.4% 등으로 나타났다. 반면에 미국, 일본, 영국, 네덜란드 등은 수십 년 전부터 무병묘를 공급해 왔으며, 현재 무병묘 보급률이 100%에 달하는 것으로 알려졌다. 따라서 정부에서는 2015년 3.8%의 무병묘 생산을 2010년에 약 30%, 그리고 2025년에는 80%를 목표로 적극 추진하고 있다. 2025년까지 무병묘 공급률을 80%대로 끌어올려 생산성을 24% 높일 수 있을 것으로 예상한다. 이를 위하여 무병묘 생산기간 단축, 무병묘 공급기반 확충, 묘목 관리 시스템 구축, 무병묘 유통 생태계 조성 등을 정부에서는 적극적으로 추진하기로 했다. 다만 좋은 결과의 도출은 민간 기업들의 많은 참여에 달려있다고 본다(채, 2016).

품종 간의 분쟁도 큰 문제이므로 품종의 판별을 위하여 주요 과수의 품종판별용 분자마커를 개발하여 정확한 품종의 구분을 위하여 노력한 결과 주요 5과종의 총 178 품종의 판별이 가능하며 앞으로 더욱 증대가 예상된다.

1.3.4 화훼 분야

우리나라 화훼류의 종자 및 영양번식성 묘목의 생산량은 조사된 바 없으나 판매량은 조사된 바 있다. 1985년 약 3억 개체가 판매되었는데 2015년 현재 화훼 총판매량(절화, 분화, 초화, 관상, 화목, 종자, 구근)은 약 10억 개체로 지난 30년 사이에 3배가 증가 되었다. 2015년의 묘 생산량의 70%를 판매량으로 추산하면 연간 약 14억 개를 생산했다고 본다. 판매량의 순위는 절화, 초화, 분화, 화목 순서이었다(표 1-8).

판매액은 1985년 611억에서 2015년 6,332억 원으로 10배가 증가하였다. 이 기간에 최고의 판매액은 2005년에 이루어졌는데 약 1조 원이었다.

최근 30년간 화훼류의 1인당 소비액은 1985년 1,823원, 1995년에는 11,462원, 2005년 20,870원으로 정점에 달했고 그 이후 소비량이 급감하여 2015년에는 13,310원으로 20년 전의 가격으로 되돌아갔다. 2015년 기준 전체 농가 수는 8,328 농가로 농가 수가 가장 많았던 2003년 13,596에 비해 절반이다. 재배면적 또한 2005년 7,950ha였는데 2015년 5,365ha로 2,000ha 이상 줄었다(농식품부, 2017). 이는 한국의 화훼산업이 여러 사회적인 요인으로 몹시 위축되고 있는 것을 의미하는데 앞으로 화훼산업 발전을 위한 민관차원의 노력이 필요하다.

표 1-8 화훼 판매량과 총판매액(농식품부, 2017)

연도	판매량: 백만본(분, 주,구)								판매액 (억원)
	합계	절화	분화	초화	관상	화목	종자	구근	
'85	299	170	35	–	49	24	10	11	611
'95	2,017	1,766	119	11	44	29	1	47	5,090
'05	2,550	1,723	359	275	48	63	75	7	10,107
'15	1,017	540	140	254	16	35	18	5	6,332

절화로 판매량이 많은 순서는 국화(약 29%)가 가장 많고 카네이션, 거베라, 백합, 프리지아, 금어초, 글라디오러스, 스타티스 순서로 판매가 이루어진다. 분화는 선인장, 난류, 국화, 야생화 순서이다. 초화는 페추니아, 팬지, 메리골드, 꽃베고니아가 주를 이루었다. 관상수는 소나무, 주목, 단풍 순서였다. 화목류는 철쭉이 약 60%를 점유하고 다음이 벚나무였다. 종자는 양

은 많지 않으나 맨드라미, 야생화, 페추니아, 팬지 순서로 묘가 판매되었다. 구근은 백합이 주를 이루고 프리지아, 튤립 등이 생산 판매되었다.

화훼수출액은 1990년대 144만 달러를 기록한 수출실적은 2000년도에 2,888만 달러로 크게 치솟더니 2010년에는 1억 306만 달러로 가장 높은 실적을 기록, 최고점을 경신한 이후 점차 감소해 2015년에는 2,800만 달러로 축소됐다. 화훼 수출은 백합이 33%로 가장 많고, 난이 23%, 장미가 11%로 이들 3종류가 전체 수출액의 약 70%를 차지했다(농식품부, 2017).

화훼 수입액은 1995년 약 2,700만 불, 2005년 약 2,900만 불이었던 것이 2013년부터 5,000만 불을 넘더니 2015년 약 6,000만 불로 지난 20년 사이 2배로 늘었다. 2016년 수입되는 화훼류는 난초가 전체금액의 30%, 국화가 15%를 차지하고 백합, 카네이션, 튤립, 양란 등이 약간 수입되었다. 쓰임새가 다양해지면서 기타 화훼수입이 50%를 넘어서 3,000만 불이었다.

앞으로 화훼류의 수입은 계속 증대되리라 예측된다.

1.4 품종 등록과 및 번식관련 조직

1.4.1 품종 등록 및 판매

원예식물 종묘의 검사는 1962년에 처음으로 농산물의 우량종자 보급과 농업생산성 향상을 목적으로 농산물 종자법이 제정 공포된 이래 여러 과정을 통해 법안이 변경되다가 1973년 종묘관리법이 제정 공포되었다. 품종보호 제도가 1995년 종자산업법 제정과 함께 도입되어, 1997년 12월 31일 종자산업법이 발효되면서 시행되었다. 그러나, 종자산업법의 시행 결과 종자의 보증 · 유통관리 등에 관한 규정과 품종보호에 관한 절차적 규정이 단일법에 혼재되어 있어 종자의 유통 · 보증과 품종보호 등 각 제도의 정체성을 명확히 하고 제도의 의의를 최대한 살리는 취지에서 2012년 6월 1일 자로 종전의 종자산업법에서 식물신품종보호법이 분리 · 제정되었고 2013년 6월 2일 자로 발효되었다. 그래서 모든 신품종은 소정의 서류를 갖추어서 국립종자원에 신청하여 품종보호등록을 획득해야 판매가 가능하다. 품종보호 대상작물을 농업용, 산림용, 해조류로 구분하여 농업용은 국립종자원, 산림용은 국립산림품종관리센터, 해조류는 수산식물품종관리센터에서 품종보호 출원을 담당하고 있다.

그러나 수입 채소종자 18종류(무, 배추, 양배추, 고추, 토마토, 오이, 참외, 수박, 호박, 파, 양파, 당근, 상추, 시금치, 딸기, 마늘, 생강, 브로콜리)는 한국종자협회에 신청하여 약 1년간에 걸친 수입적응성 여부를 확인하여 판매한다. 과수와 화훼는 소정의 수입신청서를 국립종자원에 신청하여 등록하여 판매한다. 중요한 것은 외국에 등재된 품종명을 그대로 사용해야 하며 임의로 변경하면 판매를 할 수가 없다. 버섯 11가지 중에 양송이, 느타리, 영지, 팽이, 잎새, 버들송이, 만가닥, 상황 등 8가지는 한국 종균생산협회에서 표고, 목이, 복령 등 3종류는 국립산림품종관리센터에서 수입 적응성 시험을 해야 한다.

인삼은 한국 생약협회에서 그리고 특용작물 중에 백출, 사삼, 시호, 오가피, 창출, 천궁, 하수오는 국립산림품종관리센터에서 그 이외는 한국생약협회에 수입 판매신고를 해야 한다.

식량작물 13 종류(벼, 보리, 콩, 옥수수, 감자, 밀, 호밀, 조, 수수, 메밀, 팥, 녹두, 고구마)는 농업기술실용화재단에 위탁하여 수입적응성 시험을 해야 한다.

목초 사료 및 녹비작물(29)인 오차드그라스, 톨페스큐, 티모시, 페러니얼라이그라스, 켄터키블루그라스, 레드톱, 리드카나리그라스, 알팔파, 화이트크로바, 레드크로바, 버즈풋트레포일, 메도우페스큐, 브롬그라스, 사료용 벼, 사료용 보리, 사료용 콩, 사료용 감자, 사료용 옥수수, 수수-수단그라스교잡종(Sorghum×Sudangrass Hybrid), 수수 교잡종(Sorghum×Sorghum Hybrid), 호밀, 귀리, 사료용 유채, 이탈리안라이그라스, 헤어리베치, 콤먼벳치, 자운영, 크림손클로버, 수단그라스교잡종(Sudangrass×Sudangrass Hybrid)은 농업협동조합중앙회에 신청한다. 산림 및 조경용 등 기타 용도는 삭제되었다(2016.10.28.).

이상의 자세한 수입적응성 시험 기준은 다음 제시하는 국내번식 관련기관과 국립종자원 홈피를 참조하면 잘 알 수 있다.

종자를 생산 판매하는 종자업은 각 시군 등에 소정의 시설과 장비를 갖추고 신청하면 서류검토와 현지 확인을 거쳐서 7일 이내에 등록증이 발급된다

1.4.2 국내 번식 관련 기관

국내외 원예 종묘생산단체 및 연구기관은 국가기관과 민간단체가 있다.

① **국립종자원**: 1974년 국립 종자공급소로 시작하여 1994년 농진청 소속으로 있다가 2000년 농림부 소속으로 바뀌고, 2007년 국립종자원으로 출발했다. 종자산업 전반에 대한 관리를 관장하는 기관으로 원예, 작물, 산림식물의 품종보호, 등록 및 관련 산업의 발전을 총괄한다. 2019년 현재 작물, 원예 품종 보호 출원된 식물은 약 1만 종, 산림, 수산분야는 약 400종으로 육종가, 농가, 소비자를 위한 서비스를 담당한다(http://www.seed.go.kr/).

② **국립원예특작과학원**: 1953년 농림부 중앙원예기술원으로 출발하여, 1962년 농진청 원예시험장, 2008년 국립원예특작과학원으로 발전하였다. 과거에는 채소, 과수류의 육종, 품종 등록 등의 임무를 수행했으나 현재는 로열티 대응 신품종 개발(품종개량 · 육종기술)

및 보급, 관상용 화훼육종과 번식시설로서 중요한 시설원예 자동화 등의 연구에 기여하고 있다(http://www.nihhs.go.kr/).

③ **한국원예학회**: 1963년 창립하여 원예식물의 종자번식, 조직배양, 육종 등국내에서 가장 많은 원예식물의 번식에 관련한 정보를 얻을 수 있는 학회이다(http://www.horticulture.or.kr).

④ **한국종자협회**: 1965년에 창설된 민간단체로써 종자의 등록, 수입 종자 심사 등을 관리한다. 2019년 현재 60여 개 국내 종묘업계가 등록되어있다(www.kosaseed.or.kr)

⑤ **한국분화협회**: 분화류의 생산자 조직으로 기술보급과 상호친목을 도모하는 기관이다.

⑥ **한국공정육묘연구회**: 공정육묘분야 기술개발 및 정보교류를 통한 육묘산업 발전을 목적으로 설립하여 많은 활동을 하고 있다(m.me/KoVegeSeedling).

⑦ **한국과수묘목협회**: 국내 과수묘목의 생산, 관리, 판매, 수급 등을 연구하는 기관이다.

1.4.3 국외 번식 관련기관

원예번식에 관련된 국외 기관은 매우 다양한데 주요기관은 다음과 같다.

① **국제식물번식학회(IPPS: The International Plant Propagator's Society)**: 1951년에 조직되어 미국의 동 · 서 · 남부 지역, 영국과 아일랜드, 오스트레일리아, 뉴질랜드, 일본, 남아프리카 지역으로 나누어져 있고 매년 미팅을 갖고 보고서 Combined Proceeding(www.ipps.org) 등을 발행한다.

② **미국원예학회(ASHS: American Society for Horticultural Science)**: 원예식물의 전반을 다루는 학회로 원예번식에 관련된 기초와 실제, 신품종을 소개하기도 한다(https://ashs.org/).

③ **국제과수협회(IFTA: The International Fruit Tree Association)**: 과수묘목과 왜성과수에 대해 연구하며 Compact Fruit Tree지를 발행한다(www.ifruttrcc.org).

④ **국제원예학회(ISHS: International Society for Horticultural Science)**: 1959년 성립되였고 150여 회원국을 갖고 Acta Horticulture를 발간한다. 종자번식, 육종, 조직배양 등의 분과가 있으며 매 4년마다 학회가 열리고 한국에서 2006년 제27회 국제원예학대회가 개최되었다(https://www.ishs.org/).

⑤ **미국양묘인협회(AAN: American Association Nurserymen)**: 1875년에 설립되었으며 생산된 양묘에 대해 전반적으로 다루는데 특히 모든 묘목에 일정한 크기에 따라 분류 등을 한다. 월간으로 American Nurseryman을 발행한다.

⑥ **국제 종자검사협회(ISTA: Internal Seed Test Association)**: 1924년 설립되었고 세계 100개국의 회원국이 있고 종자의 검사와 표준품에 대하여 출판하며, 이들 자료를 기초로 국가 간의 종자 교역 등을 추진하고 관장한다(https://www.seedtest.org/).

⑦ **미국 종자무역협회(ASTA: American Seed Trade Association)**: 1883년에 조직된 종자무역관련 단체로 연 1회 모임이 있고 종자 산업단체가 주가 된다(amseed.com).

⑧ **세계 종자무역협회(ISF: International Seed Federation)**: 1924년에 발족하여 고품질 종자의 생산과 국가의 무역 등 관련산업의 발전을 도모하는 민간 기구이다(www.world-seed.org).

⑨ **아시아 태평양 종자협회(APSA: The Asia and Pacific Seed Association)**: 1994년 설립되었으며 아시아 태평양지역의 종자 관련 업체의 정보교환, 상호 발전과 친목을 위하여 설립되어 정기적인 모임과 보고서 등을 내고 있다(www.apsaseed.com).

⑩ **국제신품종보호연맹(UPOV: The International Union for the Protection of New Varieties of Plants)**: 1961년 설립되었으며 스위스의 제네바에 본부를 두고 78개국의 회원국이 있다. 한국은 2002년 등록하였다. 신품종의 육성가의 권리보장 및 지적재산권 보호, 새로운 품종의 육종 촉진, 유통 등을 관장하는 국제기구이다(www.upov.int).

여기 제시한 기관 이외에 주요 국가마다 종묘회사나 양묘회사가 있어 원하는 종묘를 구입하여 이용할 수가 있으나 외국에서 수입할 때는 어떠한 경우도 국제식물보호협약(IPPC)의 규정에 따른 식물검역증(phytosanitary certificate)을 첨부해야 한다. 그러지 못하면 식물이 국내 도착한 10일 이내에 농림축산검역본부에서 제시한 서식을 작성하여 해당 지역의 검역소에서 전산 신청하여 검역을 받아야 한다.

1.5 원예 번식환경과 조절

원예식물의 생장과 발육 생리를 최대한 발현하여 번식을 원활하게 하기 위해서는 번식에 관여하는 지상부(기후요인, climatic factor), 지하부(토양요인, edaphic factor), 생물적 환경(생물요인, biotic factor)을 최적으로 유지하는 시설을 갖추어서 복합적인 환경조절(복합요인, complex factor)을 잘해야 한다. 공정육묘 생산 시스템, 유묘생산용 식물공장, 조직배양실, 스마트팜 시스템 등은 3가지 환경을 종합적으로 잘 조절하여 종자와 영양번식 묘를 생산하고 재배하는 복합적인 환경조절시스템이다. 여기서는 3가지 환경요인을 이해하고 이들을 잘 조절하여 건전한 번식을 할 수 있는 원리와 시스템을 설명하기로 한다.

1.5.1 지상부 환경조절

지상부의 환경조절의 기본은 온도, 광, 습도, 대기조절이다. 종자의 발아나 육묘, 그리고 발근을 위해서는 알맞은 온도와 보광조건을 갖추어야 한다. 온도조절을 위해서는 냉상, 온상, 온실 등을 설치하고 광조절을 위해서는 차광시설, 보광시설이 필요하며 습도조절을 위해서는 미스트, 포그 시스템이 필요하고, 대기조절은 탄산가스 농도 조절시스템을 갖춰야 한다. 실제 온실건축을 위해서는 해당 전문회사와 면밀한 검토가 선행되어야 한다.

1) 온도조절 시스템

원예식물은 온도의 요구도에 따라 열대, 아열대 원산인 호온성 작물과 온대가 원산인 호냉성 작물로 나눈다, 호온성 작물은 25~30℃ 내외에서 발아가 잘되며 생육온도는 25℃ 정도이다. 호냉성 작물은 발아 온도가 20~25℃ 내외, 생육적온은 20℃ 내외이다. 발아를 위해서는 작물별로 알맞은 온도를 유지하고 육묘 시에도 적정 재배온도를 유지해야 건전한 묘를 생산한다. 따라서 원예번식을 위해서는 온도환경 조절시스템을 설치하고 최적 온도조건을 유지해주어야 한다. 육묘와 채종을 위한 온도조절 시스템에는 냉상, 온상, 온실이 있다.

① **냉상(冷床, cold frame)**: 노지(露地)에서 태양열만을 의존하여 육묘하는 방법으로 목재, 시멘트 블록을 이용하여 기본 프레임을 만들고 그 위에 비닐, 유리창 등 간단한 장비를 이용하여 보온을 하는 구조이다. 주로 과수 대목, 포도, 무화과 등의 삽목상, 화훼류 및 채소류의 노지육묘(露地育苗) 및 삽목상 등으로 이용된다(그림 1-3, 좌).

② **온상(溫床, hot bed)**: 인위적으로 열을 가하여 원예식물의 번식을 실시하는 시설로서 열원(熱源)에 따라 양열온상(釀熱溫床), 전열온상(電熱溫床), 난방온상(暖房溫床) 등으로 나눈다. 양열온상은 볏짚, 낙엽, 두엄 등을 열원으로, 계분, 쌀겨, 요소 등을 보조재료로 사용하여 열을 내는 방법으로 과거에 채소육묘에 주로 이용됐으나 근래는 많이 사용치 않는다. 전열온상은 특수작물을 재배하는데 열선(熱線, heating cable)을 이용하여 열을 내는 온상으로 전열장판처럼 온도조절기(thermostat)를 이용하여 실내 또는 토양온도를 일정하게 조절하는 방식이다. 난방온상은 중앙난방시설에서 보급되는 증기 또는 온수로 난방하는 방법인데, 주로 대규모 번식시설에서 이용된다.

③ **온실(greenhouse)**: 원예식물의 번식, 교잡, 채종 등에 널리 이용되는데, 보통 덮는 재료에 따라 유리온실, 플라스틱 같은 연질필름을 이용한 온실, 그리고 아크릴, 폴리카보네이

트, 화이버글래스 같은 경질필름을 이용한 온실 등으로 나눈다. 유리온실은 지붕의 형태에 따라 양지붕식, 3/4식, 연결식, 반지붕식, 벤로형 등 여러 가지로 분류할 수 있다.

묘 생산, 화훼류의 월동 또는 삽목 번식 등에서는 겨울철에 난방이 필요하다. 난방법은 난로난방, 온풍난방, 전열난방, 전기난방 등이 많이 사용된다. 냉방은 고온장해 방지를 위하여 적용하는 방법으로 포그냉방, 패드&팬 냉방(pad and fan system: 한쪽 면 패드에서 물을 흘려내려 보내고 반대쪽에서 팬을 이용하여 공기를 빼내어 증발열로 온실 내 공기온도를 낮추는 방식, 그림 1-3. 우), 히트펌프 사용, 에어컨 사용 방법 등이 있다.

그림 1-3 냉상(좌: 뮌헨대)과 패드 & 팬온실의 벽면 패드(우: Weiku Co.)

2019년부터 국내채소육묘는 땅바닥에서 하지 못하고 벤치에서 육묘하도록 법이 시행되어 벤치를 이용하는데 최근에는 대형 육묘장에서는 온실 면적의 이용 효율을 높이기 위하여 이동식 벤치도 이용한다. 근래 온도, 습도, 환기, 난방, 관수, 보광 등을 자동제어하는 환경제어 컴퓨터의 도입으로 온실 관리가 용이하여 육묘나 번식에 많이 이용된다.

2) 보광시스템

원예식물은 광도의 요구도에 따라 음지식물(저광도에서 잘 자라는 식물: 고사리류, 베고니아, 헤데라, 산세베리아 등), 중생식물(양지나 약간의 음지에서 잘 자라는 식물: 봉선화, 샐비어, 단풍, 쥐똥나무, 철쭉류, 미나리, 셀러리 등), 양지식물(대부분 엽채, 과채류, 국화, 소나무, 장미, 카네이션)로 나누는데 이들을 육묘할 때나 채종재배를 할 때, 모본 식물의 개화 유도를 위해서는 보광이 필요하다. 특히 자연광이 부족한 겨울철 육묘할 때에 건전한 육묘를 위해서는 백열등, 형광등, 고압방전등(high intensity discharge, HID), 메탈할라이드등(metal halide lamp), 고압나트륨등, 발광다이오드(light emitting diode, LED)이용 보광이 필요한데 농가에서는 주로 형광등을 사용한다. 그러나 전문육묘를 할 때는 메탈할라이드나 발광다이오드를 사용하는데 초기 시설비가 필요하다. 개화촉진을 위해서는 주로 백열등을 사용한다. 들깨, 바실 등의 꽃눈분화 억제를 위한 육묘나 겨울철 생산은 백열등이나 발광다이오드를 이용한 야간 2~4시간 보광을 통한 장일처리가 필요하다.

3) 차광시스템

묘를 노지에서 삽목할 때는 차광막, 차광스크린, 피음실(被陰室, lath house, 그림 1-4, 좌)등을 사용한다. 차광막은 차광의 정도에 따라 30, 50, 70% 등 다양한 제품이 출시되므로 번식온실의 내외부에 설치한다. 차광스크린은 국화의 개화촉진을 위하여 단일처리용으로 사용하는데 보온을 겸하여 2중 스크린, 3중 스크린을 온실 내부에 설치한다. 피음실은 삽목한 식물이나 이식한 식물 또는 여름철 식물재배 시 강한 광선이 쬘 때 그늘을 만들어 고온이나 고광도의 해를 막도록 발 또는 목재 등을 이용해 만든 일종의 차광용 시설이다. 주로 주목, 비자나무, 잣나무, 전나무 등 그늘을 좋아하는 식물번식에 좋다.

그림 1-4 피음실(좌, adchdaily.com)과 포그시스템(우, Winter Gardenz)

4) 습도조절 시스템

삽목번식에 가장 중요한 시스템이 공중습도 조절이다. 건조한 환경을 만들기 위해서는 육묘온실에서는 환기가 필수적이나 대부분 삽목번식에서는 공중습도의 인위적 조절이 요구된다. 소규모 번식에서 가장 쉬운 방법은 삽상에 비닐 터널을 만들고 정당하게 분무하여 삽상 내의 습도를 조절하는 것이다. 그러나 대단위 온실에서는 미스트시스템과 포그시스템(fog system, 그림 1-4, 우)을 이용하여 조절해야 한다. 미스트 시설은 폐쇄된 공간에 안개와 같이 미세한 물을 노즐을 통해 분무시켜 공중습도를 100%에 가깝게 유지시킴으로써 잎에서 증산량을 감소시켜 뿌리의 발근을 촉진시키는 특수번식시설이다. 포그시스템은 안개를 발생시켜 미스트장치보다 더 작은 물방울을 만들어내어 번식의 효과가 높고 미스트장치보다 근권의 과습을 방지하여 썩음병 방제에 높은 효과를 나타낸다. 발근이 어려운 식물에서는 이용 효과가 크다.

5) 대기조절시스템

원예번식에 있어서 대기조절은 육묘할 때의 유해 가스방지, 탄산가스 시비, 자가불화합성 타파를 위한 조절 등이 있다. 육묘 시는 온풍난방 등에서 유해가스의 방출에 의한 피해가 나타나지 않게 해야 한다. 피해받은 묘는 판매가 불가하기 때문이다. 건전묘 육성을 위하여 탄산가스를 시비하기도 하는데 엽채류는 1,500~2,500ppm, 근채류는 1,000~3,000ppm, 과채류는 500~1,500ppm이 되게 시비하며 탄산가스 측정기와 시비기를 연결해 놓으면 간단하게 조절이 된다.

자가불화합성을 타파하기 위해서는 탄산가스를 개화기간 동안 25~28일 처리하는데 양배추, 브로콜리, 청경채는 초기 3.0, 후기 3.3%, 그리고 배추와 무는 초기 3.0, 후기 3.5%로 2시간씩 처리한다(이, 2018). 액화탄산 가스통, 기화되는 가스의 히팅시스템, 분배기 및 하우스 상부에서 리드 호스를 통한 공급관, 그리고 온실 내 탄산가스 측정기 등으로 구성되어 있다.

6) 공기유동시스템

시설 내의 공기의 적당한 유동은 식물 주변의 탄산가스 농도의 변화, 증산작용 촉진, 공중습도의 저감효과 등이 있다. 보통 팬을 온실 내부에 설치하여 1~1.5m/S 정도 유동을 시킨다. 녹지삽 초기에는 공기 유동이 증산을 촉진하므로 좋지 않지만 발근된 이후에는 적당한 공기 유동이 좋으며 채소의 육묘에는 초기부터 실시하는 것이 건전묘 육성에도 도움이 된다. 공기유동을 조절할 수가 있는 시스템이 가동되면 풍매화인 비트(beet), 시금치의 수분에 좋다.

1.5.2 지하부 환경조절

원예번식에 있어 지하부환경 조절에서 가장 중요한 것은 번식용 상토의 종류별 특성을 이해하고 육묘나 삽목을 위한 상토의 구비조건과 상토의 소독, 근권의 온도, 습도, 영양공급 등을 잘 조절하는 것이 필요하다.

1) 번식용 상토 구비조건

원예작물 육묘를 위한 근권환경의 기본은 상토의 물리, 화학적 조건의 최적화이다. 알맞은 번식용 상토는 다음 몇 가지 구비조건을 갖추어야 한다. 첫째, 상토는 어느 정도 단단하고 밀도를 가져 발아, 발근이 잘 되어야 한다. 둘째, 충분히 숙성(C/N율은 20%정도)되고, 묘 생산

기간 동안 체적이 감소되지 않아야 한다. 셋째, 충분한 공극을 가져 배수와 토양공기의 공급이 잘 이루어져야 한다. 넷째, 잡초종자, 병균, 해충이 없도록 잘 소독되어야 한다. 다섯째, 염기치환용량은 높지만 염분은 높지 않아야 한다. pH는 5.5~7.0 범위를 유지하나 번식식물에 따라 제품의 선택 또는 산도를 조절한다. 끝으로 모든 상토는 균일해야 되고 가격이 합리적이어야 한다. 이상과 같은 조건을 갖춘 상토는 번식하고자 하는 식물의 특성을 고려하여 알맞은 상토를 골라 사용한다. 블루베리는 산도가 4~5로 낮아야하나 일반 상토는 6~6.5가 좋다. 상토 조제는 많은 경험이 있어야 하며 기본물질의 특성을 잘 이해하고 식물에 알맞게 혼합하여 사용해야 하고 철저한 소독이 필요하다.

2) 상토소독

밭토양, 농가에서 만든 퇴비, 출처 불문의 상토 등을 사용할 때는 반드시 소독해서 사용하여야 하는데, 소독법에는 물리적 방법으로는 태양열 소독법, 소토법(燒土法), 증기소독법, 그리고 화학적인 방법으로는 각 나라마다 허용된 토양소독제를 사용한다. 태양열 소독법은 채종온실의 토양에 석회를 뿌리고 충분히 관수를 하고 비닐을 덮어 30일 이상 폐쇄시켜서 태양열로 소독하는 방법이다. 소토법은 철판에 흙을 올려놓고 토양의 온도가 60~80℃ 되게 하여 1시간 동안 익히는 방법으로 80℃ 이상이 올라가면 토양미생물이 죽게 되므로 유의한다. 증기소독법은 증기를 흙 속에 불어 넣거나 소독시키는 방법으로 80℃까지 토양온도를 올리는데 1시간, 80℃로 30분간 유지시켰다가 다시 식히는데 1시간을 필요로 해 전체적으로 2시간 30분이 필요하다. 증기로 소독할 곳에 비닐을 덮고 증기를 넣거나, 찜통처럼 만들고 아래서 증기를 넣

그림 1-5 증기발생기와 증기주입을 위한 비닐덮기(info@msd-ag.de)

어서 소독하는 법 등 두 가지 방법으로 크게 나눈다(그림 1-5). 화학적 소독으로 과거 많이 사용했던 메틸브로마이드는 지구 오존층 파괴로 2015년부터 사용이 중지되어서 메칠아이오다이드(methyl iodide, iodomethane), 메탐소디움(metam sodium, 성분 methyl isothiocyanate 상품명 vipam)을 사용한다. 상토에 주입 후에 비닐을 덮고 2주 후에 비닐을 걷고 위험성분을 휘발시킨 후에 사용하는데 위험하므로 사용하지 않는 것이 좋다. 클로로피크린법은 흙 $1m^3$에 클로로피크린 180㎖ 정도를 30cm 이상 깊이로 넣어서 24시간 비닐 등을 덮어 놓은 후, 10~21일간 나머지 성분이 휘발케 한 후 사용한다. 그 외 베노밀(benomyl)은 화훼류의 경우 50% 분제를 이용하며, 캡탄(captan)은 500ppm을 이용하면 *Fusarium*균에 효과가 있다.

3) 번식용 상토의 종류

원예번식은 주로 상토를 이용하는데 천연상토에는 밭흙, 모래, 부엽토, 피트, 수태, 코이어가 있고 인조상토에 펄라이트, 암면, 버미큐라이트가 있다.

① **밭흙**: 농가에서 가장 많이 사용하는 것이 밭흙이다. 밭흙을 상토로 이용할때는 증기 또는 훈증제를 이용한 토양소독을 실시한 다음에 물빠짐을 좋게하기 위해 적당비율의 잘 썩은 퇴비, 모래 등을 혼합해서 사용한다. 밭흙에 점토가 많이 함유된 것을 모래와 섞어 쓰지 않으면 물빠짐이 나빠서 분육묘 시에 뿌리가 썩을 위험성이 많다. 주로 배추같은 엽채류, 고추, 참외, 딸기 같은 과채류 및 노지삽목 등의 상토로 많이 사용된다.

② **모래**: 순수석영사가 가장 좋다. 그러나 순수석영사는 특수번식에 쓰이고 비싸므로 보통 강모래(川砂)를 쓰는데 직경은 0.05~2mm정도이다. 모래는 무겁고 운반이 어려운 단점이 있다. 주로 과수류 종자나 관상수의 최아(催芽)에 많이 쓰이며, 다육식물인 선인장류나 기타 야자류 등의 번식에 이용된다. 또한 사경재배용 육묘상토로도 사용된다.

③ **부식토**: 활엽수인 참나무, 떡갈나무, 플라타너스잎 등을 모아 흙을 일정량 넣고 썩힌 것으로 다공질이며, 수분의 보수력이 좋고 배수가 잘되며 비료의 보비력도 좋다. 침엽수는 송진 때문에, 그리고 볏짚, 보릿짚 등은 너무 심하게 부식되어 쉽게 부서지므로 부식토로서는 부적합하다. 부식토는 최소한 1년 이상이 경과되어야 사용하므로 그 사이에 병균의 오염이 없어야 하며, 가능하면 소토(燒土)나 증기소독을 하여 이용해야 한다. 국화재배에 좋다.

④ **피트**: 소택식물(沼澤植物)이나 수생식물(水生植物)이 물속에 퇴적되어 썩거나 일부 분해된 것을 피트(peat, 泥炭)라고 한다. 부식의 정도에 따라 흑색피트와 백색피트가 있다. 국내에서는 생산되지 않고 전량을 캐나다, 핀란드, 미국 등에서 수입해서 이용한다. 유럽

의 경우는 원예 번식용 상토의 70~80%를 차지한다. 수입 피트를 사용 시 주의할 점은 먼저 포장하면서 가압(加壓)을 했으므로 풀어헤쳐서 충분히 잘 휘저어 일정한 용적이 되도록 하며, 그 다음은 충분히 관수를 하여 젖은 상태로 이용한다. 생산단지에 따라 피트의 pH가 다른데, 만일 산도 측정을 해서 강한 산성을 띠면 반드시 석회수를 뿌려서 pH를 조정해야 한다. 보통 pH를 0.5~1.5 올리기 위해서는 1kg $CaCO_3$를 피트 $1m^3$에 섞어서 관수하고, 12시간 기다렸다가 사용한다. 일반적으로 피트의 pH는 철쭉류, 블루베리는 4.0~4.5, 고사리류와 난 종류는 4.5~5.0, 분재용 식물, 절화용, 잔디파종용, 그리고 채소류 육묘에서 5.5~6.5 정도이다. 생산회사마다 다르나 육묘용은 질소-인산-칼리가 140-160-180ppm이 들어있고, 블루베리용은 비료성분이 없다. 피트는 각종 상토, 양액재배 배지 등으로 사용된다.

⑤ **수태**: 수태(水苔, sphagnum moss)는 산의 습기가 많은 곳에서 자라는 습생식물(濕生植物)을 건조시킨 것으로 병의 오염이 적고 식물번식 또는 묘목의 수송 등에 이용된다. 기생식물이나 양란재배에는 반드시 필요하며, 뿌리가 약한 식물에 이용 시는 잘게 갈아서 이용하기도 한다.

⑥ **코이어(coir)**: 코코칩이라고도 하며 코코넛 열매의 질긴 섬유소로서 목수부(pith) 60%와 단섬유 40%로 구성되어 있다(그림 1-6). 통기성이 좋아서 뿌리가 잘 뻗지만 과습하지 않게 관리하는 것이 번식에서 중요하다. 구입할 때에 색깔이 어두운 것 보다 암갈색의 밝은 것이 좋으며 사용 전에 반드시 염도를 측정해서 사용한다. 시중에는 S(2~6mm), M(6~8mm), L(10~15mm), XL(15~30mm), XXL(30~50mm)이 공급되는데 S, M, L은 화분, 육묘용이며 XL과 XXL은 멀칭제, M, L은 수경재배용으로 사용된다. 수경재배용 coco grow bag(20×100×10cm)은 암면과 달리 재배가 끝나면 바로 유기질로 토양투입이 가능해 친환경적이다.

⑦ **톱밥(sawdust)**: 전나무나 소나무의 톱밥은 포도의 삽목이나 접목삽목에 많이 쓰이며, 톱

그림 1-6 코이어(luv2garden.com)

그림 1-7 육묘용 암면 큐브

밥을 토탄이나 흙과 섞어서 쓰기도 한다. 보수력과 통기성이 양호하여 가정에서 취미원예가의 삽목용 상토 등에 이용이 가능하며, 최근 일정한 양액을 급여하여 일종의 수경용 재료로도 각광을 받는다. 질소가 부족하기 쉬우므로 질소 비료를 충분히 보충해야 한다.

⑧ **펄라이트(perlite)**: 화산의 용암지대에서 캐낸 회백색의 광물을 760℃ 고열처리를 하여 원광석의 10배 이상으로 팽창시켜 만든 가벼운 입자이다. 시중에서 판매되는 입자의 크기는 다양하나 보통 1.6~3mm 크기가 원예용으로 많이 이용된다. 흙에 섞어 통기성을 증진시키며, 피트와 섞어서 삽목용으로 많이 쓰이며 이스라엘과 우리나라에서는 수경재배에도 이용된다.

⑨ **바아크(bark)**: 나무를 제재하는 과정에서 생성되는 나무껍질을 썩혀서 만든 것으로 양란재배의 상토나 기타 채소용 상토로 피이트처럼 사용하는데 국내 수입 바아크는 염도를 측정해서 사용해야 한다. 동남아에서는 원목을 바닷물에 담궜다가 껍질을 벗기기 때문이다.

⑩ **암면(rockwool)**: 원석을 1,600℃에서 녹인 후 섬유화시키고 눌러서 제품화시킨 것으로 덴마크에서 처음 개발되었다. 현재는 입상암면은 발근용으로, 큐브(cube)는 수경용, 과채류 육묘용, 슬라브(slab)는 수경재배 베드로 쓰인다(그림 1-7). 암면은 수분보유력이 좋으나 수분이 없을 때와 있을 때의 외적인 색깔의 차이를 비교하기 어려운 단점이 있다. 완충능이 거의 없고 양이온 치환 능력이 낮고 양분이 없다.

⑪ **버미큘라이트(vermiculite)**: 주로 남미와 미국에서 생산되는 마그네슘과 철이 포함된 알루미늄 실리케이트 계통의 원석을 1,000℃의 고열로 처리하여 용적을 10~15배 증가시킨 원예용 인조용토로서 1ℓ의 무게가 약 140~150g이 된다. 이와 같은 제조과정 때문에 쉽게 부서지는 폐단이 있으나 육묘용으로 많이 쓰이는데, 단지 가격이 비싸다. 국내에서는 대립, 중립, 소립으로 나누어져 있다. 버미큘라이트는 규산 39.4%, 점토 12.1% 마그네슘 23.4%, 칼리 2.5%, 그리고 망간 0.3%를 함유한다.

⑫ **기타 상토**: 정원이나 화분에 사용하는 인조 자갈(pebble), 스티로폼(styrofoam) 입자를 이용한 것(통기촉진, 양란재배), 화산에서 나오는 다공질의 송이(pumice), 상토에 혼합하거나 단용으로 사용하는 다공질의 제오라이트(zeolite) 등이 있다. 이들 모두가 무균상태에서 이용되어야 한다. 또한 각종회사에서 제조한 혼합상토 등도 많이 이용된다. 시중에 판매되는 혼합상토 가운데 채소용은 중금속 함량이 없는 것을 사용해야 한다. 화훼류에서는 식물생육에 지장이 없는 중금속이 미량 함유되어도 큰 문제는 없다.

4) 근권의 수분 조절

번식에 있어서 가장 중요한 것은 적당한 수분의 공급이다. 관수의 방법을 이해하고 번식하는 식물의 생육 단계별 적정 수분공급 시스템을 정립해야 한다.

식물은 90% 이상이 수분으로 이루어져서 육묘기나 채종포에서 알맞은 관수는 필수적이다. 육묘 중에 수분이 부족하면 떡잎이 마르고 너무 많이 관수하면 떡잎 아래 배축이 웃자라는 경우가 나타나 건전묘 육성에 걸림돌이 된다. 과다 관수는 시설 내 습도를 상승시켜서 병해가 나타날 수가 있다. 그러나 개화기에 수분 부족은 종자 수량이 급격하게 떨어진다. 대체로 개화기 이전에는 위조점 이하로 토양수분이 낮아지지 않으면 종자 수량에는 큰 영향이 없지만 개화가 시작해서 수정이 이루어지고 종자가 발달할 때는 적정 토양수분이 유지되도록 관수해야 종자 수량이 많다.

관수시스템은 포그시스템(fog system), 담배수(湛排水, ebb and flow)관개, 홈통형관수, 점적관개, 이동식 붐(boom)관개, 미스트(mist)관개, 매트관개 등이 있다.

① **포그시스템**: 삽목 묘, 난류 재배 등에 많이 사용되는데 10~30㎛이하의 세무(細霧)를 분사시켜서 공중의 습도를 알맞게 조절함으로써 발근과 생장을 증진시킬 수 있다.

② **담배수(ebb and flow)관개**: 베드 하단에서 물이 상승하여 베드 위에 놓은 포트의 하부를 적시고 다시 배수되는 방법으로 관수(5분 관수)와 단수시간(10~15분 배수)은 식물의 크기, 온실 내 기온에 따라 다르다. 이 방법은 물에 석회성분이 많아 스프링클러를 이용한 관수를 하면 잎에 석회 반점이 생겨 상품성이 떨어지기 쉬운 유럽에서 발전시켰는데, 순환에 따른 병전염이 문제이나 단시간에 대단위 관수가 용이한 이점이 있어 화훼류에 많이 이용한다(그림 1-8).

그림 1-8 담배수 장치를 이용한 접목선인장 재배(선인장연구소)

③ **홈통형 관수**: 일종의 저면관수형으로 저렴한 가격으로 구입한 폭 12~15㎝, 가장자리 높이 약 3㎝의 홈통에 물을 흘려보내 여기에 포트를 세워 놓은 방식이다. 홈통이 플라스틱일 경우 물이 흐르면 바닥 면의 한쪽으로 흐르는 경향이 있어 바닥에 엷은 부직포나 플라스틱 망사를 깔면 물이 고르게 퍼져서 저면관수를 잘할 수 있다.

④ **점적관개(drip irrigation, trickle irrigation)**: 다양한 시스템이 존재한다. 튜브식, 스파게티식 등 다양한데 포트 육묘 시에 좋다. 튜브식은 주로 온실 내의 모본 재배, 노지채종 재배 등에 사용되며 스파게티튜브는 포트에 점적 튜브를 꽂아서 관리할 수 있어 좋지만 가격이 비싸고 포트에 꽂는데 노동력이 문제가 되고 있다. 점적관개는 점적관에 따라 물 공급의 차이가 나므로 적정관수량보다 약 20% 정도 많이 관수한다.

⑤ **붐 관개(boom irrigation)**: 움직이는 막대에 부착된 노즐과 관수호스를 감아주는 드럼으로 구성되며 있는데 온실의 난방파이프에 장치할 수 있다. 주로 육묘장에서 많이 사용한다. 자동화가 가능하여 물주는 시각과 양의 조절이 편리하다(그림 1-9).

그림 1-9 붐관수(우: urbinati)

⑥ **미스트 관개**: 고정 또는 이동 미스트 장치를 이용하여 주로 삽목묘를 관수한다.

⑦ **매트관개(mat irrigation)**: 베드 위에 설치한 매트에 점적호스를 이용해서 관수함으로써 수분이 매트 위에 올려놓은 포트 내로 이동하게 하는 일종의 저면관개방법이다.

이상의 관수시스템은 포트나 베드 상의 수분함량을 수분장력계로 측정하여 알맞게 관수하는 관수시스템이 개발 보급되고 있어 이용하면 과잉관수를 막을 수 있다. 최근에는 보다 정확성이 높고 리모트컨트롤에 의한 조절이 가능한 TDR(time domain reflectometry)이나 FDR(frequency domain reflectometry) 방식을 주로 이용하여 정밀 관수한다.

관수할 때에 가장 중요한 것이 수질이다. 수질이 나쁘면 식물은 각종 생리장해를 보이거나 관엽식물 같은 경우에는 잎 모양이 기형화되거나 상품성이 떨어지게 된다. 따라서 번식할 때 사용하는 물은 병균이 없고 철분, 중금속에 오염되지 않고 용해된 전체 염의 함량이 1,400ppm 이상이 되서는 안된다. pH는 5~7이면 상관이 없다. 관수할 때 물의 온도는 18~20℃ 정도가 되어야 하나 겨울에 하천 부근의 지하수가 뿌리에 스트레스를 주는 온도인 12℃ 이하가 되는 수가 있으니 겨울철 지하수 이용 시는 주의가 필요하다. 특히 양액육묘 등에서는 온도가 낮으면 지하수를 가온해서 공급해야 한다. 대도시에서 수돗물을 사용할 때는 염소의 농도가 0.1~0.6ppm 정도는 괜찮지만 높을 경우에는 받아 놓은 후 하루 쯤 지나서 관수한다. 수돗물에는 불소를 첨가하는데 농도가 1ppm 이상이 되면 관엽식물에 해를 가져오므로 주의한다.

대규모 온실을 지을 때 지하수의 품질이 관수에 적당한가 판단하지 못하고 건축된 경우가 가끔 있는데 이때는 역삼투정수기나 이온교환수지 등을 반드시 사용해야 하여 많은 관수 비용이 추가된다. 참고로 관수하고자 하는 물의 각 성분별 한계치를 보면 〈표 1-9〉와 같다.

표 1-9 관수하는 물의 각 원소별 한계치

원소	한계치(mg/l)	원소	한계치(mg/l)
SO_4	24–240	Zn	1–5
P	0.005–5	Na	0–50
K	0.5–10	Al	0–5.0
Ca	40–120	Mo	0–0.02
Mg	6–24	Cl	0–140
Mn	0.5–2	F	0–1.0
Fe	2–5	NO_3	0–5.0
B	0.2–0.8	NH_4	잡히지 않음
Cu	0–0.2		

*기타 조건: 알칼리도 0~100 mg/l $CaCO_3$: 가용염 0~6.5 mmhos

5) 근권 온도

근권환경요인으로 중요한 상토의 온도는 베드 하부에 전열선을 설치하거나 상토 내부에 온수 파이프를 깔아서 적정 근권온도를 유지한다. 근권의 온도를 직접적으로 상승시키기 위해서는 관수하는 물의 온도를 18~25℃ 정도로 유지함으로서 조절한다. 여름철 고온기는 지하수로 근권의 온도를 낮추고 겨울에는 관수하는 물의 온도를 올려서 공급하는 것이 일반적인 요령이다.

6) 근권 영양소

근권의 영양관리는 건전한 상토의 경우에 단기 육묘기간에는 양분의 공급이 필요하지 않지만 장기육묘 시는 관비를 공급한다. 육묘시 관비의 농도는 엽채류의 양액표준 농도면 충분하다. 채종재배에서는 적당한 유기물과 함께 3요소를 포함한 미량원소 시비가 필요하다. 그러나 과다한 질소 비료를 시비하면 작물의 키를 웃자라게 하고 개화기가 지연되며 비바람에 넘어지게 된다. 일반적으로 인산과 칼리비료를 적당하게 시비하면 종자의 수량이 증가한다. 배추과 식물 등에서는 붕소가 부족하면 꽃대가 꺽이는 현상이 나타나니 반드시 적당한 시비가 필요하다. 채종포에서 미량원소의 결핍에 따라 착립이 잘 이루어지지 않으면 종자 수량이 감소한다. 따라서 토양분석을 기초로 채종포 시비는 종자 수량 증대에 매우 중요하다.

1.5.3 생물적 환경의 조절

원예 번식에 있어서 가장 중요한 환경조절은 생물적인 환경조절이다. 아무리 좋은 시설에서 육묘를 하여도 각종 공기 및 토양전염병균이나 바이러스가 감염된 종묘를 공급한다면 큰 문제가 발생한다. 그러므로 번식에 있어서 생물적인 환경의 조절은 매우 중요하다.

1) 병해방제

병해의 방제를 위해서는 경종적 방제 측면에서 병이나 환경 스트레스에 강한 내병성 품종(resistant cultivar)이나 대목을 선택해서 공급하는 것이 필요하다. 병에 민감한 품종은 방제에 시간, 농약, 그에 따른 경제적인 손실 등이 더 증가한다. 예를 들어 고추에서는 역병, 탄저병, 딸기나 토마토 등에서는 회색곰팡이병, 배추류는 무사마귀병 등에 강한 저항성 품종을 선택하여 육묘하여 공급하는 것이 기본이다. 파종 전에 채소 대목용이나 일반 과채류 종자는 종피에 붙은 바이러스병 방제를 위하여 75℃에 3일 정도 건열처리를 하는 것이 좋다. 이때 바로 75℃에 처리를 하지 않고 50℃ 정도에 하루 예열처리하고 본 처리를 하는 것이 좋다. 다음은 육묘나 삽목번식에서 철저한 관찰시스템(scouting system)을 도입해야 한다. 매일 식물의 관찰을 통한 조기 병해 방제가 중요하다. 영양번식성 딸기, 감자, 과채류, 사과대목 등에서 혈청반응검사 키트로 ELISA(enzyme-linked immunosorbent assays)를 하면 병이나 바이러스의 조기 검정이 가능하다. 육묘장에서 감염이 의심되는 바이러스병으로 인하여 토마토, 오이 농가의 피해가 많이 나타나는데 철저한 검사를 한 묘의 공급은 육묘상과 재배가의 다툼까지도 예방할 수가 있다. 아울러 육묘장 내외는 철저하게 잡초를 제거하며 내외에 시트를 깔아서 기주식물(예: 오이모자이크병 기주식물: 쇠별꽃, 닭의장풀)이 자랄 공간을 없앤다. 육묘 중에 병의 감염이 의심되면 즉시 제거하고 매개충과 병의 방제를 위해서는 2~3일 간격으로 서로 다른 살충제, 살균제를 뿌려주는 것이 필요하다. 채소 육묘장에 화훼류를 같이 재배를 해서는 안되며 육묘장에서 사용하는 도구는 수시로 철저한 소독을 하는데 10분간 끓는 물에 담그거나, 락스 300배 액에 10분간 침지했다가 수세 후에 사용한다. 온실은 휴작기에 충분히 소독해야 한다. 온실 특히 무, 배추 등 원종(原種)을 생산하는 온실토양은 완벽한 토양소독이 요구된다. 온실토양 살균은 앞서 언급한 바와 같이 태양열 소독, 증기소독이나 토양소독제인 화학물질을 사용할 수가 있다. 최근에 채종 온실에 토양 선충의 오염도 나타나는데 철저한 토양소독과 육묘장 출입 시에 다른 농장에 다녔던 신발에 의한 감염을 막기 위하여 육묘장 전용 신발을 사용해야 하며 입실 전 손발도 깨끗하게 씻어야 한다.

2) 충해방제

원예식물 번식장은 주변으로부터 해충 접근을 차단한다. 유시진딧물(날개를 가진 진딧물)이 육묘장에 접근하지 못하게 23메쉬 망사를 모든 환기구에 설치하고, 온실입구는 에어샤워장(air shower room)을 설치하여 작업자 몸에 부착된 해충의 침입을 방지한다. 최소한 입구에 대형 선풍기의 설치와 이용이 요구된다. 해충을 방제하는 것은 묘생산에 있어서 적기에 살포하면 큰 문제가 없는데 끈끈이 트랩을 많이 설치하여 해충이 나타나면 즉시 농약을 살포하며 반드시 2~3개 살충제를 준비하여 2~3일 간격 교호 살포가 필수적이다. 온실 내의 농약살포는 안전지침에 따라 실시하는데 기본적으로 마스크, 안경 등을 착용하며 한낮에는 살포를 금한다. 그러나 최근에는 천적을 이용한 친환경적인 방제가 이루어지고 있으나 번식 단계에서는 이용하지 않고 재배에서 주로 사용한다.

- **망실(網室, net house)**: 채종포에서 충매화의 경우 수정벌 이외 다른 곤충의 접근을 막아 종자의 오염을 방지하며, 진딧물에 의해 전달되는 바이러스병의 예방을 통한 virus-free 묘(virus 무병묘)의 보전을 목적으로 이용된다. 크기는 사용목적에 따라 대형, 중형, 소형으로 나누어 건립하는데, 건축양식에 따라 비닐하우스처럼 양지붕식, 반지붕식, 콘센트식 등이 있다(그림 1-10). 일시적으로 pot용 망실을 필요로 한 경우 사방 1×1×1m 크기로 상자형 망실을 사용하기도 한다. 사용하는 망(網, net)은 화학섬유 또는 철망을 이용하는데, 화학섬유는 1~2년에 1회씩 바꾸어 주어야 하며 23메쉬 정도 망사가 좋다. 모본 채종용 온실에서는 방사벌이 나가는 것을 방지하기 위해 사용하는 철망은 3~4년 사용할 수 있으나,

우기가 지나서 페인트칠을 해주면 더 오래 이용할 수 있다. 근래 양지붕식 온실에서 지붕은 플라스틱 필름을 이용하고 양면만 망을 쳐서 이용하는 경우가 많다.

그림 1-10 망실(코레곤종묘 제공)

3) 병충해 종합 방제 시스템

병충해의 합리적인 방제를 위해서는 대량육묘장에서는 종사자의 병충해 매개자로서의 역할에 신경을 써야 한다. 타 농장의 방문, 오염지 논밭의 방문 후에 번식장으로 이동 등에는 조심해야 한다. 각자 철저한 위생 관념의 도입을 통한 번식자로서의 역할이 중요하다. 그리고 바이러스 조기 측정 키트를 이용하여 생장점 배양이나 과채류의 육묘 시에 바이러스 감염을 철저하게 조사하여 공급해야 한다.

농약방제는 2019년부터 시행하는 농약허용물질 목록관리(PLS: positive list system)규정을 준수하여 종자를 생산하고 번식에 임해야 한다. 왜냐하면 번식된 개체는 결국소비자가 이용하기 때문이다. 농약 관련 정보는 농업과학원 농약정보시스템(http://pis.rda.go.kr), 농약별 병충해 방제 기술은 농촌진흥청 농사로(http://www.nongsaro.go.kr)를 참조하기 바란다.

결론적으로 번식에 필요한 3가지 요인인 번식시설(propagation facilities), 번식용 미디아(media, 상토와 토양), 모주(stock plant)의 병충해 방제를 위하여 충분한 지식 확보와 실행이 요구되며 이를 위해서는 최적관리 실제(best management practices)가 건전묘 생산을 위하여 친환경적, 친인간적으로 수행되어야 한다.

1.5.4 복합적 환경 조절

건전묘를 육성하기 위해서는 앞서 설명한 기후, 토양. 생물적 환경을 최적화시켜야 한다. 그러기 위해서는 스마트팜을 운용하는 것이 중요하다. 즉 온실 내의 광, 온습도, 근권의 온도와 토양수분 등을 잘 조절하고 해충의 접근이 되지 않게 관리한다. 대부분의 공장형 양묘생산 시스템, 공정육묘공장, 조직배양실은 복합적인 환경조절이 가능하다.

1) 공장형 양묘시스템

폐쇄된 공간에 광도, 온도, 일장, 습도를 조절하여 주로 영양번식성 고구마와 감자, 과수류 대목, 난류 등의 유묘나 괴경을 생산하는 시스템이다. 모든 것을 리모트 컨트럴을 하는 시스템으로 육종가가 가지고 있는 원원종의 유지나 원종의 개화 유도 등에도 사용된다.

2) 조직배양실

근래 난류, 백합과 화훼류, 딸기, 과수 대목의 virus-free 묘의 육성 등의 목적으로 많이 이용되는데 충분한 기술확보와 시설을 구비하여 배양하고자 하는 식물의 무병묘의 생육에 알맞은 온도를 유지할 수 있고 최적의 광원을 줄 수 있는 조건을 갖추면 된다. 대단위의 무균실 또는 배양실 설치하려면 고비용이 필요하여 전문 바이러스프리묘 생산자 이외는 건설이 어렵다. 다만 원예 번식용은 온도가 일정한 지하실 등을 이용하면 비용 절감이 가능하다.

3) 공정육묘실

플러그(plug)묘 또는 피트블럭(peat block)묘의 생산을 위한 시설로서 파종실, 발아실, 접목실, 육묘장 등으로 크게 나눌 수 있다. 파종실, 발아실, 접목 후 초기 활착까지 보존하는 접목실은 일장, 광도, 습도, 온도, 풍속이 조절되는 실내이고 육묘장은 플라스틱 또는 유리온실로 구성되는 실외인데 곤충의 비래를 방지하게 되어 있다. 대규모 육묘장은 저온 저장실을 갖추이시 묘를 일시적으로 서상했다가 출하하는데 복합 환경조절이 가능하다.

1.6 번식용 용기와 기기

최근에 원예번식 기술이 급속히 진정됨에 따라 다양한 용기가 개발되어 사용되고 있으며 대량 번식을 위해서는 이들에 대한 특성과 관리기술이 필요하다.

1.6.1 번식용 용기

1) 플레트(flat)

재배용 플레트는 플라스틱, 스티로폼, 나무 또는 금속류 등으로 만드는데 바닥에 배수용 구멍이 뚫려있다. 주로 발아, 삽수, 발근, 운반용 등에 사용된다. 플레트는 주로 플라스틱(폴리에틸렌, 폴리스틸렌)으로 만드는데 크기가 28×53㎝가 표준형이다. 크기에 따라 구멍이 18개 되는 삽목용, 구멍이 100~400개가 되는 육묘전용 plug tray 등이 있다. 육묘할 식물의 종류와 육묘기간에 따라 쎌 크기를 결정하고 구입해서 이용한다(그림 1-11, 좌).

2) 토분(土盆, clay pot)

플라스틱 화분이 공급되기 전에는 흙을 구워서 만든 토분을 주로 사용했는데 직경에 따라 10cm, 15cm, 24cm 등 크기가 다양하다. 토분을 이용 시에 이끼 등이 끼어 씻어주고 소독 등을 해야 하는 폐단이 있으나, 견고한 이점이 있다. 수분이 화분의 벽을 통해 증발할 수가 있으며, 관수하는 물이 염이 많을 경우 화분 가장자리가 흰빛을 띈다. 초벌구이 토분은 이와 같은 문제점이 있으므로 유약을 바른 토분을 생산하는데, 이것은 가격이 비싸므로 주로 관상용 식물 화분으로 사용된다.

3) 플라스틱화분(plastic pot)

근래 가장 많이 이용되는 용기로서, 원형, 사각형 등 모양과 색이 매우 다양하므로 번식하고자 하는 식물에 따라 알맞은 종류를 택해서 사용한다. 사용하는 플라스틱이 얇은 경우는 주로 유식물의 번식이나 이식용으로 쓰고, 두꺼운 것은 판매용으로 많이 이용된다. 최근 저면관

그림 1-11 플러그트레이(좌)와 Jiffy pot(우)

수를 통한 화훼용 식물의 육묘가 많이 이루어지는데, 이를 위해서 플라스틱 화분 밑바닥에 많은 구멍을 뚫은 것이 좋다. 결점은 썩지 않는 물질로 되어 비환경친화적이라는 점과 증기소독을 할 수 없다는 점이다. 그러나 70℃ 물에 3분간 담그고 나서 크로락스(Chlorox)같은 소독제에 담그면 간편하게 소독이 된다.

플라스틱 화분 내벽에 생장억제제인 수산화구리[$Ca(OH)_2$]를 코팅하면 화분 내부에 뿌리가 감싸는 근회현상(根廻現狀, root circling)을 방지하는 화학적 근전정(根剪定, root pruning)이 가능하다. 뿌리가 상토 내부에서 만 자라서 심을 때에 뿌리 절단을 극소화하여 활착촉진과 상처가 난 뿌리로의 토양전염 병균의 침투방지효과가 있으나 가격 면에서 문제가 있다.

4) 스티로폼(styrofoam) 상자

단열이 잘 되고 매우 가벼워 포트 및 유식물 재배상자 등으로 많이 이용된다. 단지 결점은 소독하기가 어렵고 쉽게 부서진다는 점이다. 그럼에도 불구하고 많은 수경재배용 용기, 육묘용 용기로 여러 가지 규격이 개발 보급되고 있다. 유럽에서는 육묘용으로 많이 사용한다.

5) 피트포트(peat pot)

피트를 목재섬유와 섞어 여러 가지 형태의 분을 만들 수 있는데, 대표적인 것이 Jiffy-pot이다(그림 1-11, 우). 원형포트는 직경 6, 8, 10cm 등 다양하며 연결형 4각형 포트도 보급된다. Jiffy 7포트는 압축형으로 흡수하면 부풀어 오른다. 가볍고 포트를 식물과 같이 땅에 심을 수 있어 사용하기 편리하며 최근 가정원예에서 많이 이용된다. 일반적으로 엷은 포트는 1~2개월 사용할 수 있고, 두꺼운 포트는 약 3개월 육묘가 가능하다.

6) 종이포트(paper pot)

과거에는 신문지나 교과서 종이로 만들어서 사용했고 1회용 커피컵을 재활용하기도 했으나 최근에는 사용하지 않는다. 유럽의 종이 포트는 6각형이 기본으로 책처럼 붙어있다가 양쪽에서 잡아당기면 화분이 된다. 흙을 담아서 육묘하고 젖은 상태에서 화분을 하나씩 떼어서 심을 수 있는데 일본에서 처음 개발하였다. 1개월 정도 단기 육묘에 주로 이용된다. 최근에는 상토를 채운 원통형 종이 소시지를 만들어서 절단하여 사용하는 종이포트가 개발 보급되어 과채류 묘에 사용된다(그림 1-12, 좌)

7) 소일블록(soil block)

피이트를 이용해서 블록을 크기별로 만들어 플라스틱판 위에 놓고 파종하여 육묘하는 방법

그림 1-12 소시지형 종이포트(좌, Van der Knaap)와 소일블럭(우)

으로 국내는 사용을 안하나 유럽의 많은 원예농가에서는 엽채류와 화훼류 육묘에 많이 사용한다. 블록에 자란 식물을 정식시킬 수 있는 자동이식기도 개발 보급되었다(그림 1-12, 우)

8) 암면블록(rockwool block)

입상암면과 큐브(cube) 또는 슬라브(slab) 암면으로 나눈다. 입상암면은 주로 엽채류나 화훼류 유묘를 기르는데 사용되고, 큐브는 과채류 육묘용으로 사용된다. 슬라브는 과채류나 장미 등의 수경재배용 배지로 사용된다.

9) 목재상자와 화분

목재로 상자를 만들어 재배용기로 이용하는 방법으로 플라스틱상자가 나오기 전에는 대부분 농가나 시험장에서 목재상자를 이용해 번식 및 육묘를 하였다. 최근에는 주로 조경용 대량 수목을 기르는데 사용된다. 썩기 쉽기 때문에 자주 코르타르나 페인트 등을 칠해야 한다.

최근에는 나무재료를 압착시켜서 나무화분을 만드는 기술이 유럽에서 개발되어 수목류를 나무 화분에 심고 육묘 후에 화분 채로 화단이나 조경할 곳에 심게 되면 토양 내에서 썩게 된다.

10) 기타

수경용 육묘 시에 일부 사용하는 성형 오아시스 블럭, 각종 재료로 만든 자루(bag), 조직배양용 플라스틱병 또는 삼각플라스크, 대형 플라스틱 용기 등이 원예작물의 유묘 또는 기내의 무병묘 대량번식용 용기로 사용된다.

그외 수목의 번식용으로 사각형의 목재 상자(wood container)가 조경수목 번식에는 많이 사용된다.

1.6.2 번식용 기기

1) 채종포용 기기

종자번식에서 채종포 관리를 위해 필요한 기계로는 대단위 채종포 조성을 위해 땅을 쟁기질하고 고르는 트랙터, 파종기, 비닐 피복기, 농약살포기, 수분기, CO_2 공급기, 예취기, 탈곡기, 풍선기 등이 있다.

원예용 트랙터는 견인효율이 높은 것을 사용한다. 보통 원예용은 20~30ps 정도면 되고 온실 내는 소형 관리기도 이용할 수 있다. 중경제초를 위한 관리기가 필요한데 이들은 유묘기에 주로 사용한다.

파종기는 주로 벼과의 옥수수, 배추과 채소, 백합과 채소, 두과 채소, 가지과 채소의 방임채종포에서 소형 또는 대형 파종기를 이용해서 파종할 수 있다(그림 1-13, 좌).

비닐 피복기는 주로 피클용 오이나 고추 채종포 등에서 사용할 수 있는데, 흑색 또는 투명비닐을 피복하는데 사용한다. 국내에서도 피복과 함께 고추 모를 정식하는 기계가 소개되고 있는데, 알맞은 크기의 모를 심는 것이 정식효율을 높일 수 있다. 피복기는 7~15cm 깊이로 시간당 4~8km 속도로 멀칭용 비닐 피복 시에 0.5~1ha를 피복시킬 수 있다.

농약 살포기는 입제, 분제, 수화제 등에 따라 다양한 살포기가 보급되고 있으며 온실 내에서는 훈증제 사용 용기 등이 이용된다. 농약은 교잡용 벌의 활동 때문에 개화기에는 사용을 피해야 한다.

그 외 채종시기가 되어 예취, 건조, 탈곡, 정선 등에도 많은 기계가 필요한데 이들 기계는 채종편에서 언급키로 한다.

2) 실내채종 관리기기

실내 채종에서 이루어지는 것으로 가장 중요한 작업은 수분작업이다. 수분기는 주로 개화기에 수분을 시켜줄 때 사용되는데 이때는 꽃잎을 제거하는 핀셋, 제웅을 시켜주는 제웅기, 꽃가루 채취기, 꽃가루 공급용 기구 등이 필요하다. 그 이외 수분할 때 사용하는 기기에 부착된 화분을 죽이기 위한 알코올 용기 등이 필요하다.

CO_2 공급기는 주로 배추과 채소의 자가불화합성 타파를 위해 공급시키는데, 액화 CO_2가 기화되면서 열을 흡수하므로 어느 정도 가열을 시켜서 온실에 주입시킨다. 우리나라의 배추과 채종기술은 세계적 수준으로 모든 대규모 종묘회사에는 CO_2 공급시설이 갖추어져 있다.

개화시기 조절을 위한 일장처리 장치, 보광기기, 관수기기, 난방장치, 냉방장치 등이 필요하며, 이들은 상당히 많은 비용이 필요하다. 일장처리 장치는 타이머에 의해 차광장치가 자동으

그림 1-13 1줄식 파종기(좌)와 2줄 수동 정식기(우, SPAPPERI S.R.L.)

로 개폐가 되며, 보광기기는 약광 상태에서 보광을 해주며, 관수 장치는 대체로 점적관개를 기초로 이루어져 있다. 냉, 난방 장치는 호냉성 채소의 개화유도를 위해 주로 사용한다.

3) 육묘 및 정식기

육묘하기 전에 해야 할 작업은 상토의 소독이다. 보통 구입하는 상토는 소독이 되어있으나 자가생산 상토는 소독을 해야 하는데, 소독기에는 증기소독기를 많이 이용한다. 증기소독기는 보통 소형과 대형 증기소독기로 나눌 수 있는데, 중요한 것은 온도와 처리시간이다. 대체로 80℃에서 30분 처리가 토양소독에 효과적이다.

다음 육묘를 위해서는 포트에 상토를 충전시켜야 하는데 상토의 포트 충전기가 많이 보급되고 있다. 포트 충전기는 영양번식성이나 종자번식성 작물에 모두 이용할 수 있다. 대체로 큰 포트는 영양번식성 식물을 대상으로 이용되고 작은 포트는 종자번식성 식물에 많이 이용된다.

피트 블록 제조기는 채소용 유식물이나 과수묘목 생산용으로 이용될 수 있는데, 보통 가로, 세로, 높이가 4~10cm 되는 것을 시간당 4,000~20,000개를 만들 수 있다. 유럽에서는 많이 이용된다.

국내 채소묘는 거의 플러그묘로 유통되는데, 미국과 캐나다 등지에서는 화훼와 채소 육묘의 75%를 플러그 육묘를 한다. 플러그 육묘기는 트레이를 시간당 최저 90개에서 최고 240개까지 만들 수 있는데, 종자는 진공방식을 통해 플러그에 파종된다.

정식기는 반자동식과 자동식이 있으며 줄 간격을 15~25cm로 조절할 수 있고 식물간격은 5cm에서 최고 100cm까지 조절할 수 있다(그림 1-13. 우). 이들은 시간당 1,200~1,500개 식물을 정식시킬 수 있다. 정식기의 종류와 성능을 비교하면 〈표 1-10〉과 같다. 정식 기계의 선택은 파나 수목류의 묘목처럼 뿌리에 상토가 붙어있지 않은 종류와 플러그나 피트블록묘 같은 공정규격묘 종류에 따라 달리해야 한다. 디스크식은 파종류나 어린 묘목에 알맞고, 플러그나

표 1-10 정식기의 기능비교

자동유무	정식방식	줄간격(㎝)	식물간격(㎝)	식물/시간
반자동	구절판식	>20	>5	약 1,200
	로우터리식	>15	15–60	약 1,200
자동	링거식	>25	15–100	1,200–1,500
	디스크식	>30	20–70	1,000–1,500
	콘베어식	>25	5–40	1,500–1,800
	수직낙하시스템	>15	5–90	1,200–1,400

(출처: Moser, 1984)

피트블록묘는 구절판식이 좋다. 수목용 정식기는 주로 트랙터에 부착시켜서 심는데, 원리는 손가락처럼 모를 꽂는 핑거식이 많이 사용된다.

4) 영양번식용 기기

주로 접목용기기가 많이 필요한데 기본적으로 전정가위, 다양한 접도, 끌, 망치, 톱 등을 들 수 있다. 그 외 패치접을 할 때에 필요한 두 날이 붙어있는 겹날칼(double-bladed knives) 등 각종 소형칼도 필요하다. 그러나 대규모 묘목의 접을 붙이기 위해서는 혀접(舌椄)이나 안장접을 할 때 대목과 수목을 기계로 V자 또는 쐐기꼴로 자를 수 있는 소형 프랑스 접목기(French grafting device), 그리고 깍기눈접(削芽椄)을 할 때 대목의 껍질을 알맞은 길이로 자를 수 있는 길이 30cm 내외의 cut chip bud 기계가 과수접목용 기계로서 많이 이용된다.

채소용 접목기로서 국내에서는 유풍의 호접기가 보급되었으나 절품되었고 일본과 우리나라에서도 토마토의 핀접 기계가 소개되고 있다. 호접기는 비교적 사용이 용이하나 토마토의 자동 핀접은 기계가 비싼 것이 흠이다.

5) 기타 농기계

묘를 출하하기 위해서는 각종 운반용 기기, 지게차 그리고 묘를 포장하는 콘테이너 등이 필요하다. 특히 육묘된 묘를 장거리 운송키 위해서는 온도조절 장치가 부착된 콘테이너 트럭도 필요하다.

제2장

종자번식

2.1 생장과 발육생리

원예작물을 번식시키기 위해서는 번식에 관련된 생장과 발육에 대한 생리를 이해해야 한다. 종자번식(유성번식)을 하는 식물은 어느 생육단계에 가서 꽃이 피고 열매를 맺으며, 삽목과 같이 식물체를 절단하여 영양번식을 하는 식물은 어느 시기에 삽수(揷穗, cuttings)를 채취해야 발근(뿌리내림)이 잘 이루어지나 알아야 한다. 그러기 위해서는 식물의 생물적인 생활환(生活環, life cycles)에 대한 지식이 필요하다.

2.1.1 식물의 생활환

식물이 꽃이 피고 열매를 맺어서 1세대가 끝나는 기간은 식물에 따라서 다르다. 어떤 식물은 봄에 씨를 뿌리면 당년에 꽃이 피어서 종자를 맺는가 하면 다른 식물은 겨울을 넘겨서 개화하여 종자가 달린다. 그런가 하면 나무는 여러 해 살면서 매년 개화와 결실이 이루어진다. 따라서 식물에 따라 생활환(life cycle)을 알아야 번식과 채종을 하여 증식을 잘 할 수가 있다. 식물은 키가 크는 신장(伸張, elongation)과 기관이 양적으로 증대하는 생장(生長. growth) 단계를 거쳐서 기관의 분화와 개화, 결실이 이루어지는 질적인 변화가 생기는 발육(發育, development)의 단계를 거쳐 생을 마감한다. 이와 같은 생활환의 기간에 따라 1년생(annuals), 2년생(biennials), 영년생(永年生, perennials)으로 나눈다.

1년생은 봄에 싹이 나서 당년에 개화 결실하여 추운 겨울이 오기 전에 생을 마감하는 식물로서 많은 채소와 초본화훼류가 여기에 해당한다. 채소에는 상추, 쑥갓, 파, 오이, 수박, 참외 등이 해당되며, 화훼류는 채송화, 코스모스, 백일홍, 맨드라미 등이 해당된다.

2년생은 두 생장 계절을 갖는데 첫해는 영양생장 만 하고 겨울을 넘기면서 생장점이 저온감응을 받는 춘화(春化, vernalization)단계를 거쳐서 다음 해 봄에 개화 결실하여 여름이 되기 전에 죽는 식물이다. 대표적인 채소는 무, 배추, 양배추 같은 배추과 식물이다. 일반 작물에서는 가을에 파종하는 가을보리(추파맥, 秋播麥)가 대표적이며 봄에 뿌리면 이삭이 생기지 않는다.

영년생은 2년 이상 매년 영양-생식생장환(egetative-reproductive cycle)을 반복하면서 자라는 식물이다. 온대지방에서는 고온과 저온, 열대지방에서는 건기(乾期)와 우기(雨期)의 반복에 따라 개화가 이루어진다. 영년생은 다시 초본과 목본으로 나눈다. 초본영년성(herbaceous perennial) 식물은 겨울철에는 잎이 고사하고 인경(튤립, 백합), 괴근(고구마), 괴경(감자), 식물체(딸기), 지하경(아스파라거스) 또는 맹아 상태로 겨울을 넘긴다. 목본영년성(woody perennial)은 매년 줄기와 뿌리가 자라는데 다만 줄기의 생장점이나 측아에서만 생식생장이 나타나고 그 외 기관은 영양 생장이 이루어진다. 온대지방의 낙엽과수인 사과, 배, 복숭아는 일정 기간 자란 줄기가 저온을 접해야 꽃이 피며 충분한 저온을 접하지 않으면 개화가 되지 않거나 불량하다.

2.1.2 식물의 생장상

종자에서 발아한 유식물(幼植物, seedling)은 양적생장을 거쳐 성숙되면 개화 결실하여 종자를 맺는 생식생장 과정을 가지는데 일반적으로 식물의 수정 후의 생장상은 4개 단계로 분류한다.

1단계는 배생장(胚生長, embryonic growth)으로 수정이 이루어진 후에 배가 발달하면서 모체로부터 양분을 받아서 종자 상태로 발전하는 단계이다. 이 시기에 양수분의 공급이 원활하지 않으면 크고 알찬 종자로의 발달이 이루어지지 않아 종자수량이 감소하고 발아율도 낮다.

2단계는 유년상(幼年相, juvenile phase)이다. 종자는 토양의 수분과 산소를 받고 적당한 온도 조건에서 발아하여 지상부는 향일성(向日性, heliotropism)에 따라 태양을 향해서 자라고, 뿌리는 지구 중력의 중심부를 향해 자라는 향지성(向地性, geotropism)을 나타낸다. 이 시기는 어린줄기, 잎, 뿌리가 각각 분화, 비대가 되면서 영양기관(營養器官)을 형성하고 영양생장(營養生長, vegetative growth)을 한다. 식물이 꽃을 형성하여 다음 세대를 자라게 할 수가 있는 정도의 크기나 잎 수를 확보하면 온도나 광조건에 따라 꽃눈이 생기게 되는 전 단계까지가 유년상이다. 삽목할 때에 수목류는 유년상 단계에서 성년상보다 발근이 더 잘 이루어진다.

3단계에서는 전이(轉移, transition)가 이루어 진다. 즉, 일정한 시기에 도달하면 유년상이 끝나고 성년상(成年相, adult phase)으로 바뀌는 전이단계로 상적변화(相的變化, phase change)가 일어난다. 유년상에서 성년상으로 바뀌는 것은 저온, 일장, 식물생장제, 식물의 수령 등이 영향을 미친다. 상적변화가 나타나면 생장은 다소 멈추면서 생장점에 화아(花芽, 꽃눈) 또는 유수(幼穗, 이린 이삭)의 분화를 일으키고 생식생장(生殖生長, reproductive growth)으로 변화가 시작된다. 대체로 배추과 식물은 저온에 의하여 화아가 분화되며 박과채소는 저온 단일조건에서 암꽃의 착화마디가 낮아지면서 많이 달린다. 수목류는 종류에 따라 유년기간이 차이가 나는데 포도 1년, 핵과류(예: 복숭아) 2~8년, 인과류(예: 사과) 4~8년, 아이비(*Hedera helix*), 털자작나무(*Betula pubescens*), 세코이아(*Sequoia sempervirens*)등은 5~10년, 구주물푸레나무(*Franxinus excelsior*)와 플라타너스단풍(*Acer pseudoplatanus*)은 15~20년, 미송(*Pseudotsuga menziesii*)과 거삼나무(redwood, *Sequoiadendron giganteum*)는 20년, 유럽참나무(*Quercus rubur*) 25~30년, 그리고 유럽너도밤나무는 무려 30~40년간 유년기를 갖는다, 수목류는 유년상에서 잎모습과 성년기에서의 잎의 모양은 완전히 다른 종류도 있는데 대표적인 것이 유카립투스(*Eucalyptus*), 송악(*Hedera helix*), 슈도파낙스(*Pseudopanax*), 싸이프러스(false cypress, *Chamaecyparis*)등이다. 유카립투스는 유년기에 잎이 둥글지만 성년기는 가늘고 길다. 송악은 유년기 잎은 결각이 지고 무늬가 있으나 성년기 잎은 결각이 없이 하트모양으로 둥글고 무늬가 없다(그림 2-1, 좌). 초본류에서는 화아분화가 이루어지면 고수의 잎은 코스모스잎처럼 가늘어지고 서양 겨자무(horseradish)는 화아분화가 된 후에 발생되는 새잎은 톱니형이 된다(그림 2-1, 우).

그림 2-1 송악의 유년상과 성년상 잎(좌)과 서양고추냉이 화아분화된 잎(우)

4단계는 성년상(成年相, adult phase 또는 성숙, mature) 단계이다. 이 단계에서는 꽃봉오리가 완성되고, 개화하고 결실을 하여 열매가 달리면서 씨가 성숙되고 결국 노화되는 단계이다. 종자의 성숙이 완료되면 1~2년생은 생육이 멈추고, 영년생 수목류는 완숙된 종자를 수체로부터 분리시킨다. 소나무나 단풍나무류는 날개 달린 종자를 떨어뜨리고 민들레와 마삭줄은 종자를 바람에 날리며 봉선화는 물리적 자극에 의하여 종피가 수축되면서 종자를 멀리 튀겨서 보낸다. 성년기의 줄기는 영양번식을 하면 발근이 유년기 보다 어렵다.

이처럼 영양생장에서 생식생장으로 생육상이 바뀌는 과정은 식물의 종류에 따라 다르다. 성년이 된 식물체의 개화에는 환경 조건, 특히 온도나 일장 등에 의하여 폭 넓은 영향을 받는다.

2.1.3 개화와 결실관여 요인

식물의 생활환에서 유년기에서 성년기로의 변화, 즉 영양생장에서 생식생장으로 옮겨지는 과정으로서 꽃 또는 화서(花序)의 원기(原基)를 생성하는 것을 최화(催花)라 하며, 이어서 암술과 수술의 분화 및 생식세포의 형성을 화성(化成)이라 한다. 최화의 조건으로는 외적요인에 해당하는 환경적 요인(광주성, 춘화처리)과 내적 요인에 해당되는 생리적 요인(C/N율, 식물호르몬)의 상호관계에 따라 변화를 일으키는데 개화결실을 조절하려면 4가지 요인의 생리작용을 잘 이해해야 한다.

1) 광주성의 효과

개화와 결실에 관여하는 환경요인에는 공기, 물, 온도, 일조, 무기 및 유기영양분(有機營養分), 토양 등 여러 요인이 있다, 그 중에서도 가장 밀접한 관계가 있는 환경적 요인으로는 일장(日長, day length)과 관계가 있는 광주성의 효과이다.

작물체의 발육, 특히 화성(花成, 개화유도, flower induction)은 이들 외계적 조건에 큰 영향을 받는다. 대부분 식물은 유년기(juvernility) 동안에는 광주기에 감응을 하지 않고 어느 정도 연령, 크기 및 발육단계가 요구된다. 즉, 이런 유년기간을 기본영양생장기라고 한다. 이 기간이 지난 후 화성에 현저한 영향을 미치는 외계조건 중의 첫 번째로 일장을 들 수 있다. 일장이 작물의 화아분화, 개화, 기타의 발육반응에 영향을 미치는 현상을 일장효과(日長效果, 광주성:光週性, photoperiodism)라 한다. 광선의 유무와 작물의 생활 관계에 대하여 1일 24시간 중 명암의 비율에 따라 반응이 달리 나타난다. 일장의 감응은 성엽이 어린잎이나 노엽보다 잘 나타난다. 지베렐린은 장일을 대신하는 효과가 있으며 생장억제제(Phosfon-D, CCC, B-9)도 화성을 유기한다.

광주성의 기구에 대해서는 여러 학설이 있으나 암반응과정에서 파이토크롬(phytochrome,

광을 흡수하는 색소)의 작용, 식물의 감시성(感時性, time-measuring mechanism) 및 내생주기(內生週期, endogenous rhythm)의 이론이 주를 이룬다.

① **파이토크롬(phytochrome) 작용**: 잎에 적색광(660nm)을 흡수하는 Pr형과 근적외선(730nm)을 흡수하는 Pfr형의 두 형태가 존재하는데, 낮 동안에는 Pr에서 Pfr로 많이 전이되며, 밤 동안에는 Pfr형에서 Pr형으로 전환된다고 한다. 체내의 Pr이 많으면 화성촉진물질이 생겨 생장점으로 전달되어 단일식물의 화성을 촉진하고 장일식물의 화성을 억제하며, 호광성 종자의 발아를 억제한다고 한다. 반면에 Pfr는 단일식물의 화성을 억제하고 장일식물의 화성을 촉진하며, 호광성 종자의 발아를 촉진시킨다고 한다. 지금까지 단일식물의 화아형성 기구는 이 학설로 설명이 되고 있다(그림 2-2).

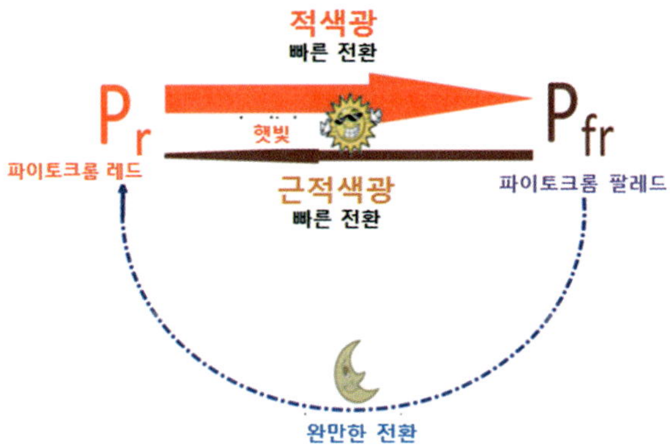

그림 2-2 파이토크롬의 가역 반응

② **식물의 감시성**: 식물체 내에는 정확하게 시간을 측정할 수 있는 기구를 가지고 있으며, 이에 따라 일정 시간의 한계일장을 초과하면 개화의 여부가 달라진다는 학설로, 이처럼 감시할 수 있는 기구를 생물시계(生物時計, biological clock)라 하는데 식물도 시간을 감지할 수 있다는 설이다. 정일성 식물같이 정확한 시간대의 접촉에서만 화아가 분화되는 것은 감시성으로 설명을 할 수도 있을 것이다.

③ **내생주기(內生週期)**: 강낭콩의 잎과 엽병이 밤에는 오므라들고 낮에는 전개되는 것처럼 어떤 리듬이 식물체에 존재하며 이것이 개화와 관계가 있다는 학설이다. 즉 암기 중에는 혐광(嫌光)상태로 들어가며 이때 암조건은 개화에 유리하나 광은 개화를 억제한다고 한다. 즉 식물체가 광주기(光週期)의 민감도에 있어서도 어떤 규칙적인 주기가 있다는 설이다.

생장상을 변화시키는 일장의 요구도에 따라 식물을 다음과 같이 구분할 수가 있으며 특성을 이해하는 것이 화아분화 조절에 매우 중요하다.

① **장일성(長日性) 식물(long-day plants: LPD)**: 최소한계 일장보다 긴 일장에서 개화가 촉진되는 식물이다. 보통, 화아분화 및 개화가 14시간 이상 처리하면 촉진되는 종류로서, 시금치, 상추, 감자, 당근, 무, 순무, 사탕무, 완두, 쎈토레아, 스토크, 아이리스, 아스타, 맥류 등이 있다.

② **단일성(短日性) 식물(short-day plants: SDP)**: 최대 한계일장보다 짧은 일장에서 개화가 촉진되며 온도와 같은 환경요인에 영향을 받는다. 대체로 낮의 길이가 12시간 이하 10시간 범위에서 화아분화 또는 개화가 촉진되는 식물군으로써 연속 암기(暗期)를 필요로 하기 때문에 장야식물(長夜植物)이라고도 한다. 들깨, 셀비어(salvia), 코스모스, 팔레놉시스, 국화, 백일홍 등이 있다.

③ **중성(中性) 식물(day-neutral plants)**: 화아분화 또는 개화가 일장에 관계없고 연령과 연관이 있다. 보통, 10~18시간의 일장, 또는 연속 조명에서도 개화가 촉진되는 식물로서, 화아분화되기 전에 일정한 크기의 식물 생육단계가 요구되는데, 오이, 토마토, 가지, 고추, 강낭콩, 베고니아, 해바라기, 조생종 호박, 심비디움, 프리뮬라, 장미, 히비스커스, 사철에 피는 화훼류 등이 있다.

④ **정일성(定日性) 식물(definite day-length plants)**: 중간식물(intermediate plants)이라고도 하는데 특정한 일장에서만 개화되는 식물이며, 사탕수수는 12~12.5시간 일장에서 만 개화한다.

⑤ **단장일식물(short-long day plants)**: 처음에는 단일이고 후에 장일처리에 개화가 촉진되는 식물로서 카네이션, 페추니아, 펠라고니움, 초롱꽃이 그 대표적 예이다.

⑥ **장단일식물(long-short day plants)**: 처음은 장일이나 후에 단일처리하면 개화가 촉진되는 식물로서 메리골드, 카랑코에(대부분 품종)가 있다.

2) 춘화처리(春化處理, Vernalization)

식물이 일정 시기에 저온을 접하면 개화를 위한 꽃눈이 분화하는데 꽃눈을 인위적으로 유도, 촉진하는 것을 춘화(春化), 춘화처리, 또는 버널리제이션(vernalization)이라고 한다.

(1) 춘화처리 종류

처리온도, 처리시기, 기타 요인 등에 의하여 여러 방법이 있다.

① **온도처리**: 저온처리(저온춘화)와 고온처리(고온춘화)로 구분이 된다. 저온처리는 0~16℃ 범위로 처리하는데 채소류의 알맞은 범위는 2~8℃이나 일부 곡류는 −6℃에서 처리를 하면 화아가 분화된다. 고온처리 범위는 10~30℃ 정도인데 꽃양배추(cauliflower)의 화

아분화의 온도는 극조생종은 21~22℃, 조생종은 17~18℃, 중생종은 13~14℃, 만생종은 8~10℃이다.

② **처리시기**: 종자춘화처리와 녹체(식물)춘화처리로 구분한다.

- 종자춘화(seed vernalization): 건조한 종자가 아니라 종자 무게의 30% 정도 수분이 흡수된 종자에 저온처리하는 것을 종자춘화처리라 하고, 배추과는 2~5℃에서 최소 10일, 최대 40일까지 처리하는데 작물과 품종에 따라 다르다(표 2-1). 구근류도 저온처리하여 춘화를 유도하는데 나팔수선은 8℃에서 35~40일, 아이리스는 30℃에서 14일 처리 후에 7~8℃에서 40~45일 처리한다.
- 녹체(녹식물)춘화(green plant vernalization): 양배추, 꽃양배추와 양파 등은 일정한 영양생장이 이루어진 후에 저온을 처리하면 생식생장이 일어나서 개화, 결실하는데 이를 녹체 또는 녹식물 춘화처리라고 한다. 이들 작물은 생육 중에 어느 정도 크기나 생육단계에 도달했을 때 식물체가 겨울철의 저온에 접하게 되면 화아의 형성을 일으키고 다음 해 봄에 꽃대(花莖)를 추대시켜 개화한다. 예를 들면 양배추는 줄기의 굵기가 5mm 이상될 때 저온에 반응되며, 꽃양배추는 극조생 품종은 줄기의 직경이 5mm이상 전개 잎이 5매 이상에서 21~22℃에서 약 2주일 접하면 화아분화가 이루어진다. 녹체춘화처리형인 양배추 등은 저온에 처리되지 않으면 용이하게 화아분화나 개화가 일어나지 않고, 장기간에 걸쳐 영양생장(營養生長)을 계속한다. 예를 들면 결구(結球)한 양배추를 가을에 포장에서 분에 옮겨 15~22℃의 온실에서 가꾸면 2년간 추대와 개화를 하지 않고 영양생장만 계속하지만, 가을에 포장에서 캐내어 5℃에서 2개월 처리 후 분에 옮겨 키운 것은 2개월 후에 개화, 결실한다. 저온이 처리되지 않은 양배추를 저온처리된 무에 접목하면 개화와 결실이 가능하다(Motoki, et al. 2019). 접목 방법을 쓰면 정상적인 춘화처리 보다 약 2~3주 빨리 개화시킬 수가 있다.

③ **기타 화학적 춘화(chemical vernalization)**: 주로 생장조절제를 사용하는데 양배추, 당근, 셀러리 같이 춘화처리에 저온을 요구하는 작물은 장일조건에서 지베렐린을 처리하면 화성이 유도된다. 오옥신(auxin)도 화성을 촉진하는데 열대과일 리치에 100ppm NAA를 처리하면 무처리구는 4% 개화하는데 처리구는 80% 개화한다. 시금치 종자도 1ppm NAA를 낮은 온도에서 침지처리하면 꽃눈분화와 추대, 개화가 촉진된다. 그러나 장일에서 자란 카렌듈라(금잔화)에 처리하면 화아분화가 지연된다. 생장조절제의 반응은 작물에 따라 다양하므로 알맞은 사용이 바람직하다.

표 2-1 종자 춘화처리온도 및 처리기간

공시작물	처리온도	처리기간	공시작물	처리온도	처리기간
20일 무	5 ℃	13 일	시무대근	4 ℃	30~35 일
궁중 무	2 ℃	10~40 일	시금치	2~5 ℃	20 일
포두연배추	2 ℃	10~40 일	완두	2~3 ℃	20~30 일
미농조생무	3 ℃	15~20 일	상추	20~25 ℃	15 일
결구배추	3 ℃	15~20 일	스위트피이	2 ℃	40 일

(2) 춘화처리의 기작

춘화처리는 온도, 광주성, 광질, 호르몬, 건강상태(스트레스), 수령(생육단계)에 의하여 자극을 받아서 영양생장에서 생식 생장으로 바뀌는 현상이다(Ream, 2012). 춘화처리는 질적춘화, 양적춘화 그리고 무반응의 3가지 타입이 있으며 각각에 춘화처리의 반응이 나타나는 곳은, 생장점에서만 작용, 생장점과 잎의 2개 기관에 작용, 잎에서만 작용하는 3가지 타입이 있다.

영양생장에서 생식생장으로 전환은 두 가지 설이 있는데 원형질(原形質) 변화설과 화성호르몬설(flower forming substance)이다. 원형질 변화설은 춘화처리에 의하여 생장점의 원형질에 무엇인가의 질적변화, 즉 아미노산의 합성 또는 핵산의 생성 등이 일어나 이것이 화아(花芽) 또는 유수(幼穗)의 형성원인이 되는 것이라고 주장하는 학설이다. 화성 호르몬학설은 최아종자의 경우에 낮은 온도처리를 하면 2단계의 불완전한 중간물질을 거쳐 안정된 vernalin이라는 최종산물이 형성되며, 화아형성물질인 florigen을 만들어 개화가 유발된다는 학설이다. 그동안 vernalin이 지베렐린과 유사 물질이라는 설도 있었으나 최근에 FT(FLOWER LOCUS T) mRNA로 보고되기도 한다.

녹체 춘화형의 메카니즘이 밝혀진 것은 배추과의 애기장대(Arabidopsis), 비름과의 비트(beet), 그리고 벼과의 밀과 보리 등 3개 그룹이다. 앞으로 연구를 통하여 더 많은 메커니즘이 밝혀지리라 본다. 애기장대는 전사억제유전자인 FLC(FLOWERING LOCUS C)가 춘화처리에 의하여 잎에 형성되어 FT(FLOWER LOCUS T)로 체관을 통하여 생장점으로 이동되어 다시 FLC로 변화되어서 꽃형성을 하게 되어 애기장대에서는 FLC가 핵심요인(key factors)으로 작용하며 분화된 후에는 식물체내 함량은 서서히 줄어든다. 비름과 비트 같은 채소는 춘화처리가 되어 잎에 btcl(bolting time control: 추대시간조절)가 형성된 상태에서 장일에 접하면 동일 엽 내에서 FT1(bolting time 1)을 형성하는데 이 둘이 합쳐서 FT2로 변하여 생장점으로 이동하여 식물호르몬 유전자를 형성하여 개화단계로 간다. 밀이나 보리와 같은 곡류는 춘화처리를 하면 잎에서 VRN1(VERNALIZATION 1)이 형성되어 VRN2를 거쳐 장일조건에서 FT상태로 생장점으로 이동하여 VRN1 형태로 전환하여 화아형성을 유도한다. 추파맥에서는 VRN2

가 핵심인자로 작용한다고 한다(Woods, 2016).

생장점에 안정된 vernalin 같은 물질이 형성되기 전에 고온, 낮은 광도, 암흑상태에 접하게 되면 춘화처리(春化處理)는 이루어지지 않고 이춘화(離春化, devernalization)가 일어나 화아형성 과정이 원점으로 돌아오는데 분자 네트워크(molecular network)가 이를 관장한다.

춘화가 유발된 줄기를 춘화처리가 되지 않은 식물에 접목하면 vernalin유사 물질의 이동에 따라 춘화가 이루어져서 개화를 하는데 이와 같은 특성은 식물의 종류에 따라 차이는 있다.

(3) 춘화처리의 원예적 이용

춘화처리는 종자의 함수율(含水率), 처리한 온도조건, 충분한 산소의 공급, 식물생장제 처리(지베렐린 등) 및 품종의 영향을 받지만 농업에 많이 응용이 된다. 춘화처리는 개화촉진이나 조절을 연중 수행할 수가 있어서 육종연한을 단축하고 종자생산 뿐 만 아니라, 양딸기의 휴면타파를 통한 촉성재배 응용, 양배추의 월동 시 저온감응조절을 통한 추대 또는 결구유발, 기타 구근 화훼류의 개화촉진 등에 이용된다.

3) C/N율(탄소－질소 비율: carbon－nitrogen ratio)의 효과

식물은 일반적으로 영양작용이 왕성하면 생식작용이 둔화되며, 반대로 생식작용이 왕성하면 영양작용이 둔화된다. 이는 체내 C/N율(탄소-질소비율, 탄질율)에 따라 달라지기 때문이다. 이와 같이 식물 체내의 탄수화물과 질소성분이 식물의 생장, 개화에 관여한다는 것이 C/N율의 효과이다. 사과에서 대체로 질소는 많고 탄수화물이 작으면 생장이 미약하고 결실이 불량하나 질소의 흡수가 감소하고 체내의 탄수화물이 많이 축적되면 생장은 약하나 결실은 양호하다. 그러나 연구자에 따라 다른데 사과에 대한 다른 C/N율의 시험에서 C/N율에 차가 있음에도 불구하고 개화수에는 변화가 없다는 결과도 있다. 이러한 것으로 보아 C/N율만으로는 화아분화를 일으키는 화학적 요소라고 생각하기에는 무리이며, 기타의 미량물질에 의하여 결정된다고 생각된다. 그러므로 어느 것이나 C/N율만을 문제로 하는 것은 위험한 생각이며 과수의 경우에 C/N율은 생장(生長), 결실상태(結實狀態)를 나타내는 하나의 지표로 생각해야 한다는 주장도 있다.

채종재배에서도 과다한 질소시비는 잎과 줄기의 왕성한 생장 만을 가져오고 일반적으로 개화시기가 늦어지는데 이것도 C/N율로 설명할 수도 있겠다. Wareing과 Phillips(1981)는 질소 수준을 낮게 시비할 경우에 장일성식물에서 조기 개화가 이루어졌다고 했다. 꽃양배추에서 질소 수준을 ha당 50, 150, 250, 350kg을 시비했을 때 가장 높은 350kg 시비구에서 개화일수가 10일이나 늦어졌다고 한다. 그러므로 채종재배에서는 과다한 질소시비를 피하고 토양분석을 통한 알맞은 시비계획을 세워야 한다.

4) 개화호르몬

'식물호르몬'은 고등식물의 체내에 자연적으로 생산되는 유기화합물이며, 형성되는 장소에서 떨어진 곳으로 이동하여 여러 가지의 생리기능을 지배하고 미량의 존재로 활성이 인정된다고 정의된다. 오옥신(auxin), 지베렐린(gibberellin), 사이토키닌(cytokinin), 아브시직산(abscisic acid) 또는 가상적 물질의 화성호르몬인 플로리겐(florigen) 등이 여기에 해당된다.

(1) 화성호르몬(花成 hormone)

줄기의 생장점에 작용하여 화아를 일으키는 물질로서 화아형성물질 또는 개화호르몬, 즉 florigen이다. 단일성 식물인 나팔꽃을 보기로 들어 보면 최대의 화성반응을 일으키기 위해 14시간의 암기(暗期)가 필요하다. 14시간의 암처리 후에 생성된 화성호르몬의 이동에는 일정한 시간이 필요하며, 18시간을 경과하면 최대의 화성반응(花成反應)을 일으킬 수 있는 화성호르몬이 처리 잎에서 생장점으로 이동한다. 따라서 완전한 화성호르몬의 합성과 이동을 통한 생장점의 분화를 위해서는 일장처리가 일정기간이 지속되어야 한다. 이와 같은 화성호르몬은 앞의 춘화의 기작에서 언급한 것처럼 애기장대 시험에서 잎에서 합성되어 이동되는 것으로 밝혀졌으나 완전한 물질의 구조를 기초로 생합성과 대량 생산이 필요하다.

(2) 기타 생장호르몬

다양한 호르몬 보급이 체내에서 합성되어 생장과 발육에 관여한다.

인돌초산(IAA: indole acetic acid)이나 나프탈렌초산(NAA: α-naphthalene acetic acid)을 단일식물에 처리하면 단일처리효과가 말소된다. Auxin에 의한 화아유도(花芽誘導)의 저해는 잎의 화아 유도물질의 생산을 방해하거나 잎에서 생장점으로 화성자극물질의 이동 저해에 기인되는 것으로 생각된다. 사과에서 가지의 잎을 제거하면 동시에 auxin이 25일간에 걸쳐 증가되는 현상이 나타나는데, 이는 auxin과 질소의 증기가 적엽에 의해 신초(新梢)의 발아를 촉진시켜 화아의 감소에도 영향을 주기 때문이다. Auxin이 화성유기에 작용되는 예가 파인애플, 고구마에서 확인되었다. 파인애플 1주(株)당 5~10ppm의 NAA용액 50㎖을 심(芯)에 관주하여 2개월 후에 개화를 보았다. 이 때 NAA는 화아분화 촉진의 직접적인 원인이 되는 물질이 아니고, NAA 처리에 의한 에틸렌(ethylene) 생성이 직접적인 원인이라고 추측된다.

지베렐린은 채소류의 화성을 유기시킬 수 없는 환경조건 아래에서 화성을 유기시키며, 저온과 일장처리에 대치된다고 알려져 있는데, 화아가 형성된 식물에 대해서는 오히려 개화를 촉진하는 효과를 하국(夏菊), 시클라멘, 프리뮬라 등에서 볼 수 있다. 과수에서 지베렐린에 의한 화성 유도는 효과가 없으며, 오히려 사과나 온주밀감에서 내성 지베렐린은 화아분화를 억제한다는 보고가 있다. 사과의 종자나 온주밀감 발육지(發育枝) 중에 gibberellin A_1이 존재하며, 포도의 과실 중에도 존재한다. 개약(開葯) 후 수일간에 지베렐린은 과실 내에서 최대로 되고 무핵품종과실(無核品種果實)의 초기의 비대도 지베렐린에 의한 것이라고 추측된다.

채소류에 있어 생장조절제를 처리하여 화성을 바꾼다. 과채류인 오이의 경우 제1본엽기에 지베렐린 100ppm액을 2회 살포하면 10째 마디 아래에 수꽃이 착생되고, 그 위에는 암꽃이 달려 교배시키기 좋다. 대체로 지베렐린을 오이에 뿌리면 암수꽃의 비율에서 수꽃의 비율이 높아진다. 반대로 오이의 암꽃 착생을 위해서는 인돌초산(IAA), 나프탈렌초산(NAA) 등의 auxin류나 CCC(Cycocel) 등의 왜화제가 효과적이고 처리 시기는 본엽(本葉)이 2~3매 때가 알맞다. CEPA는 멜론, 호박의 암꽃 착생률을 촉진한다. 호박의 암꽃 착생은 ethrel 100~200ppm을 1~3엽기(葉期)의 유묘에 살포하면 주지(主枝) 20마디까지의 암꽃 수가 무처리보다 2.5~5.5배가 증가한다. 토마토의 화아분화는 떡잎 전개 후 5일부터 TIBA(2,3,5-triiodobenzoic acid) 1ppm을 8회 살포했을 때 모의 생장점의 생육은 억제하나, 꽃눈의 형성과 발육은 촉진되었다. 그러나 높은 농도에서는 오히려 꽃눈의 발육이 지연된다. 당근은 NAA 10~100ppm, 시금치는 GA 20~40ppm, 상추는 GA 20~50ppm이 꽃눈 형성에 효과적이다.

화훼류의 예를 보면 CCC는 동백, 카네이션, 글라디올라스, 펠라고니움, 대만철쭉의 화아분화를 촉진하고, ancymidol은 들국화 일대잡종과 백합 'Enchantment'의 화아분화를 억제한다. 또한 SADH는 들국화 일대잡종, 포인세치아, 페추니아의 화아분화를 억제하는 등 연구가 있는데 이들은 살포 시기나 품종에 따라 다양한 결과를 나타낸다.

2.1.4 화아분화와 개화

화아(꽃눈, flower bud)와 엽아(잎눈, leaf bud)는 발생 초기부터 구분되는 것이 아니고, 눈(bud)의 발육이 어느 시기에 도달하면 엽아와 다른 내부적 구조를 나타나게 된다. 이것은 앞에서 설명한 환경적 및 생리적 요인의 영향으로 인해 서로 다른 내부적 구조로 변형되기 때문이며 이와 같은 최아조건으로 변환된 내적상태를 화숙(花熟)상태(ripe-to-flower state)라 한다. 원예작물에서 초본류와 목본류가 서로 다른 형태를 갖지만 생리적인 메카니즘은 거의 비슷하다. 목본 원예작물인 과수나 정원수의 화아형성 시기는 거의 연중 고정되어 있으며, 환경요인에 지배됨이 둔감하지만, 초본성인 화훼나 채소류는 환경적 요인, 즉 광주성이나 vernalization에 의한 화아분화가 민감하다. 생리적 요인에서도 생장조절제의 감응 역시 목본성에 비하여 초본성이 효과가 높다.

1) 화아분화의 초기 표징

화아분화가 확인되는 최초의 표징은 작물의 종류에 따라 다소 다르나, 대체적으로 눈의 내부에 있는 생장원추형(crown of bud) 또는 생장점(growing point)이 엽아(leaf bud)에 비하여 비후해지면서 불룩해져 정상이 평탄해지는 것을 분화의 표징이라 한다. 엽아와 확실히 다른 형상 중에서 가장 빨리 나타나는 점이 분화기 표징인데, 세밀한 점은 연구하는 사람에 따라 다소 다르기 때문에 분화 개시기도 과수의 경우를 보면 수일의 차가 있다.

2) 화아분화기의 조사법

화아분화기를 조사하는 방법으로는 직접법과 간접법이 있다.

직접법(直接法)은 보통 화아가 착생할 위치에 있는 눈(bud)을 매회, 십여 회 또는 수 십 회를 1주일 또는 10일 간격으로 채취하여 인편을 벗기고 각 눈의 내부를 실체현미경으로 조사하여 생장원추체(crown of bud)가 화아분화의 표징을 어느 시점에서 나타내는가를 조사한다. 눈의 생장원추체의 형상을 보는 방법으로는 눈을 종단으로 잘라보는 절단법(切斷法, embedding method)과 인편을 벗기는 일종의 박피법(剝皮法, free hand method)이 있다.

간접법(間接法)은 목본 원예작물에서 많이 쓰이는 방법으로서 하계전정, 적엽, 박피(환상박피) 등의 처리를 화아분화기라고 생각되는 시기의 전후에 수일 간격으로 식물체에 처리하여 다음 해 봄에 줄기에 꽃눈의 착화를 조사하는데 무처리구와 처리구 사이에 착화의 차가 있을 때는 처리시기에 확실히 분화되지 않았다는 것을 알 수 있다. 그러나 처리구와 무처리구 사이에 착화의 차가 없는 것은 처리를 시행하기 전에 이미 화아분화가 끝난 것으로 결정할 수 있는데, 이와 같은 화아분화기 조사법을 간접법이라 한다.

2.1.5 과수류의 화아분화

1) 분화 표징

과수류의 화아분화 표징은 채소, 화훼와는 다르지만 낙엽과수류는 서로 비슷하다. 사과의 화아분화 표징에 대하여 살펴보면 다음과 같다. 절단법에 의한 조사에서 생장원추체(crown of bud)가 비후하고 불룩해짐과 동시에, 유관속 및 수부(髓部)의 발달을 화아분화의 표징이라 하는데, 수부는 눈(bud)의 종단면에 있어서 엽아에서는 정점이 반원형이지만 꽃으로 될 눈에는 다소 삼각형을 나타낸다. 생장원추체의 비후와 돌기의 발생을 화아분화의 표징이라 하나, 돌기가 자라면서 엽아(leaf bud)로 되는 눈도 있는데 이는 불량환경이나 영양분의 부족에 따른 것으로 추측한다. 보통 사과의 화아분화 표징은 생장점 부위는 빨리 그 면적이 증가되어 다소 불룩해지며, 윗부분이 감소, 평탄해지고 유관속(維管束)은 이에 따라 발달하여 수부도 반구형이었던 것이 다소 삼각형으로 되는 때가 분화기라고 본다. Sweet cherry의 꽃눈분화과정은 〈그림 2-3〉과 같다.

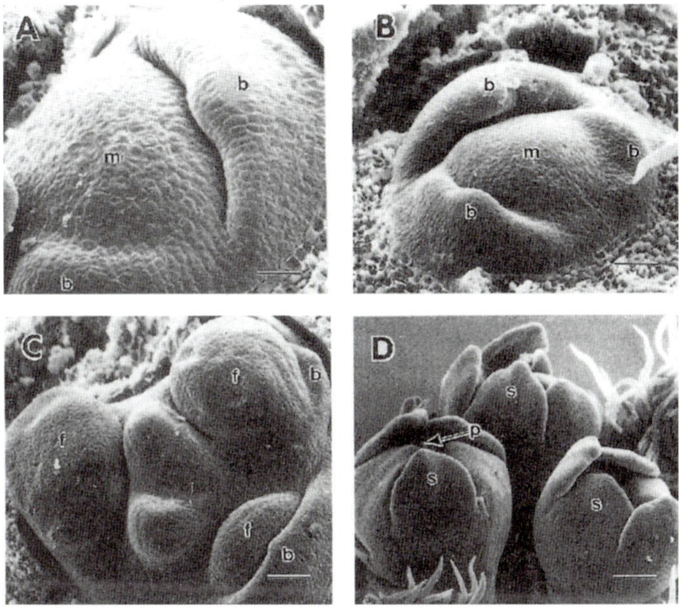

그림 2-3 스위치체리의 꽃눈분화과정(Guimond 등, 1998)

A. 둥근생장점(m), 포엽(b): 원기형성 7월9일 B. 화아원기(m)가 불룩해진다(7월 23일)
C. 화아원기가(f)가 공처럼 부푼다(8월6일) D. 꽃받침(s), 꽃잎(p) 분화(8월27일)

2) 화아분화기

조사년도, 재배지역, 재배품종, 전정법 및 시비법에 따라 다르며, 가지의 영양상태에 따라서도 차이가 난다. 그러므로 확실히 규정할 수는 없으나 사과는 7월 상순, 배는 6월 중 · 하순, 복숭아는 8월 상순, 포도는 5월 하순, 감은 7월 중순경으로 보여진다. 기타 매실은 7월 하순~8월 상순, 앵두는 7월 중순, 감귤류 중에 온실밀감은 1월 중순, 조생온주는 1월 상순, 금감(金柑)은 6월 하순, 호두는 6월 상 · 중순이다. 이와 같은 화아분화기는 해에 따라 수체의 영양상태와 기후조건이 달라지면 약간의 차이가 있을 수 있다. 화아분화기를 전후 수분과 영양관리를 충분히 잘해야 화아의 발달이 좋다.

3) 화아분아와 개화생리

목본류인 낙엽 과수류는 결과지의 줄기에서 꽃눈이 주로 여름철에 분화되므로 초본성인 채소와 다른 분화와 발달 생리를 가진다. 분화에 관여하는 외적 및 내적요인은 다음과 같다.

(1) 외적 요인

과수의 개화생리에 미치는 외적요인은 수령, 온도, 광, 줄기의 위치, 엽면적, 생장조절제 처리 등이다.

과수의 화아형성은 유년기(juvenile period)를 거친 다음 유전적, 환경적 요인에 의해서 개화, 결실하는데 사과는 4~10년(평균 7.4년), 배는 7~12년(평균 9.2년)이 필요하다. 그러나 수세가 강하면 사과는 4.2년, 배는 6년이면 개화한다. 돌능금(*Malus juhepensis*)을 종자번식 시키면 7~10개월이면 개화하여 화훼식물로 사용한다.

복숭아는 당년에 자란 가지가 15℃ 이하로 떨어지지 않은 기간이 160일 이상이면 화아분화가 이루어져 다음 해 개화한다. 사과의 꽃눈분화 수는 만개 후에 3개월(7월 중순)까지 18℃를 유지할 때 촉진적이나 24℃나 그 이상에서는 꽃눈분화 수가 감소한다. 특히 사과는 6월 하순에 밤낮의 온도차이가 크고 평균온도가 낮을수록 꽃눈의 형성이 양호하다. 예를 들면 6월의 일 평균기온이 15℃이면 7월 중순에 72~82%의 꽃눈이 형성되나 19℃로 높으면 16~37%로 낮다. 그러나 산간지대에서 7월의 야간온도가 10℃ 이하로 되면 오히려 사과의 꽃눈분화는 억제된다. 지중해 및 페르시아에서 잘 자라는 아프리코트(apricot)는 사과와 달리 온도가 30.5℃ 이상일 때 꽃눈분화가 좋다. 국내에서 자라는 온대 낙엽과수는 꽃눈이 분화해도 일정 기간 저온에 접하지 않으면 개화결실을 못하는데 이를 낙엽과수의 저온요구도(chilling requirement)라고 한다. 일반적으로 6℃ 이하 되는 기간이 포도(품종, Concord) 3,500시간, 사과는 1,400~1,600시간, 일본배는 1,200~1,300시간, 복숭아는 800~1,200 시간, 감은 800~1,000 시간이 필요하다. 이와같은 저온요구도 때문에 지구온난화가 계속되면 사과 재배지역은 한반도의 높은 산악지대에서만 재배되는 시대가 올 수도 있다.

딸기(한국과 일본에서는 딸기가 채소이나 서양에서는 과수로 분류)는 여름철에 해발 700m 이상 고랭지에서 육묘하거나 지하수(15~16℃)를 이용하여 육묘상자나 가식 베드온도를 낮추면 화아형성이 잘 된다. 낮에는 노지에 두고 야간(오후 5~오전 9시)에는 13℃ 정도로 냉장처리를 약 20일간 실시하면 꽃눈분화가 잘 된다. 다만 비용이 많이 필요한 단점이 있다.

충분한 광조건은 꽃눈분화를 촉진한다. 사과에서 전년도에 차광 상태에 줄기가 접하면 꽃눈수가 줄어든다. 사과는 1일 8시간 일장보다 길어져야 좀 더 많은 꽃눈을 갖는다. 딸기는 사과와 달리 고온기인 8월 중순에서 9월 상순 사이 약 20일간 50% 차광하면 꽃눈 형성이 잘된다.

사과의 측지 및 결과지를 그냥 두는 것보다 유인하는 추나 끈으로 수평으로 유인하면 새 가지의 단과지화 촉진, 1년생 가지의 꽃눈 착생 촉진과 수세의 안정화를 가져온다. 신고배의 신초(새 가지, 길이 130~150cm, 마디 수 25~29개 정도)를 7월 10일 중심으로 1~2회 나누어서 기부로부터 1/3~1/4 부위에 묶어서 수평에 가깝게 유인하면 화아의 형성률이 증대된다. 유인 시기를 6월 20일, 7월 9일 실시하면 무처리에 비하여 액화아(腋花芽) 형성률이 무처리 36.1%에 비해 각각 87.1, 87.6%로 2배가 증가된다.

토양수분 상태가 다소 건조한 것이 꽃눈분화가 잘된다. 배는 50~80% 토양수분 상태보다 30~40% 상태에서 꽃눈분화가 잘되며 이와 같은 경향은 사과에서도 나타난다. 그러나 극단적인 건조는 모든 과수류의 꽃눈분화에 악영향을 준다.

엽면적과 꽃눈 수의 관계를 보면 품종에 따라 알맞은 잎 수의 차이가 있다. 사과에서 잎 수와 과실 수를 보면 'Glockenapfel'은 35:1에서 꽃눈분화가 좋았는데, 'Red Delicious'는 50:1일 때가 좋았고 20:1 이하에서는 꽃눈이 거의 생기지 않았다고 한다. 따라서 알맞은 잎 수의 확보가 꽃눈 발달에 좋다. 딸기는 육묘기간에 묘의 잎수를 3장이 되게 하엽을 제거하여 유지하면 3~4일 꽃봉오리가 빠르게 나온다.

생장호르몬은 오옥신과 에틸렌은 촉진적이고 지베렐린는 억제적이며 사이토키닌 처리는 특별한 효과가 인정되지 않는다. 합성 호르몬은 처리연구는 있지만 실제 적용은 적다.

(2) 내적 요인

내적 요인으로 중요한 것은 C/N율과 내성 호르몬이다. 앞서 개화생리에서 설명한 바와 같이 과다한 질소는 과수의 화아분화를 억제한다. 그러나 충분한 잎 수를 확보한 줄기는 상대적으로 탄수화물의 농도가 높아서 꽃눈분화가 촉진된다. 과수의 개화 후 3~4주 된 어린 열매의 종자에서는 지베렐린이 많이 형성되는데 이 성분이 같은 가지 위의 눈이 꽃눈으로 분화되는 것을 방해한다. 만일 착과가 너무 많으면 그로 인하여 종자에서 유래된 내성 지베렐린이 꽃눈분화를 억제하여 다음 해 개화와 착과가 적어서 해거리(격년결과)를 하게 된다. 그러므로 조기에 수세와 잎 수를 고려하여 알맞게 적과하여 화총에 붙은 과일을 1개로 하면 그만큼 내성 지베렐린의 합성이 낮아서 줄기 위의 꽃눈분화가 좋아지며 이를 통해서 해거리의 방지가 가능하다.

2.1.6 채소류의 화아분화

채소류는 화아분화에 필요한 온도조건이 다양하므로 작물별로 다루어 보기로 한다.

무는 품종에 따라 화아분화에 대한 온도, 일장 반응이 다양하다. 종자춘화의 경우 3℃에서 20일간 처리하면 처리 후 약 9일이면 화아분화를 한다. 이처럼 낮은 온도에서 화아분화가 이루어지며 15℃ 이상에서는 화아분화가 잘 이루어지지 않는다.

배추도 무와 같이 종자춘화형으로 화아분화에 미치는 온도와 일장의 영향은 무와 유사하나,

결구배추의 저온요구도는 가을무보다 강하다. 화아분화 후 추대에 미치는 장일의 영향이 뚜렷하다. 배추는 3~13℃ 범위에서 온도가 낮을수록 화아분화가 촉진된다.

양배추는 종자춘화의 경우 무와 유사하다. 녹식물춘화의 경우에는 5~6℃에서 가장 잘 춘화가 이루어지나, 고온에서 잘 자라는 남방계 여름양배추는 10~18℃가 춘화처리에 효과적이다. 녹식물춘화는 지제부의 직경이 5mm이상 일 때 직경의 굵기가 굵을수록 저온처리를 하면 조기 추대를 한다. 예를 들어, 9℃에서 지제부의 직경이 5mm의 묘는 처리기간이 30일 필요하나 10mm 묘는 10일 그리고 15mm 묘는 6일만 처리하면 춘화처리 효과가 나타난다. 일장은 저온감응을 받지 않은 식물에는 효과가 없으나 춘화처리가 된 식물은 장일 조건이 개화를 촉진한다.

꽃양배추는 극조생종, 조생종, 중생종 그리고 만생종으로 나누는데, 만생종일수록 녹식물 춘화처리에 필요한 저온요구도가 높다. 극조생은 21°~22℃, 조생종은 17~18℃, 중생 종은 13~14℃이나 춘파 및 추파용 유럽품종은 9~9.5℃에서 가장 춘화처리가 잘되며 9℃ 이하나 21℃ 이상에서는 효과가 없다고 한다. 그러므로 만생종은 10℃ 내외가 춘화처리에 알맞은 온도라 할 수 있다. 일장은 춘화처리에서 온도조건이 충족되면 큰 역할을 못하고 다만 장일조건이 생식기관의 생장을 촉진시킨다.

브로콜리는 조생종은 본잎 5~6매 단계에서 15℃로 3~4주 필요하나 20℃에서는 6주 이상이 필요하다. 중생종은 10매, 만생종은 15매 단계에서 15℃ 이하 6주간이 필요하다. 저온 반응에 필요한 줄기 굵기는 5~8mm, 생체중은 4~50g 정도이다(박, 2018).

시금치는 종자춘화와 녹식물춘화가 가능하다. 종자춘화는 1~2℃에서 1~3주간 처리하면 개화가 1주일 이상 촉진되고 개화 수와 종자 수량도 증가된다. 녹식물은 전형적인 장일식물로 장일에서 화아분화가 잘 이루어진다. 장일조건에서 잘 자라는 유럽계가 일장에 둔감하다. 시금치는 자웅이주로서 숫그루(雄株)의 추대가 빠르다.

상추는 유럽 노지용은 일장에 중성이며, 동양의 겨울 온실 재배용은 고온장일에서 추대가 이루어진다. 결구종 'Waya Head'는 묘령이 같아도 줄기 굵기가 작으면 고온(23℃)처리를 하여도 개화반응이 다르다. 줄기 굵기가 0.6cm 이하에서는 65일 처리해도 분화가 안되나 0.9~1.0cm인 것은 30~40일이면 분화된다. 온도를 17℃로 고정하고 하루 중 25℃로 8시간의 일장처리에서는 2개월 지나도 분화가 잘 안되나 16시간에서는 분화가 되었다. 일반적으로 결구상추는 적산온도 1,500~1,700℃에서 화아분화가 이루어지며 25~30℃에서 추대가 촉진되며 20℃ 이하에서는 추대는 이루어지나 개화하지 않는다. 따라서 20℃ 생식발육의 한계온도로 추정된다.

고추는 중일성 식물로서 화아분화는 일장에 대해 크게 영향을 받지 않는다. 다만 단일 조건에서 야간온도가 너무 높을 때 꽃눈분화가 한 마디 정도 늦어진다.

토마토는 중일성 식물이나 파종 후 아주 적당한 광조건(16~20시간 일장과 높은 일사량)에서 자란 식물은 나쁜 조건(8시간 일장과 낮은 일사량)에서 자란 식물보다 꽃눈분화와 첫 화방 출현이 빨랐다고 한다. 일장이 8시간으로 짧아도 광의 강도가 높으면 16~20시간의 일상에서 낮은 일사량 정도의 효과가 있다. 그러므로 광도가 꽃눈분화와 화방당 착화 수에 중요한 역할을 한다. 온도에 대한 토마토의 반응은 떡잎 전개 후 야간의 온도를 10~13℃로 12일 정도 처리하면 착화 수와 화방의 가지 수를 증진시킨다. 정식 전 이식을 1회 하면 4일 개화가 늦어지며 많이 하면 초기개화가 더 늦어진다. 꽃의 크기가 2mm되면 화분모세포가 형성되고 6mm가 되면 소포자가 형성된다. 따라서 꽃봉오리 출현 후의 고온, 수분부족 등은 꽃가루 발달에 큰 영향을 준다(그림 2-4).

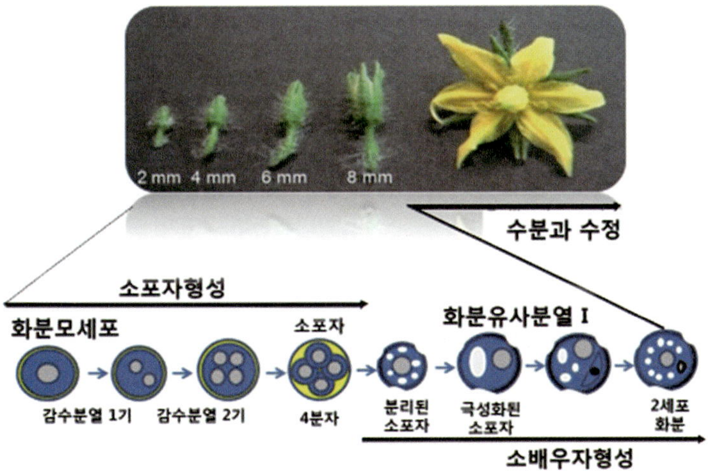

그림 2-4 토마토의 화아형성후 개화기까지 단계별 분화(Giorno 등, 2013)

박과 작물은 중일성 식물로서 생육조건이 적당하면 일장과 온도에 크게 영향을 받지 않는다. 다만 육묘기간의 조건이 저온단일이면 암꽃의 착생률이 높고 착과 위치가 낮아지며 반대 조건에서는 수꽃의 비가 높아진다. 일장조건과 온도가 높아 탄수화물의 집적이 잘 이루어지면 암꽃의 착생률은 상승하고, 반대로 체내 탄수화물의 집적이 낮아지는 약광 상태, 많은 질소비료 시비와 밀식 조건에서는 수꽃의 생성비율이 증가한다. 비교적 C/N율에 민감한 작물이다.

당근은 녹식물춘화형으로 어린 식물이 5~10℃의 저온을 지속적으로 받으면 꽃눈분화가 되고 그 후 20℃ 기온이 되면 분화발달과 개화가 촉진된다. 저온감응에 알맞은 묘령과 온도는 품종에 따라 다르다. 4~5엽기(묘령 37일)에서 2~4℃로 90일 정도 처리하면 30~35일이 지나 추대하나 더 작거나 큰 식물은 저온반응이 나타나지 않는다. 뿌리 굵기와 추대와의 관계를 보면 직경 1cm 이상의 당근을 5~6℃로 처리하면 효과가 있다. 이로 미루어 2년생 작물인 당근은 저온감응이 가능한 묘령과 온도조건이 품종에 따라 다름을 알 수 있다. 당근의 일장반응을 보면 24시간 일장이 효과적이나 18시간 장일이 단일에 비해 추대율이 증가된다. 그러므로 저온감응 후에 장일조건을 주면 추대를 촉진시킬 수 있다.

셀러리는 녹식물춘화형으로 5~10℃에서 15일 이상, 10~15℃에서 30일 이상 처리하면 100% 추대한다. 그러나 이와 같은 저온처리 후 21~26℃ 정도의 온도에 접하면 춘화처리 효과가 없어지는 이춘화현상(devernalization)이 나타난다. 셀러리의 생식생장을 유기하기 위해서는 엽수가 20매 이상이 되면 곤란하다. 그러므로 어린 묘가 10℃ 이하의 저온을 받으면 춘화처리가 된다. 일장에 대한 셀러리의 반응을 보면 춘화처리 후에는 장일조건이 추대와 개화를 촉진한다. 그러나 춘화처리 기간에는 장일과 중일조건이 춘화를 억제한다. 따라서 셀러리는 단장일식물(short-long day plant)로 분류된다. 셀러리의 저온처리는 GA처리로 대치시킬 수 있다.

양파는 종자춘화와 녹식물춘화처리가 가능하며 저장 양파도 춘화처리를 할 수가 있다. 종자춘화는 0℃ 내외 조건에서 50~60일 처리가 효과적이다. 어린 묘의 춘화는 유럽과 일본품종(북방계)은 9~12℃가 알맞은데, 일본의 춘파조생종은 9℃에서 20일 그리고 추파종은 30~40일을 접해야 춘화가 완성된다. 그러나 아프리카품종은 야간최저온도가 15~20℃에서 춘화현상이 나타난다. 저장 양파는 4~10℃ 정도로 60~200일 저장하면 화아분화가 일어나는데 저장 양파의 구의 크기가 클수록 반응이 잘 나타난다. 춘화처리가 이루어진 식물은 16시간 이상의 장일조건에서 개화가 이루어진다.

청실완두는 채소용으로 많이 이용되며 가공용으로도 소비가 많은데, 완두의 종자춘화는 만생종에서 4~7℃로 3~4주간 처리하면 효과가 있다. 완두는 유소기가 없어 모든 영양생장 기간에 일장감응을 받는다. 완두는 중일성 식물이나 약 40% 정도가 일장에 둔감하며 화아형성을 위해 저온이 요구되는 식물이다. 일반적으로 조생종은 일장에 둔감하나, 중생종과 만생종은 장일조건에서 화아분화가 빠르게 나타난다.

초본성인 채소류는 목본류의 과수와는 달라서 환경요인에 대한 감수성이 민감하므로 종류별 개화 생리를 이해하고 종자생산에 임해야 한다.

2.1.7 화훼류의 화아분화

우리나라에서 절화용으로 많이 재배하는 국화, 장미, 카네이션, 튤립, 백합의 개화촉진을 위한 처리를 설명하기로 한다.

국화는 단일성 식물이나 품종에 따라 일장 반응이 다르다. 가을 개화국인 추국은 15℃ 이상에서 단일에 화아분화하며 단일에 화아가 발달된다. 인위적인 단일 처리는 14시간 차광을 12일 계속하면 꽃눈이 분화된다. 하국은 일장이 중성이며 화아분화와 발달에 일장은 무관하다. 9월 개화국은 화아분화는 중성이나 화아발달은 단일이다. 이와 같이 국화는 화아분화 시에 조건이 품종에 따라 다르므로 개화촉진할 때에 품종의 특징을 감안해서 단일처리를 해야 한다. 꽃눈분화를 억제하려면 야간에 밤 10시부터 4시간 동안 10분 간격으로 2분씩 총 48분 간 보광하면 암중단효과를 보아서 화아가 분화되지 않는다.

장미는 중일성 식물로 화아분화는 일반적으로 환경요인과 무관하다. 그래서 장미는 스스로 꽃눈분화가 되는 자가유기식물(self-inductive plant)이다. 꽃눈분화는 정아의 억제로부터 벗어난 측아에서 나타난다. 측아로부터 자란 측지가 3~4cm 길이가 되면 가시적인 화아분화까지 4~20일 걸린다. 개화유도 시에 기온은 18℃, 지온은 20℃ 이상이어야 한다. 이보다 온도가 낮으면 꽃의 퇴화가 증가된다. *R. wichurana*의 초기 일자별 꽃눈분화와 *R. chinenesis* 꽃의 기관형성 과정을 보면 꽃눈 분화는 초기에는 구분이 안되나 불룩해지면서 꽃눈이 분화되 2주째되면은 가장자리에 화포도 형성되는 것을 알수가 있다(그림 2-5).

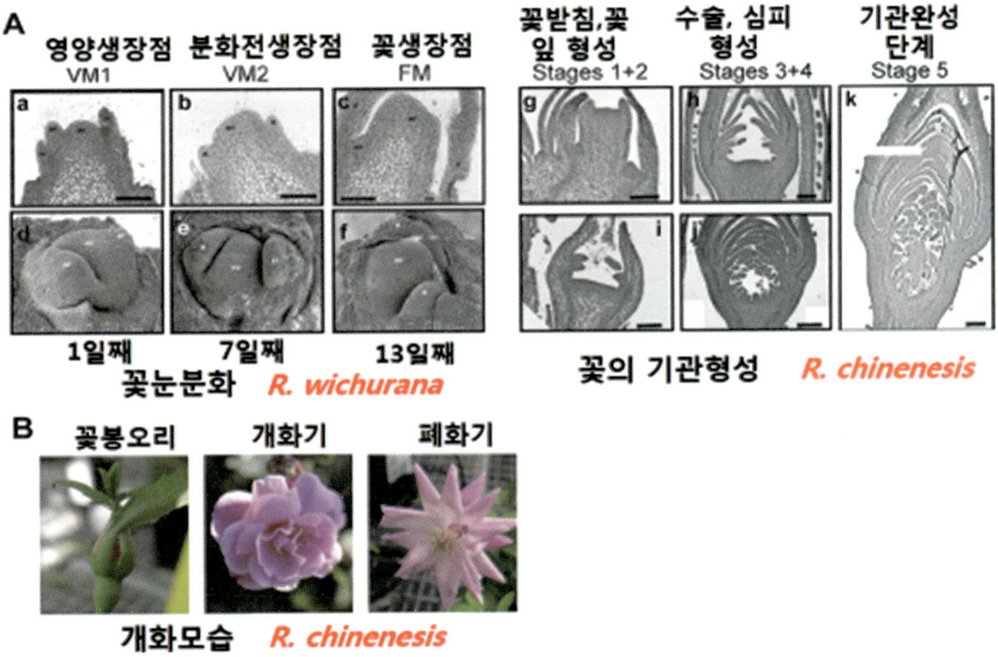

그림 2-5 장미꽃의 화아분화와 꽃의 기관형성 과정(doi: https://doi.org/10.1371, 2020)

카네이션은 녹식물감응형으로 몇 개의 잎을 가진 상태에서 5℃에 3~4주일이면 꽃눈이 분화되며, 그 후에 20℃를 유지하면 17일, 10℃에서는 40일이 지나면 꽃봉오리가 출현한다. 일장처리는 백열등이 형광등보다 좋으며 일장반응은 양적장일 식물이다.

튤립은 휴면타파를 위하여 밭에서 수확하여 건조된 인경은 1~5℃에서 7~14주간 처리한다. 저온처리된 인경은 17~23℃(약 20℃)에서 암술형성기까지 7~8주가 걸린다. 개화촉진을 위한 온도처리 방법은 34℃의 고온에서 1주일 처리 후 20℃에서 심피형성기까지 약 3주일간 처리하였다가 17℃에 2주, 5℃에서 9~12주간 처리해서 싹이 나오면 조금씩 온도를 20℃까지 올려 싹이 6cm될 때 심는 것이 개화가 빠르다. 그러나 이는 품종에 따라 다른데 지금까지 알려진 바로는 20℃에서 화기형성이 잘 되고, 화아발달은 9℃가 알맞은데 5℃는 촉진적이라고 한다 .

백합은 저온장일 조건에서 개화가 촉진된다. 휴면타파를 위하여 습한 피트에 포장된 구근은 1.5~7℃에서 6주간 처리한다. 인위적 개화유도는 야간온도를 21℃로 관리하면서 15분 광조사, 15분간 암조건으로 4시간 씩 1~2주간 장일처리하고 유도하는 공간의 야간온도는 13~18℃를 유지한다.

시클라멘은 품종에 따라 다소 차이는 있으나 대체로 중일성 식물(DNP)이다. 그러나 일장과 광량이 꽃눈분화와 발달을 변화시킬 수 있다. 온도도 개화를 변화시킬 수 있는데 만일 식물이 전통적으로 재배된 10℃보다 다소 높은 20℃에서 자라면 생장과 개화가 빠르다. 야간의 낮은 온도는 대체로 일정한 온도에서보다 개화를 촉진시킨다. 식물의 잎이 6장 전개될 때 토양온도를 13~18.5℃로 4~6주일간 유지시키면 높은 온도(24~28.5℃)에서 보다 개화가 촉진된다.

기타 많은 화훼류는 원산지에 따라 개화생리가 다르므로 충분한 정보를 획득한 다음에 개화를 유도해야 한다.

2.2 과실과 종자의 발달

화아분화가 이루어진 후에 환경 조건이 알맞으면 번식을 위한 생식기관이 발달되면서 화기(花器)의 완성 단계를 걸쳐 개화하고 수정이 이루어져 종자가 발달하게 된다.

2.2.1 화기의 생성과 수정

종자나 과실에 있어서 형성과정의 생활환경(life cycle)은 두 단계로 나눌 수 있다. 이것은 영양적 단계와 생식적 단계이며, 종자의 성립은 영양 및 생식적 단계가 계속되는 동안 최후에 생긴 것인데, 그 과정을 살펴보면 다음과 같다.

일반적으로 원예식물은 동일 꽃 내에서 자방조직 보다 수술이 먼저 분화 발달하는데 화분은 어린 약(葯: anther)의 내부에 있는 타페텀(tapetum)층으로 둘러싸여 있는 포원세포가 화분낭(pollen sac)으로 발달되어 그 내부에서 형성된다. 화분낭에는 여러 개의 소포자낭이 있으며, 이것이 두 번의 감수분열(meiosis)을 진행하여 4분자(tetrad) 상태로 약실(葯室) 내에서 발달한다. 4분자의 소포자는 1개의 생식세포(generative cell)와 1개의 영양핵(vegetative nucleus), 즉 화분관 핵(tube nucleus)을 형성하게 된다. 이와 같이 소포자가 다시 체세포 분열을 하여 생식세포와 화분관핵을 완전히 갖춘 것을 화분립(pollen grain)이라 한다. 이때 생식세포가 다시 분열해서 2개의 정핵상태로 되는 화분을 3핵성 화분(trinucleate pollen)이라고 하며, 주로 진화된 식물인 배추과, 국화과, 벼과에서 볼 수 있다. 그러나 장미과, 난과, 백합과 및 가지과 식물에서는 화분에 1개의 화분관핵인 영양핵과 1개의 정핵만 있으므로 2핵성 화분(binucleate pollen)이라고 한다. 2핵성 화분도 암술에서 수정 직전에 3핵성으로 변한다.

화분립은 바람, 곤충 또는 인공적으로 수분이 이루어지는데, 꽃이 바람에 의해 수분되는 식물을 풍매화(anemophilous flower)라고 하고 대부분 벼과 식물, 소나무류, 시금치 등이 있다. 이들의 꽃가루는 가볍고 건조하며 어떤 것은 바람에 의해 멀리 날아간다. 곤충에 의해 수분되는 충매화(entomophilous flower)에는 무, 배추 등의 배추과 식물, 당근 등의 산형화과 식물, 양파 등의 백합과 그리고 수박 등의 박과가 있다. 이들 꽃가루는 무겁고 끈적거리며, 어느 곳에나 잘 붙는 성질을 갖고 있다. 곤충에 의해 교잡이 일어나지만 완전하지 못하고 자가수분을 하는 경우가 있는데 이와 같은 식물은 대부분 콩과식물과 상추 그리고 토마토 등의 가지과 식물이 있다. 이상 여러 수단에 의해 꽃가루가 암술에 묻게 되면 암술머리에서 꽃가루(花粉)는 화분립이 두껍지 않은 외벽에 생긴 발아공(aperture)을 통하여 발아하게 된다.

2핵성 화분은 암술머리에 도착해서 꽃가루가 발아 직전에 생식세포는 2개의 정핵(sperm cells)으로 분열되어 화분관핵의 뒤를 따르게 된다. 이는 결국 3핵성 화분과 같게 된다. 이때 화분관이 신장할 때 석회성분이 화분관의 진로를 만들어 준다고 알려져 있다. 수분이 이루어진 후 수정까지는 식물에 따라 차이는 있으나 12~48시간 정도가 걸린다. 그러나 배추과 식물은 이보다 짧고 열대 난 종류는 이보다 다소 길다. 화분관의 신장은 화분의 유전적 조합이나, 암술머리의 영향을 받게 되는데 이것이 불화합성의 원인이 된다. 그 외 온도 등 환경적 요인도 화분관의 신장에 크게 영향을 미치므로 수분 직후에는 알맞은 온도가 요구된다(그림 2-6).

반면에 자방 내에서는 다음과 같은 분화수정이 이루어지게 된다.

먼저 암술(pistil: 암술머리+암술대+자방)의 씨방(ovary)안에 들어 있는 배주(胚珠, ovule)가 발달하여 종자(seed)가 되는데, 배주 내의 배낭(embryo sac) 중의 난세포(egg cell)가 화분(pollen) 내의 제1정핵(primary sperm nucleus)과 수정한 후 발달하여 배(embryo)로 되고, 극핵(polar nuclei)은 제2정핵(secondary sperm nucleus)과 수정하여 세포분열을 되풀이하여 배유

(胚乳, endosperm)가 되는데, 이것을 중복수정이라고 한다(그림 2-7). 주피(integument)는 종피(seed coat)가 되며, 주심(nucellus)의 조직 일부는 발육 중의 배나 배유에 영양분을 공급하기 위해서 없어지고, 성숙한 종자는 종피의 바로 아래에 얇은 세포층으로 남는다.

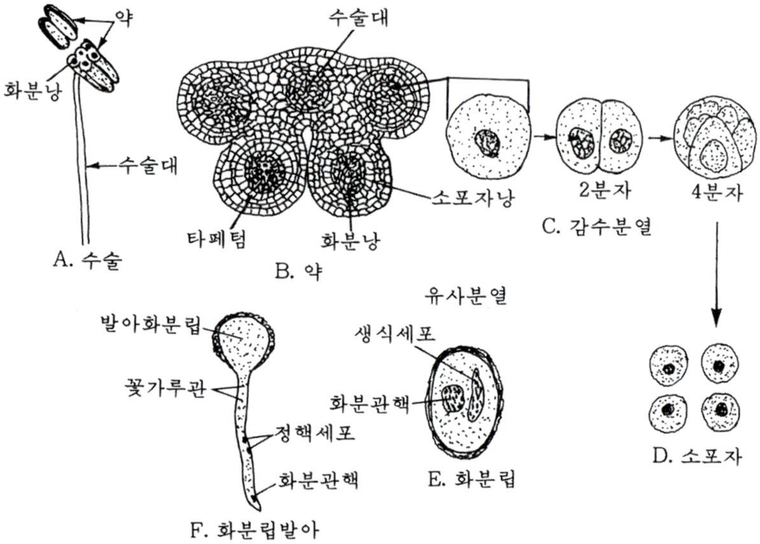

그림 2-6 화분의 발달과정

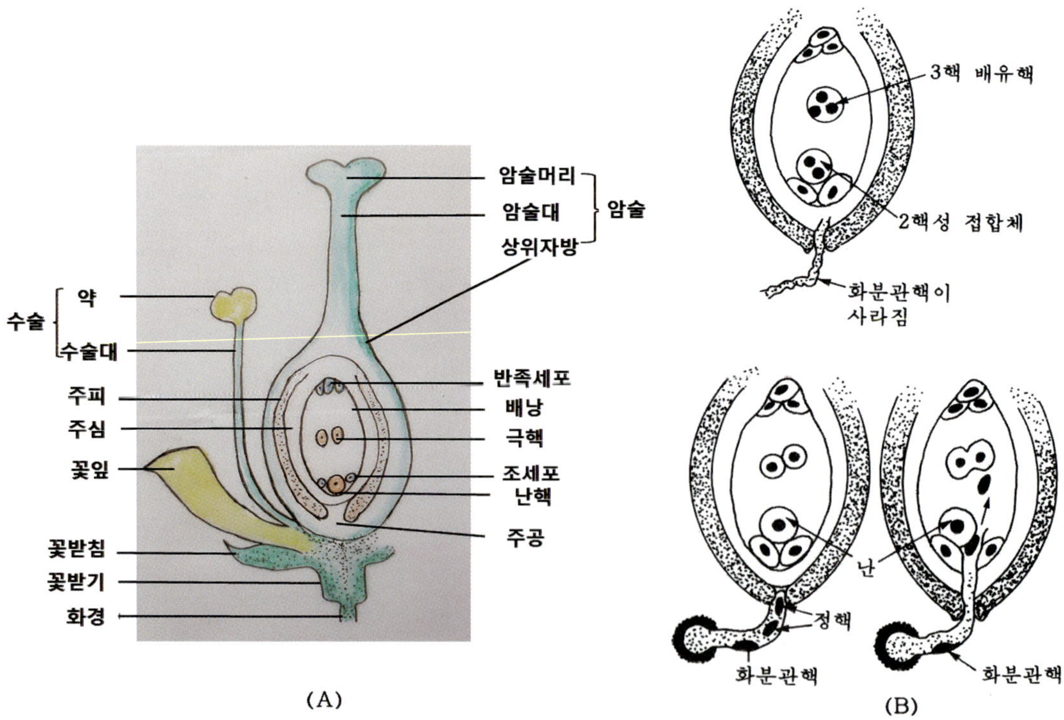

그림 2-7 피자식물 꽃 구조(A)와 중복수정(B)

자방벽(ovary wall)은 발달하여 과피(pericarp)로 되고, 이에 싸여진 부분이 과실(fruit)로 된다. 화기와 종자 과실의 발달 단계를 간추려 보면 다음과 같다.

- 자방(ovary) → 과실(fruit) 또는 화탁(花托, receptacle) → 과실(fruit)
- 배주(ovule) → 종자(seed)
- 주피(珠皮, integument) → 종피(testa 또는 seed coat)
- 주심(珠心, nucellus) → 내종피(perisperm), 대부분 퇴화
- 극핵(2개)(polar nuclei)+정핵(sperm nucleus) → 배유(胚乳, endosperm)
- 난핵(egg nucleus)+정핵(sperm nucleus) → 배(embryo)

이상의 수정에 대한 기본원리와 다양한 작물의 화기구조를 이해해야만 수정과정에서 발생할 수 있는 많은 생리적 장해 대책과 인공수분을 쉽게 할 수 있다.

2.2.2 종자와 과실의 발달

1) 종자 발달과 낙과

수분과 수정이 이루어진 다음에는 꽃으로부터 지금까지 그 실체는 알 수 없지만 어떤 자극이 식물체로 전달되어 모식물로부터 양분을 공급받아 배와 배유 그리고 부속 기관의 생장이 이루어져 종자와 과일이 자라게 된다. 이와 같은 종자나 과일의 발달은 반드시 일정한 단계를 거쳐서 이루어지게 되는데 다음과 같은 5단계이다. ① 형태적 발달이 이루어지고, ② 발아를 위한 발아능력의 획득, ③ 저장 양분의 축적, ④ 종자의 성숙에 부수된 일차 휴면의 발달, ⑤ 성숙과 탈립(낙과)의 과정이다.

그러나 개화를 했더라도 수분이나 수정이 이루어지지 않으면 형태적 발달에 앞서 이층(離層, abscission layer)이 꽃자루 끝에 생겨 낙화나 낙과가 발생한다. 정상적인 5단계가 이루어지면 활력 있는 종자를 생산하게 된다. 어떤 경우에는 외적으로 과실은 자랐으나 종자를 갖지 않거나, 종자를 가졌어도 종자 내부에 저장물질이 집적되지 않아 배가 없는 빈 종자껍질만이 생기게 된다. 이와 같이 종자가 생기지 않는 것을 무핵성(無核性, seedlessness)이라고 하는데 다음과 같은 원인으로부터 나타난 결과이다. 첫째, 종자가 수정이 되지 않고 과실이 발달되는 경우는 이를 단위결과(單爲結果, 처녀생식, parthenocarpy)라고 한다. 단위결과는 유전적 또는 환경요인에 의해 자연적으로 나타나기도 하지만, 인위적으로 유도하기 위하여 토마토, 고추, 가지, 무화과 등에서는 오옥신을 처리하고, 포도, 아프리코트, 사과, 배 등에서는 지베렐린을 처리한다. 둘째, 배발육 도중에 여러 원인으로 배 발육 중지(embryo abortion)가 일어날 수 있

다. 끝으로 저장 양분의 축적이 없는 경우에도 발육이 정지된다. 이와 같은 배발육의 정지가 일찍 일어나면 낙과가 되거나 정상적인 크기로 자라지는 못한다. 그러나 중요한 몇 가지 과수류(예: 파인애플, 바나나, 씨없는 포도)는 무핵성이지만 원예적 가치가 있다.

2) 형태적인 발달

수정이 이루어진 후에 과일과 종자는 급속한 형태적인 발달을 가져온다. 원예식물은 그 종류가 매우 다양하며 이들 각각의 형태적 발달을 모두 이해한다는 것은 쉽지 않다. 그러나 그동안 많은 연구를 통해 피자식물(속씨식물)은 다음 세 가지 형태학적 단계를 거쳐 과실과 종자가 발달되는 것을 알 수 있었다.

첫 번째 단계(stage I)는 조직분화 즉 배분화(histodifferentiation, embryo differentiation) 단계로 과실(씨방, 자방)과 종자(배주)의 생장이 이루어진다. ① 배는 발달할 때 필요 이상 세포를 만들지 않은 절약의 법칙, ② 세포의 형성과 발달은 유전적으로 정해져 있는 기원의 법칙, ③ 각 세대에서 만들어지는 세포 수가 일정한 수의 법칙, 그리고 ④ 정상적 배는 미리 정해진 방향(목적지)에 따라 분열하는 목적지 법칙 등 4가지 법칙에 의해 분열이 이루어진다. 끝 단계에 가게 되면 특별한 조직을 만들어 배축(embryo axis)으로 발달되는데, 이것이 자라서 조직화되면 떡잎(cotyledon)이 된다. 외떡잎식물(monocots)은 한 개의 떡잎을, 쌍떡잎식물(dicots)은 두 개의 떡잎을, 그리고 침엽수는 많은 떡잎을 갖게 된다. 떡잎 발달의 형태적 변천 단계를 거쳐서 떡잎의 모양은 둥글거나, 심장 모양을 하거나 또는 어뢰 모양으로 변하게 된다. 이 시기에 세포의 수분함유량은 약 80%가 유지된다.

두 번째 단계(stage II)는 세 과정이 있는데 ① 종자나 과실의 비대가 정지되고, ② 배유의 생장이 이루어지고, ③ 배가 좀 더 비대하게 된다. 이 단계에서 배유는 주심내부에서 확실히 구별되는 조직으로 나타난다. 주심과 배유기능은 양육적 역할을 하면서 결국 배와 배유로 발달되는 유도조직이라 할 수 있다. 배 발달은 다음 두 가지 기본형으로 나눌 수 있다.

① **배유형(endosperm type)**: 떡잎이 여러 발달단계를 거쳐 완전히 자라게 되며, 이 때 배의 크기는 다르지만 배유, 주심 또는 배우체 조직(gametophyte tissue)을 포함한다. 당근, 양파, 가지, 토마토, 페추니아, 벼, 보리, 밀 등이 여기에 해당된다.

② **무배유형(non-endosperm type)**: 세포의 분열과 신장에 의한 급속한 생육이 배유내부에서 일어나며, 주심은 소화되어서 다른 기관에 흡수된다. 연이어 배의 확장은 배유를 영양분으로 떡잎의 가장자리에서 나타나는 세포분열을 통해 이루어진다. 이와 같은 종자는 배유나 주심이 소멸되어 배와 주피(integument) 사이에 흔적으로 남게 된다. 완두, 강낭콩,

오이, 호박, 배추과 채소류가 여기에 속한다.

배유의 알맞은 발달의 감소는 배발달을 억제하거나 지연시킨 결과를 가져오며, 결국 배결손을 초래할 수도 있다. 이와 같은 현상을 영양적 불임(somatoplastic sterility)이라고 하는데, 유전조성이 서로 다른 두 개체를 교잡시키거나 종간교잡 또는 배수성을 다르게 하는 계통간 교잡에서 가끔 나타난다.

세 번째 단계(stage III)는 형태적으로 완성되고 무게가 증가되어 성숙이 이루어지는 단계이다. 다만 육질과피(예: 배, 포도, 딸기류) 등에서 과피가 계속 자라는 것은 예외이다. 또한 건물중이 증가하고 저장물질이 축적되며 이 때 종자 수분의 변동도 나타나서, 수분함량이 10~20%로 낮아지면서 고형성분이 증가된다.

상기한 세 단계의 진행속도와 외적으로 나타나는 과실의 비대 양상은 식물의 종이나 환경에 따라 다르다.

종자의 발달과 다르게 내부적 변화에 따라 외부적으로 나타나는 과실의 생장은 크게 두 가지 형태가 있다. 첫째 형태는 수정 후에 과실의 외적인 부피 생장이 단순한 S자곡선을 나타내면서 이루어지며, 두 번째 형태는 두 번의 중복 S자 곡선을 그리면서 과실이 생장한다. 단순 S자형 과실비대는 사과, 배와 같은 인과류와 감귤, 파인애플, 올리브, 아몬드, 토마토, 딸기 등이 여기에 해당된다. 이들 과실은 초기는 천천히 비대하다가 갑자기 과실비대가 강하게 일어나다가 후기의 과실성숙기에는 다시 완만한 크기의 증가를 가져오는 형태이다. 반면에 중복 S

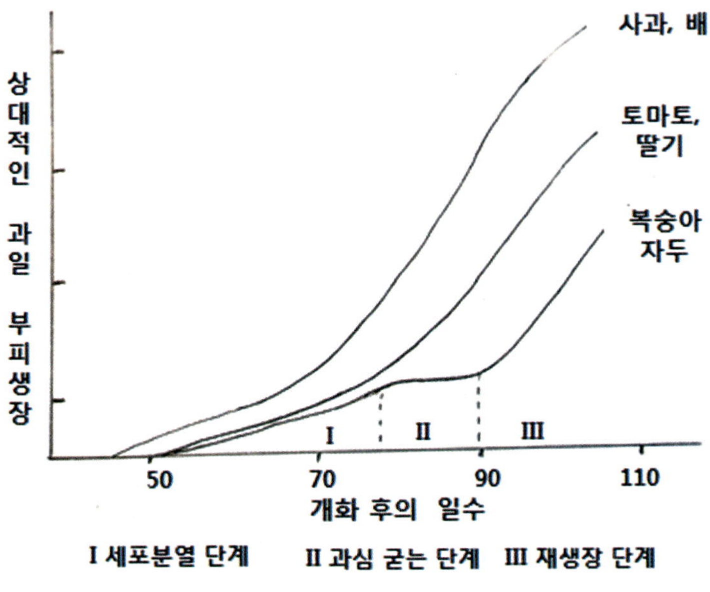

그림 2-8 과실의 상대적 발달 단계

자 곡선은 과실생장이 두 번의 S자형 곡선을 그리는 형태로 첫 번째 S자 곡선 생장 후에 과일 크기가 증가되지 않고 거의 직선을 그리다가 끝에 가서 과실이 다시 자라는 특성을 갖는다. 증가가 되지않은 단계는 핵과의 과심이 굳어지는 단계로 많은 물질이 종자를 둘러싸면서 단단한 씨를 만들며 많은 양분이 소모되기 때문에 일시적으로 과실의 외적부피 생장이 멈추게 된다. 이들은 주로 핵과류인 복숭아, 자두, 아프리코트, 양앵두가 대표적이며 포도나 무화과에서도 유사한 형태를 보인다(그림 2-8).

3) 발아능력의 획득

종자나 과실의 형태적인 발달과 함께 종자번식에서 중요한 것은 종자에서 언제 발아할 능력을 갖추게 되느냐 하는 점이다. 발아능력의 획득은 종자의 발달 단계, 식물의 영양 상태 그리고 수확 후의 후숙 등에 따라 영향을 받는다.

종자 내의 배가 어느 때부터 발아력(發芽力)을 갖게 되느냐 하는 것은 작물에 따라 차이가 난다. 옥수수는 수분 후 40일째 황숙기(黃熟期)와 50일째 완숙기(完熟期) 채종한 것은 양자의 차이는 보이지 않는다. 우엉은 개화 후 17일째에 93%의 발아력을 나타내었다. 파는 두 작물보다 더 늦은 경향을 보이는데, 보통 개화 후 40일째에 97%의 발아력을 나타내었다. 즉 40일 이상 지나야 95% 이상이 발아했다. 양파도 개화 후 40일 째에 92.7~97.5%를 나타내어 실용적인 발아율인 80%에 달하는 기간은 개화 후 35일 경이다. 당근의 경우는 개화 후 완전한 발아능력을 갖추려면 45일이 필요하다. 오이는 30~35일 경부터 발아력의 생기가 나타나고, 가지는 40일 전후이다.

이처럼 개화 후 날짜가 지나감에 따라 발아력의 차이가 나며, 이는 식물 자체의 등숙조건 이외에 기후 관계에도 영향이 있으나 채종식물의 영양 상태에도 차이가 있다. 그러므로 작물에 따른 발아력의 발생에 유념하여 종자가 완전히 발아력을 가진 후 채종을 실시해야 한다.

발아능의 획득은 일정 기간이 지나야 되나 부득이한 사정에 의해 종자를 미숙기에 수확할 경우는 일정기간 추숙(追熟)을 시켜서 종자를 여물게 한다. 또 완숙한 종자도 수확 후에 어느 기간 추숙함으로써 종자는 한층 더 충실해진다. 추숙의 효과는 과채류에서 현저하며 파, 양파, 당근, 배추과 등은 채종주를 차광된 온실이나 실내 그늘에서 건조시키면 추숙이 진행된다. 파, 양파는 꽃대 맨 아래를 가위로 절단하여 그늘에서 건조시키면 수확할 때 미숙되었던 종자의 충실도와 발아율을 높일 수 있고, 또 균일한 충실 종자를 얻을 수 있다. 이들을 햇빛에 말리면 추숙효과가 나타나지 않으며 오히려 발아율이 저하된다.

오이의 경우는 개화에서 수확까지의 일수와 추숙 일수를 합한 약 40일의 경우에 완전한 발아력을 갖추게 된다. 예를 들어서 개화 후 25일 된 오이 종자는 추숙을 하지 않으면 2.3% 발아하나 15일 추숙을 하여 개화 후 40일이 되면 98.5% 발아하게 된다. 또 강낭콩의 경우와 같이 개화에서 종자 조제까지의 일수가 같을 때는 추숙기간이 있는 것이 한층 높은 발아력을 나타내는 경향이 있다. 일반적으로 채소는 수확 후에 1주일 정도 추숙이 발아력을 극적으로 향상시킨다.

과수류는 언제 발아능을 갖느냐에 대한 연구는 별로 많지 않다. 채소와는 달리 착과 후 과일이 익는 기간이 매우 길며 이들의 발아능을 갖는 것도 대체로 오랜 기간이 필요하다. 아프리코트의 경우에 핵과의 발달 후에 내부에 배유가 퇴화되고 배가 80~90% 정도 발달되는 시기는 대체로 수정 후 80~90일에 해당된다. 그리고 완전히 배가 발달되는 시기는 100일째 되는 시기이다. 따라서 아프리코트의 경우는 수정 후 80~90일이 되면 발아능을 갖추고 완전히 갖추는 시기는 100일이 필요하다고 추측된다.

4) 저장물질의 축적

다양한 저장산물, 예컨대 탄수화물, 지방, 유지, 단백질, 서당, 아스파라긴, 글루타민, 그리고 무기염류 등 같은 화학물질들이 종자의 기관(떡잎, 배유, 배주 혹은 배우체 조직)에 저장되는데 이들이 결국 종자발달에 필수적인 요소가 된다. 저장물질은 종자에 있어서는 발아하여 유묘가 자랄 수 있는 영양원이 되며, 한편으로는 인간과 동물의 양식이 된다.

종자의 등숙 중의 성분변화에 대해서는 단순히 탄수화물, 단백질, 지방의 집적 이외에 식물호르몬, RNA, DNA, ATP 등이 종자의 발육과 어떤 관계가 있다고 알려져 있다. 식물호르몬에 대해서는 일반적으로 종자의 생성초기에 있어 cytokinin의 함량이 많고, 종자의 건물량 증가율이 최고시기 조금 전에 gibberellin 및 auxin의 함량이 최고에 달한다. 그리하여 종자의 발육속도가 감퇴하는 시기에는 휴면에 관여하는 ABA의 함량이 높아지는 경향이 있다.

ABA 함량의 증가 시기는 수발아(穗發芽, 벼과식물의 이삭에서 발아하는 현상) 또는 과실내(果實內) 발아의 억제에 관계되고 있는 것으로 생각된다.

이와 같은 종자 내의 여러 저장물질의 합성과 집적은 중단이나 간섭이 없이 계속되어져야 하며 높은 품질의 씨앗이 생산되어지도록 최소한의 수준 이상에 달해야 한다. 그러기 위해서는 부적당한 환경, 즉 토양 양분의 부족, 수분 부족, 병충해의 피해 그리고 너무 과다한 고온이나 저온 등에 접하지 않게 관리해야 한다.

수확 시의 저장양분의 결핍은 양분축적을 방해하고 조기 성숙되면서 종자의 충실도가 저하된다. K의 결핍은 당근, 양상추, 피망 종자의 양분축적을 떨어뜨려 발아를 나쁘게 한다. 붕소(B)결핍은 배추과 종자의 등숙을 방해한다. Ca가 부족하면 화경생장이 부실하여 종자가 정상적으로 자라지 못하고 발아율도 떨어진다.

5) 종자의 성숙과 일차 휴면

종자가 성숙함에 따라 함수량이 감소되고 탄수화물, 단백질, 지방 같은 저장양분이 증가되어 나중에는 호흡작용도 거의 정지하게 된다. 이 기간 동안 ABA 등이 형성되었다가 완숙 직전에 없어지는데 과일이나 종자의 여러 기관에 다양한 형태로 집적된다. 종자의 성숙과 함께 종피를 발달시켜 배나 떡잎을 보호하고 적당한 환경이 도래하면 싹이 나서 계속 증식이 이루어지도록 한다. 종자는 대체로 적당한 온도, 수분, 산소 등이 주어지면 발아하게 된다. 그러나 발아조건이 주어져도 발아하지 않은 종자가 있는데 이를 휴면(休眠, dormancy) 상태에 있다고 한다. 이와 같은 종자의 1차 휴면은 종자의 성숙과 함께 이루어지는데 물 흡수, 가스 확산 그리고 억제제의 용탈 제어가 그 원인이 된다.

1차 휴면 물질이 종자의 어디에 존재하는가는 식물에 따라 다르다. 토마토, 레몬, 딸기 등은 육질 안에 억제물질이 형성된다. 사막지역 식물의 종자는 염의 농도가 매우 높은데 이것이 발아 억제제와 내열성 증진 작용을 하는 것으로 추측된다. 이와 같은 억제물질 중에 가장 중요한 것이 ABA이다.

종피의 구조는 식물의 종류에 따라 다르다. 물의 흡수와 가스의 확산을 조절하고 억제물질의 이동이나 부착 등에 관여하면서 역시 일차 휴면을 유기시키는 요인이 된다.

6) 완숙과 종자의 전파 과정

과실이 완전히 자라게 되면 과실은 완숙되게 되며 건물률의 증가는 멈추게 된다. 완숙은 효소적 또는 생화학적 변화의 과정을 거쳐 일어나며 그 결과 과실내의 화학적 변화를 가져온다.

과실의 완숙 단계는 상대적으로 높은 호흡률을 나타내는 클라이맥터릭(climacteric) 과실과 그렇지 않은 비클라이맥터릭(non-climacteric) 과실로 나뉘어진다. 클라이맥터릭 식물에서는 에틸렌(C_2H_2)이 많이 발생한다. 클라이맥터릭 식물에는 사과, 복숭아, 바나나, 키위, 감, 토마토, 멜론 등이 있고 비클라이맥터릭 식물에는 블랙베리, 체리, 오렌지, 파인애플, 포도, 오이, 고추, 수박, 완두, 딸기 등이 있다.

과실은 완숙되면 과경과 과실 부분에 이층(離層)이 형성되어 식물체로부터 과실이 떨어지게 되는데 멜론, 참외 등에서 나타난다. 이와 같은 현상에 의해 열매가 떨어져 많은 동물의 먹이가 되어 종자가 전파된다. 또 다른 종자는 물리적 접촉에 의해 식물로부터 쉽게 종자가 튀어나가는 수가 있는데 배추, 유채, 봉선화 등에서 볼 수 있다. 종자의 전파 과정을 이해하여 채종할 때에 대처하는 것이 채종포에서 채종량 감소를 최소화시키는 방법이다.

2.2.3 완숙된 종자와 과실

여러 단계를 거쳐 완숙된 종자나 과실은 종에 따라 크기, 모양, 저장 조직과 관련된 배의 위치나 구조 등이 다양하다.

종자는 배, 배유 또는 자엽(떡잎, 양분저장조직), 종피(종자피복물) 등 3개의 기본분야로 이루어져 있다. 배(胚, embryo)는 수정기간 동안 암수배우체가 결합된 결과 나타난 새로운 식물이다. 이 기본구조는 각각 꽃에 생장점을 갖거나, 하나는 줄기를, 다른 하나는 뿌리를 갖는 배축(胚軸, embryo axis)이다. 그리고 하나 또는 많은 종자잎(떡잎)이 배축에 붙어 있다.

식물은 떡잎(자엽) 수에 따라 외떡잎식물(monocotyledonous plant)과 쌍떡잎식물(dicotyledonous plant)로 나눈다. 그리고 배유의 유무에 따라 유배유(有胚乳)와 무배유식물(無胚乳植物)로 나눈다. 무배유식물(예: 콩과, 배추과)의 저장조직(storage tissue)은 종자의 대부분을 차지하는 떡잎이며 이곳에 양분을 저장한다. 유배유종자(예: 벼과)의 저장물질은 배나 배유에 있고, 나자식물은 반수자성 배우체(haploid female gametophyte)에 저장한다.

종자피복물은 종피(種皮, seed coat), 주심(珠心)과 배유(胚乳)의 흔적 그리고 때때로 과실 부분으로 이루어져 있다. 종피는 배주(胚珠, ovule)의 주피(珠皮, integument)로부터 유래하는데 보통 1~2개(드물게는 3개)로 구성되어 있다. 이 종피는 식물에 따라 다르다. 보통 외종피는 두껍고 딱딱하다. 그러나 내종피는 엷고 투명하며 막상태이다. 내종피를 벗겨야 배나 배유를 볼 수 있다. 때때로 과실이 종자에 붙어 있어 우리가 종자(seed)라고 부르는 부분이 결국 과실과 씨를 합쳐서 지칭하는 수가 있다. 종피는 배를 기계적으로 보호하고 상처가 없이 종자를 운반하고 저장할 수 있는 기능을 준다.

종자는 배의 형태적 특징과 종자피복물을 기초로 하여 크게 3가지로 나눈다. ① 종자저장조직이 배유가 지배적인 종자, ② 배가 지배적인 종자, ③ 분류가 어려운 종자 등이다. 배유가 지배적인 배유종자에 해당되는 식물은 미나리아재비과(*Ranuculaceae*), 목련과(*Magnoliaceae*), 산형화과(*Umbelliferae*), 앵초과(*Primulaceae*), 가지과(*Solanaceae*), 돌나무과(*Crassulaceae*), 베고니아속(*Begoniaceae*), 비름과(*Amaranthaceae*), 벼과(*Gramineae*) 등이 있다. 배가 지배적인 종자(무배유종자)는 콩과(*Leguminosae*), 배추과(*Cruciferae*), 장미과(*Rosaceae*), 봉선화과(*Balsaminaceae*), 국화과(*Compositae*) 등이 있다. 분류가 어려운 종자에는 난과(*Orchidaceae*), *Gymonsperms*(나자식물류) 등이 있다.

이들 각각 식물의 대표가 되는 몇 가지 종자의 구조를 보면 다음 〈그림 2-9〉와 같다.

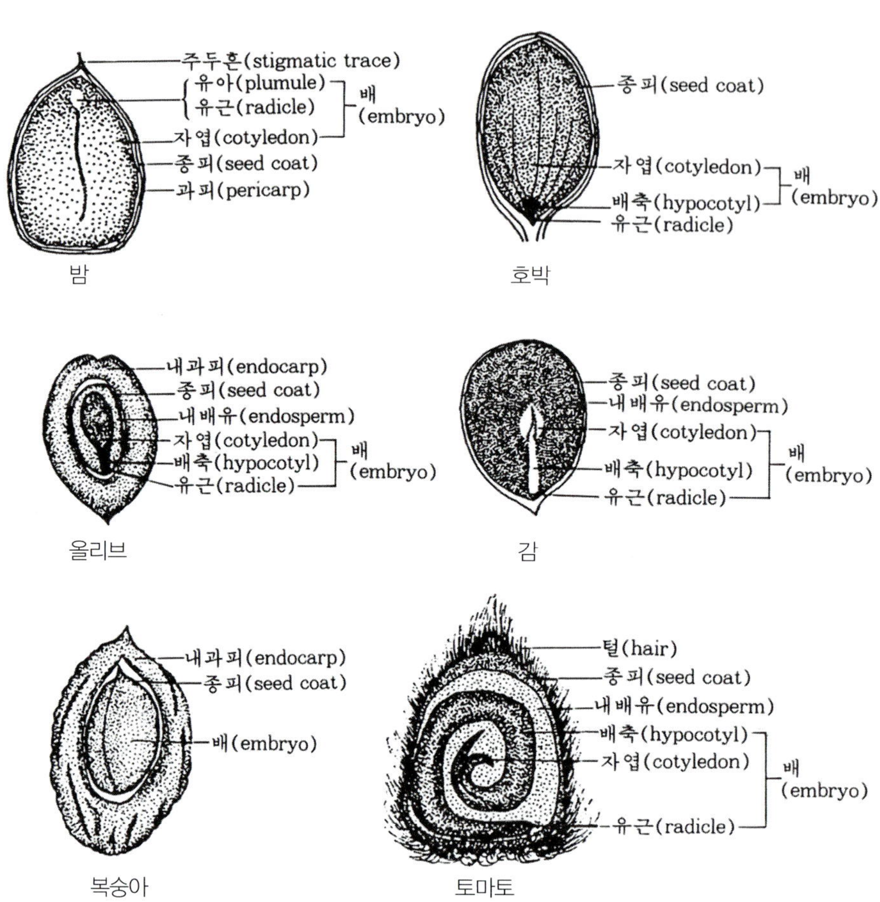

그림 2-9 원예작물종자의 구조

종자생산에서 중요한 것은 과실에서 종자를 추출해야 하므로 종자의 특성을 이해하는 것도 중요하다. 즉 과실의 종류에 따른 분류를 이해하는 것이 종자의 채취에 도움이 되기 때문에 육과(肉果, 生果라고도 함)와 건과(乾果)를 나누어 각각에 해당되는 과실을 알아보기로 한다.

1) 육과(肉果, flesh fruit)

다즙성 또는 다육성이거나 털이 있는 과피를 가진 과실로서, 포도나 토마토처럼 다즙성 과피를 가진 장과(漿果, berry), 오이나 호박같이 약간 경과피를 가진 박과(pepo), 사과나 배처럼 화탁(꽃받기)과 외과피(外果皮)를 형성하고 내과피는 얇으며 몇 개의 심피를 갖고 있는 이과(梨果, pome), 복숭아처럼 외과피는 얇고 품종에 따라 털이 있으며 중과피는 과육부분으로서 유연 다즙한 다육질이며 내과피는 돌처럼 딱딱하고 두껍고 단단한 한 개의 핵을 형성하는 한 개의 심피에 한 개의 종자를 갖는 핵과(核果, drupe), 그리고 귤처럼 쉽게 분리되는 과피(果皮)와 격막을 갖는 감과(柑果, hesperidia)로 나눈다. 이들은 육과를 제거하기 위하여 기계적 또는 발효 등으로 종자와 과일을 분리한다.

2) 건과(乾果, dry fruit)

성숙기에 얇은 과피를 가지는데 성숙기에 과피가 열려서 종자가 바깥으로 나오는 열과(裂果, dehiscent fruit)와 성숙기에 열리지 않는 폐과(閉果, indehiscent fruit)로 나눈다. 열과에는 콩과와 배추과가 있고 폐과에는 메밀, 해바라기, 단풍, 산형화과 종자가 있다. 열과는 건조 후에 탈곡으로 종자 분리가 쉽다.

2.2.4 다배현상과 무수정생식

정상적인 배우체 형성과 배형성으로부터 변이된 두 가지 현상이 있는 바 이들이 다배현상(polyembryony)과 무수정생식(아포믹시스: apomixis)이다.

1) 다배현상

정상적인 수정 후에 주심이나 주피에 있는 특수한 세포가 배형성에 착수하여 추가배를 생성하는 현상이다. 형태에는 수정으로 이루어진 다배와 수정 또는 무수정에 의한 다배현상이 있다. 유전적으로 이 배가 모식물과 같은 유전형을 갖고 있는데 이것을 무수정생식체(無受精生殖體, apomictic)라고 한다. 다배현상에는 4가지 타입이 있다. ① 정상적인 수정배가 형태를 갖추기 시작한 후에 부정배가 전배(前胚, proembryo: 아스파라거스, 풍년화) 혹은 suspensor cells(*Acanthus*)로부터 분리하여 생성된다. 그 결과 수정배와 복사된 다수의 수정배가 나타난다. ② 부정배가 주심(珠心: 예-귤, 망고, *Garcinia*)에 있는 세포로부터 또는 주피(珠皮: integments: 예-난류 *Spiranthes cernua*)로부터 형성된다. 그 결과 한 개의 수정배와 다수의 무수정배로 구성된다. ③ 다배낭(multiple embryo sacs)은 단배주(單胚珠) 종자 내에서 형성되는 것 같다. 이 현상은 목화에서 발견된다. 독립수정에 의한 다수정배 또는 무포자생식의 아포믹시스(apomixis)로부터 생긴 결과이다 ④ 부정배가 난세포같은 기능을 하는 조세포로부터 유래되는 경우이다. 이는 정핵세포에 의한 조세포의 수정 또는 반수체 아포믹배에 있는 감소된 조세포 내에서 자발적 세포분열의 결과이다. 이런 현상은 수그령속(*Pennisetum*), 위성류속(*Tamarix*), 가지과에서 발견된다.

2) 무수정생식

식물이 감수분열(meiosis)이나 수정(fertilization)의 과정을 거치지 않고, 암수 어느 한쪽의 생식세포가 단독으로 비대 발육하여 무성적으로 배(embryo)가 발달하는 것을 무수정생식(單爲生殖, apomixis)이라 한다. 오이의 단위결과도 여기에 해당된다. 무수정생식으로 종자가 형성되면 이것은 삽목이나 접목과 같은 일종의 무성번식이 되므로 이러한 종자로 영양계(榮養系, clone)를 증식시킬 수 있다. 이런 과정에서 태어나는 식물체를 무수정식물체(apomict)라 한다. 영양무수정생식(榮養無受精生殖, vegetative apomixis)은 꽃이 피어야 할 화기에 영양아(榮養芽, vegetative bud) 또는 주아(珠芽, bulbil)가 생겨 새로운 개체로 되는 것을 말한다(나리, 마늘, 용설란 등).

2.3 종자생산과 선발

많은 원예작물 가운데 종자번식을 하는 식물은 육종을 통하여 새로운 식물을 육종하여 이용한다. 식물의 발육과 개화생리를 기초로 어떤 방법을 통하여 우수한 품종을 육성하는가에 대한 기초지식이 필요하다.

우수한 품종 선발의 목표는 원예작물의 종류에 따라 다르나 다수성(기존 품종보다 수량이 많은 특성), 저항성(불량환경, 병충해 저항성), 고품성(품질이 좋은 것), 생력적 특성(기계파종, 기계수확)을 갖는 것이 중요하다. 그러나 종자번식을 하는 채종재배에서는 종자의 유전적 우수성(신품종, 수량, 품질, 병해충 저항성), 채종번식의 용이성, 재배의 안정성을 고려한다.

우수 종자의 선발을 위해서는 육종에 대한 기본 지식과 실제가 요구되는데 한 품종을 육성하기 위해서는 최소한 채소는 7~8년, 과수는 20여 년의 세월이 필요하다. 따라서 번식가는 종자 생산의 종류를 이해하고 각 단계나 종류별 종자 생산과 관련하여 육종방법을 통한 채종법을 수행해야 한다.

2.3.1 종자 생산종류

원예작물 종자생산에는 크게 고정종과 1대 잡종생산, 원종과 보급종 생산, 성숙모본에 의한 채종과 미숙모본에 의한 채종, 공공채종과 민간채종, 그리고 최신 기술의 발달에 따라 다양한 시스템을 이용한 인공종자 생산으로 나눈다.

1) 고정종과 1대 잡종

고정종은 자식성 채소에서 세대를 거듭할수록 대립유전자가 호모화하여 순계의 혼형이 된 것을 말한다. 이들은 격리채종은 할 필요가 없다. 우리나라는 상추, 잎파, 콩과식물에 고정종이 많이 있다. 1대 잡종 생산은 잡종강세현상을 이용해서 생산력이 높고 생산물의 균일성이 있는 1대 잡종을 육성하는데 쓰인다. 대표적 작물로 단옥수수, 토마토, 양파, 배추, 시금치, 등이 있다. 대체로 고정종보다 균일하고 강건하며 조생다수성이고 품질이 우수하다.

2) 원종과 보급종

원종은 기본식물, 원원종과 원종을 포함하며, 협의의 원종은 원종만을 뜻한다. 기본식물(원원원종: breeder seed)은 채소육종가나 육성기관(예: 원예연구소)이 직접 육성 또는 선발한 종묘로서 원원종 생산의 근원이 된다. 원원종(foundation seed)은 기본식물에서 직접증식된 것으로 원종을 거쳐서 모든 보증종자의 근원이 된다. 원종(registered seed)은 원원종 차대로서 보증종자를 생산할 만한 정도의 유전적 순수성과 품종의 순수성을 유지하고 있으며 뇌수분 등을 통해 증식된다. 보급종(certified seed)은 원종의 차대로서 농가 위탁 생산으로 이루어진다. 보증종자는 수매 후에 정선과 종자 전염병을 방지하기 위해 소독을 실시한 후 농가에 배포하도록 되어있다.

3) 성숙모본에 의한 채종과 미숙모본에 의한 채종

성숙모본 채종(root to seed system)은 엽근채류에서 이용되는데 일반재배와 같이 생육시켜 수확시기에 육종하려는 목적의 품종의 특성에 맞은 우수한 모본을 선발, 정식 또는 저장했다가 다음 해 봄에 정식하여 추대시켜 채종하는 방법이다(그림 2-10). 미성숙모본 채종(seed to seed system)은 종자를 직파하거나 육묘 후 정식하여 화아분화를 유도시킨 다음에 채종하는 방식이다.

그림 2-10 무의 우수 모본선발(코레곤 종묘제공)

4) 공공채종과 민간채종

공공채종은 국가나 공공단체에서 관리하는 벼, 보리, 감자 같이 원원종, 원종의 채종을 목적으로 적용하는 방법이다. 우리나라의 채소육종은 민간 종묘회사에 의해 주도되고 있으므로 채소종자의 채종은 민간 채종으로 이루어지고 있다.

5) 특수종자생산

기존의 종자생산과 달리 발달된 유전 공학 기술에 힘입어서 다양한 인공종자(합성종자) 생산이 시도되고 있다. 실용화는 다소 늦지만 종자생산 시스템에서 인공 종자시스템의 이해는 필요하다. 이는 조직배양을 통한 식물의 체세포배 생산이 합성 또는 인공종자생산을 가능케 했고 합성종자는 영양번식성 과수나 견과류 등에서 자가불화합성의 문제를 극복하고 장기 육종기간의 단축을 위해 사용된다. 침엽수 Conifer에서는 나무가 성숙되어 종자번식을 위해서는 너무 장기간이 필요하므로 인공종자가 필요하다. 토마토나 수박에서 인공종자는 가장 경제적 종자생산일 수 있다. 인공종자 기술은 종자 생산까지 연한을 단축하여 잡종종자보다는 단축세대 합성 품종이라 부르는게 적당하다.

여러 과정에 의해 형성된 체세포배는 캡슐화되어 직접 파종하거나, 젤 현탁액을 직접 뿌리는 액상파종(fluid drilling)을 하거나, 종자테이프(seed tape)를 만들어 보관했다 파종하거나, 그리고 묘를 직접 만들어 정식할 수 있다.

체세포배를 사용하면 많은 식물의 영양번식체를 가치 있는 유전자원으로 잘 유지할 수 있다. 예를 들어 우수한 유전인자를 가진 형질전환 식물은 Agrobacterium을 이용해서 쉽게 생산할 수 있다. 그와 같은 식물의 종자번식은 후대에 있어 조합과 분리에 의해 본래 유전자가 근절될 수 있다. 이와 같은 형질전환체를 환경에 의해 변이가 일어나는 것을 막기 위해 분리시켜 온실에서 자라게 할 수 있을 것이다. 영양번식체의 체세포배를 이용하면 이와 같이 좋은 유전자원의 오염을 막을 수 있다.

상업적으로 인공종자가 가능한 것은 높은 부가가치가 있는 화훼류(시클라멘, 거베라, 제라니움), 채소류(브로콜리, 토마토, 셀러리, 상추) 그리고 이미 보급되는 형성시스템이 알려진 당근 등이다. 낮은 비용, 고도의 번식 시스템을 기대하는 우리에게 현재는 이용이 곤란하다. 그러나 앞으로 가치가 높은 작물에서는 가능성이 있을 것이다. 이들 식물은 체세포부정배 형성의 고도의 번식잠재력을 갖고 새로운 크론 번식의 장을 열 수 있으리라 추측된다.

앞으로 체세포배 종자는 급속히 발달되는 생명공학 기술에 힘입어 실용화가 가속화되리라 생각된다. 그러나 가장 해결해야 할 문제는 이들 종자가 ① 건조에 약하고, ② 전환율이 낮고(정상적인 소식물체로의 발달률), ③ 장기저장이 곤란하다는 점이다. 이들이 해결되어야 보다 실용화가 가능하다고 본다. 그래서 휴면의 문제와 캡슐화를 보다 고차원적으로 실시하여 정상적 종자처럼 관리와 저장이 가능하게 하는 기술의 발달이 요구된다. 아울러 이들 문제가 해결되면 경제적 종자생산이 필요하다. 그래서 이들 종자를 ① 세포배양할 때 방법의 표준화, ② 체세포 배의 분리 ③ 캡슐화와 탈수 등을 완전히 체계화하여 생산하고, 생력적으로 기계를 이용한 파종기술 등이 앞으로 보완되어야 한다고 본다. 수익성만 있다면 국내에서도 bioreactor 기술이 발전되어 고부가가치가 있는 원예식물에서 인공종자 생산이 가능해지리라 본다.

2.3.2 품종선발과 육종

1) 도입육종을 통한 선발

국내환경과 소비자의 기호에 맞은 외국의 신품종을 선택하여 수입 재배하는 것을 도입육종이라 한다. 한국은 2002년 UPOV에 등록하기 전까지는 외국의 품종을 무차별하게 도입하여 육성가 보호권리를 인정하지 않고 번식 판매하였다. 현재는 외국 품종은 로열티를 주지 않으면 국내 판매가 법적으로 금지되어 있다. 그래서 정부에서는 딸기재배면적 증가에 따른 외국품종의 로열티지불을 하지 않기 위하여 품종육성을 독려하여 2000년대 80~90% 외래품종에서 2010년대 후반에는 거의 대부분을 국산 품종으로 교체하였다.

도입품종은 좋은 특성을 가지지만 국내의 기후와 토양조건에 맞지 않는 경우가 많으므로 수입하여 1~2년 국내에서 재배하면서 기후와 소비자 기호도를 확인 후에 본 재배나 묘목을 판매해야 한다. 국립종자원에는 수많은 동남아, 아프리카, 중남미의 외국 채소, 열대과실, 화훼류 등이 수입 신고되어 판매되고 있는 현실에서 재배가는 번식방법, 품종의 재배가능성, 수익성을 고려해서 접근하지 않으면 곤란하다.

도입육종에서 새로운 자원을 수입하여 육종의 재료로 사용할 수가 있다. 과거에는 각국의 토종을 수입 재배하기가 쉬웠으나 국가별로 자국의 유전자원 보호 차원에서 토종의 유출을 강력하게 제지하고 있어서 유전육종자원의 도입은 어렵지만 다양한 각도에서 수집노력은 육종연한을 단축시킬 수가 있다.

2) 자식성 작물 선발

원예작물의 육종과 선발에 있어서 중요한 것이 육성하고자 하는 작물이 자가수정작물인지 타가수정작물인지를 알아야 한다. 육종학에서는 4% 이하 타식성인 것을 자가수정작물이라고 하나 4%를 넘더라도 부분적 자가수정으로 인정한다.

자식성식물의 특징은 유전자형은 접합형이며, 1개체의 배우자 유전형이 전부 같고, 1개체의 후대가 균일하며, 자가불화합성이나 자식약세현상이 없다.

채소류의 자가수정 특성에 따라 다음과 같이 분류한다.

- 완전한 자가수정을 하는 종류(타가수정 1% 이하): 강낭콩, 완두콩, 토마토, 상추
- 부분적으로 자가수정을 하는 종류(5~6% 정도): 가지
- 타가수정율이 높은 것(자웅양전화): 잠두, 피망
- 자웅이화동주: 옥수수, 수박, 오이, 참외
- 자웅이주: 시금치, 아스파라거스
- 분지계인 것: 딸기

자식성 작물의 선발법에서 용이하고 중요한 육종법은 순계분리와 교잡육종법이 있다.

(1) 순계분리(pure line selection)

선발육종 방법으로서 콩, 상추 같은 자가수정작물에 주로 적용되는데, 어느 특정형질을 가진 개체를 대상으로 거듭 선발하는 방법이다.

자가수정작물의 화분립은 꽃이 열개하기 전에 비산하고, 암술머리나 꽃밥이 열개한 후에도 꽃잎에 의해 감추어져 있으며, 암술머리는 꽃가루가 터지기 전에 길어져서 자가수분이 쉽게 되는 특성을 가진다.

자가수정작물의 집단에서 육종목표에 맞는 개체선발을 행하고 그 후대 계통은 비교하며 육종목적에 부합하는 순계를 계속적으로 선발하여 증식 후에 신품종으로 보급하는 육종법이다. 이러한 과정에서 분리된 계통을 자세히 관찰하고 수량, 적응성, 기타 중요 특성에 관하여 유망한 것을 선택하면 비교적 단기간에 최상의 계통을 선발할 수 있다. 우리나라의 상추 고정종, 고추 지방종, 안데스 잉카에서 이루어진 토마토는 분리육종의 대표적인 사례이다.

타가수정작물은 자식열세가 일어나지 않는 것과 인공수정의 조작이 용이한 작물을 조건으로 하고 있다. 즉 순계를 얻기 위해서 육성된 신품종을 유지하는데는 인공수분이 필요하기 때문이다. 타가수정작물은 재래종이나 개량품종에서도 보통 hetero 상태로 있으므로 자식을 되풀이하여 homo 개체집단을 만들 필요가 있으므로 자가수정작물보다는 육종기간이 길게 소요된다. 일본의 대화 2, 3호는 타가수정작물인 수박의 재래종에서 순계분리하였다.

(2) 교잡육종

선발육종에서 얻은 우량품종을 한층 더 개량하기 위해서 이품종간의 교잡으로 신품종을 육성한다. 품종 간 잡종은 미리 특정형질(내한성, 내병성, 조만성 등)을 예측하고, 이것을 주관하는 유전자는 독립하여 자유롭게 조합되어 고정된 새로운 형질을 가진 작물을 얻게 한다는

Mendel 유전법칙에 기초를 둔 육종법으로 자가수정작물에서 많이 쓰인다.

품종 간 교잡으로 고정된 신품종을 얻으려면 빨라야 5~6년 또는 7~8년으로 10세대 이상의 장기간이 소요된다. 양친의 교배에서 얻은 것을 세대를 거듭하면서 교배를 계속하면 homo개체의 비율이 점점 높아 간다. 이 과정을 보통 5 단계로 나누어 실시한다.

- 제1단계에서는 목적에 적합한 특징을 가진 개체를 품종간 교배로서 2~4대 걸쳐 분계를 하고, 생태적 또는 형태적 특성에 의하여 몇 개의 육종자료를 준비하며, 자료는 광범위하게 수집한다. 이때 교배친은 특성조사 성적, 염색체지도가 작성된 경우는 유전자 분석 결과 응용, 각 지역의 특성에 맞는 주요 품종 선택, 과거 실적 검토 그리고 품종간의 근연관계 등을 조사해서 선발한다.
- 제2단계로는 순계 중에서 대표적인 개체를 선발하여 교잡하고 조합을 만든다. 이때 가능한 많은 교잡조합을 만들수록 유리하다.
- 제3단계는 최우량조합, 1계통, 1조합으로 압축하여 선발한다. 선발 효과는 제2단계와 제3단계에서 결정된다. 이때 양친과 다른 형질을 갖는 일련의 계통을 만들 수 있다.
- 제4단계에서는 여러 가지 형질의 고정 단계이다. 최종적으로 결정한 계통의 자식에 의한 교잡조합의 검색을 실시한다. 이 과정에서 고정도와 교잡종의 우량성이 높아진다.
- 제5단계에서는 차대 검정과 시험채종을 하여 능력검사를 마쳐 육종 및 채종 준비가 완료된다.

교잡할 때에 육종가가 원하는 모든 유용한 인자 조합에 성공한다는 것은 매우 어렵기 때문에 육종가는 한발 한발 목표에 다가서는 인내력이 필요하다. 오히려 이상적인 인자조합을 나타내는 계통을 얻지 못해도 어느 중요한 특성에 관해서 양친보다 높은 실용적 가치를 갖는 조합이 만들어진다면 육종가로서 거기에 만족하는 경우도 있다.

인공교잡을 할 때 개화기가 다른 경우에는 개화기를 조절해야 하는데, 가장 쉬운 방법은 파종기 조절이며, 다음은 질소비료의 양을 조절하는 비배법(소량시비는 개화촉진, 다질소 시비는 개화지연), 개화기 전후에 온실을 이용하는 온실법(화아분화 후에 고온과 인공조명을 통한 장일처리), 개화의 촉진을 위해 고랭지(저온처리) 같은 곳을 선택하는 재배지법, 주지를 절단해서 측지에 개화를 시켜 연장하는 주 절단법, 접목을 통한 개화(단일처리나 장일처리된 줄기의 접목, 초본에 가능), 춘화 및 일장처리 등을 할 수 있다.

아울러 제웅법에는 원예식물이 꽃망울일 때, 꽃잎을 헤치고 수술을 제거하는 개열법을 이용하나, 벼과는 영(穎: 껍질)의 선단을 제거하는 절영법, 콩과에서는 꽃잎 제거법을 사용한다. 집단제정법(集團除精法)은 약제처리법(4) 웅성불임 이용 참조)이나 식물호르몬 처리 이외에

42~48℃의 온탕에 침지하는 온탕 제정법(수수), 0℃ 저온의 온실에 두는 저온처리법(밀), 물에 씻는 수세법(국화과 식물) 그리고 벼의 경우 개화 2~3시간 전에 교배실에 반입해서 강광을 쬐어주면 몇 분 후에 개화하지만 전혀 개약(開葯)이 안되므로 이때 수분하는 폐약개화 현상을 이용할 수 있다. 그러나 이 방법은 아침 1~2시간만 가능한 단점이 있다.

3) 타식성 작물 선발

타식성 작물은 접합체의 유전자형이 hetero접합형이며, 1개체의 유전자형이 전부 다르고, 1개체의 후대는 잡다하며, 자가불화합성이 고빈도로 나타나면서 자식약세가 일반적이다. 따라서 타식성작물은 집단선발, 잡종강세육성, 자가불화합성, 웅성불임을 이용한 육성을 한다.

(1) 집단선발(mass selection)

집단선발에는 타식성 식물의 경우에 재래종 개체를 선택해서 혼합종자를 만들고 이것을 파종해서 선택 개체의 집단을 만드는 작업을 3회 이상 반복하면 상당히 개량된 종자를 얻을 수 있다(그림 2-11). 이것을 격리 포장에서 증식하여 비교와 적응성 시험을 하여 신품종을 만드는 방법으로 계통집단선발과 성군집단 선발법이 있다.

계통집단선발은 자식열세가 나타나는 식물에 쓰이며, 모본을 주별(株別)로 채종하여 이것을 계통으로 따로 재배해서 차대검정으로 그 순도를 조사하여 균일성을 나타내는 우량계통을 선발하는 방법으로 여러 세대에 걸쳐서 실시한다. 대체로 정밀한 계통선발은 2개의 우성인자에

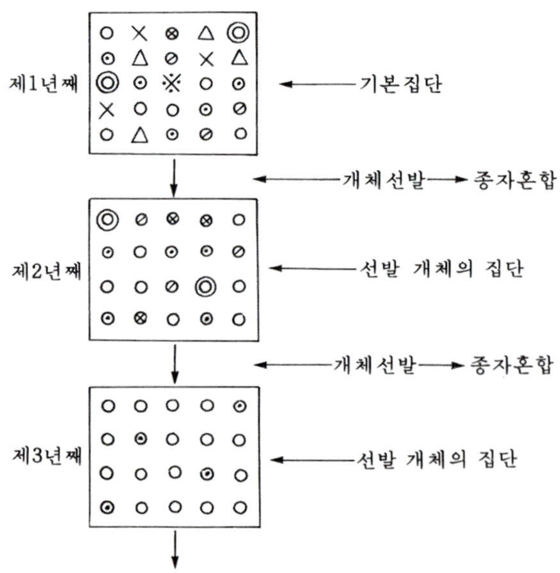

그림 2-11 집단 선발법의 모식도

관해 실시할 경우에 4세대에 가서는 90% 이상 목적한 바 표현형을 갖기도 한다. 재배조건과 환경에 의해 표현 정도가 변화하기 쉽다.

성군집단선발은 한 개체군에서 선발하는 방법으로서 서로 비슷한 유전자형을 가진 개체군을 여러 개 만들어 군과 군 사이에서 선발을 계속하고, 군 안에서도 집단선발을 되풀이하면 종래의 계통보다 실용적 가치는 높아진다. 그러나 혼계는 다소 남아 있다. 타가수정작물에서 재래종을 개량할 때 쓰인다. 이 방법으로 얻어진 것은 순계는 아니나 종전보다 실용적인 가치가 높은 계통으로 선발법이다.

(2) 잡종강세육종(breeding for heterosis)

잡종강세의 육종은 1대 잡종의 우성을 이용하는 것이며, 자식에 의한 내혼약세를 보완하는 데에 활용된다. 이 방법은 2개 또는 그 이상의 근연관계가 없는 자식계통을 교배하여 hetero성이 회복되어 그 F_1의 생활력이 크게 높아지며, 특히 수량은 자식 양친보다 많아진다. 이와같은 hetero 효과 또는 잡종강세효과를 이용하는 방법이다.

오늘날 채소재배에 이용되는 대부분의 종자는 1대 교배종(hybrid, F_1)을 사용하고 있으나, 어느 것이나 잡종강세를 이용할 수 있는 것이 아니고 자식(自殖)이 가능하여, 계통 간의 완전한 교배에 의해 충분한 F_1 종자 생산이 가능하고 경제적인 채산성이 있는 것이어야 한다.

일반적으로 식물은 종이 같으면 교잡이 잘 되나, 동일종이라도 교잡친화성이 다르다. 종이나 변종 간의 교잡을 보면 박과채소에서는 동일종인 멜론과 참외는 교잡이 되나, 오이와 참외는 되지 않고, 서양호박과 동양호박은 종이 다르지만 인공교배로서 다소 교잡이 되나, 자연상태에서는 교잡이 거의 없다. 양파와 파는 가까운 종간이지만 교잡이 잘되지 않으며, 배추과는 종간이나 종내에서 교잡이 잘 된다. 이들 타가수정 채소류를 구조와 기능 등에 따라 다음 몇 개 군으로 나눌 수 있다.

- 자웅동화지만 주로 타가수정을 하는 채소: 무, 배추, 양배추, 양파, 꽃양배추
- 자웅이화동주의 채소: 자가나 타가수정이 잘된다: 오이, 호박, 수박
- 자웅이주채소: 시금치, 아스파라거스

작물별로 예를 들면 박과는 자웅이화로서 교배 시에는 제웅이 필요가 없다. 그러므로 교배는 비교적 간단하다. 수꽃만 따 버리면 자가수분이 불가능하기 때문에 1대 교배의 육종에는 노력이 가장 적게 들 수 있다. 그러나 참외의 일부 품종은 자웅이화이면서 양전화가 생겨 암꽃에 수술이 있고 화분이 있으므로 이러한 참외의 교배는 수꽃을 따 버리고 암꽃에 있는 수술을 제거해야 한다. 수박과 오이는 교배의 조작이 간단하고 종자의 수도 많다. 1과당 종자 수는 수

박은 평균 400립, 오이는 100립 정도 된다. 가지과는 자웅동화이므로 제웅작업을 해야 하며, 일과당 종자 수는 1,200립에 달한다. 일반적으로 과채류의 채종은 용이하다. 그러나 시금치의 경우는 자웅이주로서 풍매에 의하여 수분된다. A, B의 두 품종을 파종해서 1대 교배종을 얻으려 할 때 A가 모체일 경우 A의 웅주만 제거해 버리면 간단하게 A, B의 F_1이 이루어지지만 실제의 성표현은 간성주(間性株: 암수기관을 동시에 갖는 식물)의 발현이 많으므로 이를 제거하기 위하여 육종에 상당한 노력이 필요하다.

배추과에 속하는 배추는 타화수정을 원칙으로 하는 작물로서 1대 교배종을 생산하기 위한 양친계통의 육성을 위해서는 자식을 계속해야 한다. 자식의 횟수는 7대 이상해야 하며, 자식이 반복되면 자식 약세현상이 일어나 유전자형이 분리되게 된다. 이때 선발을 잘해야 하며, 선발의 기술이 부족하면 우량형질이 없어지고 만다. 자식으로서 약세화를 잘 방지한다면 그 목적을 기대할 수 있다. 그러나 같은 배추과 중에서도 양배추는 영양번식이 용이하며 영년생이므로 양친계통의 유지가 가능하나 배추의 경우는 액아를 따서 조직배양을 하는 이외에 영양번식이 불가능하므로 인공교배에 의하여 자식을 시켜 양친계통을 유지하는 방법을 사용한다(그림 2-12).

인공교배의 기초작업 순서를 예로 들면 다음과 같다.

- 다음날 개화할 꽃봉오리를 찾아 암꽃용의 품종은 그의 수술을 제거하고 봉지씌운다.
- 수꽃용의 품종을 그대로 봉지를 씌운다.
- 개화하면 수꽃용의 수술에서 화분을 따서 암술의 주두에 수분한다.
- 수분한 암꽃은 다시 봉지를 씌우고 교배가 끝나면 기호를 붙인다.
- 수정이 완료되면 봉지를 벗겨서 햇빛을 받게 한다.

그림 2-12 제웅과 교배 후에 봉지 씌우고 라벨 붙인 모습(양만성박사 제공)

이와 같은 인공교배 시에 어린 꽃망울 상태에서 수분하는 것을 뇌수분(蕾授粉: bud pollination)이라고 하는데 교배의 간단한 수단으로 이용하거나 자가불화합성의 타파를 목적으로 이용한다. 뇌수분은 개화 2~4일 전에 쌀알 정도의 크기가 된 꽃망울의 선단 1/3~1/4를 핀셋으로 둥글게 잘라 도려내고 암술머리를 노출시킨 다음 개화된 꽃의 성숙화분을 수분시키고 곧 봉투를 씌운다. 이때 주의하여야 할 점은 뇌의 선단을 제거할 때 암술머리에 상처를 주지 않아야 한다. 기계적 상처를 입으면 불임이 되는 수가 있다. 그러나 포자체형 불화합성의 경우에는 암술머리의 제거도 자가불화합성의 타파의 수단이 되므로 암술머리에 상처가 나더라도 대체로 무방하다. 자가불화합성 타파를 목적으로 하면 제웅작업이 필요가 없다.

보급종인 F_1을 채종하기 위해서는 모계와 부계를 채종포에 심는데 채소의 교잡의 난이 특성에 따라 채종포의 종간 거리를 유의하며 근연품종을 제거하고, 다른 원연품종과의 타가수분에 의한 오염을 방지하여 이질 종자의 혼입을 막아야 한다. 채종할 때에 모든 채소의 오염방지 거리는 인공채종의 경우는 6m 거리를 두고 방임채종 시에는 배추과는 장애물이 있으면 600m, 장애물이 없으면 1,200m이며 가지과는 각각 100, 200m, 백합과는 200, 300m 그리고 박과와 기타 과는 500, 1,000m이다. 안전거리는 장애물이 없는 거리의 1.5배이니 약 2,000m는 떨어져 있는 것이 안전하다.

주요 채소의 생식방법과 F_1 종자 생산방법은 다음 〈표 2-2〉와 같다.

표 2-2 채소의 F_1 종자 생산체계

과명	작물명	생식방법	F_1종자 생산체계
배추과	배추, 양배추	타가수정	자가불화합성 이용
배추과	무	타가수정	자가불화합성 또는 웅성불임 이용
박과	오이	타가수정(자웅동주)	인공교배 또는 다다기성 이용
박과	호박, 참외, 수박	타가수정(자웅동주)	인공교배
가지과	고추	반타가수정	웅성불임성 또는 인공교배
백합과	양파, 파	타가수정(자웅동주)	웅성불임성 이용
미나리과	당근	타가수정	웅성불임 이용
명아주과	시금치	타가수정(자웅동주)	자웅이주성 이용

(서 등, 1999: 재구성)

4) 웅성불임 이용

교잡에 있어 제웅은 많은 노력을 요구하므로 웅성불임을 이용하면 쉽게 교잡을 할 수 있다. 그러므로 근래 채소육종에서 웅성불임 계통의 선발이 많이 이루어지며 양파에 이어서 무, 고추의 F_1 채종에 실용화되고 있다.

양파(onion)는 정상적인 웅성기관를 갖추고 있는 것과 웅성불임의 웅성기관를 갖고 있는 품종이 있다. 화분을 공급하는 수그루의 정상 품종의 채종은 모구를 저장하였다가 월동시켜 정식하고, 일반 모본채종에 따라 채종한다. 자식을 계속하면 자식약세현상이 나타나므로 모본을 영양번식법으로 유지시키는 수도 있고, 1대 교잡종을 육성하는 경우도 있다. 자식약세현상을 내혼약세라고 하며, 양파의 경우 'Italian Red' 13~15와 같은 웅성불임 품종이 있다. 이런 품종의 번식은 영양번식 외에는 자가수정에 의한 번식은 불가능하므로 특수한 번식 외에는 경제적 재배가 불가능하다. 'Italian Red'와 친화성이 좋고 임성인 'Crystal Wax'를 부친으로 하여 3회에 걸쳐 여교배(back cross)할 때 실용적 우량품종을 얻을 수 있다. 즉, 웅성불임인 'Italian Red'에 'Crystal Wax'를 교배하였을 때 F_1에서는 50: 50으로 반반의 형질이 출현하며, 제3회에서는 6.25: 93.5로 되어 그 다음 대에는 실용적인 'Crystal Wax'를 얻게 된다. 여교잡에 이용되는 웅성은 우성인자를 가지고 있는 것이라야 한다.

웅성불임의 유전양식은 최근 연구로 여러 타입이 제시되나, 세포질(cytoplasm)에 의한 것, 핵유전자와 특정의 세포질과의 상호작용에 의한 것, 핵유전자의 작용에 의한 것으로 나누는데, 이들의 유전양식을 보면 다음과 같다(그림 2-13).

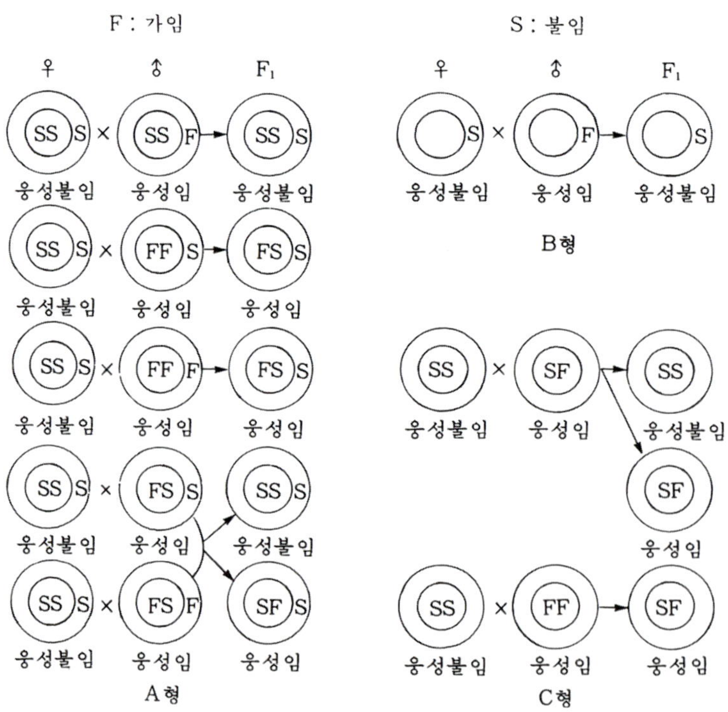

그림 2-13 웅성불임의 유전양식

① **세포질 · 핵 유전자적 웅성불임(cytoplasmic genetic male sterility, CGMS)**: 유전자와 특정의 세포질과의 상호작용에 의한 불임으로 〈그림 2-13, A형〉에서 S는 웅성불임인자, F는 우성의 임성유전자, 2중원외는 세포질, 중앙 원내는 핵의 표시이다. 세포질이 F이면 유전자는 어느 것이라도 웅성가임이 되고, 세포질이 S의 경우는 열성 homo 유전자, SS일 때는 웅성불임이 나타나며, FS 또는 FF 일때는 웅성임성을 나타낸다. 웅성불임 계통을 모본으로 하여 SS계통을 화분친으로 하면 차대부터는 계속 웅성불임 계통을 얻을 수 있다. 해당되는 작물은 파, 양파, 사탕무, 무, 고추 등의 웅성불임을 들 수 있다.

② **세포질적 웅성불임(cytoplasmic male sterility, CMS)**: 웅성불임의 원인이 세포질에 있는 불임형으로, 불임계통을 모본으로 할 때는 항상 웅성불임이 되므로 이 모본, 즉 웅성불임 모본에 여교배를 되풀이하면 불임계통을 유지시킬 수 있다(그림 2-13, B형). 옥수수, 수수를 예로 들 수 있다. 최근 세포융합을 통하여 무에서 발견된 A형의 웅성불임 세포질을 도입한 배추속 작물의 F_1 품종이 보급되고 있다.

③ **유전자적 웅성불임(genetic male sterility, GMS)**: 세포질과 관계없이 열성핵유전자에 의해 일어나는 불임성으로 토마토 작물이 있다(그림 2-13, C형). 현재까지 알려져 있는 원예작물의 웅성불임의 예를 들면 양배추, 꽃양배추, 배추, 무, 양파, 파, 가지, 토마토, 고추, 사탕무, 당근, 호박, 멜론, 단옥수수 등이 있다.

제웅제를 이용한 웅성불임성 유도가 실용화되고 있다. 토마토의 경우 FW-450(주성분: sodium α,β-dichloroisobutyrate)의 0.1～0.15% 액을 개화 10～14일 전에 토마토 전체 식물에 살포하면 제웅효과가 있다. 그러나 품종 간에 제웅의 효과는 차이가 있는데, 조생품종은 0.05% 액을 제1 화방 개화 14～18일 전, 만생종은 개화 8～12일 전에 식물 전체에 그 후 10일이 지나 화방의 마지막 꽃이 개화가 종료되기 전에 뿌려 준다. FW-450의 0.2%액은 양배추, 가지, 상추 등에도 제웅효과가 있다.

생장조절물질도 효과가 있는데, 상추의 경우에는 GA 10～300ppm을 꽃망울이 어릴 때 뿌려주면 웅성불임 효과가 있다고 한다. 그러나 고농도에서도 웅성불임을 일으키나 암꽃의 발육을 나쁘게 하므로 저농도 처리를 하는 것이 좋은데, 실제적으로 10ppm 이상의 저농도를 개화 8～16일 전에 1회 정도 뿌리면 웅성불임이 야기되며, 이때 건전한 화분으로 교잡시키면 100% 교잡율을 얻을 수 있다고 한다. 오이에서 GA_3 1,000ppm, 또는 질산은($AgNO_3$) 100～300ppm, amino ethoxyvinyl glycine(AVG) 250～500ppm을 본잎 크기 2.5cm, 그후 5일째 2회에 걸쳐 뿌리면 자웅동주 오이에서 모본의 암꽃의 착생 수가 현격히 줄고 적당한 수의 수꽃이 착생되어 암꽃제거 노력을 절감시키므로 채종재배에서 응용되나 품종간 차이가 있다.

고추, 옥수수 등의 수정된 과실이 수확의 대상이 되는 경우는 일대잡종 육성에 있어서 화분친으로 사용되는 부계친이 반드시 임성회복 계통이어야 하지만, 수확대상 부위가 영양기관인 무, 배추, 양배추, 꽃양배추 등의 작물과 오이같이 단위결과하며 수정에 의해 종자가 형성될 경우 오히려 품질의 저하요인이 되는 경우는 F_1 종자의 임성을 회복시킬 필요가 없으므로 화분친으로 사용되는 부계친은 임성회복 계통 여부에 관계없이 사용할 수 있다.

5) 자가불화합성 이용

자웅양성기관이 형태적 · 기능적으로 완전한 식물에서 수분을 실시하더라도 수정이 되지 않을 때 불화합성(incompatibility)이라 한다. 불화합성에는 크게 자가불화합성, 이형예 불화합성(heterostyly-incompatibility), 타가불화합성 등 3군으로 나눈다. 이형예불화합성이란 같은 그루의 꽃 또는 같은 종류의 식물 그루 사이에 있는 꽃에서 암술과 수술의 크기에 의하여 불화합성이 나타나는 현상이다. 예를 들어 같은 모양의 암수술간의 교배에서는 불임이고, 그 반대로 모양이 각각 다른 경우에 가임이 되는 현상으로 아마, 메밀, 프리뮬라, 보레이지 등 식물이 여기에 속한다. 타가불화합성(cross-incompatibility)은 계통 간의 불화합성을 말하는데 유연이 먼 것은 친화력이 약하여 수정이 안되고 종자도 형성되지 않는다.

자가불화합성(self-incompatibility)은 자기 꽃가루가 수분되었을 때 수정이 이루어지지 않는 현상으로 복대립유전자에 의한 자가불화합성을 유전적인 면에서 볼 때 4가지 유형으로 나누나(이, 2018), 포자체형(cardamine type)과 배우체형(personate type)이 대표적이다.

포자체형 자가불화합성은 포자체에서 생성된 물질이 세포질을 통과할 때 배우체에 영향을 주어 불화합이 이루어지는 현상으로, 성세포를 만들어 낸 식물체의 유전조성(아포체 반응)에 의해 불화합이 결정되는데 국화과(코스모스), 사탕무, 배추과 채소에서 많다. 양친에 같은 대립유전자가 하나라도 있으면 불화합이 되며, 포자체형 자가불화합성은 화분의 발아가 잘 이루어지지 않고 발아가 되도 암술머리를 침입하지 못한다. 이와 같은 형의 불화합성은 S복대립유전자(S_1, S_2, S_3, ...)에 의한 것으로 설명한다. 암술의 S유전자와 화분의 S유전자의 표현형이 같을 때는 화분관이 암술머리로 침입할 수 없다. 꽃가루는 반수체이므로 꽃가루의 유전자를 결정하는 화분유래식물체(포자체)의 유전자형에 의해 결정되므로 포자체형 자가불화합성이라 한다. 만일 S_1S_2의 유전자형을 가진 암술머리에 S_1S_3의 화분이 접촉되었을 때, S_1이 우성이면 같은 유전조성을 가져서 화분관 침입이 되지 않지만 S_3이 우성이면 S_1을 가진 화분이라도 화분관 침입이 이루어져 수정이 된다(그림 2-14).

배우체형 자가불화합성은 배우자의 유전조성에 의해 불화합성이 생기는 것으로 꽃가루의 1개의 S대립 유전자가 자방친이 가지고 있는 2개의 S대립 유전자와 하나라도 같으면 불화합이 생긴다. 채소류로는 냉이, 화훼류의 페추니아, 과수류의 장미과(배, 사과), 그리고 작물에서는 호밀, 클로버 등의 불화합성이 여기에 속한다. 화분은 정상적으로 발아하지만 화분관의 신장이 암술대에서 저지된다.

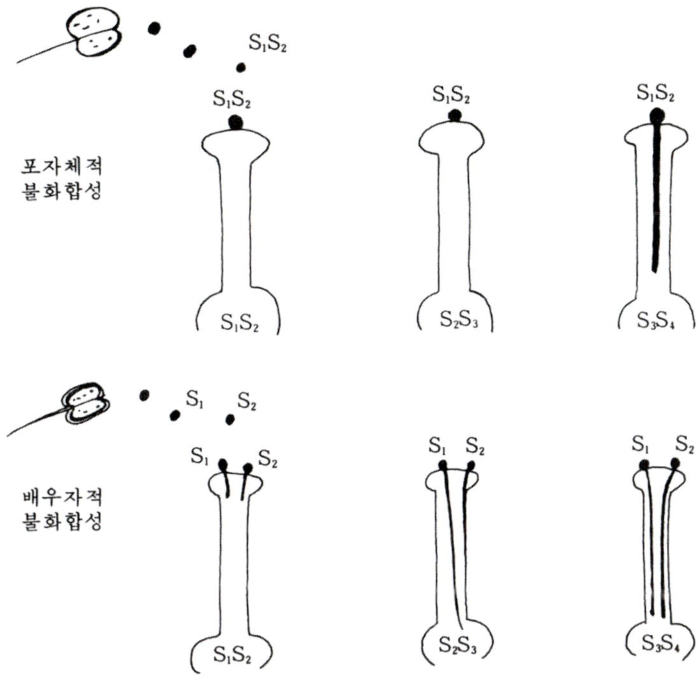

그림 2-14 자가불화합성의 유전양식

① **포자체형 웅성불임(예: 양배추)**: 각각 화분은 S_1과 S_2의 대립인자를 가짐. 화분관은 다른 유전자형이 있을 때만 자람.
② **배우체형 웅성불임(예: 클로버)**: 각각 화분은 단순 S 인자를 가짐. 같은 인자가 있으면 자라지 않음.

우리나라에서는 양배추, 배추, 무 등의 육종을 하는데 있어 자가불화합성을 이용하여 일대잡종 품종을 생산한다. 자가불화합성을 이용한 1대잡종 품종의 경우 양친의 유지가 필요한데, 이때에는 자가불화합성을 타파하기 위한 수단이 요구되며, 자가불화합성의 타파는 ① 뇌수분(개화 1~3일전에 꽃봉오리를 열개하고 동일 꽃의 꽃가루를 이용하여 수분)이나 노화수분 ② 소금물처리(소금물 3.2~3.6%를 격일로 아침 일찍 채종하우스 내에 안개 상태로 25~28일간 분사) ③ 탄산가스처리(오후 3~5시 초기 3.2~ 후기 3.6%, 2시간처리, 처리 후에 환기하여 일반 농도로 유지, 25~28일 처리, 온실이 30℃ 이상 안되게 주의, 탄산가스처리 후에 꿀벌을 이용하여 수정을 함)가 있다(이, 2018).

현재 무, 배추 등에서 양친의 대량증식에 이용되는 방법은 탄산가스와 소금물처리가 많이 이용되고 있다.

6) 돌연변이 육종

돌연변이는 염색체 이상을 유기하는 염색체 돌연변이와 배수체를 유기하는 인위적 돌연변이법이 있다. 염색체 수의 변화 중에 육종상 실용적 이용가치가 있는 것은 3배체 또는 4배체가 있다. 과수의 배수체의 발생은 여러 원인에 의하여 나무 가지 위에 나타나는 자연돌연변이로서 지조변이(枝條變異)가 있으며 종자번식 과정에서 나타나는 실생 개체로서 출현하는 경우가 있다. 대표적으로 일본배 20세기에서 조생20세기, 사과 골든데리셔스(Golden Delicious)에서 발견된 'Goldespur', 'Starkspur Golden', 복숭아 백도에서 나타난 '고양백도', 감귤 온주에서 아조변이로 나온 '조생온주' 등이 지조변이로 신품종화한 것이다.

인위적 돌연변이를 유기시키는 데 사용되는 유기원에는 방사선처리, 우주육종(space breeding: 우주선에 종자를 가져가서 무중력상태에서 돌연변이 유기로 중국에서 많이 하며 연, 벼, 알팔파가 있다), 이온빔처리(ion beam technology: 이온빔을 조사하여 돌연변이 유기), 화분감마선처리법(꽃가루에 처리하여 유기하는 방법)등이 있다. 방사선 유기원에는 x선, γ선, α입자, β입자, 양자와 중성자가 있다. 1930~2004년 사이에 방사선유기에는 감마선(64%), x선(22%)이 주로 이용되었다. 유전인자 돌연변이나 염색체 이상을 유기시키는 방법으로 채소에서는 감자, 토마토, 완두, 땅콩, 등에서 실용형질의 변이가 출현되었고 동양란에서도 다양한 무늬종이 탄생하였다. 배(Osa Gold)는 일본에서 Co60을 이용하여 돌연변이를 유기했다. 종자에 사용되는 선량은 작물의 50% 치사선량(LD50)의 1/2 정도의 선량을 일반적으로 사용한다. 50% 치사선량은 토마토 13~37 kR, 고추 24 kR, 그리고 수박은 60 kR이다.

돌연변이 유기 화학물질로는 제한효소(restriction endonucleases: 보리), EMS(ethyl methane sulfonate: 벼, 비들기콩, 녹두, 편두 등), alkylating agents(벼, 알팔파 적용), nitroso compounds등 다양한 것이 있으나 기존 육종법보다 효과 면에서 낮다.

재배적 방법으로는 변온처리, 절단, 접목 등의 방법에 의한 유기를 말하는 데 그 빈도가 낮다. 종자번식 식물의 돌연변이를 유기시키려면 단 1회만 유기원을 처리하는 것이 아니라 몇 대를 반복해서 처리해 집단 내에 돌연변이 유전자를 누적시킨 후 목적으로 하는 돌연변이체를 선발한다.

대체로 돌연변이 유기에서는 우성에서 열성으로 유전자가 변화하는 것이 대부분이므로 돌연변이체로서 선발하려면 자식이 필요하다. 타식을 주로 하는 식물에서는 자식이 어려우므로 방사선 조사 집단 내에 돌연변이 유전자를 누적하는 누대처리(累代處理)가 유망하다. 처음 방사선처리는 돌연변이가 유기된 식물을 직접 재배품종으로 도입했으나 최근에는 주로 교배모본으로 많이 사용한다.

앞으로 자연계에서 유전자원의 고갈화가 가속화되면 모본 등 간접 이용을 위한 돌연변이 유기와 생명공학적 기법을 도입한 염색체 차원에서의 변이 유발 등은 돌연변이 육종의 큰 비중을 차지하게 되리라 본다.

7) 배수성 육종

식물의 배수성을 이용하여 보다 우수한 신품종을 만드는 방법으로 동질배수체, 이질배수체 그리고 반수체, 삼배체, 이수체 등 특수배수체를 만들어 이용한다.

동질배수체는 발아할 때 생장점에 콜히친(colchicine)을 처리하여 배수체를 유기하거나 반수체인 꽃가루의 조직배양을 통해 염색체의 증감을 통해 만들 수 있다.

이렇게 육성된 배수체는 몇 가지 특성을 갖는데, ① 핵과 세포가 크며, ② 영양기관의 생육이 증진되고, ③ 과채류는 착과성이 감퇴되고, ④ 임성이 저하되나 화기와 종자는 커지며, ⑤ 성장기간이 길고 개화, 성숙 등 발육이 지연된다. ⑥ 기타 내한, 내병성의 증대나 오옥신, 비타민, 단백질, 당분 등 함유성분의 변화도 올 수 있다.

3배체와 같은 특수 배수체는 보통 수박(2n)에다 colchicine 0.5~1.0%액, 또는 2,6 dinitroaniline 10~30ppm을 자엽 전개 후 생장점 부위에 떨어뜨려 4배체(염색체수, 4n=44)를 만들어 여기에 다시 2배체(염색체수, 2n=22)의 화분을 교배하여 3배체(염색체수, 3n=33)를 만들 수 있다. 3배체식물은 감수분열(meiosis)이 비정상적으로 되어 화분과 난세포(egg cell)가 소멸되어 생식세포(reproductive cell)의 기능이 없어지므로 종자가 형성되지 않는다. 3배체 수박은 화분도 생식불능이므로 보통 2배체 수박을 20% 정도 섞어 심는다. 3배체 암술에 2배체 정상 화분호르몬의 자극을 주어 단위결과를 유도함으로써 씨없는 수박이 형성된다(그림 2-15).

Hayata 등(1995)은 CPPU(1-(2-chloro-4-pyridyl)-3-phenlyurea) 200ppm을 개화전 수박 암꽃에 발라 줌으로써 단위결과를 유도했다고 하였다.

배수성 육종은 염색체의 배수화에 따라 유전물질의 증량이 수반되어 새로운 변이의 유기, 배수체를 이용한 종속간 잡종의 육성 등이 주가 된다. 특수한 배수체인 3배체 수박 이외에 근래 배수성을 이용한 육종은 동질배수체를 이용해서 무의 4배체 품종이 만들어졌으며, 독일의 경우에 4배체 무를 4계절 재배하고 있다.

배수체를 만드는 법은 그밖에 0.05~0.2% 콜히친(colchicine)액에 화훼종자를 1~6일간 침지하는 침적법과 라놀린에 녹여서 생장점에 처리하는 라놀린법(lanolin method), 2,6 dinitroaniline과 콜히친을 생장점에 분무해 주는 분무법, 그리고 생장점에 주사하는 주사법 등의 방법이 쓰여지고 있다. 콜히친은 인체에 위험성이 높으므로 취급에 주의가 요구된다.

배수체가 되었는지 확인하는 방법은 잎 뒷면의 공변세포의 크기를 현미경으로 비교 검토하

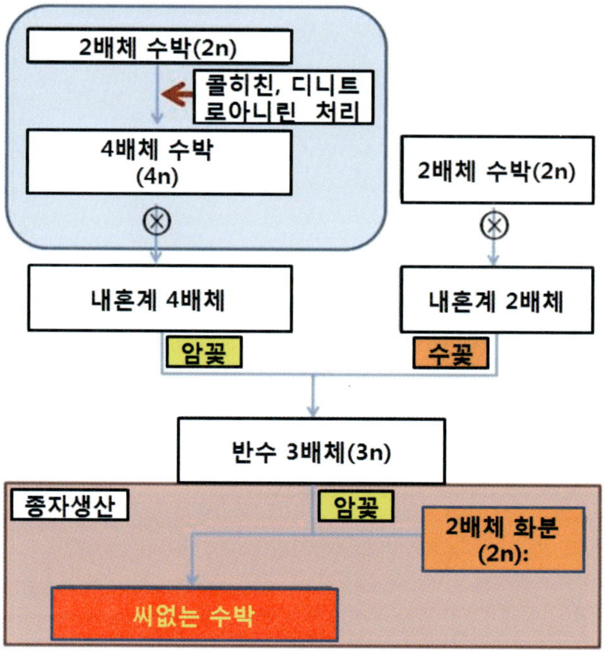

그림 2-15 씨없는 3배체 수박 육성

여 알 수 있는데, 4배체는 2배체 보다 공변세포가 크며, 엽록체 수가 많다.

2.4 종자생산 체계

종자의 형성과정에서 언급한 바와 같이 종자는 자연교잡이든 인공교잡이든지 수정할 때의 환경요인 또는 식물체 자체의 조건에 의해 부모세대에 비해 질적으로 또는 양적으로 변이를 가져오게 되며, 이런 점으로 미루어 종자의 우량형질을 유지시키기 위해서는 종자생산에서 몇 가지 점을 유의해야 한다. 즉 작물의 수정생리에 따라 알맞은 수분(授粉) 방법을 적용하는데 작물의 수정양식에 따른 종자생산법은 다음과 같다.

2.4.1 채종법

1) 수분양식에 따른 채종법

작물의 수정생리를 이해해야 채종을 주의 깊게 잘하면 오염을 줄일 수 있는데 수분양식에 따라 다음과 같이 구분할 수 있다.

① **자가수정을 원칙으로 하는 작물**: 채소나 화훼는 자가수정(自家受精)을 하는 종류는 극히 적다. 채소류는 고추, 강낭콩과 완두가 있고, 화훼에서는 루우핀 등이 있다. 이들은 일반 재배의 경우 자연방임(自然放任)상태에서 채종하여도 무방하다. 그러나 원종(原種)이나 원원종(原原種) 채종의 경우는 봉지를 씌워야 한다. 특히 입지 조건과 채종재배에 대한 주의를 하지 않으면 품종이 퇴화할 염려가 있다. 재배할 때에 품종 혼입을 방지하고 병충해 피해를 받은 식물에서 채종을 해서는 안된다. 수확기에 다른 품종이 혼입된 것을 발견하면 제거하고 수확은 보통보다 약간 빠르게 하며 충분히 말린 후에 채종한다.

② **자가수정을 원칙으로 하나, 상당수가 자연교잡이 일어나는 작물**: 토마토, 가지, 유채, 파, 양파,수목류 등은 비교적 자연교잡이 이루어지기 쉽다. 그러므로, 채종의 경우에는 인근에 교잡가능성의 품종이 있을 때는 방임채종(放任採種)의 경우에 교잡이 일어나게 된다. 채종포(採種圃) 주위에 교잡방해물이 있을 때는 자연교잡에 보호가 되기 때문에 방임채종도 가능하나, 그렇지 않을 경우는 봉지를 씌우거나 망을 씌워 자연교잡을 방지해야 한다. 방임채종의 경우에 토마토 2%, 가지 6～7%의 오염이 생긴다.

③ **타가수정을 하는 작물**: 채소류의 박과(科), 배추과, 산형화과, 과수류에서 감 및 1~2년생 화초류의 대부분은 이에 속한다. 그러므로 개화 시에는 교잡을 방지하기 위해서 격리법(隔離法, 거리를 두는 법)이나 복개법(覆蓋法, 봉지 씌우는 법)을 사용하여 보호함과 동시에 인공수분을 해주어야 한다. 특히 박과는 자웅동주(雌雄同株)의 단성화(單性花)로 암꽃과 수꽃이 따로 핀다. 그래서 같은 꽃에서는 수분이 되지 않으므로 동일한 포기의 다른 수꽃과 교배하거나 순계(純系) 간에는 개체 간의 교배를 해준다. 참외의 경우는 암수꽃이 같이 피는 자웅동주이면서 자웅이화(雌雄異花) 또는 양성화인 자웅동화이므로 자화수정에는 용이하다. 배추과는 모본선발(母本選拔)에 있어서 자가불임성(自家不稔性), 뇌수분(蕾授粉), 내혼약세(內婚弱勢), 집단도태(集團淘汰) 등을 고려하여야 하며, 또 추대를 위해서는 파종기 조절, 춘화처리 등을 면밀하게 조사해야 한다.

④ **반드시 타가수정을 필요로 하는 작물**: 자웅이주의 시금치, 아스파라거스 등이 이에 속하며, 이것들은 집단도태법(集團淘汰法)을 적용하여야 한다.

⑤ **다년생의 채종작물**: 국화같이 다년생의 화훼류는 대부분 분주로서 번식하나, 종자로도 번식한다. 종자로서 번식하고자 할 때는 자가수정과 같은 요령으로 채종한다.

⑥ **무성번식에 의한 작물**: 구근(球根), 괴근(塊根), 괴경(塊莖), 근경(根莖) 또는 삽수(揷穗) 등으로 번식하는 종류는 종자번식은 신품종 육종의 경우에만 사용되고, 일반번식에는 분주(分株), 분구(分球), 삽목(揷木)으로 무성번식을 한다.

2) 제웅에 따른 채종법

암술과 수술이 같은 꽃에 있으면 채종을 위하여 수술을 제거하는 제웅(除雄)과 교배방법에 따라서 다음과 같이 분류한다. 제웅은 핀셋 등을 이용하며 높은 기술이 필요하다.

① **제웅과 인공교배 필요식물**: 제웅하고 나서 인공교배를 해야 하는 식물로서 가지, 토마토, 고추, 참외 그리고 피클오이가 있다. 교배 후 오염방지를 위해 봉지를 씌운다.

② **제웅은 불필요하나 인공수분 필요식물**: 자웅이화동주나 웅성불임계는 제웅은 하지 않고 인공수분만 한다. 오이, 수박, 호박과 토마토(웅성불임계)가 해당된다.

③ **제웅 후 풍매에 의한 방임교잡 적용식물**: 타가수정작물인 옥수수와 시금치가 있다.

④ **제웅 후 충매에 의한 방임교잡 적용식물**: 오이, 수박, 호박류를 격리포장에서 대량으로 채종할 때 사용하는 방법이다.

⑤ **제웅을 하지 않고 충매에 의한 방임교잡 적용식물**: 불화합성이나 웅성불임을 이용 시는 방임채종한다. 무, 배추, 양배추(불화합성이용) 및 양파(웅성불임이용)가 해당된다.

3) 수분시기에 따른 채종법

꽃가루를 암술머리에 묻혀주는 수분(授粉)의 시기에 따라 다음과 같이 분류할 수 있다. 각각의 방법을 이해하고 해당된 방법을 교배하고자 하는 식물에 적용해야 한다. 수분 후에는 봉지를 씌우고 교잡 내역을 기재한 다음 라벨을 부착한다. 종자가 성숙되면 채종한다.

① **개화수분(開花授粉)**: 꽃이 핀 후에 수분하는 것으로 벼, 옥수수, 배추 등이 있다.

② **노화수분(老化授粉)**: 꽃잎이 완전히 시든 후에 수분하는 것을 말하며 자가불화합성 타파를 목적으로 한다. 밀, 옥수수, 고추 등에서 적용한다.

③ **뇌수분(蕾授粉)**: 자가불화합성 타파를 목적으로 꽃봉오리 상태에서 수분하는데 고추, 오이, 벼, 담배 등에서 채종에 사용된다.

④ **폐화수분(閉花授粉)**: 개화 후에 꽃잎이 완전히 닫혀진 상태에서 수분하는 것으로 벼, 밀 등이 있으며, 타식률은 4% 이하로 극히 낮다.

2.4.2 방임 및 인공수분

원예식물의 방임수분에는 충매화, 풍매화 등에서 이용되는데 자연상태에서 수분이 되게 방치하는 것이다. 이 방법은 개화기에 비가 많이 오면 곤충의 비래와 꽃가루의 이동이 불가능해 수정이 이루어지지 않는다. 인공수분에는 개화수분(開花授粉), 수분(授粉), 노화수분(老化授

粉) 등이 있다. 다량채종을 위해서는 보통 인공교배는 실시하지 않으나, 원원종(原原種)의 채종에서는 반드시 실시한다. 또한 순계(純系)의 유지나 일대교배종(一代交配種)을 육성할 때도 인공교배를 하며, 1대 교배에서는 잡종강세현상의 이용과 자식약세(自植弱勢)의 회복이 적용되고 있다.

인공교배 순서는 모본을 제웅하고 봉지를 씌우고, 개화일에 봉지를 벗기고 수정시킨 다음 봉지를 씌우고, 다시 수일 후에 수정이 이루어졌다고 생각하면 봉지를 벗긴다. 수분시키는 방법은 꽃밥을 직접 암꽃에 삽입하거나, 개화한 수꽃을 암꽃 위에 진동시켜 꽃가루를 떨어뜨리거나 붓으로 모은 꽃가루를 묻혀준다. 그 외 병에 작은 꽃을 꽂아서 모본에 묶어주는 병치법(bottle method), 대량의 화분을 채취할 수 있는 것은 이것을 모아서 공기압력으로 암술머리에 뿌리는 살분법(예, 옥수수), 기타 망실 내에서 곤충을 이용하는 충매법 등이 있다. 대체로 봉지 재료는 광선을 통과시키고, 봉지 속의 온도변화가 작고, 무게가 가벼우며 비바람에 파손이 안 되고 가격이 싸야 한다. 그래서 풍매화는 특수 종이봉지, 충매화는 파라핀 종이나 한냉사 봉지를 사용한다.

2.4.3 교잡방제법

인공교배에 앞서 교잡방제를 위해서는 격리법(隔離法), 복개법(覆蓋法), 꽃잎(화판)제거법(花瓣除去法) 등이 이용되고 있다.

1) 격리법

채종주(採種株)를 교잡이 가능한 종류와 격리시키는 방법으로써 시간적 격리법(時間的 隔離法)과 거리적 격리법(距離的 隔離法)이 있다. 전자는 파종기를 달리하여 일장조절, 춘화처리 등을 이용하여 개화기를 빨리 하거나 늦게 조절하는 방법이다. 후자는 충매에 의한 자연교잡 위험거리를 유지시켜 교잡을 방지하는 방법이다. 거리의 결정은 지형, 건물, 산림 등의 장해물 높이와 크기에 따라 다르며, 풍매화(風媒花)의 경우는 곤충의 밀도, 채종면적의 대소 등도 문제가 된다. 화분친(花粉親)이 되는 작물의 큰 재배 면적 근처에 작은 면적의 다른 품종이 있을 때는 그다지 문제가 되지 않으나, 반대로 화분친의 면적이 작은 근처에 대면적의 다른 품종이 있을 때는 교잡률이 대단히 높다. 실용적인 채종포는 외딴 섬이나 산간지가 이상적이다. 교잡의 안전거리는 작물과 장애물 유무에 따라 각각 다르나 자가수정작물은 200m, 타가수정작물은 1,000m 이상이나 안전거리는 2km이다(표 2-3).

표 2-3 채종포의 오염방제 거리

과명	인공교배	방임채종		안전거리
		장애물 있음	장애물 없음	
배추과	6m	500m 이상	1,200m 이상	장해물이 없는 거리의 1.5배
박과	6m	500m 이상	1,000m 이상	
가지과	6m	100m 이상	200m 이상	
백합과	6m	200m 이상	300m 이상	
기타	6m	500m 이상	1,000m 이상	

2) 복개법

복개법(覆蓋法)은 꽃봉오리가 개화하기 전에 봉지를 씌우는 방법과 망상(網箱), 망실(網室)의 이용 등으로 원종(原種), 원원종(原原種)이나 1대잡종 작출(1代雜種 作出)의 양친의 계통유지 등 귀중한 종자 채종이나 적은 면적에서 많은 종류의 종자를 채종하는데 쓰인다. 봉지씌우기는 한 꽃에 국한시켜 봉지를 씌우는 것과 화서(花序)의 일부 또는 당근처럼 전부에 씌우기도 한다(그림 2-16, 좌). 박과는 꽃이 크기 때문에 봉지씌우기가 편리하다. 호박은 꽃이 크므로 수정 후 꽃 끝을 묶어서 벌이 들어가지 못하게 할 수 있다.

3) 꽃잎(화판, 花瓣)제거법

곤충의 비래(飛來)를 방지시키는 간단한 방법으로써 꽃잎 전부를 제거하는 방법이며, 양성화(兩性花)의 경우 암꽃의 꽃잎을 제거하고 교배하는 것이 편리하다. 봉지를 씌우지 않아도 좋으며, 봉지를 씌웠을 때 봉지 내에서 일어나는 미기상(微氣象)이 나빠지는 우려가 없는 점도

그림 2-16 토마토 소형망씌우기(좌)와 장미 꽃잎 제거법(우)

유리하다. 가지에는 효과가 분명치 않으나, 오이와 장미 등에서는 그 효과가 현저하다(그림 2-16, 우). 수분(授粉)과 동시에 꽃잎을 제거하면 효과는 더욱 크다.

2.4.4 화분과 암술 수정력

1) 화분 수명과 수정 능력검사

인공적으로 수분을 시키려는데 수꽃이 완전히 성숙하여 충분한 화분을 생산했는데도 불구하고 암꽃이 동시에 개화하지 않거나, 개화기가 다른 식물에 수분시켜야 할 경우가 있는데, 이때는 꽃가루를 채취하여 저장했다가 수분을 시켜야 한다. 주요 식물의 화분의 실내보존 가능 기간을 보면 벼, 보리, 옥수수는 1일, 토마토, 가지, 머스크멜론, 파, 포도, 감, 다알리아는 2~5일, 딸기와 사과는 6~10일, 유채, 무, 완두, 잠두, 국화, 차나무는 11~20일, 배, 자두, 복숭아, 매화, 벚나무, 튤립, 수선, 아마릴리스 21~50일, 히야신스, 시클라멘, 살구나무는 50일 이상이다. 건조하여 저장하면 토마토, 가지, 무 등은 실내보존과 기간이 같지만, 딸기 21~50일, 배, 자두, 복숭아는 51~100일 저장한다. 초저온 동결저장(cryo-storage, -196℃)하면 비트, 복숭아 1년, 양배추 16개월, 고추 42개월, 토마토 1,062일, 감자 24개월 동안 저장이 가능하다.

꽃에서 꽃가루를 채취하는 방법은 꽃을 따서 따뜻한 실내에서 페트리디쉬(petridish) 또는 기타 용기에 넣어두었다가 터는 방법, 꽃을 체에 넣고 말려서 터는 법 또는 전기식으로 된 바이브레이터(vibrator)로 터는 방법 등이 있다.

저장 방법은 데시케이터에 저장하거나 건조를 시킨 후에 냉동저장을 시킬 수가 있는데, 냉동저장의 경우 사과, 자두, 장미, 백합, 꽃창포 등은 6개월간 저장할 수 있다. 그러나 보통 그 이상 저장할 때는 좋지 않다. 일정 기간 저장 후 사용 전에는 화분의 크기, 형태, 주름유무, 내용물 유무 등을 조사하고 그 외 각종 처리로서 형태적 검사를 하여 화분의 활력과 함께 생존력을 조사한다.

저장화분의 수정능력이 있는지 여부를 알아보기 위해 보통 꽃가루를 현미경으로 조사하는데, 많이 사용하는 방법이 테트라조리움 테스트(2,3,5-triphenyl tetrazolium chloride, TTC-test)이다. Tetrazorium 0.1~0.5% 액을 35℃에서 15~20분간 처리하여 검경한다. 붉은색이 진한 것일수록 발아력이 높다. 이는 테트라조리움이 살아있는 화분의 dehydrogenase효소가 관여하는 호흡작용에 의하여 적색의 포르마잔(formazan)을 형성하기 때문이다(그림 2-17).

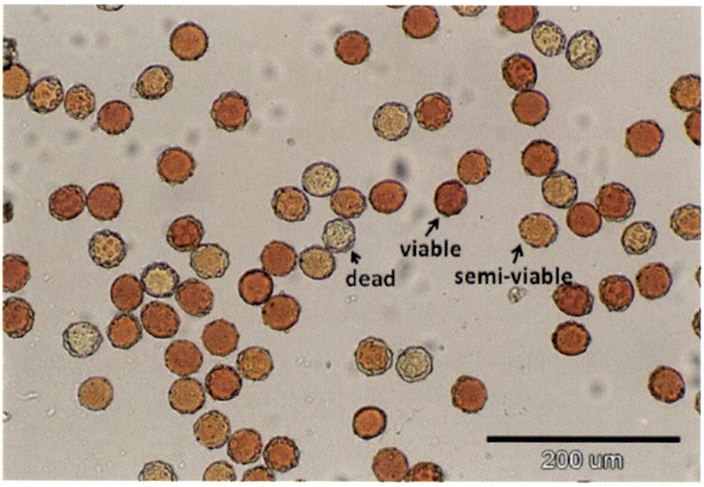

그림 2-17 호두 화분의 TTC 테스트(붉은 색은 생존, 노랑색 죽음: Mert, 2009)

그 외 시약을 이용해 염색을 시켜서 색깔 발현이 잘 된 것은 활력이 있는 것으로 볼 수 있는데, 아세토 카민법은 45% 빙초산에 1%의 카민을 용해시켜서 끓인 후 냉각시켜서 사용하는데 무의 F_1 육성 시 화분 검사에 쓰인다. 락틱블루(lactic blue)법은 0.5g의 콧튼블루를 100mL의 순수한 젖산에 녹여서 수용액으로 활력검정에 사용한다. 생존 화분은 청색을 나타낸다.

2) 암술 수정력 보유기간

꽃가루는 장기저장이 가능한데 암술의 수정능력은 얼마나 있느냐 하는 특성도 종자 생산에 매우 중요한 사항이다. 암술의 수정력 보존기간의 기준은 꽃잎이 질 때까지로 하는 것이 수분작업의 기준이 되고 있다. 암꽃의 수명과 화분관의 생장에 소요되는 시간에는 차이가 날 수 있다. 즉 화분관 신장이 이르면 보존기간이 길다. 또한 자가와 타가수분에도 차이가 날 수 있다. 암술의 수정력 보유 기간은 작물에 따라 다른데 수박 1일, 호박과 벼 2일, 보리 5일, 담배 5~7일, 자두와 밀 7일, 해바라기 16일이다. 암술의 수정능력 보유기간 내에 수분을 시켜야 종자 생산이 가능하다. 암술의 수정 능력은 개화당일 해뜨기 전까지가 가장 높다.

2.4.5 채종적지 선정조건

채종에 대한 기본적인 지식이 갖추어지면 채종지를 선정해서 채종재배를 해야 한다. 일반 채소재배의 적지는 재배를 위한 노동력과 수확, 출하를 고려한 재배지 선택이다. 그러나 채종적지는 교통편이나 관리의 편리보다는 교잡 등에 의한 종자의 순도 하락을 막고 기후적으로 병에 걸리지 않은 충실한 종자를 생산할 수 있는 곳으로 채종철에 인력 동원이 쉬운 곳이 선택의 기준이 된다.

종묘생산 적지선정을 하는데 자연환경, 경제적 조건, 기술적 조건 그리고 그 밖의 조건을 고려해야 한다.

1) 채종지의 환경조건

채종지의 자연환경은 기온, 강우, 일장 등 기후적인 조건과 토양, 비옥도, 시비법 등으로 나누어 생각할 수 있다. 일반적으로 기온조건은 채종할 채소의 화아형성에 알맞은 조건이면 된다. 다만 대단위 채종의 경우 겨울 동안 유묘(幼苗)가 얼어 죽지 않게, 배추과의 경우 남부해안지대나 도서지방이 알맞다. 또한 일교차(日較差)의 경우 밤낮의 온도 차이가 큰 것이 종자의 성숙을 촉진하나 천립중은 감소한다. 채종시기에 있어 강우는 종자의 채취와 건조를 불가능하게 하므로 봄에 채종하는 경우는 강우량이 적은 곳이 좋다. 근래 여름에 강우량이 거의 없는 지중해성 기후지역이 채종의 적지로 각광을 받는 것도 그러한 이유에서이다(그림 2-18)

그림 2-18 양파 노지채종(오레곤주, Orca Seed Prod.)

일장은 개화의 유기에 중요하며 개화 후에는 긴 것이 좋은데, 이는 광합성을 하는 시간 연장을 통하여 종자의 충실도를 상승시킬 수 있기 때문이다.

토양의 비옥도는 초기 충실한 영양생장을 기하여 경엽(莖葉)의 신장이 원활히 됨으로써 착과나 수정 후에 종자의 충실한 발육을 기할 수 있다. 그러므로 가능한 한 비옥한 조건에서 종자생산을 해야 하나, 시비하는데 있어서 개화기 전까지는 K와 P를 위주로 주고 N은 작게 주며, 개화 후에는 N, P, K를 고루 주는 것이 좋다.

2) 경제적 조건

채종재배는 일반재배보다 장기간이 소요되므로 먼저 충분한 자본의 축적이 있어야 하며, 가능한 한 차지료(借地料) 등이 비싼 도시 근교보다는 도시에서 멀리 떨어진 곳에서의 채종재배가 바람직하다. 그러나 반드시 유념할 것은 인공교배기 및 수확기에 노동력이 많이 필요하므로 노동력이 싸고 구하기 쉬운 곳을 택하는 것이 좋다.

근래 강우에 대비해서 하우스 내의 채종이 많은데, 이 경우는 충분한 자본이 있어야 한다. 아울러 원종이나 원원종은 온실에서 가꾸는 경우가 많은데 중부지방은 남부지방보다 난방비가 약 2배가 더 필요하므로 월동시켜서 봄에 수정시키는 경우 온실을 남부지역에 세우는 것이 난방비를 절감시켜서 경제적이다. 특히 박과채소 채종은 남부지방이 유리하다. 근래 인건비와 온도관리 때문에 과채류는 동남아에서 많이 채종된다.

3) 기술적 조건

육종을 목적으로 하는 채종재배는 일반재배와 달리 충분한 재배경력이 필요하다. 또한 수정이나 채종 그리고 새로운 개체의 선발은 육종적인 안목이 없이는 곤란하므로 육종학적인 지식, 즉 유전에 관한 기초지식이라도 있어야 한다. 이와 같은 재배경력 및 육종학적인 지식은 단기간에 얻기가 어려우므로 부단한 노력이 필요하다.

예를 들어 채소의 고정 품종 중 타식성 채소의 모본 선발률은 보통 원원종은 모집단의 1/600, 원종은 1/15, 보급종은 1/10의 선발을 하고 있는데 이와같이 많은 개체 중에서 선발을 해야하므로 육종에 대한 기술적 지식을 작물별로 충분히 가져야 한다. 예를 들어 배추 원종의 모본수는 22,000, 선발주는 2,000주로 선발율은 9%인데, 원원종은 200주만 선발하므로 0.9%이다. 무는 원종 모본수 7,000, 선발주 1,000으로 14%이며, 원원종은 4,000주에서 300주를 선발하여 8.0%로 엽채류와 근채류는 선발율이 차이가 난다.

4) 기타 조건

근래 채종재배에서는 자연교잡(自然交雜)을 방지하기 위해 외딴 섬을 이용하거나, 산간지에서 채종을 실시한다. 병충해 발생이 많은 오래된 채소산지에서는 병충해로 채종이 곤란해 새 땅을 찾아 이동해야 하거나 토양 소독을 잘 해야 한다.

네덜란드는 습하고 온도가 낮은 기후조건으로 진딧물의 발생이 작아 바이러스병에 대한 위험이 낮고 배수가 좋으며 비옥한 사질계 땅이므로 구근류의 종구(種球)재배가 성행한다. 우리나라도 대관령에서 씨감자를 생산하는데, 역시 여름철의 저온과 평지보다 높은 습도조건(濕度

條件)이 씨감자의 진딧물 발생을 억제시켜 채종지로서 알맞기 때문이다.

2.4.6 채종포 관리

채종포에서 다량의 고품질 종자를 얻기 위해서는 채종 식물의 관리가 중요하다. 파종, 정식, 정지, 채종과 선발, 그 밖의 관리에 대하여 설명하며 자세한 관리는 작물별 채종편에서 다룬다.

1) 파종과 정식

포장에 파종하고 육묘하여 정식하는 것은 채종하는 식물의 특성과 교배시기 등을 고려해서 실시한다. 엽근채류의 파종시기는 원종채종과 일반채종이 다른데, 원종채종은 보통재배와 같이 뿌리나, 일반 채종은 보통재배보다 1~2개월 늦게 파종한다. 그러나 과채류는 일반 청과재배같이 파종하고 정식한다. 양배추, 배추, 무, 당근 등 모본을 온실이나 화분에 정식하여 채종할 경우는 배추와 양배추는 추대가 잘 되게 결구된 구의 중간부위 이하에서 잘라준다.

무 같은 근채류는 내부의 육질과 바람들이 민감도 등의 특성을 조사하기 위해 뿌리의 1/3 정도를 자르고 잘 소독된 상토로 채운 화분에 심어서 월동시켜도 채종량에 큰 영향이 없다.

채종할 때에 단위면적당 재식밀도는 채소의 종류에 따라 잘 조절해야 한다. 무의 직파 채종에서는 10a당 9,000주 심는 것이 7,200주나 10,800주 심은 것보다 채종량이 많다.

2) 적과와 정지

과채류는 주당 알맞은 과일을 남겨두기 위해 과일을 제거하는 적과(摘果)를 해야 한다. 과일이 너무 많이 달리면 종자의 충실도가 떨어진다. 질산은($AgNO_3$) 200~300ppm과 GA를 100~1,000ppm(품종과 살포시기에 따라 농도 고려)을 본잎 5매 미만의 오이에 뿌리면 암꽃이 줄고 수꽃이 많아져서 적과의 노동력이 줄어든다. 당근같이 장기간 개화되는 경우는 종자의 숙기가 차이가 나서 너무 일찍 또는 늦게 핀 꽃대는 제거해서 종자가 일시에 익게 한다. 무와 순무는 추대 원줄기와 측지의 개화기가 다르므로 원주지를 추대 후 자르고 동시에 많이 발생하는 측지를 솎아 준다. 그리고 측지의 끝은 결실이 잘되지 않으니 미리 생장점을 잘라 주는 적아(摘芽)를 하여 숙기를 맞춘다. 이와 같이 당근, 배추, 무, 양배추, 꽃양배추에서는 초기 꽃과 말기 꽃에서 개화가 좋지 않고 늦게 생긴 가지의 것은 결실률이 좋지 못하기 때문에 착화나 결과 습성을 파악하여 종자가 같은 시기에 익으면서 최대의 종자수량이 나오도록 관리해야 한다.

과채류의 1그루에 착과 과일 수는 수박은 1주당 3~4과, 호박은 4~5과, 오이 3~4과, 토마토 1화방 당 3~4과로 3~4화방 정도까지만 착과시키고 적심한 후 채종한다. 호박은 주지에서 2~3번화가 채종과로 적당하며, 수박은 손자덩굴의 2~3번 화가 채종에 이용된다. 보통 과채류의 채종과로 적당한 것은 2~3번 과이다.

3) 관수와 시비

채종포나 종자번식을 위한 모본의 재배 등에서 생육초기에 알맞은 수분 공급은 초기생육을 좋게 해서 종자나 열매의 수량을 증대시킨다. 그러나 고품질 종자, 무병종자의 생산을 위해서는 채종시기에 건조해야 한다. 식물의 생육단계별로 보면 1년생 원예작물은 화아분화기, 개화기 그리고 종자의 발달 단계에서 수분의 부족은 종자수량과 종자의 무게에 영향을 준다. 따라서 개화기 바로 전에 알맞은 관수가 필수적이다. 콩과식물의 경우에 개화초기에 알맞은 추가 관수는 꼬투리당 종자 수를 증가시키고 꼬투리가 자라는 시기에 알맞은 관수는 무관수에 비하여 종자의 천립중이 증가된다. 2년생 식물은 알맞은 관수가 식물의 기관을 크게 해서 모본채종의 경우에 이듬해 좋은 결과를 가져오며 봄철 개화기 전에 적당한 관수는 종자의 수량을 증대한다. 그러나 수확 2~3주 전에는 물을 주지 않는 단수처리하여 건조한 상태에서 종자 수확이 이루어져야 한다.

관수방법에는 국내에서는 고랑관개를 많이 사용하나 최근에 스프링클러의 사용도 증가하는데 두상관수이므로 잎의 병 발생이 문제가 되니 이점을 고려해서 사용한다. 소면적에서는 점적관개가 바람직하다.

시비는 일반재배처럼 과다하게 주지 않고 알맞은 균형시비를 하는 것이 채종량 증가를 위해 중요하다. 시비요령은 기비를 주로 하여 초기생육을 충분히 시켜, 추대, 개화기까지 비효를 계속시키는 것이 필요하다. 당근, 상추, 피망에서 채종량과 3요소 관계를 보면 1과당 종자 수의 영향과 과실 크기에 Ca가 가장 큰 영향을 주고 그 다음이 질소였으며 칼리, 인산의 순서이다. 장일성 채소는 질소가 다소 부족하면 조기 개화를 한다. 반대로 생육초기에 질소 추비는 개화시기와 종자성숙을 지연한다. 꽃양배추에서 질소과다 시비는 개화시기가 10일 정도 늦는다. 그러나 벼과 목초나 콩, 상추는 개화기에 추비도 괜찮다. 과다한 질소 시비는 줄기가 연약해서 넘어지고, 개화기가 늦어지기 때문에 피하고 붕사, 마그네슘, 규산질 등의 미량원소 시비도 잘해야 한다. 일반적으로 칼리와 인산비료는 착과와 종자발달을 좋게 하며 내병성도 증대하니 토양분석을 통하여 충분히 시비한다. 왜성 강낭콩에서 다량인산 시비는 꽃의 숫자를 증가시킨다. 계분 등 완효성 질소비료를 시비했을 때에 후기에 질소 흡수가 많아 넘어지는 도복현상이 나타날 수가 있으니 주의한다. 특히 축산분료는 완전하게 발효되지 않으면 암모니아 가스를 발생하여 큰 피해를 주니 원종포 시설재배에서 주의한다.

4) 종자생산과 곤충사용

원종생산 등은 인공교배가 필요하나 대량 채종에는 곤충의 사용이 필수적이다. 식물의 수정에 있어서 수많은 곤충이 그 역할을 담당한다. 당근 수정에 관여하는 곤충 수는 334종류, 양파는 267종류이다(Hawthorn et al. 1960). 채소종자 생산은 벌목(Hymenoptera, 벌, 장수말벌, 개미류)의 벌과 파리목(Diptera, 전 세계 85,000종, 국내 1,099종)의 파리가 큰 역할을 한다. 특히 배추과의 자가불화합성 타파 후에 벌들을 이용한 수분은 필수적이다. 다만 해충방제를 위하여 농약을 살포한 경우는 온실 내로 벌의 입식은 매우 조심해야 한다. 농약 살포 후에는 최소한 3일이 지나서 벌통을 온실에 들여놓아야 한다.

벌은 작은 공간에서 수분을 시키면 답답해서 도망가려고 한다. 그래서 대안으로 금파리(blowflies)를 사용하면 좋다고 한다(Smith and Jackson, 1976). 우기에는 벌의 활동이 저하되므로 노지채종은 종자의 수량이 많이 줄어든다. 그래서 개화와 채종시기인 여름이 건조한 지중해성기후 지대(지중해 연안, 캘리포니아, 칠레 서해안)에서의 채종이 많이 이루어진다.

5) 이형주 제거

채종포에서 가장 중요한 것은 종자생산용 품종과 특성이 다르거나, 병충에 감염된 식물, 생리적인 장해가 나타난 식물 등을 철저하게 제거해야 한다. 오랜 경험을 통하여 같은 계통이라도 잎의 크기나 꽃잎의 색이 다소 다르면 제거하는 세밀한 관찰력이 순도 높은 종자 채종의 기본이다. 과채류는 과일의 특성을 보고, 근채류는 뿌리의 형태 등을 수확기에 보고서 이형주는 제거한다. 육종가는 현명한 판단력과 부지런함이 있어야 이형주 제거가 가능하다.

6) 그 밖의 관리

중경, 제초, 병충해 방제 등을 잘해야 한다. 채종포 주변에서 자라는 잡초에서 병이나 충이 월동하거나 바이러스균을 간직하고 있다가 곤충에 의해 전파되기도 한다. 따라서 원종생산 온실 내나 채종포 주변은 철저한 잡초제거가 필요하다. 아울러 배추과 식물이나 가지과 식물은 동종의 식물이나, 잡초가 개화하여 화분의 매개가 될 식물은 발견되면 즉시 제거한다.

채종할 식물체가 도복되지 않게 지주나 네트를 설치하여 관리하는 것도 중요하다. 월동채소는 봄철에 균핵병의 피해나 진딧물 피해가 크므로 발생하기 전에 농약방제가 필요하다. 종자 전염이 될 수 있는 모자이크바이러스병 등의 예방을 위하여 매개해충을 잘 방제하고, 병발생을 막기 위하여 발생 초기에 농약방제가 필요하다. 농약을 살포할 때는 한 가지만 뿌리지 말고 2~3종을 번갈아 가면서 뿌리는 것이 병충해 방제에 효과적이다.

2.4.7 품종의 퇴화 및 유지

1) 품종의 퇴화

채소의 종자는 육성하여 채종한 농장을 떠나서 다른 지역에서 재배하면 종자가 퇴화를 한다. 양파의 경우에 재배지가 달라질 때는 환경의 변화로 추대가 빨라지고 구가 작아지는 경향이 있다. 이처럼 작물은 원산지에서 다른 곳으로도 이동해 갈 때 원래의 특성을 잃는데 이를 품종의 퇴화라 한다. 퇴화 방지를 위해서는 채종포에서부터 주의하는데 퇴화기작에는 유전적 퇴화, 생리적 퇴화, 병리적 퇴화가 있다.

① **유전적 퇴화**: 유전적 퇴화는 격리법 등을 잘못한 결과 자연교잡이 일어나 퇴화하는 경우, 실용적으로 고정계통이라고 하더라도 유전적으로 고정되지 않아서 신품종의 유지 및 증식과정에서 이형 유전자형이 나와서 퇴화하는 경우, 돌연변이에 의한 경우 등이 있다. 그 외 근교약세나 역도태를 잘못했을 때, 채종기술 부족에 의한 기계적 혼입도 들 수 있다. 기계적인 혼입은 파종기나 종자의 정선과정에서 기계 내에 붙어있는 타종자에 의해 포장에서 교잡이 일어나게 되기 때문이다. 그 이외 원종의 증식과 선발과정에서 육종가의 사소한 잘못에 의해서도 일어난다.

② **생리적 퇴화**: 토양 및 기상환경이 다른 곳에서 여러 세대를 재배하면 환경에 대한 생육반응이 달라져서 다음 대에 변이가 나타나는데 이것을 생리적 퇴화라 한다. 품종의 특성, 즉 결구성(結球性), 추대성(抽苔性), 종자의 대소, 개화습성, 품질, 착립되는 종자 수 등의 퇴화가 일어난다. 이들의 변이는 온도와 일장 관계로 나타나는데, 추대하기 어려운 환경에서 무리한 채종을 하게 되면, 추대한 모본은 추대하기 쉬운 인자(因子)를 가진 것이 선발되게 되므로 당연히 추대하기 쉬운 품종으로 진화되기 마련이다. 일반적으로 원예작물은 영양체의 발육방향으로 개량을 했기 때문에 생식기능은 퇴화되는 경향이 있다.

③ **병해 발생에 의한 퇴화**: 종자생산 포장에서 병해충이 발생하면 선택적인 채종이 불가피하여 품종 본래의 특징이 아닌 것이 채종되어 퇴화가 일어난다. 딸기, 튤립, 백합, 감자, 카네이션 같은 영양번식성 식물은 바이러스병의 발생으로 말미암아 품종이 급속도로 퇴화된다. 이 경우, 감자는 고랭지 채종, 백합 등은 조직 배양법을 통한 종구생산, 딸기, 카네이션은 조직배양을 통한 바이러스프리묘의 증식 등을 통해 퇴화를 방지할 수가 있다. 다만 퇴화방지를 위해서 바이러스프리묘를 생산하다가 품종의 특성 발현이 저조하여 포장에서 수량 감소를 야기시켜 종자분쟁이 발생하니 유의한다. 딸기는 진딧물 발생이 작은 습한 고랭지에서의 증식도 퇴화방지의 방법이다.

2) 품종의 퇴화 방지법

퇴화를 방지하면서 품종의 특성을 잘 유지하는 것은 매우 중요한데, 그 유지 방법은 다음 몇 가지가 있다. 첫째, 영양번식성 식물은 바이러스 감염 등이 되지 않게 모주를 보존하는 것이 필요하다. 이들은 체세포 돌연변이가 일어나지 않는 한 교잡, 분리 등에 의한 특성변화가 일어나지 않고 동일한 개체를 공급받을 수가 있기 때문이다. 둘째, 자연교잡에 의한 품종의 퇴화를 방지하기 위해서는 타 품종의 꽃가루 오염을 막기 위하여 격리재배를 철저히 하는 것이 중요하다. 셋째, 종자번식성 작물에서는 그 특성을 잘 유지하려면 원원종재배에 의해 채종을 되풀이하는 방법을 취해야 한다. 이때, 특성을 잘 기재해서 돌연변이나 자연교잡에 의해 분리되는 계통이 있을 때는 이것을 예리한 관찰력과 경험을 가지고 도태해야 한다. 넷째, 보통재배 채종법으로 우량개체를 잘 선발해서 이것을 혼합하여 다음 대의 종자로 사용하는 방법이다. 이 방법은 간단하나 그 특성을 완전히 유지하기가 곤란하다. 다섯째, 신품종의 기본종을 잘 장기 저장했다가 사용함으로써 특성을 유지할 수 있다. 이 때는 특수 저온저장고에서 적당한 온도와 습도를 유지하여 장기간 발아력을 가진 상태로 저장해서 품종의 특성을 유지하게 한다.

이상의 방법 이외에 품종의 퇴화를 유기시킬 수 있는 요인을 잘 이해하고 대처하는 것이 필요하다.

2.5 종자수확, 건조 및 저장

2.5.1 수확전 관리

채소의 개화기는 작물에 따라 차이는 있으나 매우 길어서 한편에서는 꽃이 피면서 다른 한편에서는 종자가 성숙되게 된다. 그래서 상추, 배추 그리고 오크라 등에서는 초기에 개화되어 성숙된 종자들이 떨어지게 될 때 다른 종자들은 성숙된 상태가 된다. 수확 전에 떨어져 버리는 종자들을 우리는 종자의 비산 또는 탈립이라고 이야기한다. 그래서 종자의 조기 탈립을 막기 위해 폴리비닐아세테이트(polyvinyl acetate)를 식물에 뿌려서 꼬투리의 건조를 방지하고 이 동안에 후기에 개화되어 늦게 성숙되는 종자가 완숙이 되면 동시 수확한다.

그 외 수확 전의 채종량의 감소는 조류, 쥐 그리고 일기 불순에 있다. 채종포 주위에 새의 피해를 막기 위해 총소리를 내는 기구, 고무풍선을 이용한 허수아비 등을 설치한다. 대면적에서는 어렵지만 원종포는 네트를 쳐서 조류를 방지하는 것도 좋은 방법이다.

수확 전에 상추, 엔디브, 양파 등은 넘어지는 수가 있는데 그러면 종자수량 감소를 초래한다. 이와 같은 도복의 원인은 바람, 초기에 과다한 질소 시비, 집중호우 또는 동물들의 피해에 의해 나타나기 때문에 지주나 네트를 친다. 배추과의 채종시기인 초여름에 장마가 일찍 시작되면 종자수량이 감소된다. 그러므로 재배시기에 알맞은 관리와 수확 전후의 일기 변화에 대처하는 것은 종자수량 감소를 방지하는 길이다.

그 외 채종자가 수확 전까지 지켜야 할 몇 가지 중요한 점은 다음과 같다.

① 채종 관련 도구, 기계 등을 청결하게 하여서 다른 종자가 혼입되지 않도록 한다.
② 채종하고자 하는 종자의 대장, 포장의 배치도 등을 가지고 품종이 확실한지 확인한다. 표시가 잘못된 경우에 원종 보존과 종자 판매 등에 문제를 야기시키기 때문이다.
③ 채종자는 채종지에서 원치 않은 타 종자나 잡초종자가 혼합되지 않게 한다.
④ 격리는 처음부터 끝까지 확실하게 한다. 즉 교잡이 가능한 배추과의 케일과 양배추 같은 채소는 철저한 채종지 격리가 요구된다.
⑤ 채종자는 병충해 등의 문제가 생기면 포기를 제거하거나 농약살포로 대처한다.
⑥ 채종자는 모든 것을 계획적으로 운영하면서 날카롭고 세밀한 안목을 가져야 한다. 특히 개화기에 변이종, 타품종 등을 철저히 제거하여 순도가 잘 유지되도록 한다.

2.5.2 수확시기 결정

어느 작물이나 알맞은 종자 수확 시기의 결정은 종자가 충분히 성숙했다고 인정되는 시기로써 완숙종자를 최대로 수확할 수 있는 때를 결정하는 것이 좋다. 만일 너무 늦게 수확하면 비산하거나 탈립한 종자가 많아 수량이 감소하고, 너무 일찍 수확하면 미성숙된 종자가 많게 된다. 수확적기는 식물체의 외양으로 판단하는데, 알맞은 수분을 갖는 것이 좋다. 일반적으로 종자의 수분함량이 20% 미만에서 수확하며, 콤바인을 이용 시는 15% 이하가 좋다. 그러나 작물에 따라 종자 수분은 차이가 있는데 벼와 보리는 수분함량이 17~23%, 밀 15~17%, 귀리 19~21%, 그리고 콩 13%일 때가 적기이다. 완두의 경우에 콤바인 수확 시는 수분함량이 26% 정도 함유되어야 종자 내부가 기계적 손상을 입지 않는다. 즉 종자 내에 들어있는 수분함량에 따라 탈곡기의 종류와 회전속도를 달리해야 한다.

완숙된 꼬투리로부터 종자의 비산이나 탈립은 건조한 상태에서 더 잘 일어난다. 그래서 콤바인이나 낫으로 식물체를 수확할 때는 공기 중의 상대적 습도가 높아서 꼬투리가 열리는 것을 가능하면 낮게 하는 것이 중요하다. 대체로 밤에 이슬을 맞아 축축한 아침 일찍 수확하거나, 비가 온 후 또는 관수하고 난 후 수확하는 것이 좋다.

박과 채소, 고추 또는 토마토 등과 같이 수분이 많거나 과육으로 둘러 싸여있는 과실에 들어 있는 종자는 외부의 환경 영향을 적게 받는데 이는 채취되기 전에 과실 안에서 완전히 성숙되기 때문이다. 그러나 과실 내에 붙어서 수확되는 종자라 할지라도 성숙단계는 매우 중요하다. 피망의 경우에 착과 후 30일 된 과실로부터 종자를 추출해서 상토에서 발아시키면 5%의 발아율을 갖지만 30일간 추숙(후숙)시킨 후 파종하면 95%가 발아한다. 따라서 과채류는 조기에 열매를 수확해도 충분한 기간을 음지에서 후숙시키면 발아력이 높은 종자를 얻을 수 있다.

2.5.3 종자 형태와 수확방법

수확되어질 종자는 유형(건조종자, 육질성, 다즙성 과실)에 따라 수확 과정이 다르다.

종자수확과 채취의 방법은 작업의 규모, 증식의 관계, 식품가공과의 관계 등을 고려해서 이루어진다. 예를 들어 고추 종자는 건조공장에서 채취되어지며 젓은 과실로부터 채취하나, 가정이나 육종농장에서 적은 양만 필요하면 수확 후 충분히 후숙시킨 다음 건조시킨 과실로부터 채취한다. 수확기의 종자나 과실의 형태에 따른 수확과 탈곡법을 설명하면 다음과 같다.

1) 건조종자

건조종자(예; 벼과, 배추과, 콩과, 백합과, 산형화과)의 수확방법은 양파나 당근처럼 종자가 달린 이삭부분 만을 베어내는 것, 무, 배추처럼 종자가 떨어져 나가기 전에 식물 전체를 자른 다음 말리기 위해 널어놓는 것, 그렇지 않으면 콤바인 수확을 사용하여 식물의 이삭으로부터 종자만 채취하고 나머지 식물체는 버리는 방법이 있다.

① **손 수확**: 수확면적이 작은 원종 또는 원원종포장 같은 경우는 직접 손노동을 이용하며 손수확(hand harvesting)함으로써 효율을 높일 수 있다. 종자가 붙은 이삭이나 여러 꽃봉오리를 전정가위나 칼을 이용해 잘라서 바구니 등에 담는다. 주로 벼, 보리, 단옥수수 열매, 파 종류의 열매는 이삭만 따고 상추나 배추과 작물은 식물을 베어서 말린 후 각각 채취한다. 수확물은 비닐이나 화학섬유로 만들어진 방수포, 멍석, 콘크리트 바닥에 말린 후 보관한다.

② **건조제 살포 후 수확**: 작물에 따라 식물을 완전히 건조할 필요가 있다, 그렇게 하면 기계적인 수확이 용이하고 종자의 건조율은 증가시키며, 모든 종자의 수분함량을 일정하게 할 수 있고, 베어낸 후에 건조 시의 손실도 작다. 종자식물의 건조제로는 diquat가 있다.

③ **예취기 수확**: 기계로 예취작업을 하면 식물을 베어서 그 자리에 놓거나 다른 곳으로 쉽게 옮겨 놓을 수 있다. 이런 작업이 가능한 기계는 절단장치와 함께 묶는 장치가 있어 편리하다. 또한 묶은 단을 멍석 같은 곳에 놓아 말리기도 좋다.

④ **콤바인 수확**: 벼, 밀 같은 벼과, 콩 종류에서는 콤바인을 이용하는데 식물의 건조 정도에 따라 콤바인 내의 탈립기의 회전속도를 조절한다. 채소 채종에서는 많이 이용되지 않는다.

탈곡하는 방법은 손탈곡과 탈곡기 이용법이 있다.

① **손탈곡**: 손탈곡(hand threshing)은 소규모의 종자를 생산하기 위해서는 비교적 값싼 방법이며 노동력이 값싼 지역에서는 대규모의 종자량 채취를 위해 여러 나라에서 아직 사용되는 방법이다. 손탈곡은 건조한 식물묶음을 벽이나 땅에 쳐서 종자를 분리시키거나, 문지르기, 또는 도리깨질 등의 방법을 사용하기도 한다. 손잡이가 달린 단에 고무를 부착시켜 문지르면 배추, 무 꼬투리에서 쉽게 종자를 분리시킬 수 있는데 원종 채종 시에 이용한다. 빼낸 종자는 키, 체, 또는 풍구를 이용해 식물찌꺼기를 분리시킨다.

② **탈곡기**: 탈곡기를 이용하는데 실린더 회전속도는 최고 1분간 1,200~1,500rpm이다. 높은 회전속도는 벼과 종자탈곡에 좋다. 채소종자는 1,100rpm이면 적당하며, 콩과식물은 700rpm 정도 낮아야 종자의 기계적 손상이 작다(그림 2-20, 좌).

2) 육질과 다즙성 육과

육질이 많은 과실(예: 고추, 오크라, 딸기)로부터 종자의 채취는 특별히 고안된 기계나 손으로 이루어진다. 딸기, 산딸기, 장미, 앵두 등은 채취한 종자를 물에다 담궈서 불린 후 꺼내서 체에 넣고 흐르는 물속에서 문지르면 과육이 제거되며, 체 안에 남은 종자를 씻어서 말린다. 딸기는 흡수가 잘 되는 마분지종이 위에 씨앗이 붙은 바깥 부분 과육만 짓이겨 놓은 후 말리면 씨앗을 쉽게 분리시킬 수 있다.

씨앗 주위에 미끄러운 과육이 붙은 다즙성 육과인 토마토, 오이, 호박, 멜론 등은 종자가 붙은 과육을 꺼내 20~35℃에서 1~2일간 썩히면 과육이 쉽게 물러지는데 이들을 체나 수조에 넣고 물로 씻으면 종자를 분리할 수 있다. 탄산소다, 염산 등을 이용해 토마토 종자를 분리시킬 수 있다.

대단위 채종장에서는 과육에 들어있는 종자를 기계를 이용해서 분리하고(그림 2-19, 좌), 과육을 물에 풀어 흘러내리게 한 다음 종자를 따로 모아서 원심분리기(그림 2-19, 우)를 이용해 탈수시켜서 건조를 한 다음 가공단계로 들어간다. 포장에서 완전 자동화된 종자채취기는 미국과 유럽에서는 호박과 멜론 등에서 적용이 된다. 기계로 채취한 박과 채소종자는 2~3단으로 된 흐르는 물에 투입해서 뜨는 종자, 부착된 물질을 차례로 제거한 다음에 원심분리기로 수분을 제거하여 종자를 건조한다.

그림 2-19 호박종자 분리기(High Mowing, 좌)와 탈수용 원심분리기(우)

2.5.4 종자 가공과 등급분류

1) 종자가공

종자의 가공이란 탈곡이나 채취한 종자를 잘 건조시킨 다음에 선별, 분류 및 특수처리 등 일련의 모든 작업을 의미한다. 가공의 목표는 첫째 식물 찌꺼기, 토양이나 작은 돌 같은 비식물성 재료, 다른 작물이나 잡초종자를 제거하는 것, 둘째 종자의 부수물인 까스라기 등을 제거하는 것, 셋째 변색 및 병충해 피해 종자의 제거, 넷째 양질의 종자가 갖추어야 할 크기, 밀도에 못 미치는 종자 제거 및 소독, 코팅 등의 모든 작업이 포함된다. 소규모 원종이나 원원종에서는 이상의 작업을 육안으로 핀셋이나 손으로 하거나, 체를 이용하여 이물질을 제거할 수 있으나 채종생산에서는 기계를 주로 많이 이용한다.

기계작동의 단계는 다음 4가지로 나눌 수 있다. 풍선, 정선의 전 단계, 기본정선 그리고 선별(등급나누기)등의 단계이다.

① **풍선(winnowing)**: 가벼운 협잡물, 쭉정이 등을 바람이나 키, 풍구 등을 이용해서 분리하는데 손 또는 기계를 이용한다.

② **사전정선(pre-cleaning, scalping)**: 실제 정선에 들어가기 전에 식물의 찌꺼기나 비종자물질을 좌우로 움직이는 체나 회전하는 체에 의해 예비로 대충 정선한다. 이때 아주 작은 종자 또는 잡초 종자는 체 밑으로 떨어지고 큰 종자나 기타 찌꺼기는 밖으로 나온다. 어떤 종자는 종자를 바치고 있는 화탁이나 건조한 화방줄기 등이 제거된다. 이 기계는 종자보다 가벼운 물질을 불어서 내보내는 송풍장치를 가지고 있다. 채취 전 종자들은 건조하기 전에 사전정선을 한다.

그림 2-20 무 종자 탈곡(이광식박사 제공) 및 선별기(Petkus Co.)

③ **기본정선(basic cleaning)**: 주된 정선작업은 일반적으로 기본정선이라 한다. 이 단계가 진행되는 동안 모든 재료들은 특별한 분리과정이 요구되는 오염물질 이외의 모든 불필요한 물질이 종자로부터 제거되어야 한다. 기본정선의 가장 단순한 형은 종자가 통과되는 체의 크기에 따라 분리하는 입자선별기이다. 이 체는 철판에 구멍을 뚫어서 이용하거나 정사각형의 철망을 사용할 수 있다. 풍압정선기는 공기를 조절하는 송풍기와 결합되어 있어 보통 풍선기라고도 부르는데 2개의 진동체를 가진다. 이와 같은 구조의 풍구기능은 먼저 종자를 체를 통해 대소를 구분하는 단계, 다음은 바람에 의해 가벼운 혼합물질을 제거하는 단계, 끝으로 좋은 종자와 나쁜 종자를 구분하는 정선단계 등 세 단계를 갖는다. 그 외 비중정선기, 색체선별기를 이용하여 정선한다(그림 2-20, 우)

④ **선별과 등급 나누기(separating and upgrading)**: 이 단계는 채종 종자의 기계적인 순도를 개선시키는 마지막 가공 단계로 작물종자의 부속물(appendages)이나 앞 단계에서 제거하지 못한 종자 이외의 물질을 제거하기 위해 행해지는데 여러 유형이 있다. 이상의 단계를 거쳐 종자들은 각 식물에 맞는 분류와 선별을 거쳐 건조 단계에 들어가게 된다.

2) 종자크기별 등급분류

채소 및 화훼의 대규모 번식에서는 기계파종이 필요하다, 파종기의 배종판은 종자의 크기에 따라 바꿀 수 있어 특별한 크기별로 등급을 나누어 판매해야 재배가에게 편리하다. 우리나라는 거의 기계를 사용치 않아 종자의 크기별 분류가 없이 품종 특성에 맞은 크기로 정선하여 유통한다. 그러나 국제간의 교역에서는 종자의 등급이 아주 중요하다. 앞으로 수출 등을 위해서는 국제간 종자 크기별 등급기호를 알아야 한다. 국제적으로 종자 크기별로 표시되는 코드문자는 제일 작은 A(0~0.25mm)로부터 제일 큰 Z(5.75~6.00mm)가 있는데 매 단계마다

0.25mm가 커진다. 그래서 B 크기는 0.25~0.50mm, Y 코드는 5.50~5.75mm가 된다. 국제적으로 모든 기계파종 종자는 코드로 분류하며 파종할 때는 코드에 맞는 배종판을 사용한다.

2.5.5 종자의 건조

1) 종자의 건조원리

종자의 수분함량은 종자 전체 무게에 대한 수분이 차지하는 백분율로 표시하는데, 수정 후 초기에는 종자의 수분함량은 매우 높지만 종자가 성숙되면서 많은 성분이 고형물 상태로 저장되면서 종자 내의 수분함량은 차츰 감소한다. 종자 속의 수분은 세포벽과 세포 내용물에 액체 상태로 있거나 세포간극에 가스 상태로 있다. 만약 증발에 의해 수분이 감소된다면 그것은 종자내의 가스 형태의 수분이다. 건조를 위해서 가열이 필요한데, 왜냐하면 종자는 그들의 표면으로부터 수분증발만이 건조의 한 수단이기 때문이다. 열은 전도, 대류, 복사 등에 의해 전달되나 대부분의 종자건조기는 대류현상을 이용한다. 종피에서 수분증발은 종자내부 수분이 표면으로 이동되면서 이루어진다 한다. 이 때 너무 과다하고 급속한 수분 증발을 진행하면 종자의 배에 손상을 주어 종자활력 감소의 원인이 된다. 그래서 건조 시에 종자가 손상이 되지 않게 조심스럽게 건조한다. 건조된 종자는 대기 수증기압이 종자의 표피압보다 높으면 종피의 표면은 수분을 재흡수하기도 한다.

2) 종자의 건조방법

종자의 건조방법에는 자연건조, 태양열건조, 인공건조로 크게 분리할 수 있다. 그 외 흡습제 이용건조(drying with desiccants), 진공건조(vaccum drying), 냉동건조(freeze drying) 등도 있는데 이들은 주로 소량 종자의 건조에 사용된다.

① **자연건조(natural drying)**: 자연건조는 성숙과정 동안 포장에서 일어나며 수확 후 저장고 속에서도 일어난다. 이 과정은 자연적인 수분의 감소이다. 자연건조는 대기온도, 상대습도, 바람속도 등의 요인에 따라 영향을 받는다. 완전성숙 전 과다한 온도와 건조한 바람은 종자에 피해를 주나 알맞은 조건은 종자의 품질을 높여 준다. 실내의 특수한 일반 공간이나 제습기가 설치된 방에서 멍석 등에 놓고 건조하는데 시간이 오래 소요되고 동물 피해가 있을 수 있는 결점이 있다.

② **태양건조(sun drying)**: 거적이나 비닐 등을 깔거나 시멘트 바닥 등에서 종자를 말릴 수 있다. 태양건조는 벼과작물, 멜론, 오이, 호박, 토마토, 수박 등 습한 과일에서 꺼낸 종자에

서 많이 쓰인다. 과일은 종피를 둘러싸고 있는 미끈미끈한 펄프가 쉽게 떨어지지 않아 발효, 화학약제 처리, 물리적 처리를 한 후에 물에 씻은 후 말리게 된다.

③ **인공건조(artificial drying)**: 인공건조는 종자건조기(seed dryer)를 사용한다. 층건조(layer drying)는 주로 일반 작물인 콩, 옥수수, 기타 벼과 종자를 층층히 쌓는 대형 통속에 넣고 닥트(ducts)를 이용하여 열풍을 넣어서 건조하는 방법이다. 베치건조시스템(batch drying system)은 수평으로 넣을 수 있는 베치에 소량의 종자를 넣어서 건조할 수도 있고 대형 베치 위에 많은 종자를 넣고 회전하는 페달을 종자를 뒤척이면서 건조하는 로터리 페들 온풍베치건조기(rotary paddle hot air dryer)가 있다(그림 2-21, 좌). 박과채소 중에 종자가 큰 호박, 수박 등은 로타리식 원통형 건조기로 야외에서 건조시킨다(그림 2-21, 우).

그림 2-21 평면형 페들 온풍건조기(좌)와 큰 종자용 원통형 건조기(우: hort.vt.edu)

대체로 평면형 페달식은 종자 깊이가 5cm정도 되게 해서 젖은 종자를 말리는데 주로 토마토, 고추, 가지 그리고 박과 채소 종자에 사용된다. 젖은 가지과나 박과 종자는 온풍을 37~40℃로 유지시킨다. 그러나 종자 수분이 낮아지기 시작하면 온도를 32~35℃로 낮춘다. 과일에서 꺼낸 젖은 가지와 고추종자를 말리는데 8시간, 오이와 토마토는 10시간, 그리고 호박과 같이 큰 종자는 12~16시간이 걸린다. 따라서 고추종자의 건조는 40℃이하에서 종자가 완전히 말려졌다고 생각하면 로타리 페달을 멈추고 종자수분을 측정한 후, 만족스러우면 캔에 덜거나 저장한다.

농가에 따라서는 높은 온도에서 고추를 건조하는 경우가 있어서 수확한 적고추를 50, 60, 70℃에서 4일간 건조하여 필자가 발아력을 단시간에 비교 시험하였다. 시험한 4품종 모두 50℃ 열풍건조를 하여도 발아가 되나 60℃에서는 '마니따'만 발아력을 가지고 70℃에서는 전혀 발아력이 없었다. LMO고추 H-15(농우종묘 육성)나 기본종 P-2377도 50℃에서는 발아가 안되어 LMO와 모본 간에 전혀 차이가 없었다(그림 2-22).

그림 2-22 고온건조에 따른 고추의 발아 양상

보통은 경험적으로 종자수분함량을 측정하나 장기저장을 위해서는 반드시 실험실적 분석이 필요하다. 연속건조시스템(continuous drying system)은 주로 미국에서 쓰이는데 고층건물같이 생겼으며 입체적으로 종자가 유입되면서 건조되는데 작은 종자량을 이용하기는 어렵고 주로 벼과 작물류가 대상이 되고 원예작물의 이용은 거의 없다.

우리나라 같이 봄에 채종 후에 장마가 계속되면 습한 만큼 건조기의 용량을 거기에 맞추어 높여야 한다. 그러나 건조한 지중해성 기후에서는 건조기의 열풍용량이 습한 곳보다 낮아도 된다. 끝으로 모든 조작과 운영이 쉽고 인건비가 작게 들어야 한다. 갈수록 인건비가 비싸지므로 자동건조되는 기계가 필요하다.

3) 종자건조율(drying rate)과 온도

종자를 얼마만큼 건조해야 하는가는 종자포장재료나 종자가 처음 함유한 수분의 양에 따라 다르다. 상추나 박과 채소는 비교적 빨리 건조되며, 당근, 비트, 토마토는 중간이고, 콩, 배추과, 양파, 리크 그리고 단옥수수는 건조가 늦다.

일반적으로 43.5℃에서 종자수분함량의 0.3%를 제거하려면 종자 1 부피에 시간당 4배의 공기가 필요하다. 상대적으로 낮은 공기의 흐름은 비용이 적게 드나, 열풍을 빠르게 송풍시켜 건조하면 종자의 품질 저하를 막고 동일한 장비로 더 많은 종자를 건조 시킬 수 있다.

개방된 장소에 전분종자는 12% 그리고 기름이 많이 함유된 종자는 9%까지 수분함유량이 감소된다. 밀폐된 용기에 저장된 종자에 대한 수분함유 정도는 위에 제시한 수치보다 작다. 밀폐된 용기에 저장된 특정작물에 대한 수분함유량은 정해져 있다.

종자의 수분함량측정은 ISTA(1963)에 의해 정해져 있는데 건조 전 무게로부터 무게의 감량을 계산하고 시료의 수분정도에 따라 계산된다. 종자수분측정은 오븐에 넣어 건조시킨 후 측정하나, 전자식 측정기와 자외선 측정기 등은 건조하지 않고 수분측정이 가능하다. 이들 측정기계는 수분측정 종자를 다시 파종할 수 있을 뿐 아니라 신속 간편하지만, 종자에 따라 수정요인을 계산해야 하고 정확한 수분을 산출할 수 없는 불편함이 있다.

2.5.6 종자의 저장

1) 종자저장의 목적

경제작물 종자의 저장목적은 재배작물 종자나 원종을 수확기로부터 다음 파종기까지 보존하는 것이다. 종자의 활력을 유지시키기 위해 종자의 요구도와 알맞은 저장조건을 제공해야 한다. 왜냐하면 채종 당년에는 발아가 잘 되고 생산성이 높으나 다음 해는 종자발아가 나쁘며 생산성이 떨어지기 때문이다. 근래 와서는 많은 종자량이 필요한데 채종시기의 기상이변 등으로 채종량이 감소하면 국가적인 생산량의 감소로 직접적인 피해를 가져오게 되어 여유 있는 종자의 저장에 대한 관심이 높아졌다. 아울러 유전자원의 보전차원에서도 종자의 저장을 단기간이 아닌 장기간을 저장하기 위한 연구가 수행되었다. 이상과 같은 여러 이유로 육종가는 원종의 보존 목적으로, 종묘회사는 채종종자의 저장을 위해, 재배가는 채종 가능한 종자의 단시간 저장을 위해 다양한 저장방법을 적용하고 있다.

2) 종자의 수명과 퇴화원인

종자의 수명은 크게 유전적 요인, 수확 전 포장요인, 수확 전 기계적 요인, 종자의 성숙도, 종자의 휴면, 수분함량 등에 의해 영향을 받는다.

유전적인 요인은 종자의 수명이 종 고유의 소질에 의해 좌우된다는 것이다. 예를 들면 양파와 리크(leek)는 수명이 짧고 단옥수수, 강낭콩은 중간이며, 박과 채소 등은 비교적 오랫동안 저장이 가능하다. 같은 종의 품종 사이에도 저장력에 차이가 발견된다.

수확 전 포장요인은 토양이나 기후환경을 들 수 있다. 종자 작물이 자라는 동안 미량 또는 다량원소의 결핍은 종자의 저장 잠재력에 영향을 끼쳐 초기 발아력을 낮춘다. 이와 같은 경우는 상업적 종자생산에서는 방지할 수 있으나, 다량원소의 시비수준은 가끔 종자저장수명에 간접적 영향을 끼친다. 그 외 종자 생산 시 포장의 상대습도, 장마, 높은 온도 그리고 이들 각 요인이 복합될 때 종자의 저장능력은 저하된다. 이와 같은 불량한 포장요인은 기계적 수확, 건조에도 나쁜 영향을 준다. 수확 전 기계적 요인으로는 채종하거나 가공하는 동안 그리고 건조할 때 기계를 잘못 사용하는 것을 들 수 있다. 적당치 않은 조작은 종자에 상처를 주어 저장력을 감소시킨다. 상처 난 종자와 함께 병충해의 피해도 저장력을 떨어뜨린다. 따라서 타작이나 가공 중에 알맞은 회전속도나 조작을 실시하여 종자의 저장력을 높여야 한다.

종자의 수명에 따라 식물은 다음과 같이 세 가지 그룹으로 분류할 수 있다.

① **단명종자(microbiotic seed)**: 종자의 수명이 1~2년인 것(백합과, 산형화과)
② **상명종자(mesobiotic seed)**: 종자의 수명이 3~5년인 것(배추과, 박과)
③ **장명종자(macrobiotic seed)**: 종자의 수명이 5년 이상인 것(가지과)

상기한 분류는 종자의 저장조건이 알맞을 때를 대상으로 분류한 것이다. 만일에 저장조건을 변화시킨다면 단명종자가 상명종자가 될 수도 있으며 상명종자도 장명종자같이 장기간 저장이 가능하다.

Harrington(1972)에 의하면 특수한 저장조건에서 양귀비 종자는 10년간 저장 후에 53% 발아율을 보였으며, 유채는 10년 저장 후 12%의 발아를 나타냈다고 한다. 상추종자는 -4℃, 8% 상대습도에서 20년간 저장했는데 발아율은 86%였다고 한다. 양파는 건조한 실험실 조건에서 22년 동안 저장이 가능하고 33%의 발아율을 보였으며, 딸기 종자는 5℃ 건조한 실험실 조건에서 저장했을 때 23년 동안 저장이 가능하고 발아율은 89%를 나타냈다고 한다. 알팔파와 베취(kidney vetch)는 실험실 조건에서 각각 78년, 90년 동안 저장이 가능하며 이 기간 후에 발아율은 22%와 4%를 나타냈다.

Justice와 Bass(1978)는 상대적 저장지수(relative storability index)를 I(1~2년 저장 후 50% 종자발아 가능), II(3~5년 저장 후 50% 발아 가능), III(5년 이상 저장 후 50% 종자발아 가능) 그룹으로 나누었다. 각각에 해당이 되는 원예식물은 단명(I: 상추, 양파, 파슬리, 파스닙, 옥수수), 상명(II: 배추, 양배추, 브로콜리, 순무, 당근, 호박), 장명(III: 토마토, 가지, 클로버, 알팔파)종자로 일반적으로 분류한다.

종자의 수명은 식물의 유전적인 특성과 함께 저장온도, 수분, 산소압 등에 의해 영향을 받는다. 저온과 낮은 종자수분 함량이 수명을 증가시키고 높은 산소압은 수명을 단축시킨다.

지금까지 종자퇴화의 변화과정을 보면 가장 먼저 종자 속에 존재하는 효소의 활성이 저하되고, 이어서 호흡이 낮아지면서 호흡계수(CO_2/O_2의 비)가 저하되어 1.5 이하가 되는데 이는 이용 산소보다 배출되는 이산화탄소가 많기 때문이다. 퇴화가 된 종자를 물에 담그면 종자 침출액이 많이 나온다. 따라서 그 농도를 전기전도도로 검사하여 농도가 높으면 퇴화가 심한 것을 알 수 있다. 그 외 유리지방산이 많아지고, 변색이 되는 등의 퇴화가 이루어진다.

퇴화의 원인은 단순하게 설명할 수 없으나, ① 종자 내 저장양분의 고갈, ② 분열세포의 양분고갈로 인한 기아, ③ 발아유도기구에 필수적인 생화학물질(예: GA, auxin)의 분해, ④ 리보솜 분리 저해에 따른 단백질 합성저해, ⑤ 종자 내 효소의 분해와 이들의 불활성화, ⑥ 지질의 자동산화, ⑦ 가수분해효소의 형성과 활성화 같은 생화학적 변화가 가장 큰 원인이라 할 수 있다. 기능적 변화로는 세포막의 선택적 투과성을 잃은 구조변화로 종피 밖으로 대사물질의 용출에 의한 퇴화 그리고 유전적 퇴화를 들 수 있다. 그 외 유해물질의 축적이나 병균의 침입도 퇴화의 원인이 된다. 그러므로 저장종자의 퇴화를 극소화하기 위해 장기저장을 하고자 하는 종자의 생리를 잘 연구하여 대처하는 것이 바람직하다.

2) 종자 저장기간의 정의

저장기간은 비교적 짧아 어떤 것은 단지 수 주일이 될 때도 있다. 그러나 많은 종자는 장기간 저장하기도 한다. 이와 같은 다양한 저장기간은 종자성숙부터 파종할 때까지 총 시간으로 정의된다. 종자는 정선이나 포장과 같은 여러 작업을 걸쳐 직접 농민에게 팔리거나 소매상에서 어느 기간 동안 팔리지 않고 진열되기도 한다. 이와 같은 과정에서도 중요한 것은 총 유통기간이다. 왜냐하면 종자가 저장환경의 영향을 역으로 받기 쉽기 때문이다. 총 저장기간 동안 종자가 거쳐야 할 과정은 다음 중 몇 개 혹은 전부이며 총 유통기간은 길어야 좋다.

① 성숙 후 건조
② 종자추출 및 타작(옥외나 간이시설 아래)
③ 종자정선(옥외나 건물내)
④ 저장(종자 저장고 또는 창고)
⑤ 포장(이용목적에 따른 포장)
⑥ 운송과 분배
⑦ 판매(도매 또는 소매)
⑧ 판매장소(구멍가게, 원예센터, 또는 농장제공자)
⑨ 농장저장(농장이나 정원에서 종자를 받아서 뿌릴 때까지)

3) 저장기간 동안의 환경영향

앞서 열거한 것과 같은 다양한 과정을 통해 단기간 또는 장기간 저장하는 동안에 종자의 수명에 영향을 줄 수 있는 가장 중요한 내적요인은 종자 내 수분함량이고 외적요인은 온도와 상대습도이다. 실제로 저장된 종자를 둘러싸고 있는 공기 중의 상대습도는 중요한 역할을 한다. 그 이유는 첫째, 종자 자체 내의 습도 수준은 공기 중 상대습도의 영향을 받고, 둘째로 종자가 저장된 저장고 내부의 상대습도에 의해 곰팡이나 해충의 발생이 영향을 받기 때문이다.

(1) 종자 수분함량

종자의 수분함량은 종자퇴화의 가장 중요한 요인이 된다. 따라서 저장할 종자는 알맞은 수분을 가져야 하는데 일반적으로 종자 무게의 10%를 초과하지 않아야 한다. 잘 마른 종자의 대사율은 극히 낮고 종종 발견할 수 없다. 이러한 상태에 있더라도 종피는 매우 친수성이어서 심지어 대기의 수증기로부터 수분을 흡수한다. 그러므로 저장 전에 알맞게 건조했더라도 장마철 같은 높은 습도의 날씨에서는 조금만 노출되어도 재빨리 물을 흡수하게 되므로 노출을 피한다.

진공포장이나, 포장을 할 때 종자의 만족할만한 수분함량 한계를 보면 단옥수수, 시금치 8%, 비트와 근대 7.5%, 강낭콩, 완두, 당근, 셀러리, 셀러리악 7.0%, 리크, 잎파, 파슬리 6.5%, 가지 6%, 상추 5.5%, 배추과 5%, 고추 4.5%이다.

(2) 저장환경의 수분함량

저장된 종자는 저장고 내의 환경에서도 수분을 흡수할 수 있다. 종자의 수분함량은 대기의 상대습도가 증가함에 따라 각각 증가된다. 이와 같은 수분흡수는 종피의 두께, 구조 그리고 화학적인 구성에 따라 영향을 받는다. 경실종자는 수분흡수를 잘하지 못한다. 많은 종자의 구성물질 가운데 단백질이 가장 수분을 쉽게 흡착하는 반면 유지는 흡수치 않고 전분은 중간이다.

실험에 의하면 보통 종자 내의 수분을 1% 감소시키면 저장기간은 두 배로 늘어난다고 한다. 이와 같은 법칙은 수분함량이 5%에서 14% 사이에서만 적용된다. 따라서 가능하면 이상적인 종자수분함유량을 유지하여 변질되지 않도록 종자저장고를 운영할 필요가 있다. 특히 습한 날이 많은 여름철에는 제습장치를 이용하는 것이 필요하다. 그러나 건조한 계절이나 건조지역에서는 제습장치를 사용하지 않아도 된다.

만일 종자의 수분함량이 40~60%가 되면 발아가 시작될 것이다. 저장 동안에 종자가 발아하면 종자의 배는 죽게 된다. 높은 종자 수분함량은 저장고 내 미생물이나 곤충 등의 간접적인 영향을 받는다. 대부분 저장종자에 있어 해충의 활력은 8% 이상 종자수분을 가지면 자극을 받는다. 더구나 곰팡이의 생육은 종자 수분함량이 12%를 초과할 때 시작된다. 저장 중에 종자의 수분함량이 18~20% 된다고 인위적으로 가열해서 종자를 말리면 발아력을 떨어뜨리며 심하면 화재를 일으킬 수도 있다.

(3) 저장온도

온도는 종자를 저장하는데 중요한 요인이다. 대체로 높은 온도에서 활력이 쉽게 감소되나 낮은 온도에서도 느리지만 서서히 나타난다. 저장환경에 있어 온도조건은 빙점 이하에서 적용되나 이는 유전자원의 보존 차원에서 이루어지고 일반적인 원예종자 생산 시는 별로 이용하지 않는다. 연구에 의하면 0~50℃ 사이에서 5℃ 증가할 때마다 잠재수명은 절반으로 줄어든다. 높은 온도에서는 짧은 기간에도 종자수명이 감소하므로 가능하면 저온 저장한다. 보통장기저장은 −18℃에서 상대습도 40% 내외, 중기저장은 4℃에서 35% 내외 습도를 유지한다. 판매용은 회사마다 차이가 있으나 10~15℃ 정도 범위에서 저장한다(그림 2-23).

그림 2-23 종자저장고(온도와 습도조절이 중요함: 코레곤 종묘)

(4) 온도, 종자수분 그리고 종자수명과 상호관계

저장온도와 종자의 수분함량은 실제 저장 시에는 잘 조절할 수 있다. 가능하면 종자의 수분함량과 저장온도를 낮게 하는 것이 장기저장에 중요하다. 아스타의 종자 내의 수분함량을 7.9%로 할 경우에 실온에서는 24개월이 지나면 발아가 안 된다. 그러나 저장온도가 5℃ 또는 -5℃에서는 36개월이 지나도 높은 발아율을 갖는다.

(5) 저장온도와 공중습도와의 상호관계

저장온도와 공중습도는 상호작용을 통해 종자의 수명을 감소시킨다. 지구상의 많은 지역에서 상대습도가 높아지면서 온도도 높아지는 기간이 많아 종자의 수명을 단축시킨다. Harrington(1972)은 상대습도와 온도를 이용해 하나의 법칙을 만들었는데, "화씨(℉)온도에서 상대습도와 저장온도를 더한 %의 합이 100을 초과할 수 없다."는 것이다. 예를 들어 32℉(0℃)에서 상대습도는 68%를 초과해서는 종자수명을 매우 단축한다는 법칙이다. 우리나라와 같이 여름이 매우 습한 몬순지역에서는 실온에서 파종자의 저장력이 떨어지나 이집트나 이스라엘의 대륙지방은 몹시 건조하여 양파같이 비교적 수명이 짧은 종자도 발아력을 다소 오래 유지한다.

종자의 장기저장을 위해서는 적당한 저장고를 만들어 저장온도와 상대습도를 작물에 따라 잘 조절하는 것이 가장 중요하다.

2.6 종자의 검사

종자를 국내외에 판매하기 위해서는 육성된 품종을 국가기관에 등록하여 품종명을 획득함과 함께 종자의 발아율, 순도, 활력, 병의 유무, 잡초 종자의 오염 등에 대한 검사를 거쳐서 이들을 보증해야 한다. 종자의 대량유통이나 수출을 하는 경우는 국립종자원에서 법적으로 제시하는 방법에 의하여 종자의 검사를 해야 하나 일반적인 묘의 생산 농가에서는 저장했던 종자나 구입한 종자의 발아율만 조사하면 된다.

2.6.1 보증종자검사

국내 종자 보증 발급은 국립종자원에서 실시하는데 크게 ISTA증명서와 국립종자원 종자검정이 있다. ISTA(International Seed Testing Association, 2019년 현재 82개 회원국)는 종자 샘플링 및 검정에 대하여 국제적으로 표준화된 절차와 방법을 적용하여 종자의 가치를 평가한 결과를 기록한 증명서를 발급하는데 대상 작물은 식량, 채소, 두과, 사료, 화훼, 기타 농작물이다. 검정항목은 샘플링, 순도, 발아, 수분, 천립중, 테트라졸리움(TZ), 효소활력검정 등을 검사하며 소정의 수수료를 국립종자원(ISTA 대행기관)에 접수처리하면 된다.

국립종자원 종자검정연구센터에서도 검정해주는데 역시 소정의 수수료가 있다.

국립종자원은 과수 무병묘 생산 및 유통 활성화를 위해 과수 묘목 바이러스 · 바이로이드 검정 증명서 발급 서비스도 하는데 검정 대상작물은 사과, 배, 포도, 복숭아, 감귤이며, 검정 항목과 대상은 바이러스, 바이로이드이다. 바이로이드는 식물바이러스 중에 단백질각(capsid)을 갖고 있지 않고 나출상태의 RNA상태로 존재하는 것으로 많은 식물에서 왜화를 일으킨다(박과 박, 1985).

종자검사에 관련하여 시료 채취는 국립종자원고시 제2017-3호(2017. 6. 16., 일부개정)을 참조하기 바란다. 만약 포장 시험을 요구하면 포장검사 시기는 작물의 품종별 고유특성이 가장 잘 나타나는 생육시기에 실시하여야 하며, 작물의 생육기간을 고려하여 1회 이상 포장검사를 실시하되 작물별 검사시기와 검사횟수는 "종자관리요강(농식품부 고시)"에 따른다.

2.6.2 종자의 품질조사

원예번식가는 종자를 생산하여 보증도 하지만 실제적으로는 종자를 구입하여 육묘하여 재배에 임하게 된다. 이때 묘 생산자나 실제 재배가는 종자를 구입할 때에 좋은 순도, 높은 발아율, 높은 활력, 병에 감염되지 않은 종자가 중요한 판단의 기준이 될 것이다. 따라서 순도검사, 발아검사, 활력검사, 병감염검사 등에 대하여 설명하기로 한다.

1) 순도검사(purity analysis)

순도검사의 목적은 공시된 표준종자의 구성요소를 중량비 백분율로 산정하여 그 종자의 하송단위의 구성을 추정하고 시료를 구성하는 각종 종자와 협잡물 종자를 동정하는데 있다. 그러기 위해서는 검사시료를 순종자, 타종자, 협잡물(잡초 또는 이물질)의 세 구성성분으로 나누고 중량비 백분율을 소수점이하 한자리까지 표시한다. 이때 0.05% 미만의 구성요소는 '미량(trace)'으로 표시한다.

그러나 원예종자는 외형이 같더라도 유전적 순도가 다를 경우가 있다. 그러나 최근에는 유전적인 순도를 조사하는데 높은 기술이 필요하다. 왜냐하면 종자의 색깔, 종자나 종묘의 형태, 화학적 시험, 전기영동법에 의해 분리된 isozyme 비교, 그리고 DNA figer printing에 의한 유전적 순도검정 등을 해야 하기 때문이다. 화학적 테스트법은 많은 시약을 이용해서 다양한 종자에서 처리할 수 있다. 시약으로는 fescue 종자의 형광법, 귀리의 hydrochloric acid(H_2O:HCl)법 그리고 콩 종자의 peroxidase 처리법 등이다. 이들을 처리하면 독특한 색을 동일하게 발현함므로써 순도를 알 수 있다. 단백질 전기영동법은 종자 내의 독특한 단백질이나 효소를 비교함으로써 종자의 순도를 알 수 있다.

DNA finger print법은 RFLP(random fragment length polymorphism)와 RAPD(random amplified polymorphic DNA), 그리고 AFLP(amplified fragment length polymorphism)법을 이용해서 DNA 분자표지(molecular marker)를 비교함으로써 순도를 알 수 있는 방법이다. RAPD법이 많이 쓰이는데 품종을 복사해서 불법적으로 사용하는 여부를 판정하거나 표현형에 근거한 후대검정, 선발 등에 이용된다.

그 외 펠렛 종자(pelleted seed)는 코팅재료를 씻거나 건조한 상태에서 제거하고 순펠렛, 비펠렛, 협잡물의 백분율을 조사한다. 종자테이프(seed tape)도 찢거나 물로 녹인 후 종자를 꺼내서 풍건 후에 하루 정도 건조시킨 다음에 구성요소(순종자, 타종자 및 협잡물)를 조사한다. 이때 테이프 등의 재료를 무시하고 종자의 총중량에 대한 백분율로 표시한다. EU규정에 따른 채소류의 순도는 완두, 강낭콩, 양파, 오이, 멜론, 단옥수수는 98%, 배추과 채소, 비트, 리이크, 시금치, 셀러리, 파슬리는 97%, 당근, 상추, 치커리, 엔디브는 95%를 유지해야 한다.

2) 발아시험(germination test)

발아시험의 목적은 검사시료 종자의 최대발아능력을 판정하여 다른 종자와 품질비교에 사용할 수 있게 하고 포장재식가치 또한 판정할 수 있게 함에 있으며 국제종자협회에서 발행하는 종자검사 국제규율(International Rules for Seed Testing 2019)에 따라서 시행한다. 발아검사를 포장에서 실시하면 여러 요인에 의해 재현이 불가능하다. 그러므로 발아하기에 알맞은 온도, 광, 수분조건을 제공하여 실내에서 실시한다.

발아시험은 식물마다 배지, 최저온도, 광선, 1차 조사일, 최종조사일, 그리고 추가지침(휴면타파법) 등이 제시되 있어 여기에 맞추어 발아실험을 해야 한다. 배지의 사용법은 종이상부(top of paper, 약자 TP), 종이사이(between paper, BP), 주름종이(pleated paper, PP) 같이 종이를 사용하는 방법과 모래를 사용하는 방법이 있다(그림 2-24). 그 외 흙도 사용되나 주로 비교나 연구목적으로 사용된다. 모래도 모래 위(top of sand, TS), 모래 안(in sand, S)으로 나누어진다. 용기는 발아트레이, 플라스틱 상자, petridish(그림 2-22) 등이 이용된다. 발아배지와 기구가 결정되면 일반종자는 100립×4반복으로 실시하나 큰 종자는 50립×8반복 또는 25립×16반복으로 실시할 수도 있다. 펠렛 종자는 m^2당 100~120g, 흡수율이 220~240%인 주름종이를 사용한 발아시험을 권장하고 있다. 발아시 수분과 통기는 발아에 충분한 수분을 공급시키고 공기를 충분히 접하게 하는데 TP, BP에서는 문제가 없으나 종이 사이에 종자를 넣는 BP 처리에 공기가 잘 공급되게 느슨하게 해줄 필요가 있다.

발아시험 준비가 끝나면 항온기를 발아시킬 대상 작물의 지정온도로 맞추고 용기를 치상한다. 이때 광발아 종자는 광조건을 제시한다. 발아시험 기간 동안 반드시 제시한 온도를 유지시켜야 하며 변온폭을 °±1℃를 넘어서는 안된다. 변온처리할 때는 통상 낮은 온도를 16시간, 높은 온도를 8시간으로 처리한다. 이때 온도는 대부분 채소는 주간 25℃, 야간 20℃의 변온을 주나 정온을 부여할 경우는 호온성 채소(수박, 오이, 참외, 멜론, 토마토, 옥수수)는 25℃, 호냉성 채소(당근, 무, 배추, 상추, 양배추)는 20℃를 유지한다.

발아율(percentage germination)은 위에 제시한 지정된 조건과 기간 내에서 정상적으로 발아한 개체수의 비율을 가리킨다.

정상묘를 판단하는 것은 발아율을 조사하는데 있어 매우 중요한데, 정상묘는 다음 범주 중의 하나에 해당되어야 한다. 완전묘(intact seedling)로서 근계가 잘 발달되고 주요기관(배축, 자엽 등)이 잘 발육된 식물, 경미한 결함(seedling with slight defects)을 가지나 전체적으로 완전묘에 비견할 만한 균형 잡힌 발달상태를 보이는 식물, 그리고 완전묘인데 종자자체의 전염이 아닌 외부로부터의 곰팡이나 박테리아에 의해 2차 감염된 식물(seedling with secondary infection) 등이다.

그림 2-24 종이배지와 모래배지 이용 발아시험(google)

이상종자(abnormal seedling)란 양질의 토양과 환경조건에서도 정상적인 생육이 어려운 식물을 말하는데 다음과 같이 분류한다. 식물이 묘의 필수구조물(essential seedling structure; 예: 근계, 유경, 자엽, 정아, 벼과에서 자엽초 등) 중에 어느 한 가지가 결함되거나 심한 손상을 입어 균형적 발달이 어려운 손상묘(damaged seedling), 허약한 발달이나 생리적 장해현상을 보이고, 필수구조가 기형화된 기형 또는 불균형묘(deformed or unvalanced seedling) 그리고 종자자체로부터의 감염(일차감염)에 의해 필수구조물의 어느 부분이 이병 또는 감염되어 정상적인 발달을 하기가 어려운 부패묘(decayed seedling)가 해당된다.

불발아종자(ungerminated seeds)는 주어진 조건에서 검사가 끝날 때까지 발아가 되지 않은 종자로서 다음과 같이 분류한다. 수분을 흡수하지 않는 경실종자(hard seeds), 경실은 아니나 깨끗하여 정상묘로 발달의 가능성이 있는 잠재력을 가진 신선 또는 휴면종자(fresh or dormant seeds), 발아시험 종료까지 상기 두 종자에 해당되지 않으면서 발아가 되지 않은 죽은 종자(dead seeds) 그리고 기타 범주(예: 빈종자, empty seed)로 분류할 수 있다.

발아율 조사는 1회에 한하지만 조사결과가 불만족스러울 때는 재검을 할 수 있다. 보통 휴면성이 의심되거나, 식물독성이나 병균이 발아기간에 확산되어 신뢰성이 없을 때, 발아로 간주되는 식물의 판단에 난점이 있을 때 그리고 검사의 조건이나 계수 오차가 있음이 명백할 때 재검을 할 수 있다.

국제종자검사법(농진청, 1991)에 의하면 분석증명서에 조사기간, 정상종자, 이상종자, 경실종자, 신선종자(휴면종자) 그리고 죽은 종자의 백분율을 기록해야 한다. 그 외 추가적으로 발아시험에 사용한 배지의 종류 및 온도, 사용한 발아촉진법, 지정된 발아기간보다 연장시 지정기간 내 발아율, 중복검사가 지정될 경우 얻어진 2차 결과 등이다.

발아해석에 관한 용어를 정리하면 발아시(發芽始)는 처음 발아한 날을 말하며, 발아기는 치상한 종자의 40%가 발아한 날을 뜻한다. 발아종(發芽終)은 치상한 종자의 80%가 발아한 날을 의미한다. 발아시험에서 종자의 발아력은 종자수명과 저장조건 그리고 품종에 따라 차이가 난다. 발아세(發芽勢)는 치상 후 일정기간까지 발아율을 말하는데 종자에 따라 조사일이 정해져 있으나 일반적으로 최종 발아일의 중간 정도나 다소 2~3일 빠르게 조사하며 조사일은 국제적으로 정해져 있다.

채소종자의 발아율 조사일을 보면 치상 후 배추, 갓, 상추는 7일, 오이, 참외, 수박은 8일, 강낭콩 9일, 무와 양배추는 10일, 파와 양파는 12일, 고추, 토마토, 가지, 당근, 상추, 비트, 수세미, 바실는 14일, 시금치, 오크라 21일, 아스파라거스, 딸기, 파슬리 28일이다.

화훼류는 발아율조사일이 14일(해바리기, 아게라덤, 색비름, 과꽃, 맨드라비, 다이안서스, 거베라, 안개초), 21일(아리섬, 안스리움, 캄파뉼라, 센토레아, 국화, 콜레옵시스, 에키나시아, 코스모스, 플럭스, 깨꽃, 제비꽃), 28일(아네모네, 제라리움, 프리뮬라)로 구분된다.

수목류는 반드시 일정 기간 저온처리(3~5℃ 에서 최소한 21일 또는 수개월)를 해서 발아시험을 하는데 대부분 7일 째 발아세를 조사하며 발아율은 14일(버드나무, 장미, 느릅나무), 21일(아카시아, 단풍나무, 향나무, 사과나무, 가문비나무, 소나무, 메타세코야, 정향나무, 솔송나무), 28일(전나무)로 나누어진다.

3) 활력검사(vigor test)

국제종자검사 등에서는 순도와 발아율을 중요시하지만 종묘회사나 재배농가는 종자의 활력을 중요시하는데 신속하고 균일한 발아를 위한 잠재력으로 포장상태에서도 정상적인 유묘로서 발육이 될 종자의 특성을 말한다. 그래서 종자활력이 높으면 그만큼 포장발아율(field germmation)이 높다. 실내실험에서는 포장발아율을 예측하기 어렵다. 그래서 종자 활력시험은 재배가들에게 다양한 조건에서 발아력를 예견할 수 있는 추가적 정보를 제공해 준다. 지금까지 많은 연구를 통해 채소의 경우는 종자활력과 수량과 고도의 상관관계가 있음이 밝혀져 있다.

종자활력검사는 노화촉진(accelerated aging), 저온검정(cold test), 냉온검정(cool test), 전해액 누출(electolyte leakage), 유묘생장율(seedling growth rate) 조사법 등이 있다.

노화촉진법은 채소에서 많이 사용하는데 온도를 40~50℃, 습도를 100%로 스트레스를 제공하며 2~4일간 처리한 후 발아력을 비교한다. 활력이 강하면 고온다습조건에서도 발아가 잘된다. 저온검정은 주로 옥수수에서 사용되는데 발아상을 10℃로, 7일간 처리 후 25℃로 옮겨서 4일째 발아율을 조사하는 방법이다.

냉온검정은 발아온도를 정상온도보다 낮은 18℃부터 30℃까지 온도의 구배가 있는 조건에서 발아시켜서 발아율을 검사하는 방법으로 온도구배판(thermal gradient table)을 사용해서 실시하는데 주로 채소와 화훼종자가 대상이 된다(그림 2-28).

전해액 누출법은 완두와 옥수수씨에서 많이 사용되는데 종자를 침지시킨 후 종자에서 누출되는 전해질 물질을 전기전도계로 측정하는데 죽은 종자는 누출이 많아 EC가 높다.

유묘생장률은 트레이나 플러그 트레이에 상토를 채운 후에 파종해서 싹이 난 유묘를 계수하는 방법이다. 종자를 구입 후에 온실 등에서 시험을 하는데 플러그육묘 등에서 결주율을 줄일 수 있는 예비실험으로써 그 의미가 크다.

종자활력테스트의 생화학적방법으로 대표적인 방법은 TTC테스트(tetrazolium test)가 있는데 휴면종자의 활력을 신속하게 추정하기 위해서 사용하는 방법이다. 원리는 무색의 2,3,5-트리페닐 테트라졸리움의 염화물 또는 취화물이 살아있는 세포의 환원과정에 반응하는 탈수소효소로부터 수소를 받아들여 붉은색의 안정된 물질인 triphenyl formazan을 형성하는 특성을 이용한 것이다(그림 2-25). 그래서 붉은색이 진할수록 활력이 강하며, 부분적인 착색 또는 백색은 조직이 괴사한 것을 의미하는데 주로 벼과작물에 잘 나타난다. 그러나 카롤라(canola, (*Brassica napus* L. *varoleifera*)와 gherkin(*Cucumis anguria*)은 핑크색은 생존력이 있고 아주 진한 적색(생존 능력없음)과 백색(죽은 종자)은 발아력이 없으므로 작물에 따라 발색 특성을 알아야 한다(Flore, 등, 2015: Paiva등 2017).

방법은 0.1~1.0%의 tetrazolium chloride(또는 bromide)를 사용하는데, 만드는 방법은 1g의 염을 100㎖의 완충용액에 녹여서 사용한다. 완충용액은 인산 2수소칼륨(KH_2PO_4, 9.078g을 증류수 1ℓ에 녹임): 인산나트륨(NaH_2PO_4, 9.472g을 증류수 1ℓ에 녹임)을 2 : 3의 비율로 혼합한 액이다. 처리종자는 24~48시간 수분을 흡수시킨 후 테스트를 하는데, 30℃ 암조건에서 식물별로 6~24시간 처리하여 발색반응을 본다.

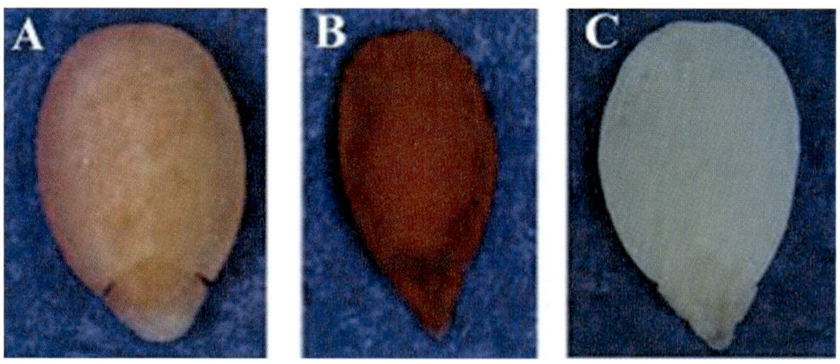

그림 2-25 Gherkin(*Cucumis anguria*)의 테트라조리움처리 반응
(A: 생존, B: 생존 불가능, C: 완전 죽은 종자) (Flore등, 2015)

4) 수분함량과 천립중 측정

기타 검사에는 수분함량, 천립중, 백립중 측정 등이 있다.

수분함량측정(determination of moisture content)은 두 반복의 조사시료를 사용하여 측정하는데, 사용하는 용기의 직경이 8cm 미만은 4~5g, 8cm 이상은 10g 시료를 취한다. 시료는 시료보관함에서 30초 이상 노출되지 않게 신속히 작업을 해야 한다. 특히 여름의 장마기 등은 종자가 오래 노출되면 급속히 공기 중의 습도를 흡수하므로 주의가 요구된다. 채취한 시료 중 대립종자는 분쇄(rinding)하는데 콩이나, 수목종자 등 분쇄가 어려운 종자는 몇 개의 조각으로 절단(cutting)할 수도 있다. 건조방법에는 저온항온오븐법(low constant temperature oven method)과 고온항온오븐법(high constant temperature oven method)이 있다. 저온항온오븐법은 103℃로 17시간을 건조하고 오븐 내에서 뚜껑을 닫고 데시케이터에 넣고 30~45분간 냉각 후 무게를 측정한다. 고온항온오븐법은 130~133℃로 옥수수는 4시간, 다른 곡물은 2시간 그리고 기타 원예종자는 한 시간 건조하여 무게를 측정하여 수분함량을 계산하는데 반복 간에 오차가 0.2%를 넘지 않으면 두 결과를 평균하여 수분함량으로 간주한다. 이때 실험실 내 상대습도는 70% 미만이어야 한다.

ISTA법에 의한 수분함량 계산은 다음 식에 의해 산출한다.

% 수분함량 = 건조 전 종자무게 - 건조 후 종자무게 / 건조 전 종자무게 × 100

천립중(thousand corn weight, TCW)은 시료 천립의 중량을 뜻하는데, 무작위로 100립씩 4반복 또는 8반복을 손 또는 종자계수기로 계수하고 소수점 이하까지 그램으로 측정하여 평균을 낸 다음 10배를 하면 천립중이 된다. 주요 천립중을 보면 오이 25~35g, 배추 3~4g, 무 5~10g, 고추 6~7g, 토마토 2.8~3.8g, 셀러리 0.2~0.35g, 시금치 10g, 양파 3.65~4g이다

백립중은 종자가 큰 콩 등의 종자무게를 표시할 때 사용하는데 천립중처럼 측정한다.

5) 종자의 병해 검사(seed health testing)와 소독

종자의 건강검사의 목적으로 표본 종자의 건강을 진단함으로써 종자의 건강상태를 측정하는데 다음 세 가지 용도로써 그 의미가 있다. 먼저 종자전염성 병원균은 점진적 병해의 확산을 야기시켜 작물의 상업적 가치 저하를 초래하고, 수입종자는 신종병균을 전파시킬 수 있다. 그리고, 병해에 의한 유묘발생율 저하 등을 유기시킴으로써 종자 건강을 진단해야 한다. 종자의 건강은 병발생을 유발시키는 병균뿐 만 아니라 선충 및 곤충 등 동물성 해충도 조사해야 하며 미량원소의 결핍 같은 생리적 조건도 포함될 수 있다.

검사방법은 병충을 육안으로 조사하거나 입체현미경을 사용하거나 그 외 배양 등을 실시한다. 배양은 ① 여지, ② 모래, 인조비료 및 기타 유사한 배지, ③ 한천배지를 사용하며 병충감염 여부를 조사한다. 바이러스에 감염여부는 ELISA test를 한다.

결과는 감염된 종자의 백분율 또는 검사된 중량대에서의 병원 유기체 숫자, 발견된 충의 균류 등을 학명과 함께 기재한다.

검사에 앞서 종자전염병의 방제를 위해서는 종자소독은 필수적인데 물리적 방제, 화학적 방제, 기타 방제법이 있다. 물리적 방제에는 온탕처리와 건열처리가 있다. 온탕처리는 무, 배추 등의 흑부병 보리, 밀의 깜부기병 예방을 목적으로 실시한다. 깜부기는 18℃ 물에 18시간 처리 후에 53℃에서 5분 처리 후에 냉수로 냉각한다. 건열처리는 종피에 붙은 바이러스 병 방제를 위하여 70℃에서 처리하는데 토마토모자이크(1~2일 처리), 오이모자이크병(오이 2~6일, 박과 수박 4~7일), 상추모자이크(80℃ 3일간)병 방제에 좋다. 화학적 방제는 허용된 종자처리 약제(제3인산 소다-담배모자이크병, 칼슘하이드로카본-가지과 박테리아 곰팡이, 염산처리-가지과와 박과의 곰팡이와 박테리리아, 살균제 분의 소독, physan처리-박과 바이러스)를 사용하는 방법이다. 기타방법에는 훈증처리(나방, 곤충알 제거하는데 해당종자만 처리함), 종자저장을 통한 병의 활력을 떨어뜨리는 방법 등으로 토마토모자이크병, 셀러리 잎마름병은 2~3년 저장하면 죽게 된다. 기타 방법은 ISTA의 종자병해검사를 참조하기 바란다.

2.7 발아 및 휴면생리

종자의 발아와 휴면 생리를 잘 이해해야 종자 번식을 하는데 도움이 된다.

2.7.1 종자 발아 과정

종자가 발아하기 위해서는 3가지 조건이 갖추어져 있어야 한다. 첫째 종자가 살아 있어야 하며, 둘째 발아조건이 제공되어야 하는데, 예를 들어 수분, 온도, 산소 그리고 광조건이 갖추어져야 한다. 셋째 1차 휴면(primary dormancy)단계가 타파된 상태의 종자이어야 한다. 대체로 초기휴면은 추숙(after ripening)을 통해 타파된다. 추숙은 일정한 기간이나 또는 특별한 처리를 해주어야 한다. 그러나 일차 휴면 조건이 없다고 할지라도 종자가 발아하기에 곤란한 환경조건이 재현되면 2차 휴면(secondary dormancy) 상태로 발전하며 발아가 지연되기도 한다.

종자의 발아단계는 3가지 발아조건이 갖추어지면 먼저 토양으로부터 물의 흡수, 두번째 저장양분의 소화와 전이단계 그리고 마지막 유묘의 출현과 생장 등의 3단계로 진행이 이루어진다(그림 2-26).

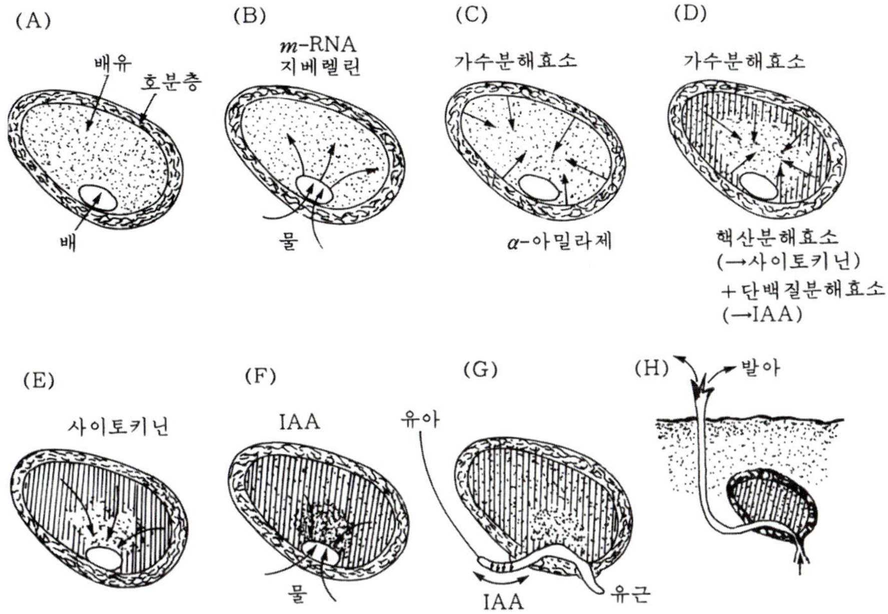

그림 2-26 보리종자 발아과정(Van Overbeek, 1966)

(A) 휴면 중 종자, (B) 물 흡수 GA배에서 호분층 이동, (C) 호분층에서 합성된 가수분해효소 배유로 이동, α-아밀라제 전분 가수분해, (D) 호분층에서 단백질, 핵산분해효소가 생성되어 배유로 이동하여 각각 사이토키닌과 IAA를 합성, (E), (F)배유에서 형성된 사이토키닌과 IAA는 배유를 자극하여 세포의 분열과 신장 촉진, (G) 배유가 종피를 뚫고 나와 유아(유초)는 향일성, 유근은 향지성을 나타내면서 생장, (H) 유묘가 지표면으로 발아하여 광을 받고 광합성을 시작하면서 생장

첫 번째 단계에서는 물의 흡수(imbibition)가 급속히 이루어지면서 씨앗은 부풀게 되어 활성화(activation) 단계이다. 흡수에 뒤이어 수 시간 만에 효소의 합성(synthesis of enzyme)이 이루어지고 이들은 저장 양분을 가수분해시킨다. 이 과정에서 특별히 프로그램 되어진 RNA분자가 출현한다. 계속되는 생리작용에서 에너지를 필요로 하므로 미토콘드리아에 존재한 AT-P(adenosine triphosphate)와 결합된 고인산 에너지로부터 에너지가 얻어진다. 몇 개의 ATP는 휴면종자 내에서 저장되어 있다가 종자의 흡수와 함께 재작동하기도 한다.

두 번째 단계는 소화(digeotion)와 전이단계(translocation)이다. 배유, 떡잎, 주유(周乳: perisperm, 주심이 변한 영양조직), 자성배우체(conifer류)에 저장되어있는 지방, 단백질 그리고 탄수화물이 소화되어서 간단한 화학물질로 전환되어 배의 생장점 부위로 운반된다. 종자 내에 존재하고 있는 세포계는 활동성이 부여되면서 단백질합성 시스템이 반응하여 새로운 효소, 구조적 물질, 제어물질, 호르몬 그리고 핵산 등을 생산시켜 세포의 기능을 수행하고 새로운 물질을 합성하게 한다. 두 번째 단계에서 주로 형성되는 식물호르몬은 사이토키닌과 IAA로서 세포분열과 신장을 촉진한다. 수분흡수와 호흡은 이제 계속적으로 일정한 수준을 유지한다.

세 번째 단계는 유묘생장(seedling growth)이 이루어지는 단계로서 배축의 양끝에서 세포분열이 시작되며 뒤이어 유묘구조 확대가 진행된다. 하나의 배축을 구성하는 배로부터는 한 개 또는 두 개의 잎 또는 떡잎이 형성된다. 뿌리의 생장점인 유근은 배축의 아래로부터 나타난다. 줄기의 생장점에서 유아는 떡잎의 위에 있는 배축의 상부쪽 끝에 생긴다. 유묘의 줄기는 2부분으로 나누는데 떡잎 아랫부분을 하배축(hypocotyl), 떡잎 윗부분을 상배축(epcotyl)이라 부른다. 배축으로부터 한번 생장이 시작되면 새로운 유묘의 생체중과 건물중은 증가하나 저장기관의 총무게는 감소한다. 호흡률이 증가되고 떡잎이 지상부로 나와서 광합성을 하는 식물을 제외하고 땅속에 있는 저장조직의 대사작용은 멈추게된다. 물의 흡수가 증가되면서 유식물의 생체중은 증가된다.

발아과정에서 떡잎이 지상부에 있느냐 지하부에 있느냐에 따라 2가지 형으로 나누는데, 배축의 신장과 함께 떡잎이 지상에 나오는 지상자엽형(epigeal)과 떡잎이 지하에 남고 상배축이 지상을 향하는 지하자엽형(hypogeal)이 있다. 지상자엽형에는 배유가 없는 강낭콩, 땅콩, 오이, 호박, 상추, 배추과, 배, 사과, 장미 같은 무배유형종자와 파, 양파, 가지, 토마토, 당근 같은 배유형종자가 있다. 지하자엽형에는 배유가 없는 완두, 밤, 매실, 복숭아, 금련화, 배유가 있는 벼, 밀, 보리, 옥수수가 있다(그림 2-27).

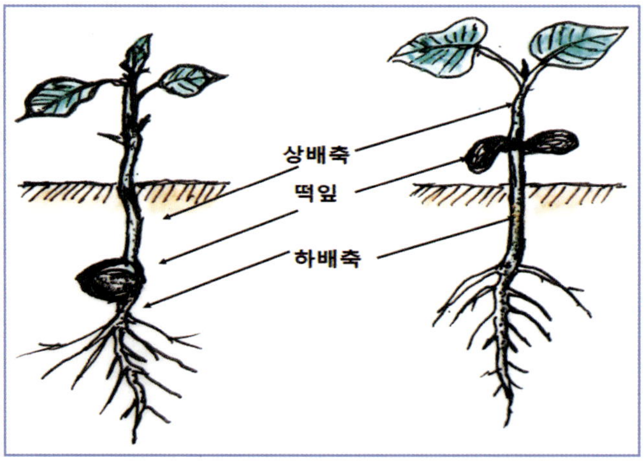

그림 2-27 지하자엽형(완두: 좌)와 지상자엽형(강낭콩, 우)

2.7.2 발아와 환경요인

1) 발아와 수분

종자가 발아하기 위해서는 배유에 저장양분을 가수분해시켜서 발아에 필요한 에너지를 얻어야 한다. 이와 같이 저장양분을 가수분해하기 위해서 필요한 것이 수분이다. 그래서 수분흡수는 발아의 첫 단계이다. 살아있는 모든 종자는 수분을 흡수해서 팽만해지는데 흡수되는 양은 종자의 화학성분과 관련이 있다. 보통 종자 내의 단백질, 점액물질 및 펙틴 성분은 전분보다 교질성과 친수성이 커서 더 많은 수분을 흡수한다. 그래서 단백질이 많은 콩은 무게의 1/2 정도 수분을 흡수하나 전분이 주성분인 곡류 종자는 무게의 1/3 정도 수분을 흡수한다.

(1) 수분흡수 과정

종자의 수분흡수 과정은 Tissaoui(1975)에 의하면 3상(相)으로 구분할 수 있다. 사과 종자를 예로 들면, 배를 분리하여 배를 팽윤(膨潤)시켜 가면서 흡수량의 변화를 측정한 결과, 3상이 구별되었다. 제1상은 기계적 종자의 흡수며, 제2상은 발아 준비기에 있어서의 흡수이며, 제3상은 유근의 생장 등을 위한 흡수이다. 이와 같은 흡수단계는 모든 식물에서 거의 유사하게 나타나며, 초기의 기계적 종자 흡수과정에서 흡수력은 아주 높은 압력을 갖는데, 모든 과정이 호흡과 관계가 깊다.

(2) 토양수분과 발아

토양함수량(土壤含水量)이 일정한 한도 이하로 되면 종자는 발아하지 않는다. 채소종자는 영구위조점(永久萎凋點) 전후에서 가장 뚜렷하게 발아율이 감소하는데, 토양건조에 대해 둔감의 강약에 따라 네 가지 군으로 나눌 수 있다. 제1군은 발아할 때에 비교적 건조에 둔감한 군으로 배추과, 가지과, 그리고 박과가 여기에 속한다. 제2군은 다소 둔감한 종류로 당근과 강낭콩이 해당된다. 제3군은 민감한 종류로 상추, 완두와 비트가 속하며, 제4군은 아주 민감한 종류로서 셀러리를 들 수 있다. 이와 같은 차이는 흡수력의 강약에서 기인된 것으로 본다. 무, 유채 및 당근 종자에 대하여 흡수력을 삼투압력(滲透壓法: 25℃에서 50% 발아 시 흡수력)으로 측정한 결과는 무는 20.0 기압, 유채는 19.0 기압, 당근은 3.5 기압으로, 당근은 무, 유채에 비하여 아주 흡수력이 약하다. 사토, 식양토 및 화산회토에서 50%의 발아에 필요한 토양수분을 측정한 결과에서도 무, 유채에 비하여 당근은 높은 토양수분을 필요로 한다. 즉 흡수력이 낮으므로 반대로 발아촉진을 위하여 충분한 관수가 요구된다.

(3) 침종과 기타 처리

종자를 물에 담궈 수분을 흡수시켜서 파종하면 조기 발아가 되는데 이를 침종(浸種)처리라고 한다. 채소에서는 일부 사용하나 주로 벼에서 사용하는데 종자무게의 30% 정도 수분을 흡수시키는데 약 14시간 걸린다. 배추과 식물은 침종하지 않지만 오이는 24시간, 호박은 48시간 정도 침종해서 뿌리면 무처리보다 12시간 정도 빨리 발아한다. 두류의 침종(浸種)은 오히려 유해하며, 침종에 의하여 발아력이 저하되는 경우가 많다. 그 이유로서는 급격한 흡수에 의한 자엽부의 균열, 과잉 수분흡수에 의한 종자 내부의 산소 부족, 종자 중의 양분 유출, 양분의 토양 중 유출에 의한 종자 주위에서의 미생물증식 등을 지적하고 있다. 수박 종자는 뽀쪽한 부분의 끝을 약간 절단하여 뿌리면 수분흡수가 잘되어서 조기 발아가 된다. 이 방법은 소규모 재배에서 가능하다.

(4) 경화처리

불량환경에서 종자발아율을 증대시키기 위하여 종자를 1회 내지 몇 회 흡수와 건조를 되풀이 하는 것을 경화(硬化, hardening)라 한다. Austin 등(1969)은 당근 종자에 중량비를 70%의 물을 가하여 충분히 흡수시킨 후 건조하는 과정을 3회 되풀이하니 당근의 눈은 약 50% 정도 컸는데, 이것은 주로 세포분열의 결과였다. 이렇게 경화처리한 종자는 파종 후 8일째 무처리구에서는 발아가 전혀 되지 않은 것에 비하여 처리한 것은 56%의 발아를 보였고, 그 후의 생육도 왕성하며 16~21주 후의 수확량은 무처리구에 비하여 8% 정도 증가되었다. 그리고 hardening을 한 종자를 저장하여 두어도 발아촉진 효과의 감소는 없었고, 작은 종자보다 큰 종자에서 처리효과가 있었다고 한다. 경화처리 효과의 특징은 다른 예침이나 호르몬 처리와 같이 단순히 발아촉진 뿐만 아니라 생육한 작물의 가뭄견딤성인 내한성(耐旱性)을 증대하는 예도 볼 수 있는데, 그 원인은 원형질 점도 증대, 작물체의 수분 손실 억제, 뿌리 표면적 증대 등에 있다. 주로 밀, 옥수수, 순무, 토마토, 당근 등에서 효과가 있다.

2) 발아와 온도

식물의 발아온도는 식물의 종류에 따라 다르다.

대체로 식물이 발아하는데 좋은 온도를 발아적온이라 하고, 발아가 가능한 최저온도를 발아 최저온도 그리고 발아가 가능하거나 휴면을 일으키는 최고온도를 발아 최고온도라고 한다.

식물의 발아적온을 알기 위해서는 온도구배판(溫度句配板, thermal gradient table)를 이용하는 것이 좋다. 원리는 알루미늄판의 양쪽에 서로 다른 온도의 물을 계속적으로 흘러내려 낮은 온도에서부터 높은 온도까지 온도의 구배가 알루미늄판 위에 생기게 하여 여기에 종자를 치상한 샤레를 올려놓고 온도대에 따른 발아율을 조사하는 것이다. 예를 들어 5℃와 45℃의 물을 양끝에서 흘려보내면 6~44℃의 온도 구배가 생기며 가장 발아가 잘되는 온도범위가 발아 최적온도가 된다(그림 2-28). 온도구배판 시험에서 실내온도는 가장 낮은 온도 수준에 맞추는 것이 이상적이다. 만약 높은 온도를 유지하면 구배판의 온도보다 실온의 영향을 다소 받을 수가 있기 때문이다.

발아온도 시험 중에는 조명을 하는 것이 ISTA의 권장 사항이다.

그림 2-28 온도구배판을 이용한 발아 적온조사(앞쪽은 30℃, 뒤쪽은 18℃)

우리가 다루는 원예식물은 호냉성식물과 호온성식물로 나누는데 호냉성식물은 온대가 원산이고 호온성식물은 열대가 원산이다. 호냉성식물은 대체로 재배적온이 20℃보다 5℃가 높은 25℃ 내외에서 발아가 빠르고, 호온성식물도 역시 생육적온인 25℃보다 5℃가 높은 30℃ 내외에서 발아가 빨리 이루어진다(표 2-22). 그러나 재배적온에서 항온을 유지해도 발아는 잘 된다.

표 2-4 식물에 따른 발아 온도 차이

온도요구도에 따른 분류	원산지	재배적온	발아적온	발아최저온도	해 당 작 물
호냉성식물	온대	20℃	25℃	4.5℃	브로콜리, 당근, 무, 배추, 양배추, 상추
호온성작물	아열대	25℃	30℃	10℃	아스파라거스, 단옥수수, 토마토
호온성작물	열대	25℃	30℃	15℃	강낭콩, 가지, 고추, 박과채소

호냉성 식물은 발아 최저온도가 5℃ 정도이며 호온성식물은 약 10℃이다. 따라서 원예식물은 원산지에 따라 발아에 알맞은 조건을 제공하는 것이 발아율을 증가시키는 방법이다. 모든 종자는 지구의 밤낮의 온도차이에 적응하며 진화되었기 때문에 변온처리가 발아율을 높일 수 있다. 밤낮의 변온처리 폭은 10℃ 정도가 알맞다. 예를 들어 30℃로 8시간을 처리했다면 20℃로 16시간을 처리하는데, 이와 같은 방법은 정온처리보다 효과적인 경우가 많다.

국제종자협회(ISTA)가 제시한 채소의 발아시험온도를 보면 호냉성채소인 무, 배추, 양배추, 당근은 20~30℃ 변온 또는 20℃ 항온을 권장한다, 파, 양파, 시금치는 15℃ 나 20℃ 항온이 좋다고 한다. 호온성작물인 토마토, 고추, 멜론, 참외, 수박은 20~30℃ 변온 또는 25℃ 항온을 제시한다. 변온처리할 때에 저온 16시간, 고온 8시간을 유지해야 한다.

화훼식물은 대부분 20~30℃ 변온처리를 하고 안개초는 20℃ 또는 15℃ 항온 그 이외 봉선화, 과꽃, 플록스, 맨드라미, 코스모스, 거베라, 깨꽃, 베고니아, 아게라텀, 아네모네, 카랑코에, 다알리아, 프리뮤라, 백일홍 등은 20℃ 항온에서 발아시험을 할 수가 있다.

수목류는 향나무, 장미, 솔송나무, 정향나무는 20℃ 정온, 그리고 전나무, 단풍, 측백, 사과나무, 가문비나무, 소나무, 버드나무, 메타세코이아, 느릅나무, 주목 등 주요 수목은 20~30℃ 변온이 좋다고 한다.

이상의 ISTA발아시험을 통해 보면 채소와 수목류는 20~30℃ 변온이 좋고, 화훼류는 20~30℃ 변온, 또는 20℃ 항온 처리가 발아의 기본 온도임을 알 수가 있다.

3) 발아와 광선

종자의 발아와 광선에 대해서는 옛날부터 알려져 있으며, 광선에 의하여 발아가 촉진되는 호광성 종자(好光性 種子), 광선에 의하여 발아가 방해되는 혐광성 종자(嫌光性 種子) 및 광선에 관계없는 종자로 구별하였다.

광형태형성에 관여하는 파이토크롬(phytochrome)에는 2개의 종류가 있는데, 즉 P_r과 P_{fr}이다. P_r은 비활성 광수용체이며 P_{fr}은 활성형 광수용체다. 일반적으로 적색광(R) 조사에 의하여 P_r은 P_{fr}로 변하여 토마토 발아를 촉진하고 근적외광(FR) 조사에 의하여 P_{fr}은 P_r로 변화하여 발아를 억제한다(표 2-23). 근적외광 하의 조건 이외에 암흑 하에서도 P_{fr}에서 P_r에의 변환이 생긴다. *Pinus nigra*와 *Pinus palustris*와 같은 호광성의 종자에서는 파이토크롬이 대부분 P_r의 형태로 변한다. 이에 반하여 토마토, 오이, 호박과 같은 호암성(好暗性) 종자는 파이토크롬이 건조종자 때부터 P_{fr}의 형태로 존재하여 적색광이 없는 암흑 상태에서도 발아한다.

건조한 종자는 광반응이 없으며 반드시 어느 정도 이상의 수분을 함유한 상태가 아니면 활성을 나타내지 않는다. 그리고 충분한 수분을 함유한 종자 내에서도 종자에 의한 어느 일정한 기간을 경과하였을 때 파이토크롬은 최고의 활성을 나타낸다. 적색광에 대한 감수성이 빠른 것은 팽윤(澎潤) 1시간에서 가장 민감하고(예: 결구상추), 늦은 것은 6일째에 최고에 달한다(예: 담배). 그러나 같은 종류 식물에서도 상당한 진폭을 볼 수 있는데 이는 품종이나 종자의 저장조건 등의 영향 때문이라 생각된다. 결구상추 종자의 팽윤시험에서는 흡수 개시 후 10시간에서 감광성이 최고에 달하며, 20시간 이후에는 감소되었다

광반응 효과는 종자의 과종피(果種皮) 또는 배(胚)에서 광반응 효과가 나타나는 것으로 보여진다. 과종피를 제거하여 배 부분만 빛을 처리할 때 결구상추, 우엉, 배추과, 딸기, 소엽 등은 광감성(光感性)을 상실하며 가지, 오이류 등은 광감성을 지속한다.

이와 같은 적색부와 근적외부의 촉진이나 억제작용 또는 양자의 길항작용은 종자의 발아뿐

만 아니라 화아(花芽)의 형성, 개화, 성의 발현, 지하기관의 형성, 눈의 휴면 및 맹아, 양치류 및 수태류(水苔類) 포자의 발아 등 널리 발견되었다.

표 2-5 토마토 종자의 발아에 대한 2일간의 근적외광(FR)[a] 조사(照射)에 의한 억제, 적색광(R)[b] 조사에 의한 소거 및 각종의 암흑(D) 시간 후 적색광[c] 조사에 의한 재억제(Mancineli 등, 1966)

처리	발아율	처리	발아율
암흑표준	92%	FR 2시간, R, 2시간 D, FR	11
FR[a] 2시간	1	FR 2시간, R, 9시간 D, FR	20
FR[a] 2시간, R[b]	89	FR 2시간, R, 15시간 D, FR	55
FR[a] 2시간, R, 0시간 D, FR[c]	8	FR 2시간, R, 21시간 D, FR	71

a: 740nm에서 1.6μWcm^{-2}m^{-1}, b: 660nm에서 2.4μWcm^{-2}m^{-1} 3분간, c: 740nm에서 4.3μWcm^{-2}m^{-1} 5분간

4) 발아와 산소

발아과정이 계속되면 종자는 높은 수준의 산소를 요구하는데 이는 발아하는데 저장양분을 산화시키기 위해 많은 산소가 필요하기 때문이다. 종자가 수분을 흡수하기 시작하면서부터 강력한 산소의 흡수를 감지할 수 있다. 종자의 활력이 강할수록 발아 과정에서 산소의 요구도는 높다. 따라서 배수가 불량한 토양조건이나 장기간 침종 처리는 종자의 발아를 억제시킨다. 대부분의 종자는 토양 내의 산소가 대기 중의 산소농도 정도가 되면 최적의 반응을 보인다. 공기 중이나 토양 내의 산소농도가 20%정도에서 발아가 잘되나 그 이하가 되면 발아가 감소하게 된다. 대부분의 종자는 대기 중보다 높은 산소 수준 하에서 발아가 양호하지만 물에서 자라는 부들과 버뮤다그래스 등의 종자는 낮은 산소 수준에서도 발아가 잘 이루어진다.

토양 내에서 산소공급이 잘 이루어지지 않은 상태에서 미생물이나 호흡 등에 의해 생성되는 많은 CO_2는 발아를 억제시킬 수도 있다. 그러므로 원예식물을 화분이나 노지에 파종할 때 충분한 유기물을 공급하여 토양공극을 증대시키고, 경운작업을 잘해서 토양의 통기성을 크게 하는 것이 포장발아율을 향상시키는 실제적 방법이다.

5) 기타 종자발아에 미치는 요인

물, 온도, 광이 종자의 발아에 미치는 주요 요인인데 실제 토양에서 발아 할 때는 토양의 염스트레스(salinity stress)와 중금속 등의 영향도 크다. 높은 염은 종자의 수분흡수를 방해하고 중금속 등은 배의 발달을 억제한다.

염에 의한 발아 억제는 강우를 이용해서 용탈시키거나 다량관수로 막을 수가 있다. 중금속 오염지역은 객토나 유기물을 다량 투여하여 중금속의 활성을 저하시켜 정상 발아를 유도한다.

2.7.3 종자휴면의 분류

종자가 모식물부터 분리되면 비활동상태(quiescent)에 처한다. 이와 같은 비활동 종자(quiescent seed)는 적당한 온도에 접하면 발아를 위해 흡수를 하게 된다. 그러나 대부분의 경우에 많은 종자는 1차 휴면(primary dormancy)에 들어간다. 휴면(dormancy)은 종자가 발아하기 좋은 환경조건(수분, 온도, 통기조건)에서도 발아하지 않는 상태를 말한다.

2차 휴면(secondry dormancy)은 식물의 생존을 위한 보다 정밀한 기작이다. 종자가 발아조건이 좋아 싹을 튀어서 생육하려 했으나 생육조건이 나빠지면 발아가 지연되고 휴면은 계속되게 되는데 이를 2차 휴면이라고 한다.

휴면의 종류에 관련하여 여러 가지 설이 있으나 Nikolaeva(1977)는 휴면의 카테고리를 처음 분류했고 Baskin과 Baskin(1985)은 이를 기초로 1차 휴면(외생적, 내생적, 복합 휴면)과 2차 휴면(열휴면, 조건휴면)으로 분류하였다. 이들 각각 5가지 휴면에 대하여 설명한다.

1) 외생적 휴면(exogenus dormancy)

외생적 휴면 원인으로는 물리적 휴면, 기계적 휴면, 화학적 휴면이 있다.

물리적 휴면(physical dormancy, seed coat dormancy)을 종피휴면이라고 하는데 종피가 단단하거나, 섬유질이 많거나 또는 점질물 등이 많아 수분통과가 나빠 휴면이 이루어지는 것으로 복숭아류가 좋은 예이다. 콩과식물도 종피가 큐틴질로 이루어져 단단해서, 물이 들어오기 어렵다. 이와 같은 특성을 가진 식물은 콩과, 아욱과, 칸나과, 제라리움과, 메꽃과 식물이다. 콩과식물에서는 크로바, 알팔파, 아카시아, 회화나무의 종피가 견고하다. 이처럼 단단한 종피는 자연상태에서는 땅속의 미생물에 의해 연화되거나 동물의 소화기관에 의해서 연화되나 인위적으로 가상처리를 하여 심는다.

기계적 휴면(mechanical dormancy)은 배유가 발아하고자 하여도 개암껍질, 핵과류 씨껍질, 올리브씨 껍질 같은 씨를 감싸는 구조가 시멘트처럼 단단해서 기계적 발아억제를 가해서 나타나는 휴면으로 종피는 토양의 미생물에 의해 연화된 다음 온도조건이 좋아지면 발아한다. 인위적 타파법으로는 종피를 제거하고 저온처리를 한다.

화학적 휴면(chemical dormancy)은 발육 중에 과실이나 종자를 감싸는 곳에 집적된 화학물질이 수확 후에도 부착되어 있다가 발아억제물질처럼 작용하여 나타나는 휴면이다. 이 경우 종자를 장기간 씻으면 억제물질을 제거할 수 있다.

화학적 휴면은 크게 세 가지로 나눌 수 있다. 첫째, 과실의 과육이나 쥬스가 휴면을 유발시키는 경우로 귤, 오이, 핵과류, 사과, 배, 포도, 토마토에서 나타난다. 이들 억제물질은 페놀계, 쿠마린, 아브시식산 등이다. 두 번째는 사막식물 종자의 발아억제가 있다. 종피에 붙어있는 억제물질이 충분한 강우로 씻겨 나가기 전에는 발아가 되지 않고 억제작용을 한다. 이는 우기가 되기 전에 다소의 강우로 종자가 발아된다면 사막의 고열에 의해 식물이 죽게 되는 것을 예방하기 위한 자기방어수단이다. 따라서 사막식물 종자의 억제물질은 화학적 강우측정기(chemical rain gauges)인 셈이 된다. 세번째는 배유에 있는 수용성, 또는 에테르 추출이 가능한 발아억제물질에서 연유된 휴면으로 대표적인 것은 꽃창포의 휴면으로 수세법 또는 배추출로 제거할 수 있다.

2) 내생적 휴면(endogenous dormancy)

형태적 휴면과 생리적 휴면이 있다.

형태적 휴면(morphological dormancy)이라는 것은 종자가 떨어지는 시기가 됐는데도 불구하고 충분히 성숙되지 않아서 나타날 수 있는 휴면이다. 형태적 휴면은 크게 발육부진 배와 선형 배에 의해 나타난다. 발육부진 배에 의해 휴면이 일어나는 식물은 아네모네, 양귀비, 인삼 등으로 높은 온도에서 발아억제가 나타난다. 따라서 발아촉진은 위해서는 15℃ 또는 그 아래 온도에 접하게 하고, 변온을 가하거나, 질산칼리나 지베렐린을 처리한다. 선형배를 가진 종자는 외피 모양이 어뢰같이 생겼으며, 종자 공동의 절반을 차지하는데, 여기에 속하는 종자는 당근, 진달래, 시클라멘, 프리뮬라, 용담이 있다. 온도를 20℃로 유지하거나 지베렐린 처리를 하여 발아를 촉진시킨다.

생리적 휴면(physiological dormancy)에는 비숙면 생리적 휴면, 중간 및 숙면 생리적 휴면, 상배축휴면으로 나눌 수 있다. 비숙면 생리적 휴면은 수확 후에 어느 정도까지 갖는 옅은 휴면으로 건조시켜 저장하는 동안 휴면이 타파된다. 채종 후에 건조시켜서 저장하면 파종하기 전에 휴면은 소멸된다. 대부분 벼과 작물, 벼과 목초, 채소류, 화훼류가 여기에 속하고, 보통의 저장상태에서 1~6개월이 지나면 휴면이 타파된다.

광휴면(photo dormancy)은 발아에 암 또는 광 조건을 요구하는 종자에서 나타나는데 비숙면 생리적 휴면과 다른 형태의 휴면이다. 이들 종자는 파이토크롬(phytochrome)이라 불리는 광수용체를 가진다. 수분을 흡수한 종자를 적색광(660~760nm)을 쬐면 발아가 유도되고, 근적색광(760~800nm)을 쬐면 발아가 억제되며, 이들은 가역적으로 반응한다. 적색광을 접하면 종자내의 P_r는 P_{fr}로 변해서 발아가 촉진된다. 대표적인 예가 상추 종자이다. 그러나 상추 종자는 암상태에서라도 온도가 23℃이하에서는 광요구도를 상실하고 발아가 이루어진다. 때때로 명아주 종자는 장일에 접하면 휴면이 되고 단일에서는 휴면을 상실한다.

중간 및 숙면생리적휴면(intermediate and deep physiological dormancy)종자는 흡수(吸水)된

상태에서 1~3개월의 저온처리가 필요하나 여기에 속하는 식물은 온대지방에 자라는 수목, 관목 그리고 초본성 식물이다. 이들은 알맞은 수분조건, 적당한 통기조건, 저온조건(2~7℃)에서 종자에게 부여된 충분한 휴면타파의 기간을 경과하면 쉽게 타파시킬 수 있다.

상배축휴면(epicotyl dormancy)은 몇몇 종자에서 나타나는데 두 개 그룹으로 나눌 수 있다. 하나는 1~3개월의 따뜻한 기간에 뿌리와 하배축이 자라면서 발아가 개시된다. 그러나, 그 후 하배축이 자랄 수 있게 하기 위해서는 1~3개월 저온을 요구하는데 이 그룹에는 백합류, 작약 그리고 노루귀가 여기에 속한다. 다른 하나는 종자가 저온을 요구하고 그 다음 온화한 기간에 뿌리 생장을 하고 다시 두 번째 저온기간을 접해야 줄기 생장이 이루어진다. 여기에 해당되는 식물은 온대지방 원산의 영년생 식물과 연영초(*Trillium*)가 여기에 속한다.

3) 복합적 휴면(double dormancy)

중복휴면이라고도 하는데 두 종류의 휴면, 즉 외생적휴면과 내생적휴면 또는 형태적 휴면이 중복 또는 조합을 이루어서 나타나는 휴면이다. 이 형태의 휴면은 발육부진배와 생리적 휴면이 복합된 것들이다. 대체로 수목류와 관목류에서 많이 볼 수 있다. 저온과 변온처리로 타파한다.

4) 2차 휴면(secondry dormancy)

종자가 1차 휴면조건이 타파된 후 발아를 하고자 하더라도 발아하기에 너무 고온 또는 저온인 경우, 암흑 조건(skotodormancy, 예; 상추)이나 또는 장기간의 광조건, 장기간의 근적외광 조사, 수분 스트레스, 무산소 상태일 때 2차 휴면에 들어가게 된다. 2차 휴면을 타파하기 위해서는 저온처리, 광조사, 또는 지베렐린 같은 생장조절제를 이용하여 타파할 수가 있다.

2차 휴면은 열휴면(thermodormancy)과 조건휴면(conditional dormancy)이 있다.

① **열휴면**: 호냉성 채소인 상추, 셀러리 그리고 호냉성 화훼인 팬지는 높은 온도(적어도 30℃)에서 휴면을 하는데 이와 같이 호냉성 식물이 고온에 의해 나타나는 휴면을 열휴면(熱休眠)이라고 한다. 그러나 발아최적 온도보다 고온에서 종자들이 접하는 열억제(thermal inhibition)와 혼동해서는 안된다. 열휴면 종자는 발아적온으로 변해도 발아가 안되나, 열억제 종자는 온도가 낮아지면 발아하게 된다. 호냉성채소인 상추나 셀러리가 고온(35℃)에서 열휴면이 나타나는데 이를 타파하려면 지베렐린, 사이토키닌(kinetin), 에틸렌 처리가 효과적이다.

② **조건휴면**: 밭에 있는 잡초를 완전히 제거했는데 전년에 자라지도 않았던 잡초가 발생하

는 경우가 있는데 이는 잡초 종자의 경우에 아주 좁은 온도조건에서 휴면이 타파되는 경우로 이를 조건휴면이라한다. 이들 식물은 휴면과 비휴면이 온도에 따라 주기를 갖는데 이를 휴면주기(dormancy cycle)이라한다. 지금까지 연구로는 종자 내에 ABA(abscisic acid)와 지베렐린의 상호작용으로 추측한다. 잡초종자의 휴면타파는 온도 이외에 광조건도 관여한다는 설이 있다.

2.7.4 발아 억제물질

종자 휴면의 원인으로 앞서 언급한 종자의 생리적 구조적인 문제 이외에 배, 과종피, 종피 등에 포함되어있는 억제물질이 원인이 되는 때가 많다. 이들 억제물질은 수많은 것이 보고되고 있는데 주로 페놀계(ferula 산, chlorogen 산, phloridzin 등)의 화합물에 속하거나 동정(同定)되어 있지 않은 경우 또는 ABA가 많다.

1) ABA(abscisic acid)

종자가 아무 때나 발아하면 종족보존이 어렵다. ABA는 배유 내의 배의 발달과 함께 형성되어서 조기발아(precocious germination)를 억제하는 역할을 한다. 종자가 발달하면 종자 내의 ABA함량은 늘어나고 이것이 1차 휴면의 원인이 된다. 그러나 내생 ABA가 꼭 종자휴면과 상관관계가 있는 것만은 아니다. 예를 들면 휴면 수목류(복숭아, 호두, 자두, 사과, 개암나무)는 종피에는 함량이 높지만 수확 직후, 휴면상태의 떡잎에는 낮다. 층적처리한 복숭아종자는 ABA가 소멸되나 사과 종자는 휴면이 타파되었는데도 ABA농도는 높다. 따라서 사과 종자의 휴면 감소에는 억제물질의 감소보다는 촉성물질의 출현이 보다 중요하다.

종자의 휴면이 타파되면 종자 내의 억제물질이 감소되는 경향이 높다. 그러나 반드시 억제물질의 감소를 가져오지 않는 경우도 있어 휴면은 억제물질(ABA)과 촉진물질(gibberellin, GA)의 균형에 의하여 결정되는 경우가 많은 듯하다. 지베렐린의 ABA제어에 따라 종자의 휴면과 종자의 발아능이 좌우된다.

2) ABA와 동정되어 있지 않는 억제물질

단풍종자의 과피, 장미와 사과종자의 종피에는 발아억제 물질 ABA가 있다. 우엉 종자나 사탕무우 과피 중의 억제물질은 수용성으로 물에 담궜다가 씼으면 휴면물질이 제거된다. 이들 억제물질은 ferula산이며, 그외 vanillic산, hydroxy 안식향산 등의 phenol산 및 ABA이다. 당근에는 과피 중에 carotol이란 억제물질이 함유되어 있다. 그러나 저장 중의 carotol의 감소는 없어, 휴면의 타파는 억제물질의 감소가 아니고 배의 발아력의 증가에 의한 것이 아닌가 추론하고 있다. 셀러리(celery)의 종자를 수침하면 억제물질이 용출하여 GA에 대한 감수성은 증가된다. 사과의 휴면종자는 배 중에 ABA를 함유하고 있으나, 사과 종자가 과실 내에서 후숙되면 배의 휴면은 소실되나, 한편 종피에 의한 발아 장해가 생기며, 이것은 종피 중에서 증가하는 chlorogen산, coumarin, phlorizin 등의 phenol상 물질이 종피를 투과하는 산소를 흡수해 버리기 때문이라고 한다. 종자를 과실밖에 추출하여 후숙시켰을 때는 그러한 현상은 일어나지 않는다. Iris 종자의 억제물질은 수용성이며, 물에 진탕한 종자는 저온처리가 필요하지 않고서도 발아가 된다. 적송, 흑송, 금송의 종피 중에서 coumarin산 등의 phenol성 물질이 추출되며, coumarin이 이들의 종자휴면과 관계를 갖는다고 추측된다. 그 이외 수많은 물질이 보고되고 있으나 억제물질은 여러 처리로 사라지거나 일부 존재하지만 결국 내생촉진 호르몬 및 외부에서 처리하는 발아촉진 물질의 작용에 의하여 휴면이 타파되고 발아가 이루어진다.

2.7.5 발아 촉진물질

종자의 휴면은 억제물질과 촉진물질의 균형으로 결정되는 경우가 많다. 이때의 내생적 촉진물질로서 gibbellerin(GA), ethylene, cytokinin이 중요하고 외생적으로는 GA, kinetin, ethylene 등을 부여하면 휴면이 타파되어 발아가 촉진되는 경우가 많다.

1) 내생적 촉진물질

식물자체가 만들어내는 물질로 종자의 발아에 크게 기여한다.

① **지베렐린(GA)**: 내생 지베렐린은 종자의 흡수와 함께 기능을 발휘하는데 효소를 자극하여 종자 내의 유근(幼根, radicle)을 싸고 있는 종피나 배유를 약하게 만들어 발아가 쉽게 되도록 하고, 종자의 저장물질을 이동하기 쉽게 만들며, 배의 내부 세포의 신장을 촉진시켜 발아를 촉진한다. 지베렐린은 종자발육 시에는 많지만 종자가 성숙해서 휴면에 들면 농도가 낮아지게 된다. 종자를 층적처리하면 저온처리 동안 내성 지베렐린이 합성되거나 작용할 수 있는 형태로 변환된다. 그래서 저온요구도가 높은 종자에 GA를 뿌리면 저온대치 효과가 있다. 휴면이 타파될 때는 ABA와 GA가 상호작용을 하면서 발아에 관여한다. ABA는 GA가 발아를 촉진할 수 있기 전에 반드시 감소한다. GA의 주요 행동방식은 유전자발현 억제유전자인 DELLA단백질의 불활성화이다. 적어도 360개의 유전자가 종자발아 전에 DELLA유전자에 의하여 억제된다. RGL2가 지베렐린이 목표로 삼는 주요 DELLA단백질이다. 발아 전에 GA는 RGL2의 비활성화 단순변환 신호를 유기한다

(Finkelstein등, 2008). 그 결과 배유를 연화시키는 세포벽 효소 유전자를 포함한 수많은 발아에 관련된 유전자가 발현하여 휴면이 타파되면서 발아가 진행된다.

② **에틸렌**: 에틸렌 가스는 많은 식물에서 식물의 생장을 관여하는 자연적으로 나타나는 생장 호르몬이다. 에틸렌은 발아를 위하여 요구되지는 않는다. 그러나 에틸렌의 생산은 발아율과 종자의 활력에 관련이 있다고 본다. 땅콩의 기부(基部) 종자는 휴면이 깊고 선단부 종자는 휴면이 얕은데, 이는 발생하는 에틸렌량은 선단부 종자가 많기 때문이다. 땅콩 종자는 노화되어 발아율이 저하되면 에틸렌 발생량은 적어지고 유채에서도 같은 경향이 있다. 사과 종자에서도 후숙 중에 배의 에틸렌 발생량이 증가했다고 하였다. 이처럼 에틸렌은 몇 가지 종자에서 휴면을 약화시키는 역할을 한다. 많은 종자들에서 유근 출아와 함께 에틸렌의 생산이 갑자기 나타나는 것으로 보아 직접적인 작용보다는 간접적인 작용성이 있음을 알 수가 있다. 애기장대 연구에서 에틸렌과 ABA의 길항관계가 있음이 나타났는데 이는 최소한 하나의 에틸렌 유기 휴면타파 기작이 배의 ABA민감도를 감소시킨다.

③ **사이토키닌**: 사이토키닌(cytokinin)은 종자의 휴면을 경감하는 식물 호르몬으로서는 결코 강력한 것은 아니다. 다른 식물 호르몬과 협동하여 종자의 휴면과 발아 과정에서 중요한 역할을 하고 있다. 사이토키닌과 ABA는 길항관계가 있는데 사이토키닌은 식물 내의 에틸렌 생산을 증대시키며 이것이 종자의 ABA 민감도를 감소시켜 발아를 유도시킨다. 사이토키닌은 GA가 존재해야 발아에 관여한다. 상추나 도꼬마리에서 억제물질이 없어도 지베렐린이 없으면 사이토키닌 단독으로는 발아를 시키지 못한다.

④ **오옥신**: 오옥신(auxin)은 식물 호르몬으로서 단리(單離)된 최초의 물질로서 종자의 발아에 관련하여 많은 연구가 시행되었으나, 발아와의 관계가 확인된 연구는 그다지 많지 않다. 오옥신은 종자가 발달할 때 배형성에 큰 역할을 한다. 그래서 형태생리적인 휴면에는 관여할 가능성은 높지만 아직까지 연구가 부족하다. 다만 사과 종자와 호두에서 층적처리(層積處理)에 따라 발아능력을 획득하기 직전에 내성 오옥신류 물질의 증대가 확인되었다.

⑤ **기타 내생물질**: 브라시노스테로이드(brassinosteroids)는 스테로이드에서 유래된 식물호르몬으로 지베렐린 같은 역할을 하는데 ABA의 감수성을 낮추는 것으로 추측된다. 브테노리드(butenolide)는 지중해에서 자라는 식물에서 산불이 난 후에 발아를 증대시키는 물질이다. 식물에서 유래되어 산불이 날 때 연기 속에서 발생하는 활성물질로 karrikins(KAR)이라고 하는데 약 89개 과 1,200종의 식물의 발아를 증대시킨다(Dixon등, 2009). 이 물질은 GA 생합성을 촉진하고 GA와 ABA의 상호작용을 통해 발아를 촉진한다.

2) 외생적 촉진물질

휴면성이 없는 종자의 발아를 촉진시키거나 휴면을 타파시키는 생장조절제나 화학물질은 이미 많이 알려져 있다. 이들 물질을 잘 이용하면 원예식물종자의 발아율을 증진시킬 수 있다. 종자의 휴면 타파나 발아촉진을 위하여 가장 많이 시용하는 것이 GA이며 그 외 몇 가지 생장조절제가 발아촉진 효과가 있으나 연구에 그치고 실제 사용은 작다.

① **지베렐린(GA)**: 많은 종자의 발아촉진에 유효하며, 가장 많이 쓰이는 농도는 100ppm 부근이다. 그러나 이들 농도는 작물의 종류, GA의 종류, 동일작물이라도 품종에 따라 다르다. 셀러리 품종 'Florida 68'에서 GA_{4+7}으로 66ppm은 최고의 발아에 달한데 비하여 'Lathom Blanching'에서는 330ppm에서도 충분한 발아가 되지 않아 품종 간에 GA 반응이 다름을 알 수 있다. 사과 종자에서도 낮은 농도인 0.33ppm에서 상당한 효과를 보였으며, 최고의 효과는 330ppm의 농도였다. 셀러리 종자는 25℃ 암흑 하에서 발아촉진에 3,000~4,000ppm의 고농도가 필요하다. 그러나 온도가 낮으면 필요한 농도도 적게 되고, GA 종류, 즉 GA_3, GA_4, GA_7 등의 형태에 따라서도 다르게 반응한다. 사과 종자의 발아촉진에서 GA_4가 가장 강하고, GA_3가 다음 GA_7은 약하다. GA는 광발아종자의 광대치 효과와 저온요구 종자의 저온조건을 충족해준다.

② **사이토키닌**: 휴면타파작용을 나타내는 예는 그다지 많지 않고 상추에서 보고되었다. 결구상추 종자는 고온암흑 하에서 정상적으로는 발아가 안되나, 사이토키닌을 처리하면 발아에 효과적이다. 25℃ 이하의 저온에서는 지베렐린이 결구상추 종자의 발아촉진 능력이 크나, 25℃를 넘으면 사이토키닌이 크다. 사이토키닌은 고온에 의해 나타나는 열휴면 타파에 효과적이다.

③ **에틸렌**: 여러 가지 종자의 발아촉진에 유효하다. 식물체에 접촉하였을 때에 에틸렌을 발생시키는 액상의 CEPA는 발아촉진은 실용화 되있다. 결구상추 종자를 30℃에서 100ppm의 에틸렌과 적색광을 동시 처리하면 발아가 촉진된다. 90℃의 건열(乾熟)에서 처리한 결구상추 종자는 GA 처리에도 2%만 발아되었는데, 에틸렌 처리를 하면 81%가 발아한다. 땅콩은 100ppm의 에틸렌의 첨가는 물론, 밀폐용기 중에 사과와 같이 땅콩을 넣어두어도 땅콩 종자의 발아가 현저하게 촉진되었다. 이것은 사과가 발생하는 에틸렌 때문이다. 유채에서는 휴면종자의 발아촉진에 효과가 없었으나, 노화종자의 발아속도를 증가시켰다. 딸기 종자는 에스렐(ethrel) 1,000, 2,500 및 5,000ppm의 용액에 24시간 침지함으로써 촉진효과가 확인되었으며, 특히 5,000ppm의 효과가 현저하였다. 고온(30℃)하의 상추발아에 사이토키닌의 효과를 에틸렌이 촉진시킨다.

④ **질산칼리(KNO_3)**: 0.2%액이 종자발아촉진제로서 종자검사에서 많이 사용되고 있는 약제이며, 저온처리나 지베렐린에 버금갈 정도로 많은 대상 종자에 효과를 가지나, 발아촉진작용은 이들에 비하면 강력하다고는 볼 수 없을 경우가 많다. 그러나 맨드라미, 디키탈리스는 다른 어느 처리보다 높은 효과를 나타냈다.

그외 질산암모늄, 티오요소(thiourea)와 과산화수소도 발아촉진효과가 있다. 질산칼슘, 질산망간, 질산마그네슘, 질산알루미늄, 아질산칼리, 질산도 발아촉진에 유효하다.

2.7.6 발아 증진처리법

종자의 발아 증진을 위한 처리법은 종자보호제처리, 종자발아증진, 미생물제제 접종(질소고정균), 기계파종을 위한 종자 코팅 등이 있으며 난종자는 특별한 조직배양 방법으로 종자를 처리한다. 종자의 품질 증진을 위한 처리에서는 모든 종자에 고루 처리가 되고, 처리된 물질이 파종하여 종자가 발아할때까지 작용성을 가지고 부착되어있고, 처리제가 종자의 크기를 줄이거나 활력을 저하시키면 안되며, 기계화파종이 가능하면서 처리된 종자의 유통, 파종에서 인간에게 피해가 없어야 한다.

1) 종자 보호제

처리에 의하여 종자를 여러 가지 물질이나 병으로부터 해작용을 경감하는 처리로서 화학적처리, 열처리, 유용미생물의 접종, 농약피해 경감을 위한 안전제(safner) 등이 있다. 화학제처리는 종자소독제(captan, thiram)같은 것으로 종자가 발아되기 전까지 병충을 방제하는데 분제, 수화제가 있다. 건열처리는 각종 종자 내외부 병충을 제거할 목적으로 70℃에서 1~3일 처리하는 방법이다. 유용미생물의 접종은 주로 뿌리혹박테리아를 포함한 생물방제(biocontrol)균이나 추출물질들인데 다양한 종류가 보급되고 있다. 이는 종자에 각종 미생물제제를 처리함으로써 발아 중에 병해감염을 막을 뿐만 아니라 발아력을 증진시킬 목적으로 처리하는 방법이다. 최근에 국내외에서 많은 연구가 이루어져 있으며 실용화되고 있다. 이들 중 박테리아에는 *Enterobacter*, *Pseudomonas*, *Serratia*가 있고, 곰팡이에는 *Gliocladium*과 *Trichoderma*같은 균이 이용된다.

2) 코팅종자

종자의 모양은 매우 다양하여 기계화 파종을 위해서는 파종기의 배종판 규격에 맞게 환형으로 만들어야 한다. 이와 같은 코팅 종자는 코팅재료에 다양한 성분을 첨가시켜서 코팅기계로 만드는데, 병충해의 피해를 막고 포장 발아율과 발아 속도를 높일 수 있는 장점이 있으나 가격이 비싼 것이 단점이다(그림 2-29). 피막종자나 필름코팅 종자는 종자의 모양을 유지하면서 코팅을 한다. 코팅의 순서는 맨 안쪽의 종피로부터- 생장촉진제-접착제(폴리머)-살충제-영양제-접착제-살충제-광택제-색소 순서로 코팅하여 코팅종자를 만드는데 회사마다 방법이 다르다.

모든 코팅종자는 농약이 포함되지만 작업자의 안전을 위하여 착색하여 구별하는 것이 원칙이다.

그림 2-29 코팅기계(좌, ASTEC Globa)와 코팅 및 펠렛 상추종자(SeedQuest)

코팅종자는 여러 가지 형태가 있는데 그를 각각 소개하면 다음과 같다.

① **펠릿 종자(pelleted seeds)**: 환형으로 만드는데 코팅물질을 점토, talc, 등을 사용한다. 재료에는 살충제, 염료 또는 첨가물을 포함할 수 있으며 주로 기계파종용으로 보급되는데 종자가 둥글지 않은 상추, 당근, 토마토, 양파, 시금치 등에 적용된다.

② **피막종자(encrusted seed)**: 종자의 형태와 크기는 원형에 가깝게 유지하게 하고 중량이 약간 변할 정도로 피막재료 속에 살충, 살균, 염료 기타 첨가물을 포함시킬 수 있다. 펠릿과 필름코팅 종자의 중간 형태이다.

③ **필름코팅 종자(polymer film-coated seeds)**: 종자 무게의 1~2% 정도 폴리머 필름으로 코팅하는 방법으로 종자의 형태는 유지되며 대부분 종자에 적용가능하다.

④ **장환종자(seed granules)**: 다소 원통형에 가까운 단위로서 두 개 이상의 종자를 함께 집어넣을 수도 있다.

⑤ **종자테이프(seed tape)**: 코팅종자나 일반종자를 종이나 기타 분해될 수 있는 재료로 만들어진 좁은 띠로써 씨앗을 1립 또는 몇 립씩 넣어 한 줄로 배치한 것이다. 상추, 비트, 당근 등 가정 채소용이 대상이다(그림 2-30, 좌).

⑥ **종자매트(seed mats)**: 종이나 기타 분해될 수 있는 재료를 이용해서 넓은 판에 종자를 줄

또는 무리를 짓거나 무작위로 배치한 것으로 시금치, 상추, 로켓샐러드 등에 적용된다. 트레이에 올리고 상토만 채우므로 파종 시간을 단축하나 가격면에서 고려가 필요하다(그림 2-30, 우).

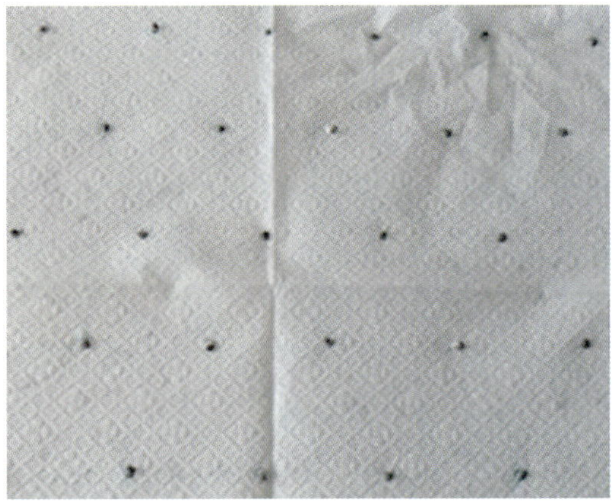

그림 2-30 종자테이프(좌)와 종자매트(우, google)

3) 발아증진

실제 재배에서 발아증진(gemination enhancement)이 매우 중요한데 종자 크기(seed sizing), 플라이밍(priming), 전발아(pregermination)법이 있다.

(1) 종자크기

큰 종자는 초기 발아율이 높다. 따라서 이들 크고 건전한 종자를 엘리트종자(elite seed)라고 하는데 이런 종자를 구입하여 재배에 임하는 것이 발아율의 향상에 가장 실용적인 접근이다. 자가채종한 상추, 고추, 아욱, 대파 등의 종자도 정선을 통해서 큰 종자를 사용하는 것이 좋다. 큰 종자는 초기 발아는 좋으나 그 후 생장은 관리에 달려있다.

(2) 플라이밍(priming)처리

고삼투압 용액(高滲透壓 溶液)에 종자를 침지하여 유근(幼根)의 신장을 억제하는 범위에서 종자에 수분을 흡수시켜 발아 준비에 metabolism을 어느 정도 진행하여 파종하는 방법을 프라이밍(priming)처리라고 한다. 프라이밍 처리원리는 종자 내의 DNA는 증진, 단백질합성 증진 그리고 일부 종피의 변화 등이 일어나서 발아가 촉진된다는 것이다.

플라이밍처리는 3가지 조건, 흡수미디움의 수분포텐셜은 －1.0에서 －2.0 MPa(－10에서 －20bars)범위, 처리 온도는 15~25℃ 사이, 처리기간은 종자 발아의 2단계인 양분의 소화와 전이단계(보통 2주 미만 처리하며, 최대 20일)까지를 충족하면 된다. 기술적으로는 삼투 프라이밍(osmotic priming; 삼투액에 종자를 담그는 법), 매트릭스 플라이밍(matrix priming: 적절한 매트릭포텐셜을 가진 고형 캐리어 이용), 드럼 플라이밍(drum priming: 교반하는 드럼통에 물과 종자를 넣고 수화시킴-일종의 경화작업) 등의 방법이 있다.

삼투 프라이밍은 다양한 무기염(예: 1~2% 인산칼리와 질산칼리 혼합액에 토마토종자 5~8일간 처리)과 PEG(polyethylene glycol)를 종자와 함께 버블 컬럼(bubble culum)에 넣고 공기를 주입하여 유근이 발생하지 않는 정도로 처리하고 분리한 종자는 강제송풍법 등으로 건조해서 사용한다.

매트릭스 프라이밍은 수분이나 처리온도와 단계는 삼투플라이밍과 유사한데 재료는 습한 버미큐라이트, Leonardite shale, 실리카 규조토, 석회점토를 플라이밍 종자에 혼합처리한다. 재료 0.2~1.5g을 종자 1g과 혼합하고 60~300%(건조고형물 대비) 물을 혼합한다. 처리기간이 지나면 물질을 분리하는데 종자 표면에 붙어있기도 한다.

드럼 프라이밍은 드럼에 종자를 넣고 지속적으로 물을 분무하여 수화시키는 방법으로 유럽에서 인기가 있다. 프라이밍처리는 고온에 발아가 잘 안되는 여름상추나 팬지재배에 응용된다.

(3) 전발아

포장발아를 100% 달성하기 위해서 처리하는 방법으로 유체파종(fluid drilling)과 전발아종자(pregerminated seed)를 이용한다.

유체파종 시스템을 겔 상태의 용액 내에 먼저 특수처리했거나 전발아 종자를 넣어 두고 이 겔을 특수기계를 이용해서 파종하는 방법이다. 다양한 겔이 판매되는데 sodium alginate, 수화 starch-g-polyacrylonitrile, guar gum, 합성 점토 등이 있다.

전발아종자법은 밀, 귀리, 옥수수, 완두, 양파, 무 그리고 다른 종자들은 발아가 시작된 후 건조처리를 하여 원래 종자 수분함량 정도까지 건조했다가 뿌리는 법이다. 처리는 발근이 완전히 이루어진 것보다 유근이 종피를 뚫고 나올 정도의 것이 가능한데 최대 길이는 약 1.5mm 미만이다. 즉 1mm정도 유근이 나온 것은 건조 후 파종이 가능하다는 것이다. 그러나 이 경우에 종자 가격이 25% 정도 비싸지며 종자의 수명이 5℃에서 35일 정도만 유지될 정도로 단축되는 문제가 있다. 그러나 처리가 된 종자는 발아가 빨리 되고 균일하며 발아율이 높다.

4) 난 종자의 무균 번식법

난은 단자엽식물 가운데 가장 진화된 식물로 500~800개 속이 있고 종의 수는 15,000~30,000종에 달한다. 난류 중 양란은 주로 열대지방에 그리고 한란은 온대지방에 분포한다. 난의 종자길이는 약 0.1~0.2mm 정도 밖에 되지 않는다. 한 개의 과실 중에 입수는 *Orchis maculata*가 6,200립, *Cattleya aurantiaca*가 256,000립, *Cattleya labiata*의 교배종은 2,000,000~3,000,000립의 많은 종자를 갖는다. 난은 일반식물과 달리 수종의 세포로만 이루어져 있는 무배유종자이다. 이 종자가 발아하려면 자연상태에서는 난균의 도움을 받아야 한다. 그러나 많은 연구를 통해서 난의 무균발아법을 개발하여 실용화되게 되었다. 종자는 채종 후 타래란은 8~10일 만 지나도 발아하나, 자란은 5개월이 지나야 발아가 90% 이상 된다.

배양법은 채취한 씨꼬투리를 10% $Ca(ClO)_2$에 30분간 소독 후, 종자를 꺼내서 3%의 과산화수소나 기타 종자살균수에 소독한다. 소독된 종자는 여과기로 여과해서 자력교반기 위에 증류수를 놓고 그 속에 종자를 담가 회전시키면서 충분히 흡수시킨 다음, 스포이드로 종자를 파종하고 흔들어서 종자가 고르게 퍼지게 한 다음 배양한다. 그러나 온대산 *Cymbidium*속, 새우란속, 복주머니꽃속 등은 유리 여과기에서 여과시켜, 살균수에 넣고 교반시킨 후, 비커를 알루미늄호일로 덮어 초음파 세척기에 넣어서 온대산 *Cymbidium*은 4시간, 새우란과 복주머니꽃은 20분~1시간동안 종피를 연화시키거나 제거한 다음, 스포이드로 무균실에서 미리 준비한 난 배양 전용배지에 파종한다.

난배양 배지는 매우 다양하나 실용적으로 쓰이는 배지를 설명하면 하이포넥스를 물 1ℓ당 3g 넣고, 자당 30g, 한천 7g을 첨가시키고 pH를 5.3으로 조절하여 가압솥에 넣고 1.2기압으로 121℃로 15분간 살균한 다음 사용한다. 파종 후 1일 16시간 동안 형광등을 쬐어 주고 온도는 23~25℃로 유지한다. 카틀레야는 2주일이 지나면 발아하고 어느 정도 옮기기에 알맞으면 다른 배지로 옮긴다. 대개 8~10개월이 되면 외부로 옮긴다. 이와같이 난 무균발아를 시킬 수 있으나 많은 경험이 없으면 처음에는 많은 오염이 발생하므로 착실한 기술습득이 필요하다.

2.8 종자번식의 실제

종자번식을 위해서는 소비자나 시장에서 요구하는 작물의 품종을 구입하여 번식식물의 정확한 발아생리를 바탕으로 적당한 파종방법을 적용하여 육묘를 하여서 본포에 정식을 해야 한다. 일반적으로 육묘주체에 자가육묘와 판매를 주로하는 산업육묘가 있으며 생산 방법에 따라 종자 번식에서는 실생육묘, 접목육묘가 있으며 영양번식에는 삽목, 분주, 조직배양육묘가 있다.

묘상의 설치 장소에 따라 1) 포장직파법, 2) 노지육묘법, 3) 시설육묘법 등으로 나눈다.

2.8.1 포장직파법

1) 육묘 전 고려할 점

우리나라의 채소류 가운데 엽채류와 근채류는 대부분 포장에 직파하는데 이를 포장직파법(direct field sowing)이라 한다. 그리고 화훼류 가운데 코스모스, 채송화 같은 식물은 화단에 직접 파종한다.

노지에 직파하려면 다음 몇 가지를 점을 고려한다. 먼저 노지직파 재배할 곳은 물빠짐이 좋고 햇빛이 잘 받는 평탄한 장소라야 한다. 둘째, 좋은 고품질 규격 종자를 구입해야 한다. 발아율이 높고, 균일하며, 병이 없는 소독된 건전한 종자라야 한다. 셋째 적기 파종이 매우 중요하다. 온도가 낮은 시기에 파종하면 지온이 낮아 발아도 늦고 저온에 의하여 배추과 같은 경우는 발아과정과 생육 초에 저온에 의한 꽃눈분화가 이루어져서 상품성이 낮아지기 때문이며 가을 파종 시는 늦으면 결구가 제대로 안되고 근채류는 뿌리 비대가 나빠지기 때문에 수량성이 매우 낮아진다. 또한 고온에 의한 열휴면(thermodormancy)이 있는 상추, 셀러리는 고온기 파종은 휴면이 유발되어 발아가 잘 안된다. 넷째, 종자의 전처리가 잘되어야 한다. 종자에 발아촉진제, 농약처리가 되어야하고 수목류 등은 층적법이나 가상법 등을 통한 휴면타파가 되어야 한다. 다섯째 알맞은 파종기(seeder)를 사용해야 한다. 파종기는 다양한 형태가 있는데 종자 코팅의 유무나 모양, 파종지의 토양 상태, 파종면적 등을 고려해야 한다. 소면적은 수동 1조식 파종기도 가능하나 대면적에서는 10조식 파종기 등이 필요하다. 여섯째 알맞은 파종 깊이를 정해야 한다. 식물의 종류, 토양수분 상태, 토양의 종류에 따라 깊이가 다르다. 상추같은 광발아 종자는 얕게, 콩같이 큰 종자나 건조한 토양에서는 다소 깊게 파종한다. 일반적으로 종자 직경의 3~4배 깊이로 파종하는 것이 원칙이다. 여섯째 알맞은 파종율(sowing rate)을 결정해야 한다. 파종율은 포장에서 식물밀도(plant density: 개체 수/단위면적)를 위하여 중요한데 Hartmann 등(2014)이 제시한 계산식은 다음 식과 같다. 여기서 포장요인은 재배가의 경험과 실제 포장의 환경에 따른 득묘율(건전한 묘/파종 종자량)을 의미하는데 경험자는 80~90%, 초보자는 60~70% 정도로 이를 포장요인(soil factor)이라 한다. 보통 좋은 토양조건은 0.8이며 나쁜 조건은 0.5 정도이다. 수목류나 채소 파종량은 다음 공식에 의해서 계산한다.

$$\text{단위면적당 파종량} = \frac{\text{재식밀도(식물주수/단위면적)}}{\text{순도}^{*} \times \text{발아율}^{*} \times \text{포장요인} \times \text{종자수/단위무게}}$$

(* 순도와 발아율은 10진법으로 표시)

예를 들어 배추를 30×45cm간격으로 심는다면 1㎡에 약 6포기 10a당 6,000포기가 필요하다. 1,000립중이 3g이라면 18g이 필요하다. 그러나 순도, 발아율 그리고 포장요인을 각각 10진법으로 표시해서 0.8, 0.9, 0.8이라면 18g을 세 수를 곱한 0.576로 나누면 31.25g의 종자가 필요하게 된다. 이를 위의 공식에 대입시키면 다음과 같다.

1a 당 3.125g의 답이 나오며 이를 10a 파종량으로 환산하면 31.125g이며 종자 수는 약 10,000립이 나온다. 이는 종자 순도 80%, 발아율 90%, 포장요인 80%일 경우로 10a를 6,000주 묘를 얻으려면 10,000립을 뿌려야 한다는 것을 의미한다. 따라서 수목의 종류나 채소 종류에 따라 식에 대입하여 계산한다.

$$\text{단위면적당 파종량(10a)} = \frac{6{,}000(6{,}000\text{포기}/10a)}{0.8 \times 0.9 \times 0.8 \times 1{,}000\text{립}/3g}$$

2) 육묘의 실제

재배해야 할 식물의 품종과 파종시기가 결정되면 파종하는 식물의 크기나 재배방법에 따라 밑거름을 뿌리고 이랑을 만들어야 한다. 이때 트랙터를 이용해서 충분히 깊게 경운하고 퇴비와 비료를 뿌려준다. 써래질을 한 다음에 뿌리는 방법에 따라 이랑 폭을 정하여 이랑과 고랑을 만든다.

식물의 종류에 따라 종자의 발아력을 향상시킨 종자를 흩어뿌림, 줄뿌림, 점뿌림법을 택해서 파종을 한다. 파종법은 파종기를 이용하거나 손으로 파종을 한다. 과거에는 각목에 송곳 같은 구멍을 파는 막대를 일정 간격으로 붙여서 만든 파종구 뚫는 장치를 이용하여서 구멍을 뚫고 씨를 심기도 했다. 파종기를 사용할 때는 비가 온 직후에 토양이 습할 때는 사용이 곤란하므로 파종시기를 잘 택해야 한다. 만일에 파종 예정일에 비가 오면 물빠짐이 이루어진 후 파종기로 파종할 때 표면의 흙이 덩어리지지 않을 정도로 마른 후에 얇게 파종한다.

종자의 파종 깊이는 종자 직경의 3배가 알맞지만 가뭄이 계속될 때는 다소 깊게 종자를 심고 파종 후에 복토를 할 때는 진압을 해 주는 것이 좋다. 파종 전후에 조류의 피해가 나타나게 되므로 이들의 퇴치를 고려해야 한다. 싹이 난 후에는 잡초제거를 하고 본잎이 나기 전에 1차 솎음질을 하고 본잎이 2~3매 될 때 2차 솎음질을 해서 식물이 잘 자라게 주간거리를 유지시켜 준다. 대체로 본잎이 생기면 채소류의 경우에도 진딧물, 노랑나비 애벌레의 피해가 나타나므로 농약 등을 뿌려서 방제한다.

수목류나 대목 육성을 위한 노지 파종에서도 파종 후에 솎음질을 하고 묘의 상태에 따라 추비, 농약 살포 등이 필요하다. 묘목은 월동을 시키는 경우는 볏짚이나 왕겨를 덮어준다.

2.8.2 노지 육묘법

노지 육묘법은 채소나 화훼의 경우 극히 제한적인 작물을 소규모로 육묘하여 정식을 하는데 엽채류로 잎파, 대파, 양파 등에 적용한다. 그러나 수목류는 노지 묘상육묘를 많이 실시한다. 소나무류, 화양목, 주목, 무궁화와 과수류의 대목도 노지육묘를 한다.

먼저 토심이 깊고 비옥한 땅에 묘목전용 묘상을 만들고 여기서 육묘 후에 어느 정도 자란 묘를 본포에 옮겨 심는 방법이다. 묘상준비는 잘 썩은 퇴비를 충분히 뿌리고 석회와 용성인비를 10a 당 100kg 정도 수준으로 뿌린 다음 경운을 하고 써래질을 한 다음 이랑을 남북으로 만든다. 이랑폭은 1.2m로 하고 고랑은 0.45m정도로 한다. 파종 전에 묘상표면은 고르게 골라 준다. 만일 묘상의 흙이 점토가 너무 많으면 모래를 객토해서 물빠짐을 좋게 하고 충해의 피해를 없애기 위해 토양 살충제를 뿌려준다. 파종은 전 처리에 의해 충분히 휴면타파가 된 종자를 준비한다. 즉, 많은 종류의 수목류는 발아습성에 따라 습적처리 등을 해서 휴면을 타파시킨 후 파종을 해야 한다. 파종 후에 체 등을 이용해서 고운 흙을 복토하고 간단히 진압을 시킨 다음 볏짚 멀칭을 해서 급속한 토양수분의 변화를 막는다. 만일 봄에 갑작스런 한파에 대비하려면 볏짚 위에 흑색비닐을 멀칭하면 보온과 보습의 효과가 있다. 사과, 배, 복숭아 등은 토양 온도를 15~20℃가 알맞지만 소나무나 향나무는 20~30℃를 유지하는 것이 좋다. 수목종류에 따라 종자가 봄이나 이른 여름에 성숙되는 단풍, 포플러, 사시나무포플러(aspen), 느릅나무(elm), 북미사시나무(cotton wood)등은 채취 후에 바로 심는다. 사과, 배, 복숭아 등의 씨는 톱밥 등에 넣어 층적처리를 5℃ 정도 온도조건에서 수개월 처리해서 파종하고 싹이 난 후에는 볏짚을 제거하고 수목류는 1차년도에 관수, 제초, 병충해 방제 등을 해야 한다.

시비는 질소성분이 충분한 관비를 주는 것이 좋다. 여름철에 너무 광이 강할 때 일부 차광처리를 해 주는 경우도 있다. 여름이 지나 가을에 낙엽이 지면 묘목을 굴취해서 판매하거나 월동을 시킨 후 봄에 일찍이 굴취해서 판매하거나 정식한다. 수목류의 정식은 정식기계를 사용한다. 그러나 채소류는 보통 4~6주 육묘 후에 정식을 한다. 정식하려면 좋은 묘를 골라서 미리 준비한 본포에 정식한다. 채소류는 너무 과다한 질소비료를 주면 웃자라므로 묘를 기를 때는 시비를 하지 않는 것이 좋다.

2.8.3 시설 육묘법

시설 내에서 육묘하는 방법은 다양한 용기를 이용해서 육묘할 수 있다. 그러나 여기서는 포트육묘, 각종 트레이 육묘, 플러그육묘, 양액육묘로 나누어서 설명하기로 한다.

1) 포트육묘

국내에서는 플라스틱 또는 유리 온실 내에 가온이나 무가온 베드를 설치하고 여기에 상토를 충전한 포트를 올려놓는다. 사용하는 상토와 포트의 종류는 매우 다양하나 플라스틱 포트를 이용한 육묘가 이루어진다. 채소류의 경우에 박과 채소와 가지과 채소는 최아시킨 종자를 포트에 파종해서 육묘한다. 전국의 과채류 재배면적을 고려할 때, 매년 생산되는 포트의 수는 대단한 숫자이다. 발아가 시작되면 육묘상의 온도를 내리고 다소 건조하게 관리하여 웃자라지 않게 한다.

여름에는 비가림 온실에서 가을배추의 육묘가 많이 이루어지는데 이시기는 진딧물의 피해를 막기 위해 측창부분은 망을 쳐서 육묘한다. 최근에 많은 관엽식물 종자를 구입하여 포트에 파종하는데 관엽식물의 경우는 온실 내의 환경을 열대처럼 높은 온도와 습도를 유지하면서 관리하는 것이 좋다. 관엽식물에 따라 반그늘을 설치하여 육묘하기도 한다. 그 외 플라스틱 트레이에 육묘한 것을 본잎이 나기 전에 포트에 옮겨심기도 한다. 이때 오이, 고추, 토마토 등의 묘는 떡잎 바로 아래 부분까지 배양토 속에 들어가도록 깊게 심거나 U자로 구부러지게 심는 것이 육묘 시 배축이 길어져서 웃자라는 것을 막을 수 있다.

2) 트레이 육묘

수년 전까지만 해도 나무상자를 이용한 육묘가 국내외에서 많이 이루어졌으나 부패나 병의 오염 등을 고려해서 최근에는 플라스틱트레이가 대부분을 차지하고 일부 스티로폼 상자도 이용한다(그림 2-31, 우). 트레이 육묘는 가지과 과채류 경우에는 흩어뿌림을 해서 본잎이 나기 전에 트레이에 옮겨서 본밭에 심기 전까지 2~3주 만을 육묘하기도 한다.

3) 플러그 육묘

우리나라도 90년대 초반에 한미플러그가 처음 채소 플러그 묘 생산을 시작한 이후 많은 공정육묘 회사나 농가에서 많이 사용하고 있다. 플러그 묘 생산이 급격히 증가된 것은 재배자가 늘 균일한 묘의 요구도가 높고, 기계정식이 가능하며, 육묘에 신경을 덜 쓰면서 영농에 매진할 수가 있으며, 육묘기간을 단축시킬 수 있는 이점이 있기 때문이다. 그러나 플러그 묘를 잘못 관리하여 묘가 노화되면 초기수량이 떨어질 수도 있다.

자동플러그 파종기는 회사에 따라 다양한 종류가 국내외에서 보급되고 있다. 대체로 종자의 파종형식은 진공식이 많고 화훼류인 베고니아, 메리골드, 알리섬, 페튜니아, 봉선화 등의 종자를 시간당 390공 플러그 트레이를 작게는 90개, 많게는 500개까지 파종할 수 있다. 파종기

그림 2-31 식물공장형 트레이육묘(좌: 호반육묘) 및 스티로폼 이용 백리향 육묘(우)

에 따라 보통 종자뿐만 아니라 펠릿종자를 파종할 수 있다.

이와 같이 파종기가 준비되면 공정육묘시스템을 이용해서 육묘를 하게 되는데, 순서는 플러그 트레이에 배양토 충전, 파종, 복토, 관수, 발아실에서 발아, 육묘실에서 육묘 그리고 정식단계의 순서를 밟게 된다. 보통 배양토 충전에서 관수까지는 자동으로 이루어지며 이 과정을 밟고 나온 트레이를 알맞은 온도로 조절된 발아실에서 발아를 시킨 후 바로 자연광과 인공광장치가 설치된 육묘실에서 육묘를 하게 된다(그림 2-31, 좌). 육묘시에 가장 중요한 것은 관수, 온도관리, 시비이다.

플러그 트레이에서 자라는 유묘는 보통 1) 발아단계, 2) 떡잎 전개기, 3) 본잎 3~4매 전개기, 4) 본잎이 4매이상 전개기 등 4단계로 나눌 수 있다. 발아단계는 온도와 습도를 높이고 떡잎 전개기는 배축의 신장억제를 위해 온도와 습도를 낮추고 보광을 해주는 것이 묘의 웃자람을 막는다. 또한 상토가 영양분이 충분치 않으면 이 시기에는 3요소 액비를 제공한다. 본잎 3~4매 전개기에 미량원소가 포함된 액비공급이 큰 의미가 있다.

만일 이 시기에 온습도 관리를 잘못하여 고추나 토마토 묘가 웃자라면 플라스틱 막대를 이용해서 1일 2회 정도 식물의 상부를 좌우 방향으로 눕혀주는 물리적 자극을 주어 웃자람을 방지할 수 있다. 실시할 때는 고추나 토마토 잎에 물이 마른 상태에서 수행한다. 생육억제를 위해서는 다소 건조하게 관리하고, 그 외 화훼류는 생육억제를 위해 Cycocel 750ppm, B-9 2,500ppm을 7~10일 간격으로 뿌려준다. 처리시기는 본잎이 2매 나올 때이다. 인공광 처리는 겨울철에는 1일 18~20시간 400W 정도의 광을 제공하면 베고니아, 팬지의 웃자람을 방지하고 2주 정도 육묘기간을 단축시킬 수 있다.

우리나라는 주로 플러그 육묘 시에 살수관수를 많이 한다. 유럽에서는 물에 석회가 많아서 육묘용 플러그트레이나 꽃화분은 매트를 이용한 저면관수, 암면큐브를 이용한 오이, 파프리카 등 육묘는 담배수(ebb and flow)관수법을 사용한다. 관리를 잘하여 완전히 자란 플러그묘는 종이상자에 담아서 주문한 농가에 수송한다. 그러나 정식이 곤란한 환경조건이 되면 묘의 출하가 어렵다. 이때는 묘저장실에서 저장을 할 수 있다. 온도는 생육을 일시 정지키 위해 비교적 낮은 온도에서 저장한다.

팬지를 생육단계별로 관리요령을 살펴보면 1단계(파종 후 3~7일)에서는 트레이를 덮어서 표면 습도가 유지되게 하며 기온은 18℃, 지온은 24℃를 유지시킨다. 배지산도는 5.8, EC는 0.75보다 낮게 관리한다. 2단계(줄기와 떡잎출현, 다음 7일간)에는 pH는 5.5~5.8, EC는 0.75를 유지한다. 액비의 시비농도는 50~75ppm을 유지한다. 제3단계(본엽출현기, 다음 14일간)는 지온을 16℃로 낮추고 지온은 24℃를 유지한다. 온도가 시원할수록 생육이 느리다. 토양은 다소 건조하게 관리하고 pH는 5.5~5.8, EC는 1.0정도를 유지하며 액비농도는 100ppm을 유지시킨다. 이상과 같이 관리 후에 출하하는데 각각 식물의 생육단계별 조절은 〈표 2-6〉을 참고하기 바란다.

표 2-6 플러그 육묘 작물의 생육단계별 관리요령

작물	1단계[z]		2단계			3단계			4단계		플러그 육묘기간 (주)
	발아 온도	일수	관리 온도	시비[x] (ppm)	일수	온도	시비 (ppm)	일수	온도	일수	
토마토	21–22	2	20–22	안함	7	16–18	100	7	16–17	7	3–4
베고니아	26–27	6–7	22–26	50–100	21	21–24	150	21	17–20	14	8–9
멘드라미	24	4–5	22–24	50	7	18–21	100–150	14	16–17	7–14	5–6
다이언서스	21–24	3–5	21–24	50	7	18–21	150	14	16–17	7–14	5–6
제라니움[y]	21–24	3–5	21–24	50–100	10	18–21	150	14	16–17	14–21	6–7
메리골드[y] (프렌치)	24–27	2–3	20–21	50–75	7	17–18	100–150	14	16–17	7–14	5–6
팬지[y]	24–26	3–5	22–26	50–75	14	17–20	150	14	17–18	7–10	5–6
페추니아	24–26	3–5	22–26	50–75	14	17–20	150	14	17–18	7–10	5–6
깨꽃	24–26	5–7	21	25	7	17–18	100	21	16–17	7	5–6

Z. 1단계: 발아단계, 2단계: 줄기와 떡잎 출현, 3단계: 본엽 출현기, 4단계: 이식, 출하.
y. 발아시 암조건 유지. 발아 후는 정상적 광조건 유지.
X. 시비는 NH_4NO_3, $Ca(NO_3)_2$, KNO_3를 이용해서 줄 수 있는데 질소:인산:칼리를 20:10:20으로 2단계, 3단계가 각각 21일이나 약 14일 정도만 시비하고 상황을 봐가면서 가감한다.

4) 양액육묘

양액육묘는 고형배지의 종류에 따라 다양하다. 육묘는 고형배지를 사용하는 육묘와 비고형 배지 육묘로 나눌 수 있다. 많이 사용되는 고형배지는 퍼얼라이트, 버미큘라이트, 피트, 훈탄, 코코피트, 암면, 폴리우레탄 등이 있다.

암면은 성형되어 나오므로 포트가 필요는 없으나 다른 배지는 알맞은 크기의 포트에 한 가지 또는 조합된 배지 상태로 충전시키고 최아된 종자를 심은 뒤 계속적인 관수를 실시한다. 관수방법은 살수관개나 저면관개를 주로 사용해서 육묘한다. 살수관개는 가격이 싸고 방법이 쉽지만 육묘온실을 습하게 하여 병발생의 문제를 가져온다. 저면관개도 좋은 방법이나 저면관개용 베드를 만드는데 비용이 많이 들고 많은 수분공급으로 웃자라는 위험은 있으나 매우 관리가 편리하다. 특히 암면육묘의 경우에는 저면관개가 편리하다. 폴리우레탄과 오아시스를 이용한 채소 및 허브류의 양액육묘가 최근 국내에서도 이루어지고 있다(그림 2-32).

그림 2-32 폴리우레탄이용 바실육묘(좌) 및 오아시스이용 민트삽목(우)

그 외 비고형 양액육묘 방법으로는 모종을 유기성 또는 무기배지에 파종 후 어느 정도 자라면 굴취해서 스폰지로 지제부를 싼 다음에 양액수조 위에 일정 재식간격으로 구멍이 뚫린 스티로폴베드 즉 부유베드(floating bed)에 꽂아준다. 그리고 양액에 공기주입기를 설치하고서 15분마다 5분정도 공기를 주입시켜 양액 내 용존산소가 일정하게 유지되어 뿌리발달을 도모한다. 그 외 수기경베드(aeroponic bed)에서 어린 묘를 육묘할 수도 있다. 다양한 수경법으로 육묘를 하는데 박과 김(2017)을 참고하기바란다.

2.9 채소의 채종재배

채소류 가운데 국내 종자 생산이 많은 무와 배추(배추과), 양파(백합과) 3 작물과 김치재료로 중요한 고추(가지과) 및 샐러드로 인기있는 오이(박과)의 채종의 실제를 다루기로 한다. 각 채소별 채종법을 알아보려면 George(1985), Desai등(1997), 서 등(1999)을 참고하고 배추과 채종은 이(2018)가 가장 잘 설명하니 참고하면 된다.

2.9.1 무(*Rapanus sativus* L.)

1) 품종 분화

무는 비대한 배축과 뿌리의 모양에 따라 원형, 타원형, 원추형, 직립형 등 모양이 다양하며 근피색에 따라 백색, 적색, 황색, 녹색, 흑색, 이중색(bi-colour: 상부 녹색-하부 백색 또는 상부 적색-하부 백색), 뿌리 내부 색에 따라 백색, 녹색, 적색, 백-녹색 또는 적색-백색 혼합색을 나타낸다. 또한 수확기의 잎 수와 크기, 모양에 따라 분류하기도 한다. 국내에서는 재배적 측면에서 크게 봄무, 여름무, 가을무, 겨울무, 기타 사계절무로 나눈다. 사계절무에 해당되는 것이 열무, 알타리, 20일무, 소형무 등이다.

2) 본포관리

정식을 하기 전에 정식포를 준비한다. 정식포 주변 1,000m 이내에 다른 무채종장이 있어서는 안된다. 원종인 경우는 최소한 1.6km를 유지해야 한다.

본 밭 준비는 먼저 10a당 퇴비 2,000kg을 2주 전에 뿌리고 쟁기질하고 다시 원예용복합비료(21-17-17) 20kg, 소석회 100kg, 붕소 2kg을 정식 1주일 전에 뿌리고 로타리를 친 다음 이랑을 만든다.

3) 채종주 관리

발아율이 높고 내병성이며 소비자 기호에 맞아 시장성이 있는 무의 채종을 위해서는 육종된 모본을 이용하여 파종, 가식, 정식묘까지를 채종주 육묘 단계라 할 수가 있다. 국내 무채종은 11월 중에 파종하여 12월부터 2월 하순까지 육묘하여 2월 하순에서 3월 초에 본포에 정식하는 순서를 택한다

(1) 파종과 육묘

파종과 육묘는 온도 조절이 가능한 온실에서 실시한다. 먼저 필요 종자량을 산출한다. 10a당 정식 묘수는 최대 5,000(외줄식)~6,500(2줄식) 되는데 무의 천립중은 7~10g이므로 실제 필요 종자량은 35~65g이다. 그러나 득묘율이 70%라면 종자량을 0.7로 나누어주는데 그러면 약 65~93g 종자가 필요하다. 그러나 한 번의 가식 단계가 있고 발아율을 감안해서 10% 정도 추가하면 통상적으로 80~100g 종자를 준비하면 된다. 부계와 모계를 1:1로 정식하니 부계와 모계를 각각 40~50g/10a를 준비한다.

육묘용 트레이에는 1개에 15~20g(큰 수저 1개)을 뿌리니 5~7개/10a 플라스틱 트레이(53×

27×6cm)를 준비한다. 종자와 트레이가 준비되면 무병 상토를 트레이에 담고 판자로 편편하게 한 다음 흩어 뿌리거나 줄뿌림을 하고서 종자 굵기의 2~3배 정도 복토하고 판자로 살짝 눌러준다. 온실 내 온도를 낮 25℃ 야간 20℃ 정도를 유지하면 3~5일이면 발아한다. 발아가 되면 주간 20℃, 야간 15℃로 관리한다.

가식은 싹이 난 후 일주일 정도 지나서 본잎이 떡잎 사이로 출현하면 뽑아서 실시한다. 온실구조, 피복보온 가능 정도에 따라 이랑너비를 1.2, 1.5, 1.8m로 만든다. 가식거리는 무는 5×5cm 또는 7×7cm, 배추는 10×10cm로 한다. 농가에서는 폭 10cm 길이 15m 되는 각목에 5cm 간격으로 대못이나 나무줄기를 4~5cm 길이로 고정시킨 가식용 틀을 만들어 사용한다. 가식용 틀로 구멍을 내고 거기에 어린 묘를 심어주고 수온 20℃ 정도 물을 충분히 관수한다. 온도가 너무 낮은 물은 이식 후에 활착이 늦다. 터널을 만들고 비닐을 덮어서 온도를 올려서 착근이 되도록 돕는다. 12월 상순부터 2월 중하순까지 야간에 얼지 않게 보온하고 주간에는 고온이 되지 않게 관리한다. 아침에는 일출 후 1시간, 저녁에는 일몰 30분에서 한 시간 전에 비닐을 덮어준다. 2월이 되면 해가 길어지고 온도가 오르면 낮에는 하우스천창을 열어서 환기를 한다. 정식 3주 전부터 온실의 측창을 열어서 모종을 경화(硬化, hardening)시킨다. 2월 들어서 잎 가장자리 색이 옅어지는 양분부족현상(비절현상)이 나타나면 엽면 살포용 비료를 뿌려준다.

병방제는 가식 후에 바로 살균제를 뿌리고 1월 하순부터 1주일에 1회 정도 무름병, 균핵병, 탄저병, 노균병 예방을 위하여 2~3개 농약을 교호 또는 혼합해서 전착제를 추가하여 뿌려준다. 처리에도 불구하고 병반이 보이면 즉시 조심스럽게 분리해서 태워 버린다.

(2) 정식

써레질을 한 후에 2줄 식은 이랑폭 60cm, 고랑폭 40cm, 1줄 식은 이랑폭 40cm, 고랑폭 40cm으로 만든다. 그리고 굴취한 모종을 2열식으로 정식할 때는 2줄은 모계 한줄은 부계를 30~35cm 간격으로 심고 1열식은 1줄은 부계 1줄은 모계를 주간거리 25cm로 심는다(그림 2-33). 심은 다음 충분히 물을 주고 그다음 비닐로 묘를 덮는 멀칭을 한다. 정식시기인 2월 하순 3월 초는 아직 추우므로 고추처럼 구멍을 뚫고 심지 않고 심은 후에 덮어서 멀칭한다.

(3) 정식 후 관리

정식 후 약 7~10일 지나면 뿌리가 내리게 되므로 구멍을 뚫어서 묘가 비닐 밖으로 나와서 자라게 한다. 이때 식물체에 관수를 하고 약 7~10일 지나면 흙으로 무 주변을 직경 약 15~20cm 정도 둥글게 복토를 하여 어린 무가 똑바르게 자라게 한다. 복토한 토양 또는 주변

그림 2-33 무 채종재배(2줄식 , 이광식박사 제공)

으로부터 병의 오염, 그리고 일찍 나타나는 해충의 피해를 사전 예방하기 위하여 복토작업이 끝나면 살균, 살충제(벼룩벌레)를 뿌려준다. 또한 봄철 심한 저온으로 식물이 양분 흡수를 못하여 약하게 보이면 즉각 햇빛이 약한 오전에 엽면 살포를 한다. 줄기가 10cm 이상 자라기 시작하면 지주를 꽂고 네트를 쳐준다.

유럽 지중해는 겨울이 온화하므로 육묘하지 않고 1ha에 3kg 종자를 10월에 파종기로 50~90cm 줄간격, 주간 거리 5cm로 모계와 부계를 1:1로 줄뿌림하여 월동을 시킨다.

(4) 개화 전후 관리

개화기에 가까우면 화경이 자라게 되고 이때 끈 묶기 작업을 하는데 개화 일주일 전에 1회, 개화 중기에 1회 잎의 상처를 최소화하는 조심스런 작업을 한다. 1차 잎묶기 후에는 반드시 살균제와 살충제를 뿌려주는데 이는 잎뒤틀림이나 작업할 때에 받은 상처를 통한 병균의 침입을 방지하고 상처에서 나오는 배추과 특유의 냄새가 주변의 곤충을 유인하기 때문이다. 개화중기에 묶을 때는 살균제만 뿌려준다. 이때는 꿀벌을 방사하는 경우가 있어서 살충제 살포는 금한다. 개화가 시작되면 10a에 꿀벌 2통을 비치하고 수분을 돕는다. 아울러 솎기작업(roguing)을 실시하는데 너무 조기에 또는 늦게 추대하는 것, 꽃잎 색, 꽃대의 색이 다르거나, 잎과 줄기 생육 특성이 모계나 부계의 특성과 일치하지 않거나, 초장이 너무 작거나 너무 큰 것 그리고 병에 오염된 것은 철저하게 제거한다.

병주 제거는 꽃이 다 지고 식물을 관찰하기 좋은 상태에서 화경에 병반이 보이거나 충의 피해가 있는 것 등은 주변 식물에 옮아가지 않게 조심스럽게 제거한다. 작업은 반드시 바람이 불지 않은 오전에 잎이 다소 습하여 포자가 날지 않은 때에 하며 병주를 만진 손은 반드시 깨끗하게 씻고 다음 작업을 한다.

(5) 낙화 후 작업

낙화가 되면 채종 체계에 따라 부계를 제거하는 경우가 있다. 이때는 부계를 제거하기 전에 살균, 살충제를 뿌려 식물체에 기생하는 병충을 소멸시킨다. 그다음에 부계를 굴취하여 바로 가축사료로 제공하거나 5~6일 건조시킨 후에 채종장 밖으로 옮겨 소각한다. 이때 주의할 것은 부계의 꼬투리가 떨어지거나 지지대에 부착되었다가 모계를 체종할 때에 혼입이 안되게 채종포 바닥과 주변에서 완벽하게 제거해야 한다.

4) 수확과 탈종

6월 중하순이 되면 무 꼬투리가 갈색이 되면서 종자가 거의 익게 되는데 이때 예취하여 3포기씩 묶어서 날이 좋으면 3~4일 밭에서 건조시킨다. 또는 거치대를 만들어서 다발을 세우고 약 10일 건조시키며 비가 오면 비닐을 덮어서 비를 막아준다. 비가 그치면 바로 비닐을 제거하여야 꼬투리가 고온 피해를 입지 않는다.

5) 정선과 건조

탈종은 탈곡기를 이용하는데 작업 전에 다른 종자가 혼입되지 않게 철저하게 청소한다. 탈곡기의 회전속도는 500~600rpm이하로 한다. 탈종 된 것은 정선기를 이용하여 정선하여 채소종자수분 측정기를이용하여 수분이 6.5%될 때까지 건조한다.

유럽에서는 7~8월 쯤 수확하는데 강낭콩 수확 컴바인을 이용하여 예취, 탈종을 동시에 하여 건조실에서 건조하여 정선한다.

2.9.2 배추(Chinese cabbage, *Brassica campestris* ssp. *pekinensis*)

1) 품종분화

배추는 서이사아가 원산지로서 1세기경에 중국으로 들어와 우리는 고려시대 이전부터 중국에서 유입된 채소이다. 결구특성에 따라서 불결구종, 반결구종, 결구종의 세 가지로 나누고 결구형태에 따라 포피, 포합, 권심형으로 구분한다. 최근 배추의 육종목표는 기능성이 높은 속노란배추이다. 배추종자는 과거 200여톤 생산되었으나 현재는 150톤 미만이며 국내와 해외채종이 각각 절반이었으나 최근에는 해외 채종이 많다.

2) 본포관리

정식할 곳의 포장은 겨울이 온난하며 채종시기에 강우가 작은 지역으로 다른 배추과 작물채종지와 격리된 곳으로 배수가 잘되며 토양전염병이 없는 무병지를 선택한다. 파종이나 정식 1~2주 전에 질소, 인산, 칼리를 각각 10, 7, 10kg/10a 시여하고 추비는 질소와 칼리만 각각 5kg 수준으로 개화 10일 전에 뿌려준다. 그 외 붕사 1kg, 석회비료 100kg를 기비로 뿌려준다.

3) 채종재배

파종이나 정식시기는 모본채종, 직파채종, 육묘채종법에 따라 다르다.

(1) 모본채종

가을에 육종 목적에 맞은 모본을 골라 뿌리까지 굴취하여 생장점 부위 10~15cm의 위치에서 절단한 다음에 사각지게 잘라서 원원종은 화분에 심고 온실에서 월동하여 다음 해 봄에 수분하여 채종하는 방식을 취하는데, 원종채종은 온실에 두줄로 심고 월동시킨 다음 채종한다(그림 2-23, 좌). 보급종의 채종은 주로 노지채종을 한다.

(2) 직파채종

온난한 지역으로 1~2월 기온이 평균 5℃되는 지역에서 실시한다. 가을직파는 10월 하순, 봄직파는 해동이 되고 난 2월 하순부터 3월 상순에 파종하여 6월 채종한다. 채종지는 진도, 해남 등지이다. 국내에서는 직파 채종법은 없어진 작형이나 지중해성 기후지역인 유럽의 이태리와 미국의 캘리포니아, 중국 남부지역에서는 직파재배가 이루어진다. 파종은 열간 간격 45cm에 주간거리 6cm 간격으로 파종하며 최종적으로 12~18cm로 솎아준다.

(3) 육묘채종

채종을 위하여 육묘개체수를 먼저 결정해야 한다. 일반적으로 국내에서는 2줄 정식을 많이 하는데 이랑폭을 80cm(고랑 폭 40cm), 열간거리 45cm, 주간거리 36cm로 하면 10a당 약 4,500주가 필요하다. 폭 30cm(고랑폭 30cm) 외줄은 열간거리 60cm, 주간 거리 40cm로 할 경우에는 약 4,100주가 필요하다. 경험자라 하더라도 10% 정도 여유있게 육묘하면 2줄은 5,000주, 1줄은 4,500주 정도 육묘한다. 이때 모본과 부본의 심는 비율이 1:1인지 2:1인지에 따라 육묘개체수를 조절한다. 대체로 10a에 5,000본 정도 육묘하려면 종자는 약 20g 정도가 필요하다.

그림 2-34 배추모본채종(양만성박사 제공)과 채종주 수확(우, 이광식박사 제공)

단기육묘법은 9월 중하순에 파종하여 30일간 육묘 후에 10월 중하순에 포장에 심는 방법이다. 15일에서 20일 육묘 시는 200공 플러그트레이, 30일 육묘는 105구 트레이를 사용한다.

장기육묘는 묘상태로 겨울을 넘기는 육묘법이다. 가을배추는 12월 10일 전후, 봄배추와 고랭지배추는 11월15일~12월5일 파종한다. 방법은 육묘상자에 무병상토를 채우고 5cm 정도 간격으로 줄뿌림해서 발아할 때는 20~25℃, 발아 후에는 10~15℃로 관리한다. 싹이 난 후 8~9일 경과하면 무에서와 같은 방법으로 온실 내에 심어서 관리하여 월동시키거나 시판 상토를 채운 72구 트레이에 옮겨심고 야간에 10℃ 이하가 되지 않게 보온이 가능한 냉상 온실에서 100~110일 동안 육묘하여 3월 상순에 정식한다. 월동을 시킬 때에 과습하거나 일시적 고온이 되면 병발생 가능성이 있으니 2월이 되어서 온실 내 온도가 오르면 약제를 살포한다. 겨울철 관수하는 물의 온도는 18℃ 이하가 되지 않은 것이 좋다.

정식하는 방법은 모계(F: female)와 부계(M: male)의 수확 방법에 따라 4가지 방법이 있는데 이를 고려하여 이랑을 만든다.

① 모계와 부계를 각각 채종하는 분리채종(separate harvesting)은 1:1로 재식한다.

② 모계와 부계의 혼합채종(mix harvesting)은 양친이 자가불화합성이 강한 경우에 채택하는데 한 이랑에 2줄 모계를 심고 다음 이랑에 부계 2줄을 심는 2:2로 재식한다.

③ 부계를 개화 종료 후에 제거하는 OX수확법(OX harvesting)은 모계는 자식주 출현의 문제가 없는데 부계는 자식주 출현 가능성이 높으면 개화종료 후에 부계를 제거한다.

④ 웅성불임(MS: male sterility)이용 채종법은 모계 2줄, 부계1줄 또는 모계 4줄, 부계 2줄로 정식을 하며 부계는 개화종료 후에 제거한다(이, 2018).

이상 모계와 부계의 수확 방법에 따라 1:1 또는 2:1 재식 방법이 있는데 2줄을 심는 이랑폭 80cm, 고랑폭 40cm로 만들면 두 재식법을 적용이 가능하다.

정식 후에 봄철에 활착이 되어서 자라는 4월 초에 충해와 균핵병, 흑반병, 노균병, 흰가루병 방지하는 농약을 2~3개 골라서 교호로 2~3회 살포한다. 수정용 벌을 방사하는 곳에서는 농약 냄새에 민감하므로 최종 살포는 개화 전 1주일 이전에 반드시 끝내야 하고 흐린 날씨가 계속되면 농약의 분해가 늦으니 10일 전까지만 사용한다.

봄철 줄기가 자라기 시작하면 도복방지용 지주를 세워서 네트를 치고 도복을 방지한다. 새잎이 출현 후에 개화기 전까지 2~3회 주의 깊게 품종 특유의 잎, 줄기 특성을 가지지 않은 변이체나 이형주를 솎아내기(roguing)하며 병에 이병된 식물은 조기에 제거한다. 개화 후에도 조기 개화 개체, 화색 이상주, 너무 늦게 추대되는 식물 등은 제거한다.

채종지역은 서로 격리거리(약 2km)를 유지하도록 하며 주변에 다른 배추과 식물이 혹시 자라는지 면밀하게 관찰하며 1km 내에 발견될 때는 개화 전에 제거해야 한다.

수분을 위하여 양봉(10a 당 1~2통)을 방사하는데 웅성불임이용 채종에서는 벌의 활동이 저조함을 고려해서 더 많은 벌통을 방사하는 것이 필요하다.

4) 개화조절

일대잡종의 채종 시에는 양친의 개화가 일치되도록 하는 것이 매우 중요하다. 이를 위한 개화기 조절방법은 다음과 같다

① 파종기의 차이를 두는데 조생종은 파종을 늦추고 만생종은 앞당긴다.
② 질소질비료를 생육초기에 추비로 주어 C/N율 변화를 가져와 개화를 지연시킨다.
③ GA 100ppm을 추대 개시하는 생장점에 처리하여 개화를 7~10일간 촉진한다. GA처리는 노지채종 시는 경제성이 낮으나 원원종과 원종 생산에 적용은 가능하다.
④ 제시한 3종류 처리를 하여도 일찍 꽃대가 나온 것은 적심을 하여 개화를 지연시킨다.

5) 수확과 탈종

꼬투리는 2실로 구성되고 1개 꼬투리에 10~20립의 종자가 착생한다. 수확 적기는 가장 아래쪽의 꼬투리 속 종자가 검고, 맨 위의 종자가 갈색을 띠는 시기이다. 자르는 시간은 아침 일찍 줄기가 눅눅할 때 해야 익은 아래쪽 종자의 자동 탈립이 적다(그림 34, 우). 줄기를 묶어서 A자형 건조대에 걸어서 말리기도 하나 양이 많으면 밭에 비닐을 깔고 비를 대비해서 덮을 수 있는 폭 정도로 놓는다. 예취 후에 약 1주일 건조시킨다. 건조된 줄기는 과거에는 도리깨

를 이용하였는데 요즈음은 탈곡기를 사용한다. 배추종자는 잘 떨어지니 탈곡기의 회전속도는 700rpm을 넘지 않게 한다.

6) 정선과 건조

탈종이 끝난 종자는 풍압정선기로 협잡물을 제거하고 종자선별기로 정상적인 종자를 정선한다. 소형의 나선형 분리기로 종자와 쭉정이를 분리하고 건조한다. 종자는 수분함량이 7%이하가 되게 한 다음 저장한다. 저장한 종자는 발아검정과 순도검정을 거쳐서 상품화한다.

2.9.3 고추(*Capsicum annuum* L.)

1) 품종분화

고추의 원산지는 중앙아메리카로 30여 종의 Capsicum속에서 5종만 재배되고 나머지는 야생종이다. 컬럼버스가 신대륙에서 가져온 고추는 임진왜란 전후 중국과 일본을 통해서 전파된 것으로 추정한다.

고추는 맛의 타입에 따라 단고추와 매운고추로 나누고, 사용 목적에 따라 풋고추, 가공용, 피클, 소스, 건고추로 나눈다. 모양에 따라 사각형, 하트(heart), 시린다형, 환형, 체리고추, 토마토고추, 긴고추로 나누고 과색에 따라 황, 황적(orange-red), 암적(dark red), 흑색, 자색, 황백색, 2색(bi-colour), 녹색(익어도 녹색인 품종, Permagreen)이 있다. 내적으로는 과방의 수, 매운맛의 정도에 따라 분류한다. 국내에서는 건고추용과 풋고추용으로 나눈다.

2) 본포관리

고추는 자가수정작물이나 어느 정도 타가수정도 이루어진다. 온실 내에서 채종 할 때는 6m 간격을 유지하나 방임채종 시는 200m 이상 다른 고추 채종지와 격리되어야 하나 안전거리는 400~500m이다. 채종지는 산성 토양이나 물이 넘치는 곳은 피한다. 시비량은 10a에 2,500kg 퇴비와 100kg/10a 석회를 정식 2주 전에 뿌려주고 경운한다. 질소, 인산, 칼리의 시비량은 24, 20, 24kg/10a를 시비한다. 원칙은 단비로 인산과 칼리는 기비로 주고 질소만 60% 기비, 40% 추비로 나누어주나 작업의 편리 상 Mg와 붕소가 포함된 원예용 복합비료를 사용하는 것이 편리하다. 약 60% 정도 복합비료를 정식 1주일 전에 기비로 주고 써래질하여 이랑을 만든다. 나머지는 추비로 개화 초기, 착과가 진행하는 시기를 고려해서 2~3회 나누어 준다.

3) 채종주 관리

채종주는 일반재배에서와 같은 순서에 따라 육묘하여 정식한다. 보통 2월 초에 파종해서 3월 초에 이식하고 지역에 따라 서리위험이 없는 5월 초에 정식하는 방식을 취한다.

(1) 육묘

교배를 위해서는 모계와 부계를 각각 육묘하므로 정식할 주수를 계산하여 파종한다. 시설 내에서 채종할 경우에 일반적으로 90~120cm 이랑너비에 포기 사이를 35~45cm로 하면 2,000~3,000주/10a가 필요하다. 원종 생산을 위해서 제웅을 하더라도 화분을 채취할 주수를 3:1정도로 하면 모본 1,500~2,300주, 부본 500~700주를 심어야 한다. 고추 1,000립중이 6~9g이니 모본 9~20g, 부본 3~5g 정도 준비한다. 육묘는 벼육묘판에 파종하여 본잎이 나기 시작할 때까지 30일 육묘하여 플러그 72공에 심고 60일 육묘하거나, 200공에 파종하여 본잎이 2매 정도 생기면 50공으로 옮겨심고 육묘하는 방법이 있다.

웅성불임주를 이용한 채종에서도 모계와 부계의 재식비율을 3:1로 한다.

(2) 정식과 관리

서리위험이 없는 4월 말에서 5월 초에 정식하는데 1주일 전에 이랑을 만들고 점적관을 깔고 비닐을 덮어서 지중온도를 상승시킨다. 그리고 모본과 부본을 심을 열을 확실히 표시하고 부본부터 심는다. 심을 때는 소형 수동 고추 정식기를 사용하여 심는다. 심은 깊이는 가능하면 5cm 이상 깊게 묻히지 않게 한다. 부본을 다 심은 후는 모본을 3줄씩 심는다. 심은 후에 넘어지지 않게 흙을 줄기 주변에 복토한다. 어느 정도 자라면 5~6 주에 하나씩 지주를 세우고 유인줄을 유인한다. 자라면서 지속적으로 유인 줄을 매는데 상부에서는 좌우가 다소 느슨해서 줄기가 Y자형으로 자라게 한다. 정식 2~3일 후부터 농약을 일주일 간격으로 살균제를 뿌리고 살충제도 2종류 준비해서 일정 간격으로 교호로 살포한다. 노지 채종은 장마가 시작되는 6월 말부터는 맑은 날은 반드시 탄저병 방제를 위하여 2종류 이상 농약을 혼합하여 살포한다. 온실 내 비가림 망실에서 재배하더라도 살균, 살충제는 정기적으로 잘 뿌려주는 것이 중요하다.

5월에 노지정식은 온도관리가 불가하나 시설 내에서는 개화 전 야간온도를 18~20℃, 개화 후에는 야간온도를 8~10℃, 또는 18~20℃를 유지하는 것이 과당 종자 수가 많았다고 한다(Rylski, 1973). 따라서 개화 전후의 야간온도가 중요하다. 그리고 곁순을 따거나 유인줄을 묶은 후에는 상처부위로 병균이 침입하니 반드시 살균제를 살포한다.

고추는 향은 없으나 꿀을 생산하므로 웅성불임주를 이용하는 경우에 꿀벌, 땡벌을 방사하여 수분을 촉진한다. 인공교배는 암꽃을 개화 하루 전에 제웅을 하고 유산지로 봉지를 씌우고 개화당일 8~10시 사이에 하는 것이 수정이 가장 잘된다. 아침 12시가 넘으면 잘 수정이 안된다. 고추꽃은 오후에 꽃잎을 닫고 아침에 열리는데 개화 후 3~5일이면 진다. 꽃가루는 하루 전에 채취해서 냉장고에 저장했다가 사용해도 된다. 꽃가루를 많이 얻기 위해서는 부본을 모본보다 1주일 빠르게 정식하기도 한다.

(3) 고추 솎아내기 단계(roguing stages)

개화 전까지는 원하지 않는 특성을 가진 개체를 제거한다. 생육특성, 활력, 잎의 특성 그리고 특별한 병으로 오염이 의심되는 개체를 솎아준다. 초기개화에서 첫 번째 과가 달릴 때까지는 식물 전체의 특성과 과형을 면밀히 보고 종자전염병의 출현여부를 본다, 특히 바이러스 증상 유무를 관찰한다. 성숙과 단계에서는 과피색, 과의 크기와 모양, 과장과 종자 전염병의 출현 여부를 고려하여 이상 개체나 과일은 제거한다. 파프리카에서는 과육의 두께나 과즙의 상태, 당도 등도 고려한다.

4) 수확과 탈종

고추는 2실 또는 3실로 나뉘어서 씨앗이 달리는데 품종에 따라 다르다. 보통고추는 품종과 착과 후의 온도, 품종에 따라 다소 차이가 나지만 수정이 된 후에 50~60일이 되면 익는다. 익은 고추는 수확하여 종자를 분리시킨다. 탈종방법은 고추를 건조시켜 종자를 분리시키는법, 습식법, 발효법 등이 있다. 건조법은 통상적으로 건조기(55℃에서 2~3일) 또는 햇빛에 10일 말려서 손으로 내부의 종자를 분리하는 방법으로 인건비는 많이 필요하나 좋은 방법이다. 습식법은 수확한 종자를 기계를 이용하여 절단, 분쇄해서 물속에서 서서히 휘저으면 무거운 종자는 가라앉고 미성숙 종자나 찌꺼기는 위로 뜨는데 이것을 조심히 제거하여 종자를 얻는 방법이다. 발효법은 72시간 동안 통에 담그고 발효시켜서 물로 수세하여 분리하여 종자를 건조하는 방법이다. 고추 1과당 종자는 작게는 20립, 많게는 90립 정도가 들어있다. 품종에 따라 다르나 10a 약 10~20kg 종자를 얻을 수가 있다

5) 건조와 정선

분리된 종자는 천이나 부직포 위에 깔고 햇빛이나 송풍기가 설치된 인공건조실에서 건조한다. 건조된 종자는 고무로 된 장치에서 살짝 비비고 풍선하는데 그러면 종자에 붙어있는 마른 과육이나 기타 불순물이 분리된다. 잘 정선을 하여 비닐, 플라스틱, 마대 등에 담아서 종자저장실로 보낸다. 좋은 조건에서 고추종자는 8년간 저장이 가능하다.

2.9.4 오이(*Cucumis sativus* L.)

1) 품종의 분화

오이의 원산지는 인도 북부와 네팔의 히말라야 지역으로 추정되며 중국을 거쳐 전파되어 삼국시대에 이미 재배된 기록이 있는 채소이다. 오이는 사용 목적에 따라 샐러드용과 피클용으로 나누며 재배장소에 따라 노지오이(백침, 흑침계)와 시설오이(유럽은 무침계)로 나눈다. 국내에서는 취청오이(흑침계, 남부재배), 다다기오이(반백계, 흑침계와 백침계, 중부재배), 가시오이(사엽계, 주름과 침이 많은 백침계, 여름용, 경남재배), 청풍오이(백침계, 침과 돌기가 작음, 강원도 재배)로 나눈다. 육종의 목표는 쓴맛이 없으며 내한, 내서성 및 내병성이 강한 다수성 품종이다.

2) 본포관리

본포는 방임채종 시 주변 1km, 원종 채종할 경우에는 1.5km 내에서 오이재배가 이루어지지 않은 격리된 곳을 택한다. 시설 내의 채종은 격리거리가 짧아도 된다.

오이 채종적지 토양은 배수가 잘되며 보수성과 통기성이 좋은 토양으로 pH는 6.5 정도가 좋다. 국내에서는 기비로 10a 당 3,000~5,000kg의 유기질을 권장하나 유럽에서는 8,000kg을 제시한다. 석회는 100~150kg, 질소 35kg, 인산 30kg, 칼리 35kg을 성분량으로 시비한다. 퇴비와 석회 인산비료는 전량 기비로 사용하고 질소와 칼리는 기비로 70% 추비로 30%를 생육을 보아가며 준다.

유럽에서는 채종용 오이재배에서 3요소 시비비율을 N:P:K=1:2:2의 비율로 시비하나 관수를 자주하는 곳에는 질소 비료가 용탈되므로 2:1:1로 질소비료를 많이 시비해야 한다고 알려져 있다(George, 1985).

3) 직파재배

오이 종자는 국내 생산량이 미미하고 전부 외국에서 수입한다. 외국에서 방임채종의 경우에 2~3년 전에 박과채소를 재배하지 않은 밭을 반드시 고른다. 그리고 줄 간격 2m에 10~12cm 간격으로 기계로 뿌린다. 건조지역에서 관수를 하려면 평탄한 토양은 곤란하고 물빠짐을 고려하여 이랑 높이는 30cm 정도로 하고 병해방제를 위해서 살수관수는 피하고 점적관을 설치하여 관수한다. 기계직파하므로 발아가 일정치 않지만 싹이 난 후에 품종의 특성에 맞는 것만 남기고 50~60cm에 한 포기씩 만 남기고 솎는다. 일대잡종 채종은 다소 좁게 50cm 줄 간격으로 파종하는데 6~8줄은 자성주(모계, 채종주)를 심고 2줄 웅성주(부계, 화분 공여주)를 심는 것을 반복한다. 본잎이 3~5매가 되면 생장점을 제거한다. 그리고 두 개 튼튼한 아들 줄기를 유인해서 종자를 받을 자성주에 4~5개 오이를 달리게 한다. 방임채종도 유사한 방법을 택한다. 자웅동주의 모본을 떡잎 단계에서부터 3~6회 에스렐을 살포하면 자성주로 변화하여 수분시킨다. 그러면 첫 번째 수확한 것은 1대잡종 종자를 포함하는데 약효가 떨어져 다시 오이가 자웅동주로 변하기 전에 수확을 완료해야 한다.

내혼계 육성시 자웅동주식물을 자성주로 만들려면 잎전개기에서 본잎 1매 될 때 GA_3 1,000ppm을 뿌리고 그후 4번(본잎 10매 단계까지)엽면살포한다. 이때 $GA_{4/7}$을 이용한다면 50ppm을 뿌려준다. 박과채소는 고온 장일조건과 지베렐린 100ppm을 유묘상태에서 뿌리면 수꽃의 수가 증가하고 저온단일 조건과 생장억제제인 CCC 등을 뿌리면 암꽃이 증가한다.

개화가 시작되면 채종주인 암그루의 수꽃은 개화 전에 철저하게 제거한다. 이때 자성주를 MS계통을 사용하면 수꽃을 제거할 필요가 없어서 노동력을 대폭 줄일 수가 있다.

오이의 채종에서 이형주를 제거하는 방법은 4단계에 걸쳐서 실시한다.

① **첫 번째 개화 전**: 품종 특유의 생육 습성, 활력의 정도, 잎의 모양 등을 고려한다
② **개화초기**: 개화 전의 특성을 지속적으로 살피면서 과실의 색과 모양, 가시의 색, 종자전염 병의 발현 여부 등을 꼼꼼하게 살펴서 이형주는 제거한다.
③ **착과**: ②의 특성을 관찰하면서 생산성, 착과의 조만성, 크기, 모양, 색, 골의 유무 등 과실의 특성을 비교 검토한다. 이병주는 조기에 제거하여 소각처리한다.
④ **완숙과**: 완숙과의 모양, 색깔(녹, 황, 백색, 오렌지색)을 고려한다.

재배기간 동안에 오이잎벌레, 진딧물 등을 방제하고 노균병, 흰가루병 등의 발생에 대비하여 비가 많이 온 후, 바람이 심하게 분 다음에 즉시 살균제를 살포한다.

4) 육묘재배

국내에서는 온실에서 봄오이는 3월 중순~4월 중순에 50공 포트에 심고 한 달 정도 육묘하여 온실 내에 정식하고, 여름 오이는 4월 하순 5월 초에 파종한다. 웅성주(부계)의 수꽃이 초기에는 잘 생기지 않고 부실하니 7~10일 먼저 파종하는 것이 원칙이다. 파종 후에 온도 관리는 발아기는 주간 30℃, 야간 20℃를 유지하고 발아되면 낮 25℃, 밤 15℃를 목표로 관리한다. 위에서 언급한 것처럼 본잎이 2~3장 나올 때 지베렐린을 1~2회 살포하면 수꽃 수가 증가된다. 지주를 세워서 유인하고 관리하여 개화가 되면 오전 6~10시 사이 4시간 정도 교배시킨다. 교배 전까지 모계의 수꽃을 완전히 제거하고 수정한다. 충실한 열매의 착과를 위하여 품종에 따라 10마디 이하의 암꽃도 제거한다. 마디마다 과실이 달리는 절성계통은 원줄기 10마디부터

착과시켜서 주당 5~6과를 착과시킨다. 비절성 품종은 지주를 세우지 않고 원순 4~5마디에서 적심하여 아들 순 4개 정도를 길러서 아들 순 5마디와 10마디 정도에 2개를 착과시키고 상부 잎을 10개 정도 남겨둔다. 그러면 주당 8개 착과가 된다. 품종이나 재배환경에 따라 다르나 1개 과일 당 잎 수는 8~10개면 충실한 채종과를 수확할 수가 있다. 교배 방법은 교배하기 전날이나 다음 날 아침에 개화할 암꽃을 봉지를 씌우고 수꽃은 교배 전날이나 교배 당일 새벽 곤충이 활동하기 전에 꽃을 채취해서 사용하거나 전날 저녁 수꽃을 핀으로 꽃잎이 벌어지지 않게 묶었다가 아침에 채취해서 사용한다.

5) 수확과 조제

수정된 과실은 완전하게 익도록 둔다. 흑침계 봄 오이는 교배 후 40~50일 과색이 황갈색이 되는 시기, 백침계 여름오이는 교배 후 35~40일 과피가 황백색이 되면 숙기가 된 것이다. 다른 유럽 품종도 과실이 익으면 과피와 과경의 색이 변하면서 품종 고유의 익은 색을 나타낸다. 외적인 성숙이 이루어졌다고 생각되면 과피에 병흔이 전혀 보이지 않은 과일만을 골라서 채종하며 이 단계에 많은 경험이 필요하다. 먼저 1~2개 열매를 잘라서 종자가 잘 성숙되었는지 관찰해야 한다. 왜냐면 품종에 따라 성숙된 과일의 색이 달라서 외피색 만 보고 수확하면 내부 종자가 익지 않을 수도 있기 때문이다. 종자채취를 하기 전에는 사용하는 기구는 알콜이나 0.5% NaOCl 또는 $Ca(OCl)_2$로 소독하고 작업자도 반드시 항균비누로 깨끗하게 손을 씻고서 종자분리 작업을 해야 한다. 그래야 종자전염 병균을 방세할 수가 있다. 익은 씨앗은 외과피와 잘 분리된다. 손으로 과일을 따서 꼭지에서부터 과일 끝쪽으로 중앙을 잘라서 과육과 종자를 꺼내어 문지른 다음에 체에서 물로 분리하거나 발효를 시킨다. 대단위 재배는 오이를 기계로 파쇄하여 종자와 과육을 분리하여 종자 겉에 붙은 과육(pulp)은 발효나 기계적 방법으로 분리시킨다.

① **발효법**: 펄프를 통에 넣고 수일 동안 발효시키는 방법이다. 발효하면서 통속을 계속 저어주어야 한다. 온도는 15.5~21.1℃로 짧게는 1~2일, 길게는 3~6일간 발효시킨다. 그러면 종자는 가라 앉고 과육 등이 뜬다. 장기간 발효는 종자의 활력을 떨어뜨리므로 가능한 한 짧게 처리한다.

② **기계적 방법**: 오이를 기계에 넣고 과일로부터 종자를 분리하는 방법이다. 오이를 절단, 압착, 과육을 짜내고 회전하는 통을 통하여 종자와 과육을 분리한다. 그리고 다시 회전분리기를 이용하여 종자와 부착한 물질을 재분리하여 씻는데 많은 물이 필요하다. 외국에서는 밭에서 기계로 수확하면서 과실을 분쇄하고 기계 내부에서 종자와 과육을 분리한

다. 분리된 종자는 통속에 넣고 휘저어서 종자를 싸고 있는 젤라틴을 분리하여 물로 씻어서 깨끗한 종자를 분리하는 방법을 사용한다.

③ **화학적 방법**: 산과 알카리를 이용하여 종자를 과육으로부터 분리하는 방법이다. 화학적인 처리가 발효법보다 발아력이 좋다(Desai 등, 1997). 25% 암모니아와 추출종자와의 비를 12:1,000으로 종자에 직접 첨가해서 분리한다. 그리고 염산을 마지막 단계에서 처리하여 종자가 본래의 색을 띠도록 한다. 암모니아와 염산을 이용하여 오이종자를 분리할 때는 용이하지만 눈과 피부의 손상에 각별하게 주의를 요한다.

6) 건조와 정선

꺼낸 종자는 가능한 한 빨리 건조시키는데 소규모 생산에서는 햇빛에 수일 말려서 수분함량이 6% 정도가 되면 종료하고 정선한다. 그러나 대단위 재배에서는 직경 1.5m 되는 대형 회전통을 이용하여 건조한다. 처음에는 38~41℃로 건조시켜서 깨진 종자나 기타 종자에 붙어있는 물질을 바싹 말려서 분리시킨다. 그리고 다음은 32~35℃로 조절하여 종자 수분을 6%까지 낮춘다. 대단위 오이종자 생산 농가에서는 〈그림 2-21, 좌〉에서처럼 패들온풍건조기를 이용하여 건조한다. 건조된 종자를 정선을 위하여 살짝 눌러주는 시스템을 도입하기도 하는데 이는 불충실한 종자를 으깨주며 이 과정 끝에 풍선법을 도입하면 가볍거나 반 토막이 난 종자 등이 제거된다.

종자수량은 품종에 따라 다르나 보통 250~500kg/ha가 된다. 대단위 방임채종 시에 400kg/ha이나 최대 700kg도 되기도 한다. F_1 오이 종자생산량은 암수의 비를 4:1로 심을 경우에 300~450kg/ha이다. 오이 천립중은 피클용 오이 같은 작은 과실은 23g이고 큰 샐러드용 오이는 33g이다

오이 종자는 정선기에 넣어서 품종에 따른 적당한 크기의 종자를 선별하며 종자전염병을 막기 위하여 건열처리나 농약 코팅을 하여 포장 판매한다. 종자저장은 좋은 조건에서 5년간 저장이 가능하다. 오이종자는 3℃, 상대습도 38%에서는 13년이 지나면 발아하지 않지만 10년까지는 80% 발아력을 유지한다. 따라서 저온 저장을 하면 장기저장이 가능하다.

2.9.5 양파(*Allium cepa*)

1) 품종의 분화

양파의 원산지는 중앙아시아로 추측되며 실크로드를 통하여 중국을 거쳐서 들어왔거나 일본을 통하여 국내에 재배된 것으로 본다.

양파는 셀러드용(잎과 어린 인경이용)과 성숙한 구를 이용하는 품종으로 구분되며 구의 색에 따라 백색, 황색, 핑크, 적색, 녹색종으로 구분되며, 구의 모양에 따라 편편한 종, 둥근종, 시린더형종이 있고 재배기간에 따라 조생종, 중생종, 만생종으로 구분된다.

양파는 국내에서 연평균 약 2만 ha를 재배하여 약 130만톤을 수확하는데 필요한 종자의 약 15%를 생산하며 나머지는 해외 채종한다.

2) 본포관리

채종포는 반드시 다른 양파 품종 채종지와 인접해 있으면 안되고 1,000m 이상 떨어져야 한다. 양파가 자라기 알맞은 토양은 배수가 잘되는 양토로 pH는 6.0~6.8가 좋다. 첫해 시비하는 방법은 질소보다 인산, 칼리를 충분히 주는 것이 중요하다. 외국에서는 첫해의 N:P:K비율은 1:2:2의 비율로 주는 것이 좋다고 한다. 그러나 일부 연구에서 이때 질소, 인산은 첫해는 15kg/10a, 칼리는 30kg/10a로 주고 다음 해 구를 심을 때도 같은 양으로 시비하나 개화기에 약 10kg 정도 질소 추비는 종자수량을 증가시킨다고 한다.

국내에서는 질소: 인산: 칼리를 20:23:23kg/10a를 주는데 인산은 기비로 주고 칼리는 반만 기비로 주고 이듬해 2월에 추비로 주는 것도 좋으며 질소는 반은 기비로 그리고 나머지는 봄에 칼리와 같이 시비하고, 추가로 식물의 세력을 보아가면서 개화 직전에 약 10kg 정도 추비를 주는 것이 종자 수량을 증대시킨다. 기타 고토석회, 붕사(1kg/10a)등도 충분히 시비한다. 양파연구소에서는 추비를 1회주는 것보다는 2, 3, 4월에 각 1회씩 총 3번 분시하는 것이 채종량이 많았다고 한다(김, 2017).

3) 파종채종법(seed to seed)

파종채종법은 양파구의 모양을 관찰하기가 어렵고 가을에 뿌려서 겨울을 넘겨, 봄에 채종해야하며 인경채종법보다는 수량이 작은 단점이 있지만 인경을 저장하기 어려운 백색품종(예; White Sweet Spain)은 파종채종법을 사용한다. 파종채종법의 종자생산량은 단위면적당 파종개체와 주당 화경(꽃대) 수를 늘리면 인경채종법보다 증가시킬 수가 있다. 여름철부터 초가을에 파종하는데 품종이나 지역에 따라 조절한다. 1ha 당 필요종자는 적게는 2.5kg, 많게는 4kg이 필요한데 이는 월동지역의 기후조건에 따라 다르다. 파종 간격은 0.75~1.0m 간격으로 줄뿌림을 한다.

솎는 방법(roughing)은 파종 당년 가을에는 잎, 줄기, 인경색 등이 고유품종이 아니면 적당한 식물간의 간격을 고려하여 뽑아낸다. 그리고 이듬해 봄에도 잎, 줄기, 인경색과 조기에 꽃이 피는 주, 화포의 색 등을 잘 관찰하여 이형주를 적기에 제거한다. 봄철에 개화가 되는 시기에 병충해 방제를 철저히 방제한다. 수확은 6~7월에 하는데 국내에서는 비가림을 하지 않은 곳에서는 조기 장마 시에 문제가 있다. 그러나 여름이 건조한 지중해성 기후에서는 채종의 경우에는 큰 문제가 없다. 개화가 되면 벌을 방사 하는 것이 채종량을 증대시킨다. 농약 등의 공해가 적은 지역은 양봉벌을 사용하여 10a당 밀도가 20,000마리 이상이 되게 격리망 속에 방사하면 채종량 증대에 도움이 된다. 비가림 시설은 강우에 의한 화분의 발아력 상실방지 및 병해 경감효과도 가지고 있으므로 효과가 매우 좋다.

4) 인경채종(bulb to seed)

인경채종법은 첫해는 구를 생산해서 2년째 가을에 저장한 구를 심고 3년째 봄에 개화시켜 채종하는 방식이다. 첫해는 보통 상업용 양파생산 하는 방식대로 하는데 1ha에 3.5~7kg의 종자를 파종한다. 파종거리는 늦여름이나 초가을에 외줄은 40~55cm, 2줄은 폭 90~100cm에 30~40cm 줄 간격으로 기계 파종한다. 국내에서는 모종을 산파해서 육묘하여 심을 때는 1ha에 400,000만 주가 필요하다. 겨울을 넘겨서 이듬해 초여름 원하는 구의 고유 특성에 맞은 것을 수확하여 저장한다. 모구의 크기는 직경이 4~6cm 크기가 좋은데 가능하면 양파의 크기가 클수록 작은 양파를 심는것보다 1개 구당의 종자 채취량이 많다. 모구를 20℃ 이상 특히 30℃ 이상으로 저장하면 추대 개화가 늦고 채종량이 적어진다. 반대로 0~5℃의 저온에 저장하면 추대가 늦고 채종량이 적으나 약 10℃에서 저장하면 추대 및 화아분화가 다소 빨라진다. 2년째 모구의 정식시기는 9월 하순을 전후하여 정식하는 것이 화경 당 소화수, 주당 수량이 많아 채종량이 많아지는데 이때 조생계통의 품종은 이보다 다소 일찍 정식하는 것이 좋다. 추운 지역에서는 봄까지 저장했다가 심을 수도 있다. F_1채종을 위해서는 웅주(숫그루)와 자주(암그루) 비를 1:4 또는 1:8의 비율로 심는다.

첫해 1ha에서 수확한 모구는 대략 5ha의 채종포에 심는 양을 생산할 수가 있다. 모구를 심는 거리는 폭 1.5m 이랑에 줄 간격 45cm 주간 거리 30cm 유지하며 심는 깊이는 7.5cm로 한다. 1ha에 11,250~13,710구를 심는다. 새싹의 생장 촉진을 위하여 모본을 심을 때는 구의 중앙을 잘라서 아래 부분만 심기도 한다(Desai등, 1997).

솎는 방법은 첫 번째 봄에 잎, 인경, 줄기가 품종고유의 특징을 나타내지 않는 것은 솎아내고 다른 주보다 너무 일찍 추대하거나 너무 늦게 성숙하는 것은 제거한다. 인경을 수확해서는 인경 모양, 표피색, 품종 고유 크기, 병에 걸린 구, 열구가 된 구를 골라낸다. 2년차 가을에 모구를 정식하고 너무 일찍 싹이 나거나 토양병에 오염되어 싹이 나는 구 등을 제거 한다. 3년째 봄에 개화가 시작하면 화경모양, 화경 색, 화색, 병 오염여부 등을 고려하여 이상주는 솎아낸다. 보통 한 개 구에서 6~7개 화경이 나오는데 좋지 않거나 늦게 나오는 것은 절단하고 4~5

개 만을 남긴다. 너무 많은 화경이 나오는 경우는 분구 성질이 강하므로 제거한다. 병에 오염된 것은 모아서 반드시 소각한다.

추대가 시작되면 꽃봉오리가 커지고 비가 오면 무거워져서 넘어질 위험이 있으므로 꽃대가 넘어지지 않도록 지주를 세우고 네트를 처서 유인해준다. 망을 쳐서 유인할 때는 꽃대가 서로 닿지 않도록 하여 통풍이 잘되도록 한다. 양파의 꽃가루는 품종에 따라 차이는 있으나 수중에서 5분 이상 생존이 어렵고 하루 종일 24시간 비가 오면 수정 능력을 상실한다. 채종재배 시 6월 개화기는 해에 따라 장마기와 겹치므로 습기에 매우 약한 화분이 발아력을 상실하고 수정에 큰 장해를 받기 때문에 비가림을 해주면 종자 수량 증대를 가져온다.

그림 2-35 양파 꽃봉오리 손 수확(해남군 제공)

5) 수확과 건조

기계수확은 포장에서 개화가 시작한 때로부터 45~60일이 지나서 양파 종자의 건물율이 60~70%가 되면 실시한다. 또는 밭의 전체 꽃봉오리 가운데 1~3% 정도가 완전히 성숙되고 열려서 익은 씨가 보이는 시기로 손수확 시기보다 10~12일 전이 기계수확 적기이다. 소면적에서는 꽃봉오리만 따는 손수확을 하는데 이때는 꽃봉오리에서 5 % 정도가 씨를 흩날리는 시기이다. 꽃대를 20cm 정도 부착해서 절단하는데 이는 손수확이 용이하고 마르면서 꽃대에 남은 양분이 씨앗의 충실도를 증가시킨다(그림 2-35).

수확된 봉오리는 양파 건조용 트레이(60x150x10cm)를 만들어서 말리는데 쌓는 높이는 15cm가 넘지 않아야 한다. 너무 꽃봉오리가 겹겹이 높이 쌓이면 잘 안 마르고 썩기도 한다. 국내에서는 온실에서 선풍기를 설치하고 건조를 하기도 하는데 반드시 처음 며칠은 꽃봉오리를 휘저어서 고루 건조되게 한다. 자연상태에서 건조는 2~3주 걸린다.

6) 탈곡과 정선

양파종자는 마르면 쉽게 봉오리로부터 분리된다. 기계 탈곡도 할 수가 있으며 소량은 꽃대를 잡고 봉오리를 손으로 털어낸다. 분리된 종자는 정선기로 티끌을 분리한다. 수량은 품종이나 채종지에 따라 다르나 방임채종에서 최대수량은 1,000~2,000kg/ha 이나 평균적으로 450~600kg/ha이다. F_1종은 50~100kg/10a이다. 양파종자는 보통조건에서 28개월이 지나면 발아율이 97%에서 3%로 떨어지는 대표적인 단명종자이다. 진공저장을 하여도 18개월이 지나면 발아율이 25~54% 정도로 떨어진다. 따라서 정선 후에는 저온에 저장했다가 바로 포장 출하한다.

제3장

영양번식

3.1 영양번식의 개념

영양번식(營養繁殖, vegetative propagation)은 무성번식(無性繁殖, asexual propagation)이라고도 하는데 잎, 줄기, 뿌리 등과 같은 영양기관의 일부를 모식물로부터 분리하여 번식하거나 또는 다른 식물에 접을 붙여 번식하는 방법이다. 대표적인 번식방법으로는 삽목, 접목, 취목, 분주, 분구 등이 있으며, 근래 식물의 조직배양법이 영양번식으로 자리매김하고 있다. 이와 같은 영양번식에 의해 증식된 새로운 개체는 세포분열에서 염색체가 그대로 증식되므로 모식물과 똑같은 유전형질이 계승된다.

원예식물은 한 개체의 식물이나 기관 또는 조직으로부터 번식하여 형질을 같이 하는 식물의 무리가 있는데, 이것을 영양계(營養系, clone)라 한다. 즉 영양계란 삽목, 접목 등과 같은 영양번식의 수단을 통하여 한 개체의 식물이 여러 개로 증식되고 유전형질이 서로 같은 식물군을 말한다.

종자는 암, 수 배우자가 수정하여 생겨나는 것이지만, 때로는 감수분열이나 수정의 과정을 통하지 않고 무성적으로 종자가 형성되는 단위생식(單爲生殖, apomixis)을 하며, 이 종자가 발아하여 새로운 개체를 형성하는 수가 있다. 이처럼 단위생식에 의해 형성된 종자는 삽목이나 접목과 다름없는 일종의 무성번식으로 분류되며 유전적으로 모식물과 동일한 homo(동형접합체, 同形接合體) 상태의 개체를 일시에 다량으로 얻을 수 있으므로 이러한 종자를 이용하여 영양계를 증식시킬 수 있다.

3.1.1 영양번식의 특성

과수나 정원수는 대부분 1~2회 교배하여 만든 품종들을 무성번식법에 의하여 번식해 왔기 때문에 유전인자가 분리할 기회를 갖지 못한 채 hetero(이형접합체, 異形接合體) 상태로 유지되어왔다. 그러므로 이들을 종자번식하면 모식물의 형질을 기대하기가 매우 어렵다. 그러나 이러한 상태의 식물들은 영양번식 방법을 적용하므로 모식물과 동일한 유전형질을 정확하게 차대에 계승시킬 수가 있다. 식물세포는 전분화능(全分化能, totipotency)을 가지고 있어 뿌리, 줄기, 잎을 분리하거나 조직의 일부를 떼어 배양하더라도 모식물과 똑같은 형태의 식물을 대량으로 획득하여 번식을 시킬 수가 있다. 이점이 영양번식이 종자번식과 다른 특성이다.

영양번식은 이와 같은 특성 때문에 다음과 같은 장점을 보유한다. 먼저 동일한 특성을 가진 영양계를 보존하며, 모수의 유전형질을 차대에 계승하고, 종자번식이 불가능한 식물의 번식을 가능하게 하며, 조기에 개화하고 결실을 유도하는 장점이 있다.

단점으로는 조작이 번거롭고 번식기술을 요구하며, 종자번식처럼 일시에 많은 개체를 얻기 어렵다. 접목에서 대목을 잘못 선택하면 접목불친화가 일어나서 활착이 안 되거나 활착률이 떨어지고, 일부 식물은 수명이 짧다.

3.2 삽목

삽목(揷木, 꺾꽂이, cutting)은 가지, 잎, 뿌리 등의 영양기관의 일부를 어미나무(母樹)에서 잘라내어 이것을 적당한 삽상(揷床)에 꽂아 부정근(adventitious root)과 부정아(adventitious bud)의 형성을 통하여 부족한 뿌리나 눈 부분을 재생시켜서 독립개체로 만드는 번식법으로 영양계 재생(clonal regeneration)을 의미하는데 많은 원예식물의 번식수단으로 중요하다. 삽목에 이용되는 가지, 잎, 뿌리 등을 삽수(揷穗, cuttings)라고 한다. 취목은 부족한 뿌리 부분이 재생된 다음에 어미나무로부터 분리하지만 삽목은 식물체의 일부를 어미나무로부터 분리한 후 뿌리 부분을 재생시키는 점이 다르다.

삽목번식의 장점은, 첫째로 어미나무와 유전적으로 동일한 형질을 갖는 개체를 얻을 수 있다. 원예식물 중에는 오랜 세월에 걸쳐 개량되어 복잡한 유전자 조합의 것들이 많으므로 이들을 종자로 번식할 경우에 어미나무와 전혀 다른 개체가 되어버리는 것이다. 이러한 점에서 삽목, 접목과 같은 무성번식을 행하면 어미나무와 똑같은 형질의 개체가 얻어지는 것이다. 둘째는 기술적으로 간편하여 일시에 다수의 개체를 얻을 수 있다. 똑같은 무성번식 중 접목이나 취목에 비하여 기술적으로 간편할 뿐만 아니라 적은 재료의 어미나무로부터 한꺼번에 다수의 개체를 증식할 수 있다. 셋째는 실생에 비하여 개화와 결실이 빠르다는 점 등을 들 수 있다.

한편, 단점으로는 실생이나 접목묘에 비하여 천근성이고, 수명이 짧으며, 단자엽식물은 삽목으로는 발근이 되지 않는 종류가 많다는 점 등을 들 수 있다.

3.2.1 부정근 형성

줄기나 엽아삽목(葉芽揷木, leaf-bud cutting)의 번식은 식물체 자체에 보유하고 있는 잠재적 줄기의 형성 능력을 자극하여 새로운 부정근을 획득하는 방법이다. 삽목은 줄기의 세포가 번식을 통하여 새로운 줄기나 눈을 형성하는 과정으로 전적으로 절단면 세포의 탈분화(dedeferation)과정의 능력 즉, 세포분열을 통한 새로운 생장점을 형성하는 역량에 달려있다.

부정근은 2가지 형태가 있는데 모체에서 자랄 때에 이미 줄기 상에 형성된 기성근(또는 전형성근, 前形成根, preformed root)으로 잠재근(潛在根, latent root)이 있고 절단된 상처에서 발생하는 절상유발근(切傷誘發根, wound-induced root)이 있다.

① **잠재근(전형성근)**: 잠재근은 식물체내에 존재하는 근원기로 자라기에 알맞은 조건이 될 때까지 휴면상태에 있다. 공기뿌리는 일종의 잠재근이다. 공기뿌리에는 지지근(支持根, stranglers, prop root)을 가진 Banyan trees, 물이 찬 토양에서 숨을 쉬기 위한 호흡근(呼吸根, pneumatophores)을 가진 맹글로나무가 대표적이다. 딸기 런너가 공중에서 가지는 뿌리(그림 3-1, 좌), 장마기 호박 줄기에서 돋는 부정근, 물가 버드나무 아래에 생기는 뿌리 등도 넓은 의미로 보면 공기뿌리로 잠재근에 해당된다. 흡기근(吸氣根, haustorial roots)은 기생식물에서 볼 수가 있는데 기주식물 조직에 부착하기 전에 나타나는데 겨우살이(European mistletoe, *Viscum album*)등이 대표적이다. 잠복근은 burr knots라고 부르는데 사과 M(Malling) 또는 MM(Malling-Merton)대목을 접목해서 3년쯤 되면 잠복근이 불룩하게 나타난다(그림 3-1, 우). 이런 전형성근이나 잠복근을 가진 식물은 삽목을 하면 쉽게 단기간에 발근이 되어 번식 개체로 사용한다.

② **절상유발근**: 삽목 후에 절단된 부분에서 부정근이 발근이 되는 현상을 말한다. 삽목을 하면 절단부위 상처치유를 위하여 유상조직이 형성되면서 식물은 생존을 위여 1단계(phase 1) 탈분화 단계를 거치면서, 2단계(phase 2) 관다발이나 관다발 주변의 세포가 생장점을 형성하고, 3단계(phase 3) 근원기(根原基, root primordia)로 발달되면서 뿌리 발육이 이루어지고, 4단계(phase 4)는 뿌리가 나오면서 생장하게 된다. 부정근이 형성되는 기간은 식물의 종류와 근권 환경에 따라 다르다. 삽목 후에 뿌리 형성 시작은 국화 3일, 카네이

션 5일인데 뿌리가 나오는 날은 삽목 후에 국화는 10일, 카네이션은 3주가 걸린다.

그림 3-1 딸기 런너의 공기뿌리(좌)와 사과 대목 burr root(우, 출처: wikipedia)

3.2.2 삽목발근 생리

식물체가 어느 한 부분이 없어지거나 또는 손상을 입었을 때는 그 부분에 새로운 조직과 기관이 생겨서 손실된 부분을 보충하게 되는데 이와 같은 현상을 재생(regeneration)이라 하며, 이 재생작용은 식물체의 어느 한 부분이 다른 부분과 관계가 있다고 하는 상관작용(correlation)에 의한 것이다. 실로 식물세포는 재생력이 강해 유세포 하나가 잎, 줄기, 뿌리 등의 모든 조직과 기관으로 발달되어 완전한 하나의 식물체가 될 수 있는 전분화능이 있음을 알게 되었다. 이와 같은 식물의 재생능력을 이용하여 인위적으로 개체 수를 늘려가는 대표적인 번식방법이 삽목이다.

1) 삽목발근 과정

삽수를 절단하여 삽목하면 1차로 삽수의 기부 절단면에 일종의 보호 조직인 suberin이라는 엷은 피막이 형성되고, 다음으로 절단면 부근의 형성층이 활동하여 유합조직(callus)을 형성한다. 캘러스는 세포로부터 형성되지만 분열조직인 형성층으로부터 분화가 가장 현저하다. 이와 동시에 삽수 내에서는 잎이나 눈 또는 삽목 중에 형성되는 발근을 지배하는 물질이 사부를 통하여 기부쪽으로 이동하여 오옥신을 활성화하여서 삽수 내의 물질대사를 높임으로써 형성층을 중심으로 한 조직의 세포분열을 촉진한다. 이 조직의 세포군이 뿌리의 시원조직(root initial 또는 initial tissue)이며, 분열을 계속하면 근원기(root primordia)가 형성된다. 근원기는 사과처럼 이미 삽수 내에 존재하기도 하고, 포도와 같이 삽목 도중에 형성되어 발근하는 경우도 있다. 전자의 경우를 특히 기성근원기(preformed root primordia) 또는 잠재근원기(latent root primordia)라 한다. 포도에서의 근원기의 형성부위는 삽목하면 사출수와 형성층이 교차하는 바로 바깥쪽 부분에서 형성되어 발근한다. 근원기가 유관속형성층에서 발생하는 식물은 크레마티스, Acanthus속, 유관속 방사조직에서는 편백, 측백, 삽수의 엽적(葉跡)에서는 개나리, 가문비나무, 소나무, 캘러스로부터는 댕강나무, 전나무, 호랑가시, 사부유조직에서는 두릅나무, 주목이 있다. 이처럼 부정근의 출발점은 식물의 종류에 따라 다르다(今西, 1997).

2) 삽수의 눈과 잎의 역할

겨울의 휴면기(rest period) 상태의 가지를 삽목하면 효과가 없거나 발근을 억제하나 봄에 눈이 활동하면서부터 강한 발근촉진 효과를 나타낸다. 실제로, 휴면지삽에서 빠른 것은 맹아하기 전에 발근하는 것도 있지만, 대부분 외관적으로 눈이 활동하기 시작할 즈음 또는 몇 개의 잎이 나온 후에 발근하는 것이 많다.

한편, 녹지삽의 경우에는 휴면지삽과 달리 눈을 제거하더라도 별로 발근에는 영향을 주지 않는다. 오히려 잎을 따 버리면 발근이 매우 나빠진다. 삽수의 잎 중에는 탄수화물과 발근에 관계하는 오옥신이 존재하여 삽수를 삽목하면 그 물질이 아래쪽으로 내려와 발근을 한다. 이와 같은 현상으로부터 삽목발근을 유도하는 요인이 휴면지삽의 경우에는 눈에 있고, 녹지삽의 경우에는 잎에 존재한다고 추측해 볼 수 있다.

3) 내생적 발근억제물질

삽수 자체에 함유되어 있는 발근을 억제하는 물질이 있는데 삽수의 발근능력 개선 또는 증진을 위해서는 발근억제물질의 작용과 소거에 대해서 알아야 한다.

① **발근억제물질**: 내생적인 발근억제물질로는 지베렐린, 사이토키닌, ABA(abscisic acid)가 있다. 다만 사이토키닌은 높은 오옥신이 존재하면 낮은 농도에서 발근을 촉진한다. 밤나무의 추출액에는 수양버드나무, 쪽제비사리 등의 삽목발근을 저해하는 물질이 함유되어 있다. 특히 삽목발근이 곤란한 수종인 소귀나무와 밤나무 삽수의 에테르 추출액에서 발근저해작용이 강하게 나타난다. 과수나 농작물의 기지현상을 일으키는 생육억제물질로는 ABA, 계피산, 쿠마르산, 클로로겐산, 카페인산, 페놀산 등이 있는데, 이들 역시 발근억제물질로 취급된다.

② **발근억제물질의 제거**: 삽수의 발근력을 높이려면 먼저 억제물질이 적은 어린 나무나 맹아지를 삽수로 사용함과 동시에 억제물질을 제거한 후 오옥신 처리를 하면 발근 효과를 높일 수 있다. 억제물질의 제거법은 수종에 따라 다른데, 삼나무는 과망간산칼리 처리,

싸리나무, 오리나무, 아카시아류는 온탕처리, 소귀나무, 밤나무는 질산은 처리가 유효하다. 이들 억제물질 제거원리는 상처의 소독, 자극, 분자 간 호흡의 촉진 등이 그 이유로 추측된다. 온탕 처리법은 30~35℃의 온탕에 6~12시간 처리하는데 청도아카시아는 처리 후 NAA처리에서 100% 발근되나, 무처리는 13%만 발근하였다. 석회수 처리는 소석회 50~100배액에 12~24시간 삽수를 담그는 법이다. 과망간산칼리 처리는 200~1,000배액에 12~24시간 처리하는 법이다. 질산은 처리는 1,000~2,000배액에 12~24시간 담군다. 소귀나무는 질산은 처리 후에 NAA 처리하면 50% 발근되나 무처리는 발근하지 않았고, 밤나무도 처리하면 30% 발근하고 무처리는 발근하지 않았다.

4) 발근기구

앞서 절상유발근에서 발근을 4단계로 설명하였다. 단계에 따라 변화하는 발근기구를 요약해서 표시하면 〈표 3-1〉과 같다. 1단계에서는 삽목에 따른 상처가 발생하여 유상조직을 만들면서 새로운 개체로 자라기 위하여 잎으로부터 오옥신과 수용성 탄수화물이 이동하며 이때 낮은

표 3-1 식물생장호르몬에 의한 발근 가설 및 발근 단계별 유전자발현

<table>
<tr><th>발달단계</th><th>1단계(유기)</th><th>2단계(초기분화)</th><th>3단계(후기분화)</th><th>4단계</th></tr>
<tr><td rowspan="3">페놀, 오옥신, 붕소, 식물호르몬 작용(Jarbis, 1986)</td><td>잎의 오옥신, 탄수화물 절단부 이동,
오옥신 집적 →
IAA oxidase저활성
낮은 사이토키닌--</td><td>세포분열 →
IAA oxidase증가 →</td><td>에칠렌 증가
근원기 조직화 →
오옥신 감소</td><td rowspan="2">생장과 분화</td></tr>
<tr><td>절상효과 → 오옥신보호제 집적-페놀류 집적 →</td><td>α-Diphenols과 붕소결합</td><td>복합체 형성</td></tr>
<tr><td>비오옥신류 증가
에틸렌 억제작용</td><td>지베렐린에 의한 억제, 고농도 사이토키닌 공급,
ABA고농도 증대</td><td>에칠렌 공급에 따른 증대, 붕소결핍과 고농도 오옥신에 의한 억제</td><td></td></tr>
<tr><td rowspan="3">부정근형성 단계별 관련 제어유전자발현의 증감(Pinus contorta 배축, Brinker 등 2004)</td><td>세포복제와 세포벽 약화 및 수분스트레스 증대</td><td rowspan="2">플라보노이드
경로 효소 증대</td><td>오옥신이동-반응, 세포벽 합성 및 과민반응 단백질과 병원성 단백질 증대</td><td>오옥신 이동 증대</td></tr>
<tr><td>세포벽 합성과 오옥신 이동 및 광합성 감소</td><td>세포벽 약화와 세포벽 변경 및 수분스트레스 감소</td><td>수분스트레스와 세포복제 감소</td></tr>
<tr><td>삽목후 0~3일
비분화 단계</td><td>3~6일
뿌리 유기단계</td><td>6~9일
근원기 형성단계</td><td>6~12일
근형성,
12~33일
신장단계</td></tr>
</table>

상태의 사이토키닌이 나타난다. 2단계는 IAA oxidase가 형성되고 세포분열이 일어난다. 3단계에서는 에틸렌이 나타나고 오옥신의 활성이 약화되면서 근원기(root primordium)가 구성된다. 4단계는 생장과 분화가 되면서 부정근이 나타난다(Jarbis, 1986).

Brinker등(2004)은 *Pinus contorta* 배축을 이용하여 220개의 유전자의 발현에 있어서 감소와 증진을 〈표 3-1〉의 아래 부분에 제시했는데 오옥신의 중요성, 세포벽의 형성, 병원성 단백질 발현, 광합성 조절과 수분스트레스 관련 유전자의 발현의 증감에 대하여 단계마다 잘 설명해 주고 있다. 삽수가 유상조직을 형성하고 오옥신으로 하여금 뿌리의 분화발전을 촉진하게 발근 동안에 광합성의 감소, 수분스트레스의 극소화로 근원기의 발달을 촉진하여 뿌리가 형성되어 독립된 식물체로의 발달을 위하여 유전자가 발현하는 것을 알 수가 있다.

3.2.3 발근 증진 방법

식물의 종류와 수령에 따라 발근의 난이도는 차이가 있어 발근율을 높이기 위하여 다음과 같은 여러 가지 처리가 행하여진다.

1) 모수관리

(1) 무병 모수 유지

삽수를 채취하는 딸기, 과수묘목은 바이러스, 병균, 병충이 오염이 되지 않도록 철저히 방제하여 무병 삽수를 제공하도록 온실재배(분재배), 망실재배를 하면서 잘 유지해야 한다. 모수관리 온실은 방충망 설치가 기본이며 삽수의 충실도 증진을 목표로 고압나트륨등을 설치하고 차광처리를 위해 자동 차광시설도 필요하다.

(2) 모수의 재유년화(rejuvenility)

유년기 식물이 성년으로 상변화(相變化: phase change)가 되면 영양생장보다 개화 결실을 통한 생식생장으로 식물체 내의 생리적 내생 호르몬 패턴이 변화되며 이런 식물에서 삽수를 채취하면 발근율이 낮다. 특히 발근이 난해한 식물이나 노거수는 그 정도가 심하다. 상변화에 따라 발근율이 낮아지는 식물에는 유칼립투스, 올리브, 떡갈나무, 영국 아이비, 사과, 배, 송악, 마삭줄 등이 해당된다. 이들 식물은 유년에서 성년으로 변화하면 잎의 형태가 변하므로 유년기 상태 줄기에서만 삽수를 채취하면 된다(그림 3-2). 사과나무를 예로 들면, 어린나무의 잎은 얇고 털이 적게 나지만, 늙은 나무의 잎은 두껍고 털이 많다. 다른 식물에서는 어린나무는 잎이 작고, 늙어지면 잎이 커지는 경향이 있기도 하다. 성년기가 된 식물은 생울타리식으로 절단 전정을 심하게 하면 새싹이 나는데 이들은 유년기적인 특징을 가져서 이를 이용한다. 엘리트 사과나무도 노목의 절단근에서 부정아 싹이 나도록 유인하거나 강전정으로 나온 싹을 삽수로 쓸 수가 있다. 낙엽성 노거목은 가을이 되면 모든 잎이 떨어지는데 늦게까지 잎이 붙어있는 줄기는 유년성을 가지고 있어서 이런 줄기를 삽수로 쓰면 좋다. 생장조절제를 사용해서 재유년화를 시키는 경우도 있는데 영국 아이비(English ivy) 성목에 지베렐린을 살포하여 유년성 줄기가 발생하면 삽목을 실시한다. 성목을 유년줄기에 접목을 하여 유년상 줄기를 유기할 수도 있는데 고무나무(*Hevea brasilensis*), 성년상 줄기의 발근이 어려운 유칼립투스(*Eucalyptus xtrabutii*)에 처리한다. 유칼립투스는 노목 줄기를 절단하거나 산불로 잔 줄기가 타버리고 나면 피층 내에 있는 epicormic shoot(일종의 잠아)가 1~2년 사이에 자라서 유년상 줄기를 형성하는데 이것을 잘라서 번식하면 발근이 잘된다(그림 3-2, 좌). 코르크오크(cork oak, *Quercus suber*)와 *Banksia attenuate*도 화재로 인해서 모든 잎이 타면 오래된 줄기에서 새로운 새순이 나오는데 역시 번식이 잘된다. 이는 자연재해에 적응해온 식물의 생존능력으로 우리는 이들을 이용해서 번식을 할 수가 있다. 리기다 소나무도 넘어지면 모든 줄기의 잠아에서 새순이 나오는데 삽목번식은 루톤(Rootone)을 처리하면 좋다(그림 3-2, 우).

그림 3-2 불탄 유카립투스줄기의 새순(좌, wikipedia)과 넘어진 리기다 소나무 줄기 새순(우)

상변화가 없더라도 종자로부터 싹이 나서 식물체가 늙을수록 발근은 저하된다. 박과 채소의 경우 떡잎 상태에서는 배축 절단삽목을 하면 발근이 100%가 되나 착과되는 줄기삽목은 거의 발근이 되지 않는다. 그러나 어린 측지는 다소 발근이 된다. 토마토 어린 유묘는 발근이 잘되나 착과되는 성목줄기는 발근이 잘 안된다. 그러나 어린 측지는 발근이 되므로 우수한 일대잡종은 종자값 절약을 위하여 어린 곁순을 루톤처리하여 삽목하여 이용할 수가 있다. 곁순삽목은 바이러스 감염이 없는 식물 줄기를 이용한다.

2) 모수의 환경과 생리적 조건조절

모수가 접하는 환경(수분, 온도, 광, 탄산가스, 양분)과 유전자형(속, 재배종)의 조절을 통해서 발근이 양호한 삽수를 채취하여 삽목한다.

(1) 토양수분 조절

모수가 약간의 건조 스트레스를 받으면 삽수에서 발근이 촉진된다. 유칼립투스(*Eucalyptus globus*) 모수에 수분 스트레스를 주면 삽수의 생존율과 발근이 촉진된다(Wilson, 1994). 그러나 극단적인 수분스트레스나 건조처리는 발근을 오히려 저해한다.

(2) 온도

온도 자체보다는 수분, 광조건, 탄산가스 등 다른 요인과 복합적으로 작용한다고 추측된다. 사과나 자두 모수를 고온을 주면 잘 자라 가늘고 긴 줄기를 많이 형성하는데 이런 줄기를 삽목하면 비교적 발근이 잘 된다. 여러 연구에서 12~27℃ 범위에서 모수에 실시하는 온도처리는 삽수의 발근에 크게 영향을 미치지 않는다고 한다.

(3) 광조건

일조시간, 일조량, 광파장 등은 모본의 생장에 영향을 주고 알맞은 처리는 삽수의 발근에도 영향을 준다. 예를 들어 국화의 경우에 충분한 일조량은 국화의 삽목 발근에 최소의 내성 오옥신이 필요하다. 반대로 너무 과다한 광조사는 잎이 타는 일소현상 등 광파괴 현상이 나타나 삽목 발근에 악영향을 미친다. 조직배양에서 적색광은 발근을 촉진하나 근적색광은 억제적이다. 조직배양하는 덩굴용담속(*Triptrospermum*)은 청색 LED은 억제적이나 붉은색은 촉진적이다. 그래서 적색차광막을 사용하면 적색광이 증진되고 청색은 녹색광파장을 감소시켜서 발근을 촉진시키고 생육을 증진시키므로 상업적 번식에는 이용한다.

(4) 모수 황화처리(etiolation)

과거에는 삽목을 위하여 절단하는 줄기 부위에 10cm 정도 흑색필림을 사용하여 일정기간 황화시킨 후에 절단하여 삽목하였다. 그러나 최근에는 식물 전체를 비닐로 덮어서 황화처리 후에 절단하여 삽목처리를 한다. 라일락은 새싹이 난 다음 단기간에 황화처리하여 삽목하면 발근이 잘 된다(그림 3-3). 황화처리 부분의 조직은 연해지고 엽록소가 결핍되어 황록색으로 되며, 줄기의 절간이 길어지는 현상이 나타나는데, 이와 같은 햇빛 부족이 줄기 내에 근원체를 형성시키는데 유리하게 작용하여 발근을 촉진하는 것이다. 그러나 황화처리는 식물에 따라 반응이 다르니 예비시험 후에 적용한다.

그림 3-3 식물전체 황화처리(좌)와 라일락의 황화처리 발근 촉진 효과 (http://irrecenvhort.ifas.ufl.edu)

(5) 환상박피(girdling, ringing)

모수의 가지에 삽수채취 수주 전에 미리 폭 5~10mm로 껍질을 환상으로 도려내는 방법으로 그 후 적당한 시기에 박피 부위의 가지를 잘라내서 삽수로 이용하는 방법이다. 이 방법은 동화물질이 밑으로 내려오는 통로를 차단하므로 가지 내의 탄수화물, 내생 호르몬, 다른 발근촉진물질의 함량을 높여서 발근을 유리하도록 하는 것이다. 화와이무궁화, 단풍 등에서 이용된다. 철사감기(wiring)는 가지의 기부를 가는 철사를 이용하여 껍질이 잘라질 정도로 졸라매는 방법으로 환상박피와 동일한 효과를 얻을 수 있다.

이와 같은 처리는 삽목 전에 처리해 놓고, 적당한 시기에 삽수로 채취하여 삽목에 이용함으로써 발근을 촉진하고자 하는 것이다. 1년생이나 2년생 가지의 기부에 처리하는 경우와 직접 새로 난 가지의 기부에 실시하는 경우가 있으나 대량번식 적용은 어렵다.

(6) 탄산가스처리

시설 내에 재배하는 모수에 인공광 조사와 함께 충분한 탄산가스를 처리함므로써 생육이 왕성하게 진행되어서 삽수 채취량이 증대된다. 온실 장미 처리 탄소농도는 1,000~2,000ppm으로 생산량이 많은 품종은 무시용구에 비해 줄기가 최고 100% 싹이 증가한 반면, 기본 생산량이 적은 품종은 영향이 없다. 시비방법은 오전에 해가 뜬 후 1시간 이후부터 환기 전까지 약 2~3시간 정도이다. 그러므로 모수의 종류에 따라 탄산가스 시비를 고려한다.

3) 모수로부터 삽수채취법

모수에 부착된 어느 줄기가 발근이 잘되는가를 알면 삽수채취에 도움이 된다.

(1) 삽수채취 부위와 발근

일반적으로 녹지삽의 경우에 정단줄기가 측지보다 발근력이 높다. 그러나 반숙지삽은 목화(木化)가 진행된 측지가 좋다. 서양자두는 봄철 녹지삽의 경우에 정단줄기보다 측지가 발근력이 아주 높은데 Fraser Fir(*Abies*)도 같은 특징을 갖는다. 진달래도 생육이 왕성한 정단보다는 측면의 연약한 줄기가 발근이 양호하다. 따라서 삽목하고자하는 식물의 부위별 발근 특성을 조사하여 삽목하는 것이 좋다.

(2) 동일 줄기 상의 발근력

숙지삽의 경우에 1m 이상이 되는 줄기를 자르면 4~8개 정도 삽수가 나온다. 이 경우에 줄기 가장 아래쪽 삽수가 발근이 정단부위보다 잘 된다. 이런 특징은 키가 큰 블루베리(*Vaccinium corymbosum*)에서 볼 수 있는데 장미나 기타 몇 식물은 예외적으로 반대이다. 일반적으로 발근이 잘되는 오색버들 같은 식물은 이 법칙이 적용되지 않는다. 따라서 절단부위에 따라 차이가 있는 식물은 루톤과 같은 발근제를 처리하여 삽목하는 것이 좋다.

(3) 개화줄기와 영양생장줄기 발근

일반적으로 꽃이 달린 줄기는 영양생장을 하는 줄기보다 발근 율이 현저하게 떨어지거나 발근이 되지 않는다. 블루베리(*Vaccinum atrococcum*)의 숙지삽의 경우에 개화지는 발근이 전혀 안되며 다만 영양생장지만 가능하다. 다알리아도 마찬가지다. 화훼식물의 상업적인 삽목에서는 꽃이 달린 줄기는 꽃을 제거하고 삽목을 하는 것이 원칙이다.

(4) 채취계절과 발근

식물의 삽수를 어느 계절에 채취하는 것이 발근에 좋은가는 식물의 종류에 따라 다르다. 발근율은 유년기와 성년기에 따라 다르고 계절적인 차이도 있다. 계절에 따라 발근이 잘 되지 않은 것도 IBA를 처리하면 연중 균일한 발근력을 유지할 수가 있다. 성년기의 포복성 무화과 *Ficus pumila*는 발근력이 4월과 5월 2개월만 25% 정도이고 다른 계절은 전혀 발근이 되지 않으나 IBA를 처리하면 1~2월을 제외하고 75~100%로 발근율이 상승한다. 그러나 유년기 줄기는 1월과 12월을 제외하고 약 50%대의 발근력을 유지하며 IBA를 처리하면 거의 100% 연중 발근이 잘된다. 한국의 무궁화는 여름에 반숙지삽을 삽목하면 발근력이 매우 낮지만 이른 봄에 숙지삽을 하면 100% 발근이 된다. 그러나 체리나 라이락은 반대로 늦봄이나 여름에 녹지삽을 하면 숙지삽보다 발근이 잘 된다. 일반적으로 삽수의 잎과 새순은 생육을 하려하기 때문에 발근과의 경합이 이루어진다. 그래서 눈이 휴면에 들어가는 시기에 삽목을 하면 좋은데 장미가 대표적인 예이다. 장미의 눈이 휴면기에 들어가는 가을에 삽목하면 발근이 잘 되어 이듬해 봄에 맹아가 잘 이루어진다.

(5) 적산온도와 발근

적산온도에 따라 삽수의 채취시기를 판단하는 방법이 있다. 발근이 몹시 어려운 성숙기의 Chinese pistache(*Pistacia*, 옻나무 일종 붉은 단풍이 아름답다)의 줄기에서 싹이 난 후에 7.2℃(한계온도) 이상의 온도의 합이 380℃가 되는 디그리 데이(degree-day)에 삽목하면 발근이 잘 된다(Dunn et al. 1996). 앞으로 발근이 잘 되지않은 식물에 대한 광조사 시간, 디그리 데이, 기타 형태적인 특징과 발근과의 관계연구가 필요하다.

4) 삽수에 대한 처리

채취한 삽수에 다양한 처리로 발근을 촉진시킬 수 있다

(1) 삽수의 건조

삽수의 절단부분을 건조시켜서 삽목하면 발근이 잘 되는 식물이 있다.

다육식물도 삽수를 채취해서 건조 스트레스를 주어야 발근이 잘 된다. 건조는 저수조직이 발달한 다육식물에서는 절단면의 suberin화를 도모하여 상처의 부패를 막기 위한 것이다. 보통 제라늄, 대극과(Euphorbiaceae, 예, 오채각)에서는 1~3일, 선인장류(예, 나뭇잎선인장, 부채선인장 등)에서는 1~2일 음건시켜서 삽목한다.

(2) 삽수기부의 절단

삽수기부는 발근을 높이고 활착을 촉진시키기 위하여 여러 가지 모양으로 절단된다. 이들 절단방법이 발근에 미치는 영향을 비교하기 위하여 사철나무를 이용한 실험에서는 근소하나마 수평으로 절단하는 것보다는 경사지게 수직으로 길게 절단한 쪽이 좋은 결과를 나타냈다. 이와 같이 기부의 절단방법이 발근에 영향을 주는 것은 상처를 받은 조직이 많을수록 자극이 크므로 물질의 이행이나 기부 부근의 대사활성이 큰 것으로 추측된다. 또한 상처 면이 크다는 것은 상처와의 접촉 면적이 넓어져 수분흡수에 유리한 조건이 되는 것으로 생각한다. 그러나 국화와 카네이션과 같은 발근이 쉽고 부드러운 삽수는 수평절단도 무난하다.

(3) 삽수의 물처리

일반적으로 삽수조제 후 수 시간 내지는 하룻밤 동안 삽수 기부를 물에 담구었다가 삽목하는 것이 일반화되어 있다. 이것은 삽수 기부의 절단에 의해 생기는 산화효소, 발근저해 물질의 세정, 또는 삽수에 충분한 물을 흡수시켜서 삽목 후의 위조를 막아주는 등의 효과가 있는 것이다. 삽수 내의 발근 저해물질을 제거하기 위하여 흐르는 물에 삽수 기부를 1~2일 담가두거나, 30~50℃의 온탕에 6~12시간 담구었다가 삽목하면 발근이 높아진다고 하는 보고도 있다.

(4) 상처법(wounding)

경지삽에서 삽수 아래쪽에 상처를 내면 대개의 식물은 발근이 더 잘 된다. 향나무, 측백나무, 진달래, 단풍나무, 목련, 무화과, 목본 허브류 등의 삽수는 상처를 입었을 때 발근율이 향상된다. 상처를 내는 방법으로는 칼로 줄기 하단을 1~3cm 속이 보이게 상처를 낸다(그림 3-4, 좌). 측백나무와 같은 상록 침엽수의 삽수는 이를 마련할 때 하부에 달린 곁가지를 손으로 따내면서 자연적으로 만들어지는 상처로도 충분하다. 경지삽에서 칼로 삽수 절단면의 중앙을 2~5cm 정도 깊이로 갈라주면 절단면보다 관다발 부분이 많이 노출되어서 발근이 촉진된다. 이는 상처부위가 내생오옥신과 탄수화물을 이용하여 세포분열을 촉진하여 근원기 형성을 자극하기 때문이다. 또한 상처부위는 에틸렌을 생산하며 이것이 간접적으로 부정근 생성에 도움을 준다고 추측된다. 상처의 효과를 더 높이기 위해 상처를 기계로 만들고 발근촉진제를 처리해서 꽂으면 발근이 잘 이루어진다(그림 3-4, 우).

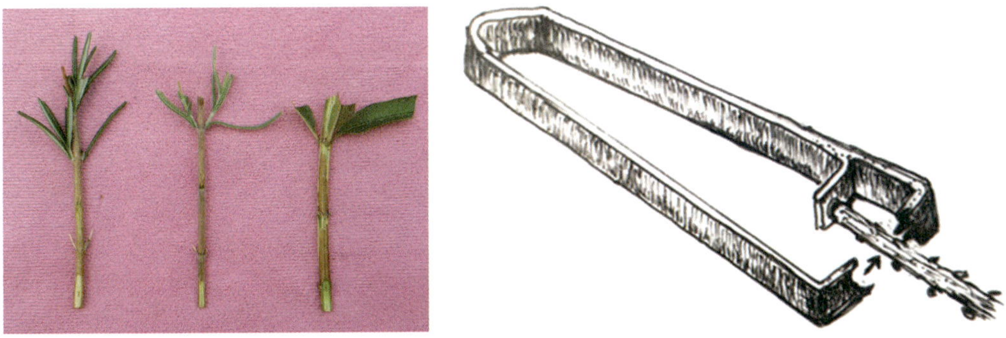

그림 3-4 로즈매리, 라벤더, 레몬버베나 상처내기(좌)와 삽수에 상처내는 도구(우)

(5) 삽수 저장법

삽수를 채취하는 시간은 오전에 팽압이 높을 때 실시하는데 당일 삽목 작업을 못하면 저장이 불가피하다. 이 경우에 습도를 최대로 높이고 4~8℃로 1~2일 저장했다 삽목해도 된다. 진달래(*Rhodendron catawbiense*)는 2℃ 또는 21℃로 21일간 저장해도 발근에 영향을 주지 않았다고 한다(Davis와 Potter, 1985). 향나무, 서양측백나무, 주목은 삽수를 가을에 잘라서 비닐주머니에 넣고 봉한 후에 0℃에서 수개월 저장했다가 봄에 심어도 발근이 잘 된다. 카네이션 삽수는 저장고 습도를 80~90%로 하면 0~2℃에서는 6개월, 국화는 1~3℃에서 30~40일 저장이 가능한데 발근율은 품종 간에 다소 차이가 있다. 제라리움 삽수는 -0.5℃에서 4~6주간 저장이 가능하다. 국화를 10℃ 암실에서 12일 저장했다가 삽목한 것이 당일 삽목한 것보다 발근수가 증가된다(Van del Pol, 1988). 이들 초본류 삽수를 장기 저장할 때에는 톱신(Topsin)을 뿌려주는 것이 부패방지에 필요하다.

한국은 연간 재식용 묘목을 7천만 개 이상 수입하며 이 가운데 삽수는 만년청, 드라세나 등이 많이 들어온다. 이와 같은 삽수는 중국이나 동남아에서 수입하는데 3~10일이 필요하다. 이 기간에 15~20℃ 정도로 저장해서 운송해야 한다.

삽수의 저장은 식물의 종류, 삽수의 조건, 저장온도와 습도에 달려 있으나 삽수가 마르지 않고 병충해에 감염이 없도록 관리해서 삽목하는 것이 중요하다.

(6) 화학물질 처리

삽수를 화학물질로 처리해서 발근을 높이려고 하는 방법도 옛날부터 널리 행하여져 왔다. 오옥신을 비롯해서 비타민류, 당류, 과망간산칼리, 초산은, 붕소, 요소, 페놀물질 등 여러 가지 물질들이 이용되어 왔다. 이들 물질은 발근요인물질이나 영양분의 공급, 오옥신과의 상조효과, 발근억제물질의 제거, 물질 이동을 촉진하는 자극적 효과 등 여러 가지 이유로써 실시되어 발근촉진에 효과가 인정된 것이다. 이 중에서 당류 처리는 보통 sucrose 1~2% 용액에 20시간 정도 침지처리를 행한다. 당류액 처리에서 주의할 점은 가끔 잡균이 번식하기 쉬우므로 청결한 용기 또는 상토를 이용할 필요가 있고, 삽목 시는 삽수 기부에 여분의 당류가 없도록 깨끗이 세정하여 삽목 할 필요가 있다.

(7) 증산억제제 이용

삽목을 성공시키기 위해서는 삽목 후의 수분 관리가 매우 중요하다는 것은 말할 것도 없다. 특히 엽삽이나 녹지삽에서는 잎의 증산에 의한 수분의 소실이 크므로 적당한 수분을 함유하도록 주의할 필요가 있다. 삽수의 증산을 억제하는 증산억제제로써 OED Green, New micron, Greenar 등이 있다. 뉴미크론은 8~10배 희석액을 엽면살포하거나 삽목 전에 잎만 침지해서 삽목하면 효과가 크다.

(8) 오옥신 처리

여러 가지 식물생장조절제 중 발근제로 가장 효과적인 것은 주로 오옥신류로 IBA(indole-3-butyric acid), NAA(a-naphthalene acetic acid), IAA(indole acetic acid) 등이 있는데, 이 중에서도 IBA는 많은 식물에서 가장 널리 사용되고 있다. 삽수는 발근의 특성에 따라 발근용이 식물(easy-to-root), 중간인 식물, 발근난해 식물(difficult-to-root)로 나눈다. 화학물질을 처리할 때에 농도는 발근이 잘되는 식물은 낮은 농도로 한 가지면 충분하나 중간인 것이나 발근이 어려운 것은 두 종류 즉, IBA와 NAA를 다소 고농도로 병용처리하면 좋다.

① **분제 처리법(powder preparation)**: 오옥신을 분말에 혼합하여 이것을 삽수 기부에 묻혀서 꽂는 방법이다. 분말로서는 talc(활석, 滑石), 탄소, 벤토나이트가 이용되지만 거의 talc가 이용되므로 talc법이라 부르기도 한다. IBA, NAA 등이 이용되고 있는데, 발근이 용이한 수종은 1,000ppm(1g/99g talc), 발근이 중위의 수종은 4,000ppm(4g/96g talc), 발근이 곤란한 수종은 10,000ppm(10g/90g talc)을 처리한다. 제조법은 1,000ppm을 만드는 경우에 1g IBA결정을 소량의 에칠알콜에 녹여서, 증류수로 반죽을 만든 99g의 talc에 혼합하여 낮은 온도로 알콜을 휘발시키고 건조하여 가루로 만들어 체로 쳐서 이용한다. K-IBA(IBA-potasium 염)은 물에 녹으니 약간의 증류수에 녹여서 talc에 혼합하여 동일한 방법으로 건조하여 분말을 만들어서 사용한다. 사용법은 미리 삽수 하단부를 물에 약간 적시거나, 물기가 있는 스폰지에 찍어서 축축하게 한 다음 소량의 분제를 알루미늄 종이나 유리 접시에 얇게 펴고 삽수의 절상면을 그곳에 찍어 삽목한다. 이 분제법은 사용하기가 편리하나 삽수에 부착되는 양이 각각 다르므로 똑같은 발근효과를 얻기는 어렵다. 즉 삽수의 절상면에 수분이 많고 적음에 따라, 절상조직 면적의 차이, 털이 있고 없음에 따라 약제의 적용량이 일정하지 않다. 소량 삽목은 시중에서 Rootone 같은 분제를 구입해서 사용하면 편하다.

② **희석액 침지법(dilute solution soaking method)**: 이 방법에는 주로 수용성 K-IBA와 NAA가 많이 이용되며 삽수 기부 약 2~2.5cm를 12~48시간 침지하는 방법으로 처리 농도는 식물의 종류에 따라 다음과 같다. 처리 농도는 1년생과 영년생 25~100ppm, 초본삽목 50~200ppm, 발근이 곤란한 목본류(포도, 장미, 서양자두와 사과 대목용, 진달래, 무화과, 개나리, 귤류, 올리브, 베리류 등)는 50~400ppm를 처리한다. 오옥신 처리 시 농도가 너무 낮으면 효과가 떨어지지만, 너무 높으면 삽수 기부에 약해가 나타나 이상 발근을 한다거나 발근 후 생육이 떨어지는 경우가 있으므로 주의를 요한다.

③ **고농도 순간침지법(concentrated solution dip method)**: 삽수를 3~5초 동안 높은 500~10,000ppm농도에 침지한 후 삽상에 꽂는 방법이다. 간편해서 좋을 뿐만 아니라 침지 환경의 조건에 따른 약액의 흡수량의 차이가 적으므로 균등한 결과를 얻을 수 있다. 그리고 조제한 용액을 몇 번이라도 계속해서 사용할 수 있는 장점이 있다. 그러나 고농도의 알코올에 녹이기 때문에 발근이 저해되는 경우가 있어서 수용성 K-IBA(상품명: Hortus IBA)를 사용하면 그런 위험성이 없다. 1년생, 연한 줄기 영년생 50~200ppm, 영년생, 포트 장미 150~1,500ppm, 발근이 어려운 초본, 영년생, 열대 식

물 500~1,500ppm, 녹지삽 500~1,500ppm, 숙지삽 500~2,000ppm, 발근이 어려운 휴면지삽 2,000~10,000ppm을 처리한다.

④ **분무처리법(spray drip down method)**: 잎에 발근제를 물방울이 떨어질 정도로 많이 뿌리는 방법이다. 줄기를 절단하여 발근제를 처리하려면 많은 시간과 노동력이 필요하니 모수에 발근제를 뿌려서 삽수를 채취해서 바로 꽂는 방법이다. 잎에 약해가 나타나는 경우가 많지만 발근은 잘되는 장점을 가지고 있다. 최근에 수용성 발근제가 많이 보급되면서 사용되는 방법으로 수용성 K-IBA를 1년생, 영년생, 국화에는 50~250ppm, 초본 및 발근이 어려운 영년생 식물은 250~1,500ppm, 목본 화훼식물은 300~1,500ppm을 액이 잎에서 흘러내릴 정도로 뿌려준다. 다만 극히 주의할 것은 살포할 때에 안경과 두꺼운 마스크 또는 가스마스크를 착용하고 눈이나 호흡기로 액의 흡입을 방지한다. 오옥신류의 흡입이나 피부접촉은 건강에 몹시 해롭다.

5) 식물병 방제

종자전염병과 마찬가지로 삽수를 통한 병충의 전파는 심각한 수준이다. 그래서 다음 몇 가지 점을 고려하고 약제를 처리해야 삽목이 원할하게 이루어진다.

① **무병묘 이용**: 삽수의 병충 전파를 막기 위한 기본은 무병주로부터 삽수의 채취이다. 그리고 채취하는 모수가 바뀔 때마다 삽목하는 사람 손이나 절단 가위는 반드시 소독을 해야 한다. 삽목기구는 sodium hypochlorite(상품명: Clorox)를 많이 사용하나 최근에는 benzil chloride, isopropyl alcohol, monochloramine등을 사용하여 소독한다.

② **약제이용**: 삽수를 상토에 꽂기 전에 잠깐 농약에 담구었다가 삽목을 하거나, 삽목 후에 삽상에 뿌려주기도 한다. 국내에서는 베노밀을 많이 사용하는데 외국에는 다양한 소독제가 보급 이용된다. 장미 뿌리혹병 경감을 위한 간이 삽수소독 방법으로 가정용 락스(염소함량 4%)를 0.1% 함량으로 1,000배 희석하여 장미 삽수를 30분간 침지 후 식재할 경우 뿌리혹병 방제가 가능하다. 그러나 이 소독법은 단지 삽수 표면에 묻은 병원균을 제거하는 간이소독법이기 때문에 소독효과가 지속되지 않아 방제효과는 미생물방제제에 비해 낮다.

③ **미생물 처리**: 근권 미생물을 삽수에 오옥신과 같이 처리하여 균도 죽이고 발근도 촉진시키는 제품(*Agriobacterium radiobacter*)이 보고되고 있으나 국내에서는 많이 이용하지 않는다. 장미 뿌리혹병 방제에 *A. radiobactor*제품이 약 95% 방제가가 있어 74%인 크로락스보다 효과적이라고 한다.

3.2.4 삽목 후 환경 관리

1) 온도

삽목 후의 외적요인으로써 중요한 것은 온도 관리이다. 온도는 삽상의 상토 내의 온도(지온)와 삽상 위의 온도(기온)가 있다. 일반적으로 삽상 위의 온도는 상토 내의 온도보다 2~3℃ 낮은 것이 바람직하다. 만일 발근이 충분히 되기 전에 지상부가 신장하게 되면 발근이 늦어지거나 잘 되지 않는다. 그 이유는 삽상 위의 온도가 높아져 발근 전에 삽수의 눈이 맹아하여 신장하게 되면 저장양분이 소비되어, 삽수 기부에의 저장양분 분배가 감소되어 발근에 불리하게 되기 때문이다. 온대식물의 상토 내의 적온은 18~25℃며, 열대식물은 25~32℃이다. 대부분의 온대식물은 25℃를 넘으면 오히려 발근율이 저하되고 부패균의 생장이 왕성해진다. 또한 상토 내의 온도는 항온조건보다 낮에 21~27℃, 야간에 15℃의 변온처리가 발근에 좋다. 묘상 아래 근권부에 절연선이나 엑셀파이프 등을 설치하여 저면가온(bottom heating)을 통하여 발근을 촉진하는 방법이 많이 응용된다. 다양한 가온장치를 이용하여 최근에는 뿌리 유기온도와 뿌리 생육온도를 조절하는데 개나리와 국화는 뿌리유기 시에 온도는 30℃, 발육할 때 온도는 22~25℃로 하면 좋다. 포인세티아는 근권온도가 20℃ 이하 또는 32℃ 이상에서는 발근이 되지 않으며 뿌리 유기는 28℃, 뿌리 생육에는 26℃가 적당하다.

2) 수분 및 산소

삽수의 발근을 위한 삽상의 조건으로는 삽수절단면 주변에 적당한 수분공급을 위하여 보수성과 통기성이 필요하다. 삽수의 수분요구량은 식물의 종류와 채취시기, 삽수가 가진 지엽량(枝葉量), 기상 조건 등에 따라 다르다. 또한 삽목 후 발근 전후의 경과일수에 따라서도 다르다. 삽수에 충분한 수분을 공급하려면 상토를 손으로 쥘 때 손가락 사이에 물이 스며 보일 정도가 좋다. 토양수분압은 pF 2 정도가 좋고 토양 최대용수량의 약 70% 수준의 수분함량이면 알맞다고 본다. 삽상의 수분공급은 인공적으로 경험에 의존하는 방법과 미스트시스템, 포그시스템을 이용하는 방법이 있다. 대단위 번식에서는 삽상에 수분 센서를 설치하고 이를 미스트장치에 연결하여 관수한다. 일정한 수분공급을 위하여 트레이에 수분흡수가 잘되는 부직포를 부착시켜서 저면관개를 하는 것도 좋은 방법인데 선인장 번식 등에 많이 이용된다. 펄라이트 배지에서는 저면관개 시스템을 이용하는 것도 좋은 방법이다.

한편 삽수의 발근에는 산소가 필요하므로 통기성도 충분히 고려되어야 한다. 포도의 삽목 실험에서 21%의 산소에서는 발근이 제일 좋았고, 그 이하는 순차적으로 발근이 불량하였으며, 2%에서는 아주 적게 발근하였고, 0%에서는 전혀 발근이 되지 않았다. 과수의 실생묘는 토양 중의 산소농도가 6~7% 이상이면 정상 생장을 하며 5% 이하에서는 생장이 억제된다. 일반적으로 피트모스, 코이어, 펄라이트, 버미큐라이트 등은 충분한 공극을 가지고 있어서 산소공급은 전혀 문제가 없다.

3) 공중습도

공중습도는 휴면지삽에서는 제어할 필요가 없지만 녹지삽에서는 매우 중요한 조건이다. 뿌리가 없는 삽수는 수분의 흡수능력이 약하므로 증산작용을 억제시켜 식물체 내의 수분을 유지시켜 주어야 한다. 그러기 위해서는 공중습도를 높여주는 것이 바람직하며, 삽상의 습도는 삽목 초기에는 포화상태가 바람직하고 발근될 때까지 관계습도를 80% 이상으로 확보해주는 것이 이상적이다. 삽목 후 충분한 관수를 하고 비닐이나 폴리에틸렌으로 피복해주고, 여름에는 햇빛가림을 해서 고온이 되지 않고 적온이 되도록 유지시킨다. 대단위 온실에서는 습도센서를 설치하고 포그시스템을 이용하여 적습을 유지시킨다. 포그시스템의 물방울 크기는 15μm, 마이크로미스트는 40μm, 미스트시스템은 50~100μm이므로 삽수의 종류에 따라 시스템을 조절한다. 미스트장치를 위해서 수압은 345kPa(50psi)을 유지해야 한다.

4) 광선

잎을 갖지 않는 휴면지삽의 경우는 광선이 발근에 크게 영향을 미치지 않는다. 그러나 잎이 있는 삽목은 강한 광선 하에 놓아두면 동시에 증산작용을 촉진하고, 삽수를 위조시켜 발근에 불리하게 되므로 삽목 후 초기에는 차광(30~50%)을 하고 발근이 이루어진 다음은 충분한 광선이 쬐여서 동화물질이 형성되어 뿌리발달이 보다 잘 진행되어서 튼튼한 삽목묘가 되게 관리한다. 광이 부족한 시기에 보광이 필요하면 목본류의 엽삽의 경우에 100W/㎡이하가 원칙이다. 일반적으로 노지에서는 초기에는 갈대 발, 한냉사 등으로 적당히 차광해서 증산작용을 억제하고 후기에는 충분한 광을 받아서 묘가 튼실하게 자라게 한다.

일장은 발근에 크게 영향을 주지 않지만 일반적으로 장일조건에서 부정근 형성이 잘 되며, 단일조건에서는 잘 안 된다.

5) 산도(pH)

삽상의 pH가 발근에 영향을 미친다는 것이 일반적으로 인정되고 있지만, 산성 토양에 잘 생육하는 것으로는 철쭉류이며, 약산성(pH 6.0~6.5)을 좋아하는 식물로는 대부분의 과수류와 동백, 제라늄 등이 있다. 삽수 종류에 따라 알맞은 산도를 유지시키는 것이 중요하다.

6) 환경제어 육묘공장

삽목묘 번식 식물공장에서는 광, 온도, 수분, 탄산가스, 양수분공급 등을 모델링한 스마트팜형 식물공장으로 운영하여 삽수의 발근조건을 최적화하는 것이 필요하다. 국내에서도 채소육묘장에서 오이 단근육묘, 토마토 접목육묘, 고구마 삽수 생산 등에 공장형 환경제어 모델을 적용한 공장형 스마트 육묘장이 늘어나고 있다(그림 3-5)

그림 3-5 LED설치 식물공장형 토마토 접목육묘장(춘천 호반육묘)

3.2.5 삽목의 종류

삽목은 식물의 종류나 품종 및 삽수의 재료나 삽수의 조건 또는 삽목의 목적과 계절에 따라 삽목법의 명칭이 다르다. 크게 삽수의 재료에 따른 분류, 기부의 절단 형태에 따른 분류, 삽목 시기에 따르는 분류, 삽목 장소에 따르는 분류, 삽상 재료에 따르는 분류, 삽목 조작에 따르는 분류, 삽목 위치에 따르는 분류 및 기타 특수한 방법에 의한 삽목 등으로 분류할 수 있다.

1) 삽수 재료에 따른 분류

엽삽, 엽아삽, 경삽, 근삽, 기타 삽목이 있다

(1) 엽삽(leaf cutting)

잎을 재료로 하여 삽목 하는 엽삽의 종류는 그다지 많지는 않다. 제한된 재료로서 다수의 묘를 얻기 위해 주로 사용하는 수단이다. 또 초본 등에서 줄기가 짧아서 재료로 쓰기 곤란한 식물의 잎을 이용하는데, 충분히 성숙한 잎이 좋다. 방법은 잎을 예리한 칼로 절편을 만들어 삽목하는 엽편삽 또는 분절삽(divide leaf cutting)과 잎 전체를 이용하는 전엽삽(entire leaf cutting)이 있다. 산세베리아(*Sansevieria*), 렉스베고니아(*Begonia rex*), 페페로미아(*peperomia*), 아프리칸 바이올렛(*Saintpaulia*), 글록시니아 등의 초본류는 거의 엽삽으로 번식한다(그림 3-6, 좌). 최근에 인기가 있는 *Echenveria* 다육식물은 잎을 따서 상토 위에 올려놓고 상토가 너무 마르지 않게 관리하면 새순이 자란다(그림 3-6, 우).

그림 3-6 베고니아 전엽삽(google)과 다육식물 *Echenveria*엽삽

아프리칸 바이올렛과 같이 엽병 부분을 붙여 삽목하는 것을 엽병삽이라 한다. *Kalanchoe*나 *Bryophyllum*은 잎의 주위에 작은 유식물이 무수히 붙는다. 이것을 엽배(foliar embryo)라 하며, 엽연에 있는 조그마한 세포군에서 발달한다. 잎은 점점 커져서 엽배가 발달하여 어린 잎과 어린 뿌리를 형성하고, 잎 사이에는 유경이 생기며, 엽맥 쪽으로 뻗어가는 한 개의 발(foot)이 발달한다. 이 어린 식물은 잠재해 있는 제1분열 조직에 의한 것으로 이것을 따서 심으면 바로 유식물이 된다(그림 3-7). 반엽 산세베리아(*Sansevieria trifasciata* var. *laurentii*)는 chimera

그림 3-7 Bryophyllum의 엽배(좌)와 엽배 삽목

에서 얻은 품종으로 엽삽을 하면 가장자리 노란 무늬와 반점이 나타나지 않으므로 포기나누기를 해야 한다. 이것은 chimera 부분인 노란부분은 발근 능력이 없고, 녹색 부분의 조직에서만이 부정아가 분화되기 때문이다.

(2) 엽아삽(leaf bud cutting)

엽아삽은 하나의 잎과 짧은 줄기 일부분과 그 곳에 붙은 액아로 된 삽수를 이용한 삽목이다, 엽삽과 경삽의 중간적인 것이라고 할 수 있으며 눈이 하나뿐이므로 일아삽(1芽揷)이라고도 한다. 이 방법은 제한된 재료로 다수의 묘를 얻기 위한 방법으로써, 인도고무나무, 동백나무 등의 상록수에서 주로 이용되지만 불도화, 산앵도나무, 블랙베리, 라스베리, 단풍 등의 낙엽수와 다알리아, 국화류, 크레마티스, 영국 아이비 등의 초본류에서도 이용할 수 있다. 인도고무나무는 삽수기부에 진흙으로 흙떡을 만들어 삽목하면 더욱 발근이 잘 된다(그림 3-8).

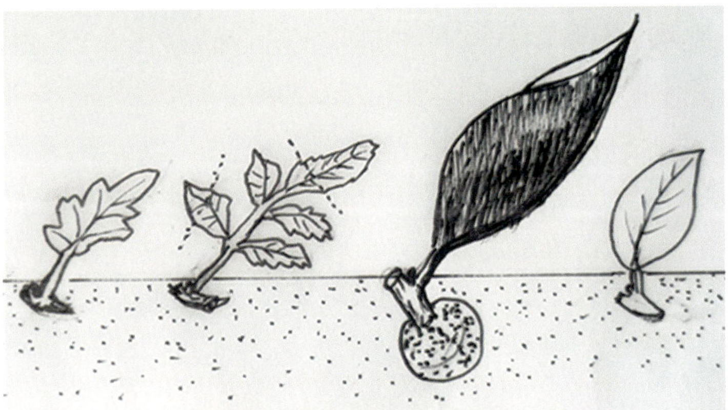

그림 3-8 엽아삽(국화, 다알리아, 고무나무, 동백)

(3) 경삽(stem cutting)

지삽 또는 가지삽(shoot cutting)이라고도 하며, 목본류의 크고 작은 가지나 초본류의 줄기를 삽수로 이용한다. 삽수로 이용되는 가지나 줄기의 생리 상태에 따라 다음과 같은 여러 가지 이름으로 불리운다.

① **초본삽(herbaceous cutting)**: 1~2년생의 초본류, 숙근초, 허브식물 등의 연한 줄기를 재료로 하는 삽목을 말한다. 아삽 또는 삽아라고도 하며 국화, 카네이션, 제라늄, 민트, 케트민트 등의 삽목이 해당된다. 이들을 루톤 분의처리하면 발근이 향상된다 캐트민트같이 발근이 어려운 허브도 루톤처리하면 페퍼민트보다는 효과가 낮아도 촉진 효과가 있다(그림 3-9, 임, 2005).

[무처리] [루톤처리]

그림 3-9 루톤의 민트류 발근 촉진(임지안 제공)

② **녹지삽(greenwood cutting)**: 봄부터 자란 신초가 경화하기 전까지의 새가지를 이용하는 삽목으로, 이 방법은 새로 나온 신초를 이용하므로 재생력이 왕성한 시기이고 조직적으로도 어느 정도 성숙해서 삽수 내 양분도 충실하고 더욱이 외적조건도 삽목에 적합한 시기가 되므로 여러 가지로 발근하기 쉬운 조건을 갖추고 있다고 할 수 있다. 여러 종류의 상록수와 낙엽수에서 이용할 수 있다, 가지가 아직 연한 상태이므로 연지삽(soft wood cutting)이라고도 한다. 목본류는 라일락, 개나리, 단풍, 목련, 조팝나무, 사과, 복숭아, 배, 자두 등에 적용되는데 화아는 제거하고 측지를 사용한다. 초본류는 제라늄, 포인세티아, 디펜바키아, 국화, 대부분의 초본화훼류, 파인애플, 고구마, 초본 허브류(박하, 향제라늄, 케트민트, 루)가 적용된다.

③ **반숙지삽 또는 반경지삽(semi-hard wood cutting)**: 녹지삽보다 좀 더 경화한 가지를 이용하는 것으로 목화한 상록관엽수, 신초가 경화한 낙엽수로부터 삽수를 이용하는 경우를 말한다. 가지의 색이 대부분 녹색에서 다소 갈색으로 변해있는 상태이다. 호랑가시나무, 철쭉, 감귤, 올리브, 사철나무, 돈나무류, 로즈메리, 라벤더가 해당된다.

④ **숙지삽 또는 경지삽(hard wood cutting)**: 숙지삽은 완전히 성숙 경화한 가지를 이용하는 경우를 말한다. 삽목시기가 3~4월로서 삽수가 아직 휴면상태에 있을 때이므로 휴면지삽(dormant wood cutting)이라고도 한다. 이 시기의 삽목은 삽목조건으로서 조직의 경화, 억제물질의 축적 등 마이너스 요인이 있기도 하지만, 삽수 내에 저장양분을 충분히 보유하고 있으므로 좋은 조건을 갖추고 있다고 할 수 있다. 또한 이 방법은 잎이 없으므로 녹지삽에서와 같이 삽수가 위조할 염려가 없다. 주로 낙엽수는 개나리, 장미, 무화과, 수양버들, 사과, 배, 자두의 대목용이 적용된다. 상록수로는 향나무, 주목, 가문비, 전나무,

측백나무, 솔송나무, 편백, 삼나무가 있다.

(4) 근삽 (root cutting)

뿌리의 일부를 잘라 삽목하는 방법으로 부정아와 부정근을 발생시켜서 개체를 양성하는 방법이다. 보통 지삽에서 발근이 어려운 식물이라도 근삽으로 쉽게 번식시킬 수 있다. 재료의 길이에 따라 단근삽(2.5~5cm)과 장근삽(5~15cm)으로 나누며, 단근삽은 포트를 이용하고 장근삽은 노지에서 실시한다. 심는법은 수평으로 심는 것과 수직으로 심는 것 등이 있다. 채소에서는 horseradish(서양고추냉이)가 대표적이며 과수에서는 동양배, 무화과나무, 사과(특히 flowering crab apple), 키위, blackberry, raspberry, 화훼류는 개나리, 라이락, 장미, 제라리움, 플록스, 캘리포니아 포피, Japanese anemone 그리고 포프러스나무 등이 가능하다.

(5) 기타, 구근류의 삽목

대나무나 연근 같은 근경의 일부를 재료로 한 근경삽(rhizome cutting), 시클라멘 등의 괴경의 일부를 재료로 한 괴경삽(tuber cutting), 백합류의 인경의 인편을 사용하는 인편삽(scale cutting), 글라디올러스 등의 구경의 일부를 사용하는 구경삽(corm cutting) 등이 있다.

2) 삽수 크기에 따른 분류

크기에 따라 일아삽, 장초삽과 단초삽으로 나눈다.

(1) 일아삽(1芽揷, eye cutting)

외눈꽂이라고도 하는데 눈만 하나 붙여 3cm 정도 짧은 가지나, 5~7cm의 가지 끝에 한 개

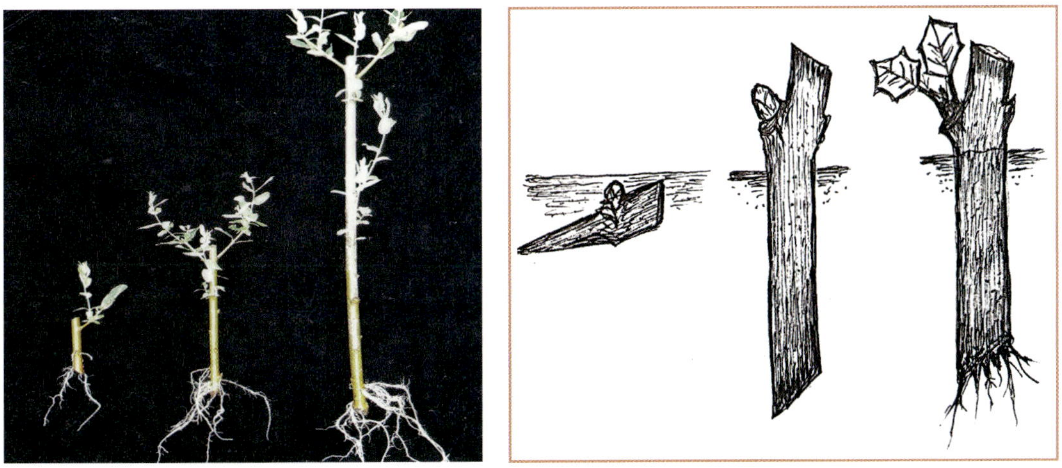

그림 3-10 삽수 길이와 발근(좌, 오색버들, 풀나무농장)와 포도 일아삽(우)

또는 2개 눈만이 붙어있는 삽수를 봄에 삽목하면 여름에 발근이 된다. 포도 등의 귀중한 품종을 온실이나 온상 내에서 한 번에 많은 개체를 생산하기 위하여 이용하는 방법이다. 잎이 붙어 있지않는 것이 엽아삽과의 다른 점이다(그림 3-10, 우)

(2) 장초삽(長梢插, long stem cutting)과 단초삽(短梢插, short stem cutting)

단초삽은 5~10cm 정도로 로즈매리, 래몬밤, 민트 등은 5~6cm 정도 잘라서 플로그 트레이에 꽂는다. 삽수의 길이는 15~20cm 정도 내외의 줄기 삽목은 중초삽이라 하고 이보다 더 긴 삽수를 이용하는 경우를 장초삽이라 하며, 긴 것은 50~100cm의 긴 삽수가 이용되는 수도 있다. 오색버들과 열대 목본채소인 모링가(Moringa)는 60cm 장초삽을 실시해도 발근이 잘되며 발근 촉진을 위해서는 루톤처리가 효과적이다(그림 3-10, 좌).

3) 삽수 채취부위에 따른 분류

가지나 줄기의 선단부를 이용하는 것을 천삽(天插, top cutting) 또는 정아삽(頂芽插)이라고 하고, 선단부보다 밑의 정아가 없는 부분을 삽수로 이용하는 것을 관삽(管插, normal cutting)이라 한다. 아삽이나 녹지삽의 경우에는 천삽이 많이 행하여 진다.

4) 삽수 기부의 절단방법에 따른 분류

삽수의 기부는 삽목 후 발근 촉진과 활착의 안정을 위하여 여러 가지 형으로 절단된다, 절단면에 따라 수평, 사면, T자형, L자형, 절단면 분할(쪼개기), 등이 있으며 식물에 따라 적용이 다르다(그림 3-11). 일반적으로 사면 절단법을 가장 많이 사용한다.

5) 삽수의 꽂는 방법에 따른 분류

일반적으로 삽목 시에 줄기의 극성을 고려하여 모든 줄기는 기저부(proximal end)를 지구

그림 3-11 삽수기부 절단법

그림 3-12 고구마줄기 삽목(좌: 정상, 우: 도치)

의 중심을 향하게 배지에 꽂는다. 그러나 반대로 기저부를 상부가 되게 꽂는 것을 도치삽목(inverse cutting)이라고 하는데 실제보다는 극성의 생리적인 연구에 사용되는데 마삭줄의 경우에 도치삽목이 가능하다(문, 2015). 포도의 도치삽도 발근이 잘 된다(Hartmann 등, 2014). 고구마 줄기도 도치삽목하면 다소 뿌리 내림이 늦어도 발근은 이루어진다(그림 3-12). 공심채는 물에서도 잘 자라는 특성이 있어서 줄기 극성이 발근과 관계가 작다.

6) 기타 삽목시기와 장소에 따른 분류

봄삽(春揷), 여름삽(夏揷), 가을삽(秋揷), 겨울삽(冬揷) 또는 3월 삽, 6월 삽, 9월 삽 등으로 나누며 삽목 장소에 따라 노지삽(garden cutting), 상삽(bed cutting), 분삽(pot cutting)으로 구분하며, 또는 꽂는 방법에 따라 수직삽(vertical cutting), 옆으로 꽂는 사삽(oblique cutting), 근삽의 경우에 수평으로 삽목하는 수평삽(horizontal cutting) 등으로 구분을 한다. 삽목식물의 발근 특성을 이해하고 최적 방법을 택하여 삽목을 하면 좋다.

3.2.6 삽목 방법과 관리

1) 삽목 방법

삽목법에 따라 채취시기, 삽수관리, 삽목실제가 다르다.

(1) 낙엽수 숙지삽

낙엽수의 숙지삽(휴면지삽)은 늦가을에서 이른 봄에 눈이 움직이지 않을 때 삽수를 채취하여 저장해 놓았다가 이용한다. 숙지삽은 노지에서 행하는 경우가 많지만 삽목하기 전에 삽상을 충분히 잘 정비하고서 삽목한다. 녹지삽에 비해 깊게 꽂는 숙지삽은 삽상 내의 통기성을 높여놓을 필요가 있다. 삽수는 10~15cm 길이로 조제 후 수 시간 동안 물에 담구었다가 꽂거나 그냥 꽂기도 한다. 처리하는 발근제는 IBA와 NAA로 농도는 2,500~5,000ppm을 처리한다. 삽목 할 때 꽂는 깊이는 삽수 크기의 1/2~2/3을 꽂는 것이 보통이지만 상부의 눈 하나만 나오도록 깊게 꽂고 삽수의 기부가 토양에 잘 접촉되게 단단하게 눌러준다. 겨울철이 온화한 지중해성기후 지역에서는 가을철에 삽수를 채취해서 바로 노지삽목을 한다. 삽수를 겨울철에 미리 절단할 경우는 신문지로 감고 비닐자루에 넣어서 0~4.5℃에 저장했다가 봄철에 삽목한다. 저장 시에 맹아가 나오지 않게 자주 관찰하며 눈의 발달이 감지되면 온도를 더 낮게 한다. 무궁화나 개나리같이 봄철 노지삽목의 경우는 흑색비닐 멀칭을 하고 삽수를 위에서 직접 꽂는 것이 토양온도와 수분을 적당하게 유지하고 여름철 잡초의 발생을 방지해서 좋다. 온실 내에 삽목 시는 보광, 미스트, 포그 시스템이 있는 것이 좋다.

(2) 상록수 숙지삽

성숙된 상록수의 줄기를 삽목하는 방법이다. 늦가을과 늦겨울 사이에 실시한다. 보광과 가습시설이 필요하다. 삽수 길이는 10~20cm, 발근제는 IBA나 NAA를 사용하며 농도는 약 2,000ppm이고 발근이 어려운 식물은 5,000~10,000ppm을 처리한다. 삽목상은 전열온상을 만들어서 23~27℃가 되게 한다. 가장 중요한 것은 발근 기간에 적당한 수분을 유지하는 것이다.

(3) 반숙지삽

줄기 일부가 성숙된 반숙지삽의 채취시기는 늦봄과 늦여름이다. 가습장치가 필요하며 삽수길이는 7.5~15cm가 알맞고 삽수 하단에 상처처리가 유효하다. IBA와 NAA를 1,000~3,000ppm을 사용하고 과다한 잎의 증산이 이루어지지 않게 포그 등을 이용해서 삽상의 가습처리를 한다.

(4) 목본 녹지삽

녹지삽은 봄이나 초여름에 자라는 어린줄기를 삽목하는 방법으로 삽수는 7.5~12.5cm 길이로 삽목한다. 너무 여린 줄기나 굵은 줄기는 피하고 정단보다는 측지를 이용하며 눈은 2~3개가 붙어 있는 것이 좋으며 삽수상의 모든 꽃눈은 제거한다. 삽수는 오전에 채취하고 단시간이라도 햇빛에 노출되지 않게 하고 삽목 전 까지는 서늘하고 습도가 높아 시들지 않게 한다. 물에 삽수를 담그는 것도 대책이나 바람직하지 않고 바로 삽목을 하지 않으면 4~8℃에서 1~2일 저장할 수가 있다. 노지삽목은 깊게 미스트삽상에서는 얕게 꽂는다. 실내 삽에서는 근권의 온도를 23~27℃가 되도록 한다. 실내온도가 30~32℃ 이상 되면 발근이 저조하니 포그 시스템을 이용하여 온도를 조절한다. 노지삽에서는 삽수 기부의 상토를 단단히 눌러 놓는다. 상토와 접촉이 불량하면 바람에 삽수가 돌아가 버리거나 빠져버려서 발근도 늦고 활착도 한결같지 못하게 된다. 삽수는 IBA나 NAA를 500~1,250ppm 정도 처리한다.

(5) 초본 녹지삽

다즙상태의 줄기를 가진 초본류가 대상이 된다. 온실에서는 연중 삽목이 이루어지며 열대에서는 노지삽목이 가능하다. 적당한 미스트, 포그 시스템이 갖추어져야 한다. 길이는 7.5~15cm이나 허브류는 5~7.5cm로 짧게 한다. 일반적으로 발근제는 쓰지 않지만 발근촉진을 위해 IBA나 NAA를 25~100ppm 또는 최고 500~1,250ppm처리한다. 추운겨울에는 전열온상에서 발근이 잘 된다. 국화와 카네이션은 반드시 펄라이트, 코이어 같은 무병상토를 사용한다. 꽂는 깊이는 잎이 크고 긴 삽수는 약간 깊게 꽂도록 한다.

(6) 엽삽

엽삽에는 전엽삽, 엽병삽, 엽편삽(분절삽) 등이 있는데 연중 삽목이 가능하다. 적당한 가습 시설을 갖추며, 삽수를 꽂아준다. 산세베리아는 8~10cm로 하고 다른 것은 잎의 크기에 따라 조절한다. 생장조절제는 부정아(adventitious bud)발생을 촉진하는 사이토키닌류인 BA 100ppm을 베고니아, 아프리칸 바이올렛에 엽면살포를 한다. 전엽삽은 잎을 잘라서 심는데 렉스베고니아, 페페로미아에서 적용된다. 엽병삽은 아프리칸 바이올렛, 글록시니아, 카란코에, 페페로미아가 대상이며 편엽삽은 렉스베고니아, 산세베리아에 적용된다. 삽목 후에 부정근과 부정아가 발생하면 이것을 화분에 옮겨 심는다. 렉스베고니아의 전엽삽은 잎을 수평으로 놓던가 상토 면과 잘 밀착하도록 한다.

(7) 엽아삽

엽아삽은 1장의 잎과 하나의 눈 그리고 짧은 가지나 줄기를 가진 삽수를 이용하는 삽목이다. 인도고무나무, 동백나무 등의 상록수에 주로 이용되지만, 초본류나 낙엽수 등에도 이용될 수 있다. 엽아삽은 적은 재료로 한 번에 많은 묘를 얻고자 하는 경우에 적합한 삽목이다. 식물에 따라 IBA와 NAA를 1,000~3,000ppm을 처리한다.

엽아삽을 할 경우 중요한 것은 액아가 확실히 분화되어있는 것을 고르는 것이고, 또한 눈과 반대 측의 수피를 깎아내리거나 줄기를 반절하여 목질부를 노출시켜 놓는 쪽이 발근을 촉진시켜서 효과적이다. 삽목 시에는 눈이 겨우 감춰질 정도로 너무 깊지 않고, 잎은 상토면에 겨우 닿을 정도로 경사지에 꽂는 것이 좋다.

(8) 근삽

삽수는 어린나무의 두께 1~2cm의 뿌리를 골라 5~15cm로 절단한다. 뿌리 선단의 가는 부분은 이용할 수 없다. 발근제는 사용할 필요가 없으며, 삽목 요령은 상부가 겨우 나올 정도로 하여 발아 시까지 가볍게 복토한다. 부정아가 많이 나오거든 하나만 남기고 나머지는 전부 솎아낸다. 삽목은 3~6월경에 행한다. 근삽이 가능한 수종으로는 감나무, 배나무, 복숭아나무, 사과나무, 오동나무, 아카시아, 버드나무, 명자나무, 장미, 박태기나무, 라일락, 등나무, 두릅나무 등이 있고 화훼류는 제라늄이 있다. Sea kale(*Crambe maritima*)은 2.5~5cm되게 뿌리를 잘라서 플러그 트레이에 직립해서 심고 발근시킨다. 서양겨자무(horseradish)는 길이가 20cm 정도가 되는 가는뿌리만 골라서 고구마 이랑처럼 만들어 땅속에 약간 비스듬하게 수평으로 심는다. 뿌리가 20cm 이상이 자라야 판매 가능하다. 수확할 때 끝에 생기는 어린뿌리 중에 20cm

이상이 되는 것을 골라서 저장했다가 번식용으로 사용을 한다.

2) 삽목 후의 관리

삽목 후 발근까지의 관리 요점은 알맞은 근권환경을 유지하면서 삽수를 위조하거나 부패시키지 않는 일이다. 삽수를 위조방지를 위해서는 다양한 관수시스템을 이용하여 과습하지 않게 관수를 하고 초기에는 적당한 차광을 하며 노지에서는 멀칭 등을 행한다. 부패시키지 않기 위해서는 실내나 노지에서 삽목배지나 토양의 철저한 병충방제가 선행되어야 하며 발견되면 즉시 이병주를 제거하고 농약을 살포 또는 상토에 관주한다. 물관리는 중요하므로 잘 계획된 관수 프로그램에 따라 지상부 및 지하부 관수를 한다. 다만 관수할 때 물의 양은 과다가 되지 않도록 주의한다.

삽수는 발근 전에 부패를 막기 위하여 비료 성분이 적은 포장이 바람직하지만 발근 후는 양분흡수 능력이 있으므로 적당히 물비료를 줄 수 있다. 삽수의 새싹이 튼튼하게 신장하여 엽색이 짙어지면 발근했다고 보아도 좋다. 그러나 삽수의 새싹이 낮 동안 일시적으로 위조하는 상태라면 발근이 의심스러운 것이다.

봄삽의 경우 그대로 가을까지 방치하나 수차에 걸쳐서 질소 위주의 묽은 액비 또는 화학비료를 시비한다. 묘포에서는 제초나 약제 살포에도 주의한다. 다만 시비는 새로 발생한 가지가 상당히 자란 후(포도에서 5월 하순 이후)에 행하는 쪽이 안전하다. 비배관리에 노력하면 늦가을까지 우량한 대목이나 묘목을 생산할 수가 있다. 삽목번식 동안에 병충해 방지 등은 매우 중요하니 작물마다 처방을 잘해야 한다.

발근한 삽수는 독립된 하나의 개체로서 양분흡수 능력도 갖고 있으므로 가능한 빨리 이식하여 비배관리를 행해야 한다. 이식 후에는 관수량을 줄이고 광을 최대로 공급해서 한 개체로서 자연환경에 적응하도록 강하게 길러야 한다. 그러나 발근시기가 한여름이거나, 엄동기에 들어갈 즈음이면 이식이 도리어 생육을 늦추거나 심지어는 발근한 개체가 마르거나 얼어서 죽는 결과를 초래할 수도 있다. 이러한 경우는 이식을 행하지 않고 묘목을 그대로 삽상에 놓고서 두꺼운 부직포(4mm)를 덮고 그 위에 비닐을 다시 피복하여 방한 작업을 행하여 월동시키고 다음 해 봄에 묘포에 옮겨 심는다.

이식하기 전에 미리 삽상에 충분히 관수를 해놓고서 묘를 캐낸다. 발근묘는 상자에 담아서 젖은 거적으로 덮어서 뿌리가 마르지 않도록 한다. 묘포는 미리 비료를 뿌려서 준비해놓는다. 이식 간격은 수종에 따라서 다르지만 수목류에서는 10~20cm×15~20cm정도로 심는다. 노지에 이식 후에는 제초, 시비, 병충해 관리를 잘하고 필요 시에 굴취한다.

3) 발근묘의 저장

정식할 본포의 상태가 미비하거나 수출입을 하려면 발근묘의 저장은 불가피하다. 카네이션 발근묘는 젖은 피트모스나 이끼를 담은 비닐백(밀봉하지 않은 상태)에 넣고 −0.5℃에 저장하면 최소한 5개월 저장한다. 발근된 국화묘는 0.5~1.6℃에서 3~6개월, 포인세티아는 5℃에서 1주일 동안 저장이 가능하다. 저장이 잘 되어서 발근묘가 수출입이 이루어진다.

발근묘는 가능하면 낮은 온도에서 수분을 보유하는 피트모스나 입상 암면 등을 비닐백에 담고 밀봉하지 않은 상태에서 두면 장기저장이 가능한데 저장기간은 식물의 종류나 품종 간에 차이는 있다.

3.3 접목

접목(椄木, grafting)이란 두 개의 각각 다른 식물체를 조직적으로 연결시키고, 생리적으로 공동체가 될 수 있도록 육성하는 방법을 뜻한다. 이 때 접착부위 윗부분을 접수(椄穗, scion) 또는 접순이라 하고, 아랫부분을 대목(臺木, stock 또는 rootstock)이라고 하며, 접수와 대목이 접하여 한 개체의 합성식물을 조성한 것을 접목체라 한다. 방법에 따라 접수와 대목 사이에 중간대목(interstock, itermediate stock, interstem)을 끼어넣기도 한다. 이처럼 2개 또는 3개의 서로 다른 식물조직이 접목에 의해서 육성된 개체는 합성식물 또는 복합식물(composite 또는 compound plant)로서 영양적으로 보면 대목은 뿌리에 의해 토양으로부터 흡수한 양수분을 접수에 보내고, 접수는 잎이 광합성으로 만든 동화물질을 대목에 보내 결국 접수와 대목은 서로 공생관계에 있게 되는데, 이것을 접목공생(graft symbiosis)이라고 한다.

접목한 것이 잘 접합해서 생리작용의 교류가 원만하게 이루어지는 것을 활착(活着, graft-take)이라고 하며, 활착 후 장기간에 걸쳐 정상적인 생장과 발육이 이루어지는 것을 접목친화(椄木親和, graft compatibility)라고 하며 중간에 생육이 정지되는 현상을 접목불친화(椄木不親和, graft incompatibility)라고 한다. 또한 접목을 하면 접수와 대목이 서로 작용하여 접목을 하지 않았을 때에 비하여 형태적, 생리적, 생태적인 변이를 나타내게 되는데 이것을 접목변이(椄木變異, graft variation)라 한다.

접목에 의한 작물의 재배 역사는 대단히 오래되며 중국에서는 BC 1560년 전에 이루어졌고 그리스 및 로마인들은 기원전 3~4세기부터 접목을 해왔으며, 기원전 1세기경부터 눈접이나 깎기접을 하였다.

접목방법의 발전 초기단계에서는 감귤류 등의 과수원예를 중심으로 발달되었고, 근래에는 과수를 중심으로 정원수, 화훼, 채소에 이르기까지 중요한 재배기술로 발전되었다.

과거에는 접목에 모든 방법을 포함시켜서 다루었으나 최근에는 접목과 아접(芽椄, 눈접)으로 나누어서 다루는데 이는 아접은 크기 면에서 일반 접목보다 매우 작고, 다만 한 개의 눈만 이용하기 때문이다(Hartmann 등, 2014)

3.3.1 접목과 아접의 특성

접목번식에 대한 전반적인 기초이론을 이해한 다음에 접목을 실시하는 것이 중요하다.

따라서 여기서는 접목의 장점, 대목의 종류, 접목과 아접의 접목부위 형성의 원리, 그리고 접목 성공의 요인 등에 대하여 간단히 설명하기로 한다.

1) 접목의 장점

접목의 장점은 다음과 같다.

(1) 품종의 특성 유지

과수와 같은 목본식물은 원래 야생의 것이 장기간에 걸쳐 수많은 교잡이 이루어져 현재의 품종이 성립된 것으로 이러한 품종은 유전자가 극히 복잡하게 혼재된 잡종이다. 따라서 실생번식으로는 어미나무와 똑같은 형질의 개체를 얻을 수가 없으므로 접목과 같은 영양번식에 의하는 수밖에 없다.

(2) 일반번식이 곤란한 식물의 증식 기능

종자가 생기지 않는 식물이나 다른 영양번식이 어려운 식물, 예를 들면 삽목이 곤란한 식물, 발근하더라도 그 후의 생육이 불량하여 실용적이 못되는 식물 등의 번식에 접목이 행하여진다. 온주밀감은 보통 종자가 생기지 않을 뿐만 아니라 삽목도 어렵다. 감나무, 밤나무, 복숭아나무 등과 같이 경제재배하는 주요 과수의 대부분은 종자번식으로는 품종의 특성이 나타나지 않고, 삽목번식이 어려우므로 여러 가지 이점이 있는 접목번식으로 번식되고 있다.

(3) 생장 · 개화 · 결실의 촉진

접목은 대목을 이용한 번식이므로 작은 접수는 처음부터 충분한 양수분을 공급받으므로 생장이 왕성하다. 또한 접수의 영향으로 개화와 결실이 촉진된다. 복숭아나무와 밤나무는 3년, 감나무 8년이라고 말하는 것은 실생의 결과 년수를 나타낸 것으로 감나무라도 접목하면 5~6

년으로 단축되며, 꽃눈을 갖는 가지를 접하면 접목 당년에도 결실시킬 수 있다. 이와 같이 생장, 개화, 결실을 촉진시키는 것은 재배 상 유리할 뿐만 아니라 품종개량을 위한 육종연한의 단축, 성목의 품종갱신 등도 단기간에 가능하다.

(4) 대목의 선택에 따라 수세, 환경적응성, 내병성, 품질의 개선

접목에서는 대목의 조건으로서 기본적으로는 접수와 친화성이 있고, 접수의 특성을 충분히 발휘시킬 수 있는 것이면 다음과 같은 재배적인 이점이 있다.

첫째, 식물 크기와 수세 조절이 가능하다. 어떤 대목을 이용하느냐에 따라서 접수를 왜화 시킬 수도 있고 강화시킬 수도 있다. 사과대목의 예를 보면 M9나 M26과 같은 왜성대목으로부터 M16이나 M25와 같은 교성대목까지 많은 종류의 대목들이 발표되어 있고, *Prunus*, *Citrus* 등 다른 종류에서도 왜성대목 이용이 행해지고 있다. 중간대목을 이용하면 식물의 키를 줄일 수 있는데, 왜성사과 M9을 중간 대목으로 사용하면 키도 줄이고 개화 결실도 촉진한다.

둘째, 환경적응성이 증대된다. 재배지역에 장기간 적응한 대목을 이용한 묘목을 양성하면 재배할 수가 있다. 추운 지역에서 감나무는 고욤나무에 접목하면 공대에 비하여 내한성이 증대하며, 복숭아나무나 자두나무를 산복숭아에 접목하면 알칼리성 토양에 대한 적응성이 높아진다. 또한 배나무를 중국콩배나무에 접목하면 내건성이 증대한다.

셋째, 병충해에 의한 피해경감이 가능하다. 병충해에 대한 내성이 있는 대목을 이용함으로써 그 피해를 피할 수가 있다. 포도나무의 phylloxera 저항성 대목으로 *Vitis rupestris*, *V. berlandieri*, *V. riparia* 등이 있고, 사과나무의 면충 저항성 대목으로 MM계 대목과 환엽해당이 있으며, 수박이나 멜론의 만할병을 경감하기 위하여 박이나 호박 등을 대목으로 이용하고 토마토는 내병성과 생육이 강한 대목을 사용한다.

넷째, 결실률과 과실 수량, 품질향상을 도모할 수 있다. 대목의 선택에 의해서 과실량을 증가시켜 과실의 형상, 육질, 성분 등을 좋게 할 수가 있다. 온주밀감의 대목으로 탱자나무와 유자나무가 이용되지만 탱자나무가 유자나무보다 결실기에 들어가는 것이 빠르고 과피가 매끄럽고 착색도 좋으며 감미도 많고 성숙도 빠르다. 오이나 수박 대목을 박, 호박을 이용하면 흡비력이 강하여 수량증대가 된다.

(5) 일시에 다수의 묘를 획득

한 개의 충실한 모수의 접수 줄기로 가지접이라면 여러 개로 절단하여 접목하고, 눈접이라면 한 눈 만을 접목하기 때문에 수십 개의 묘목이 동시에 얻어진다. 귀중한 품종, 아조변이(지조변이) 종의 증식에는 안전하고 확실한 번식법이다.

(6) 품종갱신 용이

과수원에서 일부 원하지 않는 품종일 때가 있다. 나무가 고목이 되어 생산력이 빈약하거나, 불량 수형이 형성되고 병충해 등으로 쓸모가 적은 나무로 자라는 수가 있다. 이럴 때 원하는 품종의 접수를 고접(高椄)하여 결점을 보완할 수 있다.

(7) 수세회복

과수가 병충해 등에 의해 침범을 당해 수세가 쇠약해졌을 경우 피해부를 잘라내고 다리접을 행함으로써 수세를 회복할 수 있다. 탱자나무 대목의 온주밀감이 노쇠했을 때 유자나무의 뿌리를 접목해주면 수세가 회복된다.

2) 접목의 단점

접목의 단점은 다음과 같다.

① 대목식물의 양성과 접목 조작에 시간과 숙련된 기술을 요한다.
② 실생묘에 비해서 수명이 짧은 것이 많다.
③ 접목 부위가 비대해져서 자연스러운 형을 잃는 수가 있다
④ 접목불친화성을 사전에 알지 못하면 수확기에 달하여 폐농의 위험이 올 수도 있다.
⑤ 수목류가 자연상태에서 밀집해서 자라면서 뿌리접목(root grafting) 같은 자연접목(natural grafting)이 이루어져 바이러스나 진균이 전파되어서 수목병(떡갈나무 마름병, Dutsch 느릅나무병)을 확산시킬 수가 있다(Hartmann 등, 2014).

3) 대목의 종류

접목의 기본이 되는 대목에는 실생대목과 영양대목이 있다.

(1) 실생대목(seedling rootstock)

종자를 받아서 유묘를 만들면 삽수보다 바이러스 감염위험이 작고 종자근이라 뿌리가 삽목묘(예, 자두, 사과)보다 깊게 뻗고 착근이 잘된다. 실생 종자는 특별히 관리된 모수로부터 받는 것이 실생의 균일도를 높인다. 1887년에 창립된 W. Kordes' Söhne 독일 장미 육종 농장에서는 한국 찔레를 온실에 모수로 재배하여 대목용 종자채취를 한다. 이는 토양환경 적응성과 강한 생육특성을 가지고 있기 때문이다

(2) 영양대목(clonal rootstock)

휘묻이, 삽목, 조직배양 등의 방법으로 영양번식을 통하여 대목을 육성하는 방법이다. 영양

번식은 균일한 대목과 내병성 특성을 가지는 것을 대량으로 증식할 수 있다. 특히 나무의 크기와 수량증진을 위하여 사과 왜성 대목생산에 많이 이용된다. 그 외 배, 자두, 체리, 포도, 감귤류에서 이용된다. 이들 중에 내병성 대목을 이용한 식물은 깊게 심으면 접수에서 뿌리가 내려 접목의 효과가 떨어지는데 수목류보다는 오이, 수박, 참외, 토마토의 온실재배에서 깊게 심으면 표토에 가까운 접수에서 쉽게 부정근이 생겨 접목효과를 상실하니 주의한다.

4) 접목잡종

접목했을 때 대목과 접착부로 부터 캘러스가 생겨서 그곳으로부터 체세포 이상분열인 일종의 돌연변이로 발생한 부정아가 때로는 양쪽의 세포조직이 서로 섞여 하나의 잡종식물과 같은 형태를 나타내는 수가 있다. 이것을 접목잡종(椄木雜種, graft hybrid), 또는 접목키메라(graft chimera)라고 한다. 키메라에는 조직의 혼재방법에 따라 대목과 접수의 키메라가 확실히 구분되는 구분키메라, 중심부 대목을 일정한 두께로 키메라가 원형으로 둘러싸는 주연키메라, 그리고 가장자리 일부에만 키메라가 나타나는 주연구분키메라 등이 있다. 좋은 특성의 접목잡종을 발견하여 품종화할 수도 있다.

3.3.2 접목과 아접생리

1) 접목활착의 난이

접목을 하려고 하면 우선 그 식물의 작물 활착의 난이를 알 필요가 있다. 동일한 식물이라도 대목과의 조합 또는 접목시기에 따라서 활착에 차이를 보이는 경우가 있다. 일반적으로 접목활착은 식물 분류학상으로 근연일수록 잘 되고 원연일수록 어렵다. 그런데 공대(같은 종류 식물의 대목과 접수) 또는 근연인 것끼리라도 식물에 따라서는 활착에 난이가 있는 것이 있다. 접목활착은 우선 접수와 대목의 절단면에 형성되는 유합조직, 즉 캘러스의 유착에서부터 활착이 쉽고, 반대로 캘러스 형성이 더디고 양이 적으면 활착이 어렵다고 할 수 있다. 이와 같은 캘러스 형성 기능의 차이는 본질적으로 각각의 식물의 유전적 특성에 의하는 것이다.

과수의 접목에서도 사과나무나 배나무는 활착이 매우 잘 되는데, 밤나무와 감나무는 비교적 활착이 어렵다. 활착이 어려운 밤나무나 감나무는 수피 중에 탄닌함량이 높은 식물들로 탄닌의 산화작용에 의해 조직의 분열기능이 저해되기 때문이다.

사과나무나 배나무는 가지접이 잘 되고 복숭아나무나 살구나무 등의 핵과류는 아접이 잘 된다. 일반적으로 낙엽수는 상록수보다 접목이 잘 된다.

2) 접목친화성과 불친화성

대목과 접수가 조직적으로 유합 접착하여 생장을 개시하는 것을 활착이라 하며 대목과 접수가 활착한 후 묘가 하나의 식물로서 영년에 걸쳐 정상적인 생장과 개화, 결실을 계속하는 것을 접목친화성(graft affinity, grafting congeniality)이라고 한다. 그렇지 못한 것을 불친화성이라고 한다. 접목친화성의 강약은 식물 분류학상 근연일수록 강하다고 할 수 있는데, 실제에 있어서는 예외인 경우도 있다. 온주밀감은 동속인 광귤보다 이속인 탱자나무(*Poncirus trifoliata*)와 접을 하면 활착과 생육이 잘 된다. 일반적으로 목본류는 서로 다른 과의 식물은 접목이 안된다.

접목불친화 증상들로서 다음 사항이 있다. 활착률이 낮거나 활착이 되지 않는 경우, 활착된 뒤 1~2년 지난 후에 죽게 되는 경우, 수세가 현저히 약하거나 생장이 잘 안 되거나 잎이 황색을 띠고 일찍 낙엽하는 경우, 대목과 접수의 생장속도 또는 생활력에 차이가 심한 경우, 영양생장의 시작과 끝나는 시기가 대목과 접수에 큰 차이가 있는 경우, 대목열세로 접목부위 위가 비대하거나(대부현상, 臺負現象), 접목한 아래 대목부위가 팽대하는 경우(대승현상, 臺勝現象)가 있다(그림 3-13).

접목불친화의 원인으로는 접수와 대목의 생장특성 차이, 접수와 대목의 생리적 및 생화학적 차이, 유독물질 또는 virus에 의한 상호간의 생육억제 등이 제시되고 있다.

그림 3-13 대목 우세현상에 따른 접목불친화(대승현상, 臺勝現象)

3) 접목 활착 과정

목본식물의 일반적인 접목활착의 과정을 보면, 접수와 대목의 유착, 두 조직 사이의 캘러스 브리지 형성, 형성층 형성의 3단계를 거치면서 완성된다. 접목 직후 대목과 접수의 절단면에 일종의 보호조직인 수베린이라는 얇은 피막이 형성되어 그 절단면이 유착(adhensive)된다. 그 후 절단면의 양쪽 형성층 세포가 분열을 개시하여 새로운 유세포군이 만들어지는데, 이것이 캘러스이다. 이들 대목과 접수의 캘러스는 계속 분열하여 상호접촉하게 되며 캘러스가 분화해서 형성층을 만들고 이 새로운 형성층이 대목과 접수의 형성층에 연결되어 캘러스브리지(callus bridge)를 형성한다. 이어서 새로운 형성층의 내외에 절상수복 물관(상처회복 물관, wound-repair xylem)과 체관(phloem)이 분화되면서 관다발 분화 즉 유관속분화(vascular differentiation)가 이루어지면서 두 조직이 연결된다. 그 결과 대목과 접수 사이에 양수분의 이동이 이루어지면 접목활착이 완성되어 접목결합형성(graft union formation)과정이 마무리된다. 초본식물도 유사한 과정을 진행하는데 강낭콩의 뿌리접목에서 접목결합형성 과정을 보면 다음 〈표 3-2〉와 같다. 이 과정은 지상부접목이나 뿌리 접목이 모두 유사하다.

표 3-2 접목 강낭콩뿌리의 접목결합 형성과정(Hartmann 등, 2014 변형)

접목단계	접목 후 일수	강낭콩 뿌리 접목결합형성
유착	1~2	대목과 접수의 상처의 유착을 위하여 세포분열시작
캘러스 브리지 형성	2~3	접수와 대목의 접목부위로부터 유관속 캘러스의 지속적인 증식
	4~6	접목결합부위에 1차 절상부 수복(修復) 유관속조직분화. 괴사층(절단으로 죽은 세포)이 파괴되어 사라진다
	7	접목결합부위에 유관속 캘러스가 채워지면서 캘러스 브리지형성이 끝난다. 절상수복 물관부(캘러스세포 유래)가 캘러스 브리지를 연결
유관속 형성	8	절상 수복 체관(캘러스 세포 유래)이 캘러스브리지를 연결
	9~12	절상 수복 형성층이 캘러스 브리지를 연결
	12일 이후	켈러스 브리지 내 재생 형성층에 의해 2차 물관과 체관의 생성이 이루어져 완전하게 접목이 끝난다.

4) 아접(눈접) 활착 과정

아접에는 T-아접(T-budding), 패치아접(patch budding), 깎기눈접(삭아접, 削芽椄) 등이 있다. T-아접에서 접수는 주피(周皮, periderm), 체관(phloem), 형성층(cambium)을 포함한 나무껍질(수피, 樹皮)과 목부(물관부 조직, xylem tissue)를 갖추고 있다. 아접은 눈이 붙은 접수를 엽액에 끼워서 형성층을 만들어 접을 완성시키는 것이다. 이 방법은 장미, 감귤, 사과, 복숭아에 적용된다. 일반적으로 깎기아접이 접수와 대목의 형성층이 서로 잘 밀착되어 T-아접보다 빠르게 결합이 이루어지는 이점이 있다. T-아접은 대목의 어린 물관에서 캘러스가 형성되고 접수의 조직에서 물관과 노출된 형성층에서 만들어진 캘러스가 혼합되어 완전 목질화되면서 접합이 이루어진다. 감귤의 T-아접을 실시한 후에 유착되어 캘러스 브리지가 발달되고 형성층이 분화되어 완전 목질화까지는 약 30~45일이 필요하다. 대목 쪽에서 형성층과 헛물관 출현이 항상 5일 정도 접수보다 빨리 이루어진다. 이는 대목에서 조직분화가 선행되면서 양분의 공여가 이루어져야 접수 눈의 결합이 후속적으로 진행되는 것을 알 수가 있다(표 3-3).

표 3-3 감귤 T-아접에서 접목결합형성의 단계와 기간(Hartmann 등, 2014 변형)

접목단계	접목후 일수	발달단계
유착	1	첫 번째 세포분열
캘러스 브리지 형성	5	첫 번째 캘러스 브리지
형성층 분화	10 15	a. 대목 덮개의 캘러스 내부(대목) b. 방패같이 생긴 눈 접수 캘러스 내부(접수)
헛물관 첫 번째 출현	15 20	a. 대목 덮개의 캘러스 내부 b. 방패같이 생긴 눈 접수 캘러스 내부
캘러스의 완전 목질화	25~30일 30~45일	a. 대목 덮개 내부 b. 방패 하단

3.3.3 접목결합에 미치는 요인

접목이 잘 이루어지기 위해서는 다양한 요인이 작용한다. 먼저 식물의 특성상 접목이 전혀 이루어지지 않은 식물, 접목불친화, 접목 후의 환경요인, 줄기의 극성, 접목가의 능력, 바이러스를 비롯한 병충해 , 접목결합형성 등이 영향을 준다.

1) 접목이 곤란한 식물

이들은 접목 부분에 캘러스 형성층이나 캘러스 브리지 연결 관다발의 형성이 어려운 식물이 여기에 해당된다. 그러나 나무의 종류에 따라 독특한 접목법을 적용하면 가능할 수가 있다. 예를 들어 망고나 동백나무는 접목이 어려운 식물이나 기접(approach graft)을 응용하면 가능하다. 따라서 접목이 곤란한 작물은 다양한 접목방법 모색이 필요하다.

2) 접목 불친화성

수종에 따른 접수와 대목 상호간의 접목 불친화성을 조사하여 대책을 세우는 것이 필요하다.

3) 접목 후 환경

접목 후에 온도와 습도관리가 형성층결합에 큰 영향을 주므로 다음과 같이 관리한다.

(1) 온도

접목이 활착하려면 우선 대목과 접수의 접합면에 캘러스가 형성되어야 한다. 캘러스 조직의 형성은 온도의 영향을 받는데 적온은 식물의 종류에 따라 다르다. 사과 접수의 캘러스 형성은 20℃가 적온이며 10℃에서는 형성량이 떨어지고 32℃ 이상 고온에서는 급속하게 형성되나 오히려 장해가 일어난다고 한다. 온실 내의 벤치에서 포도를 접목하는 경우 24~27℃가 알맞고 29℃ 또는 그 이상의 온도 조건에서는 연약한 캘러스가 형성되어 이식 과정에서 쉽게 상해를 입는다. 동백은 26~30℃, 단풍은 30℃에서 캘러스 형성량이 많았지만, 활착률에서는 단풍나무의 경우 30℃에서는 오히려 떨어지는 결과를 나타냈다. 이것은 고온의 경우 처음에는 캘러스가 급속하게 형성되더라도 생육적온 이상의 온도가 지속하면, 그 후에는 뭔가의 장해가 일어난다고 생각할 수 있다. 따라서 접목의 적온은 엄밀하게는 최초의 캘러스 형성을 위한 적온과 그 후의 활착을 위한 적온으로 나누어서 생각하는 쪽이 좋을지도 모른다. 접목적온은 대략적으로 낮은 듯하게 20~25℃, 높은 듯하게 25~30℃ 정도, 밤 기온은 15℃ 이하가 되지 않도록 관리하는 것이 좋다.

(2) 습도

캘러스 형성에는 온도와 함께 습도도 매우 중요하다. 접수의 캘러스는 얇고 부드러워 건조하면 죽는다. 따라서 알맞은 습도 유지가 관건이다. 사과나무 가지의 캘러스 형성은 관계습도 90~100%에서 가장 좋았고, 습도가 저하함에 따라 캘러스의 형성량도 저하하여 56%에서는 저해된다고 한다. 동백나무와 단풍나무의 접목에서 관계습도가 95% 이상에서 캘러스가 형성되고, 90% 이하에서는 6일 동안이나 거의 형성되지 않았다. 그러므로 포그시스템 등을 이용하여 고습도 조건을 유지해야 결합을 촉진한다.

접수와 대목의 관다발이 잘 연결되어서 물의 이동이 이루어져야 하므로 접목 후 3~4일 동안의 관리가 중요하다. 특히 접목 부위의 건조를 막기 위해서 비닐 끈, 왁스, 기타 판매되는 특수 접목용 테이프를 이용하여서 조직의 본래의 습도가 유지되게 해야 한다.

근접목은 왁스를 사용하지 않기도 하는데 삽목 후에 상토에 바로 심기보다는 가습한 피트모스나 코이어로 덮어서 캘러스가 형성될 때까지 습도와 통기성을 유지한다.

일반 접목은 지상부에서 캘러스가 형성이 되나 근접목은 상토나 토양 속에서 이루어지므로 접목부위가 썩지 않게 접목부분을 잘 감싸고 수분 관리를 잘해야 한다.

4) 대목의 활력

접목할 시기의 대목의 생리상태가 접목활착에 크게 영향을 준다. 특히 아접과 박접을 할 때는 대목이 왕성한 세포분열을 하고 있어 껍질이 목부에서 잘 벗겨져야 한다. 봄이 되어 눈의 생리적 활동이 시작하면 형성층의 활동도 시작하게 되며 이 시기에 껍질이 잘 분리될 수 있다. 캘러스 조직의 왕성한 분열은 눈이 트기 직전 또는 눈이 트는 동안의 봄철에 이루어지며 이것은 접목활착에 크게 영향을 미치는 인자가 된다. 한편으로는 봄에 대목의 생리적 활동이 왕성할 때 접목을 하면 오히려 활착이 잘 안 되는 경우가 있다. 호두나무, 단풍나무, 포도나무와 같은 식물은 근압이 높아지고 수액의 분비가 지나치게 왕성해서 이른바 일비현상(bleeding)을 나타내기 때문에 접목이 어렵게 된다. 이때는 접목부 이하의 줄기에 상처를 내어 그곳에서 수액이 배출되도록 조치를 한 다음에 접목을 한다.

5) 대목의 극성

줄기의 기부(基部, proximal end)와 뿌리의 경극(莖極, proximal end)은 영어로는 동일하게 표현한다. 줄기는 삽수의 기부를 말하고 뿌리는 줄기 쪽을 경극이라고 한다. 그래서 줄기 접목(top graft)은 접수의 기부와 대목의 경극부(distal end)가 접목이 되고 뿌리접목(根椄, root graft)은 줄기의 기부와 뿌리의 경극의 접목이 이루어진다. 포도의 경우에 대목에 줄기를 도치접목(倒置椄木, inverse graft, 접수의 상하를 도치시켜 접목하는법)을 해도 접목결합(활착)을 형성한다. 일부 식물에서 다리접(교접)을 할 경우에 정상적인 접목은 생장비대가 이루어지는데 도치접목을 한 줄기는 생존은 하지만 비대가 이루어지지 않았다고 한다(Hartmann, 등 2014).

6) Virus의 감염 및 병충해

Virus나 파이토플라스마(phytoplasma, 대추 빗자루병 같은 식물병원성의 원인이 되는 마이코플라스마, mycoplasma)에 오염된 접목재료를 사용하면 접목유합에 지장을 주어 접목활착에 영향을 준다. 예를 들면 단양앵두(*Prunus avium*)의 아접에서 접눈이 virus free인 경우는 활착률이 90%인데 대해서 virus를 가지고 있을 때는 60%밖에 되지 않았다. 사과나무의 AUND(apple union necrosis and decline)병과 서양자두 갈색라인병(brown line)의 원인인 토마토 윤문바이러스(tomato ringspot virus, ToRSV)는 토양의 선충에 의하여 대목에 감염된다. 사과 MM 106(Malling Merton 106)대목이 자연상태서 감염이 잘 된다. 감염되면 사과나무가 자라면서 생육이 저해되고 결국은 수확을 못하게 된다. 따라서 바이러스프리묘를 사용하는 것이 중요하다. 때로는 접목 부분으로부터 전염병균이 들어가 접목의 성과를 얻을 수가 없는 경우가 있는데, 이 때는 살균제를 사용하면 이것을 방제할 수 있다.

이와 같은 바이러스감염 대목은 박과, 가지과 대목에서도 발견되는데 대목은 반드시 건열처리를 하여서 종피에 붙은 바이러스를 제거하고 육묘 시에는 주변에 잡초를 제거하고 흰가루이와 진딧물 등의 매개곤충 접근을 철저하게 방지해야 한다.

7) 기타

접목부위에 오옥신(IBA, NAA)을 살포하여 접목활착이 잘되게 하거나 사이토키닌(BA)을 살포하여 접수의 활력유지를 하는 방법이 보고되나 대단위 접목에서는 실용화가 적다. 또한 장미 눈접에서 곁가지를 2~3개 남겨두었다가 활착된 후에 접수에서 줄기가 자라면 곁가지 생장점을 제거하고 꺾어 접수 생장점보다 낮게 하여 광합성 산물만 전이되어서 접수가 잘 자라게 하기도 한다. 다만 모든 것은 경제성을 감안해야 한다.

8) 접목기술

아무리 좋은 접목 기술정보를 가져도 접목자의 노련한 기술이 없으면 접목성공율이 낮다. 접을 붙이기 어려운 식물일수록 접목자의 기술이 필요하다. 신선한 접수의 면을 잘 절단하기 위하여 날카로운 접도를 사용하고, 접목 후 바로 건조되지 않게 왁스나 비닐 묶기를 신속하게 실시한다. 또한 활착된 후 적기에 묶은 비닐 끈을 제거해서 잘록하게 되지 않아야 하는 기본적인 기술과 함께 정확성도 필요하다.

3.3.4 과수류의 접목기술

1) 접목분류

접목법은 100여 가지가 있다고 하는데, 원예번식에서 주로 많이 이용되는 접목방법을 접목시기, 접목부위 및 장소에 따라 분류하면 대략 다음과 같다.

① **시기에 따르는 분류**: 봄접, 여름접, 가을접으로 구분하며, 여름접과 가을접은 발육지접에 속하고 봄접은 휴면지접에 속한다.

② **장소에 의한 분류**: 제자리접(field working)과 들접(indoor working)의 두 가지로 나눈다. 제자리접은 대목을 포장에 심어둔 채로 그 자리에서 접목하는 것을 말하며 비파, 밀감, 밤, 감과 같이 활착이 어려운 과수류에 사용된다. 사과나 배처럼 활착이 잘 되는 종류는

대목을 파내서 적당한 장소에서 접을 하여 포장에 심게 되는데 이것을 들접이라 한다.

③ **위치에 의한 분류**: 고접(top grafting), 근두접(crown grafting), 복접(side grafting), 근접(root grafting), 2중접(double grafting) 등으로 분류한다.

④ **접목방법에 의한 분류**: 아접(눈접, budding), 깍기접(절접 切椄, veneer grafting), 설접(whip 또는 tongue grafting), 홈접(saw kerf grafting), 할접(cleft grafting), 박접(bark grafting), 기접(approach grafting), 호접(inarching), 다리접(교접, bridge grafting) 등으로 분류된다.

이상의 접목분류를 기초로 아접과 접목으로 나누어서 각각의 방법을 설명하기로 한다.

2) 아접(芽椄, 눈접, budding, bud-grafting)

접수 대신 접눈을 이용하는 방법이다. 과수의 핵과류와 감귤류, 화목류의 장미 등에서 이 방법을 이용하는 수가 많다. 아접의 이점은 다른 접목법에 비해 접목조작이 용이하고 활착률이 매우 높고, 접목적기가 비교적 길고 대목의 지상부를 자르지 않으므로 동일 대목에서 몇 번이고 접을 되풀이 할 수 있다. 접아(椄芽)는 눈 하나로 족하므로 하나의 접수로부터 다수의 접아를 얻을 수 있어 접수를 절약할 수 있고, 눈을 따서 바로 접하므로 접수를 저장할 필요가 없다. 끝으로 활착한 묘목은 생육이 양호하여 접목부에 근두암종병의 발생이 적다.

결점은 접목 후의 관리(테이프류의 재결속, 대목눈 따기, 지주세우기, 유인 등)가 약간 번잡하며 가지접묘에 비해 묘목 양성에 묘포의 사용기간이 1년으로 길다는 점 등이다.

아접법에는 시기에 따라 봄아접, 6월 아접, 가을 아접으로 나누고 방법에 따라 T자형 아접, 역아접, 깎기눈접, 십자형 아접, I자형 아접, 패치아접, 환상아접 등이 있는데 접을 붙이는 모양에 따라 그 명칭이 다르다.

(1) 계절별 아접

봄아접(spring budding)은 새봄이 되자마자 지역에 따라 다르나 3월말에서 5월 초까지 1년생 접수와 2년생 대목을 이용한다. 봄아접은 1년생 접수와 2년생 대목을 가을이나 겨울에 파서 저온 저장했다가 대목이 활동을 하자마자 실시한다. 접수식물은 −2~0℃에서 습한 피트모스, 코이어, 젖은 신문지, 종이 타올 등으로 싸서 저장한다. 대목 눈이 트기 전에 접목하는데 주로 자두, 살구, 아몬드가 대상이다. 6월 아접(June budding)은 5월 중순부터 6월 초순 사이에 실시하는데 1년생 가지에 생기는 어린 눈과 1년생 대목을 사용한다. 줄기 굵기가 10~16mm, 크기가 90~150cm면 충분하다. 6월 중순 이후는 더우니 접목이 불가능하다. 아접 후에 4일이 되면 접목결합이 시작되는데 이 시기에 접목 부위 상부 9cm 쯤 되는 곳을 절단하여 1잎을 남기며, 접목 아래 잎은 그냥 둔다. 그러면 모든 잎이 광합성을 하여서 눈이 잘 자라게 된다. 10~14일이 되면 눈 위의 대목도 적당한 길이로 잘라주고 순이 25cm 정도 자라면 대목의 모든 잎과 곁순들을 제거한다. 복숭아, 살구, 아몬드, 자두가 대상이다. 여름 아접(summer budding)은 가을 아접(fall budding)이라고 하기도 하는데 7월 중순에서 9월 사이에 1년생 접수와 2년생 대목을 이용한다. 복숭아는 8월 중하~9월 상순이 적기인데, 과수의 종류, 지역에 따라 약간의 차이가 있다.

(2) T자형 아접(T-budding) 또는 순형(盾形) 아접(shield budding)

아접에 이용하는 접지(棱枝, 아접할 눈이 달린 가지)는 접목하기 전 당년에 자란 세력이 왕성하고 충실한 가지를 채취하여, 즉시 잎자루만 남기고 잎 부위는 제거한다. 자른 가지는 물통에 넣어서 마르지 않게 한다. 접지를 보관하여야 할 때는 물통에 접지를 넣은 채로 냉암실에 놓고서 때때로 신선한 물을 갈아주면 10~20일쯤 사용할 수가 있다. 각각의 접지 중에서 선단부의 눈은 충실하지 않고, 기부의 눈은 활착하더라도 세력이 왕성한 묘를 얻을 수 없으므로 중앙부의 눈을 먼저 사용한다. 아접에 있어서는 가지접의 경우와 마찬가지로 접눈을 먼저 조제하고, 대목의 처리는 그 후에 한다. 〈그림 3-14, 좌〉에서와 같이 접눈의 위쪽 1.0cm 정도 되는 곳에 껍질만 눈접칼로 칼금을 긋고, 접눈 아래쪽 1.5cm 정도 되는 곳에서 목질부가 약간 붙을 정도로 칼을 넣어 접눈만을 길이 2.5cm 정도 방패(shield)처럼 떼어낸다.

대목은 접목부위가 직경이 1~2.5cm로 생육이 왕성한 것이 좋다. 아접을 실시하는 시기에 가뭄이 계속되어 대목의 껍질이 잘 벗겨지지 않을 때는 아접 예정일의 2~3일 전에 충분히 관수를 하여 놓을 필요가 있다. 접목부위는 지상 5~25cm의 곳에 될 수 있으면 햇볕을 덜 받는 같은 방향으로 길이 2.5cm 정도하여 T자형으로 칼금을 긋고, 나무껍질을 벌려 접눈을 끼워 넣은 다음 눈과 잎자루만 남기고서 비닐테이프나 아접용 고무테이프로 묶어준다. 접눈이 완전히 활착되기까지는 약 1개월이 걸리지만 활착여부는 7~10일 후면 알 수 있으므로 실패한 개체는 재차 접을 행할 수 있다. 접목한 대목은 이듬해 봄에 접눈 위 5~10cm 부위에서 잘라버리고, 비닐테이프를 풀어준다.

주로 과수류, 화훼류, 관목에 적용하는데 사과, 복숭아, 장미, 감귤류가 대상이다.

(3) 깎기눈접(chip budding)

깎기눈접은 먼저 눈아래 0.6~1cm에서 접칼로 45도 정도가 되게 비스듬하게 칼집을 내고 2차로 접눈 위 1.5cm 정도 되는 곳에서 접눈 아래쪽 절단한 곳까지 목질부가 약간 붙을 정도로 잘라서 방패형 눈을 준비한다. 대목(직경 13~25mm)은 위에서 아래쪽을 향하여 비스듬히 칼

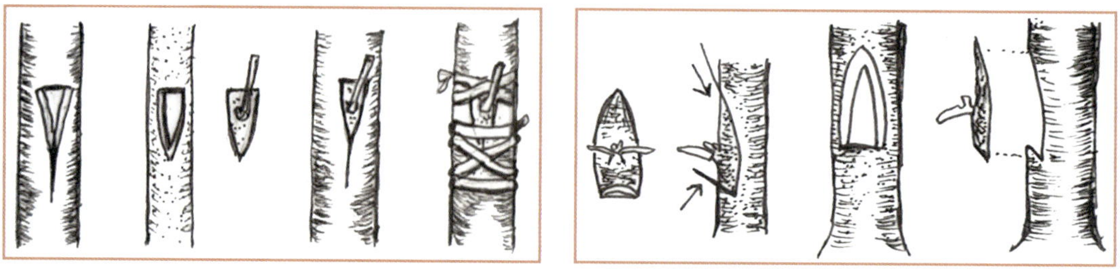

그림 3-14 아접(눈접, 좌)과 깍기눈접(우)

을 넣어 2.5cm 정도까지 절단하고 아래서 다시 45도가 되게 잘라낸다(그림 3-14, 우). 여기에 떼어낸 접눈을 끼고 깎인 대목과 접눈의 형성층을 맞춘 다음 비닐테이프로 잡아맨다. 이 때 접눈과 대목의 형성층이 양쪽 모두 합치되면 좋지만, 그렇지 못할 경우에는 한쪽으로 몰아 한쪽만 잘 맞추어 주면 된다. 주로 과수류, 화훼류 그리고 피스타치오처럼 얇은 바크층을 가진 T아접이 곤란한 식물에 적용된다

(4) 패치아접(patch budding)

패치아접은 대목(13~25cm)의 지상 10cm 위치에 수피를 도려내고 여기에 눈의 수피를 붙이는 것인데, 서로의 패치의 크기가 같아야 한다. 이 방법은 호두나무, 고무나무와 같이 수피가 두꺼운 경우에 효과가 크다. 이것은 일반 T아접으로는 접눈이 밀착이 잘 안 되지만, 패치아접은 서로의 밀착이 잘 되기 때문이다. 여기에서 중요한 것은 대목과 접수의 수피가 잘 벗겨져야 하는 것이다. 이 방법은 봄에도 할 수 있지만, 주로 늦여름과 초가을에 실시한다. 패치아접에서 주의할 것은 끈으로 묶을 때인데, 서로 밀착되게 하여 그 사이에 공기가 들어가지 못하도록 한다. 그리고 접눈은 묶은 끈 밖으로 나와야 한다. 패치아접용으로 사각형의 눈채취용 칼과 2개 날이 달린 겹칼날이 있는데 두 칼의 폭(2.5~3.5cm)은 같다. 패치아접에는 대목의 줄기를 80%정도 일정한 간격으로 오려내고 아접용 줄기를 그 길이만큼 벗겨서 만든 플루트눈(flute

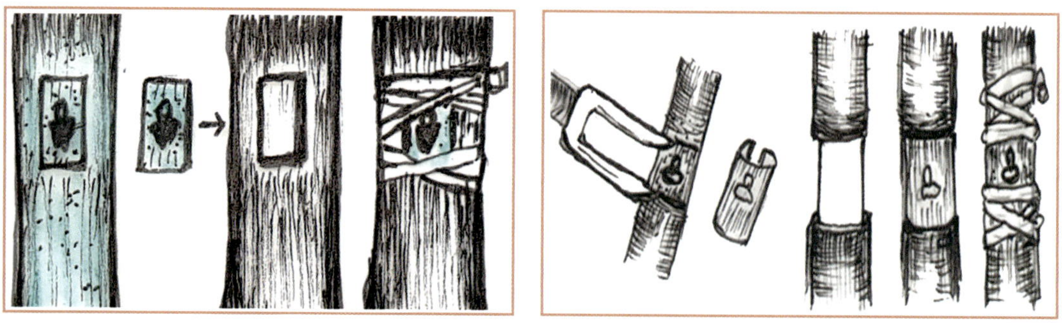

그림 3-15 I버드(좌)와 2날 칼로 만든 링 버드(우) 이용 패치아접

bud)을 이용하는 법, 눈을 I자 같이 4각형으로 자른 아이버드(I-bud)를 이용하는 법(그림 3-15, 좌), 대목을 양날 칼로 일정한 폭으로 완전히 둥글게 잘라내고 같은 굵기의 접수 눈의 줄기를 링 버드(ring bud)를 만들어 붙이는 법(그림 3-15, 우) 등이 있다.

3) 접목법

다양한 법이 있는데 실제 기술을 잘 이해해야 활착율을 높일 수가 있다.

(1) 깎기접(veener graft)

대목의 지상부 대부분을 깎아 잘라내고서 접목을 하므로 깎기접(切椄)이라고 한다. 이 방법은 간단하고 활착도 잘 되므로 가장 많이 쓰이는 방법이다. 접수는 충실한 가지에서 눈을 1~3개 붙게 하여 5~10cm로 절단하고, 제일 위에 있는 눈과 같은 방향의 밑면을 2~3cm 길이로 목질부가 약간 붙도록 하여 수직으로 잘라낸다. 다음으로 반대쪽으로 30~45도 각도로 절단한다. 이렇게 조제하면 제일 위의 눈이 대목의 바로 위에 오게 되어 눈이 생장하였을 때 가지가 직립하게 된다. 대목은 땅 위에서 5~6cm인 곳을 자르고 측면이 될 수 있으면 평활하고 접하기 쉬운 면을 골라 접붙일 쪽의 끝을 약간 깎는다. 그리고 접붙일 면을 다시 2.5cm정도 수직으로 목질부가 약간 포함되도록 깎아내린다. 그리고 접수를 대목의 깎은 면의 형성층을 잘 맞추어 일치시켜서 비닐테이프로 잡아맨다. 접목이 끝나면 접수의 선단 절단면에 밀랍이나 파라핀 등을 발라서 접수의 건조를 막아준다(그림 3-16, 좌).

(2) 짜개접(cleft graft, split graft)

짜개접(割椄)은 상부를 절단한 대목(굵기 2.5~10cm)의 중앙을 짜개접 전용 칼을 이용하여 일자 또는 십자형으로 5~8cm정도 깊이로 짜개고 여기에 쐐기 모양으로 잘 깎은 접수(길이 8~10cm, 굵기 10~13mm)를 삽입하는 접목법이다(그림 3-16, 우). 대목과 접수의 형성층을

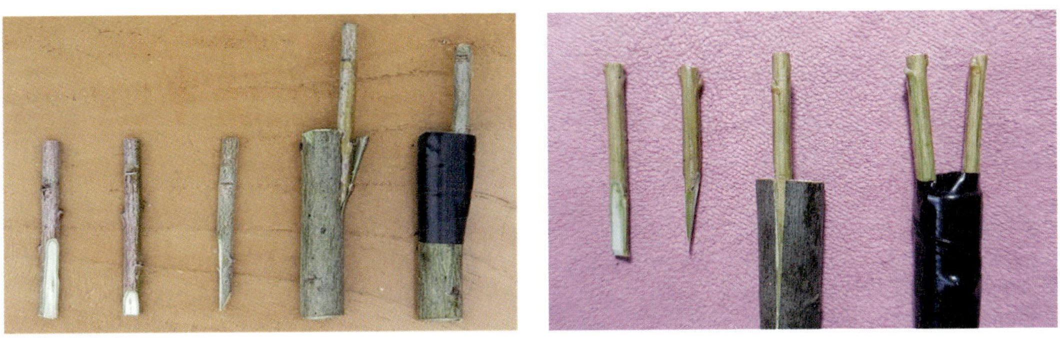

그림 3-16 깍기접(좌)과 짜개접(우)

잘 맞춘다. 접수와 대목의 굵기가 다른 경우는 한 쪽 형성층만 잘 맞추면 된다. 또한 접수의 수는 대목의 크기에 따라 달라서 적은 대목에서는 하나, 약간 두꺼울 때는 양측에 하나씩, 큰 대목일 경우는 십자형으로 짜개서 4개를 접한다. 접목 후는 건조를 방지하기 위해 접목용 밀랍을 발라준다. 포도나 동백나무에서 이용된다.

(3) 합접(splice graft, whip graft)

사접(斜椄)이라고도 하는 이 접목법은 접목활착이 용이한 뽕나무, 장미, 석남과 같은 식물에서 접수와 대목의 크기가 거의 같을 때 사용하는 방법이며, 대목과 접수를 같은 각도로 비스듬하게 절단하여 양 절단면의 형성층이 맞도록 접합하여 잡아매는 것이다. 이 방법은 조작이 극히 간단한 것 같지만 대목과 절단면을 똑같은 모양으로 자르는데 상당한 숙련이 필요하고 잡아맬 때 접착부가 움직이기 쉽고 또한 접합 후도 접착부가 분리되기 쉬운 결점이 있다(그림 3-17. 좌). 줄기 굵기가 다를 때는 접수를 대목의 한쪽의 형성층에 잘 맞추어서 고정시킨다.

(4) 혀접(whip and tongue graft)

혀접은 대목과 접수의 직경이 같아야 하며, 0.5~1cm정도의 굵기가 알맞다. 이 접목법은 형성층의 접착면이 크기 때문에 다른 접목법에 비하여 활착률이 매우 높으며 일반적으로 포도나무에서 많이 이용하고 있다. 그림 〈3-17, 우〉에서 보는 바와 같이 굵기가 비슷한 대목과 접수를 각각 비스듬이 자르고 대목의 절단면 상부 약간 아래 절단면에 평행하게 칼을 비스듬히 넣은 후 다시 위에서 아래로 비스듬이 칼을 넣어 윗쪽 일부를 떼어낸다. 접수도 대목의 깎은 면에 맞도록 같은 요령으로 아래쪽 일부를 절단하여 혀모양으로 만들어 서로 맞추어 비닐 테이프로 감는다.

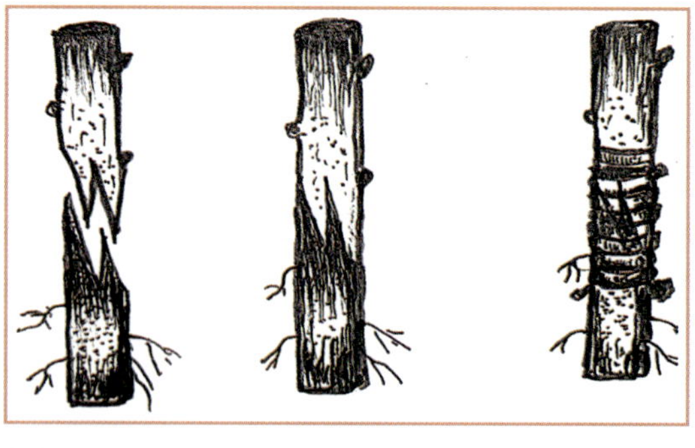

그림 3-17 합접(좌)과 혀접(우)

(5) 박피접(剝皮椄, 皮下椄, bark graft, rind graft)

이 방법은 수피를 벗기고 수피와 목질부의 사이에 접수를 끼워넣는 방법이다. 다른 가지접에서 대목의 목질부 일부를 자르는데 이 방법에서는 목질부를 자르지 않는 것이 특징으로 밤나무에서 가장 많이 쓰인다. 직경 1cm 정도의 대목에서부터 30cm정도까지 광범위하게 적용된다. 박피접은 수피가 용이하게 벗겨지는 봄에 실시하므로 접목 가능기간이 그다지 길지 않다. 대목에 두 줄의 칼자국을 넣어 수피를 박리시키고, 접수는 깎기접 때와 같이 조제한 대목의 수피와 목질부 사이에 접수를 끼워 넣고 비닐테이프로 결속하거나 왁스를 발라준다. 굵은 나무에서는 목부와 바크사이에 홈을 파고 꽂기도 한다(그림 3-18, 좌)

(6) 안장접(鞍裝椄, saddle graft)

접수와 대목의 굵기가 비슷한 것끼리, 대목은 끝은 다소 뾰쪽한 삼각형이 되게 절단하고 접수는 V자형의 반대로 오목하게 들어가게 절단하여 말안장을 올려놓는 것처럼 접수를 대목의 위에 올리고 접수와 대목의 형성층을 서로 접착시켜 주는 방법이다. 반대로 대목을 V자 홈을 만들고 접수 끝을 V자로 다듬어서 V자 접목을 하기도 한다. 접수의 조작에 시간이 걸려 수량이 많으면 기계(프랑스 접목기, 그림 3-23)를 사용한다. 포도와 진달래에 이용된다(그림 3-18, 우).

그림 3-18 박피접(좌)과 안장접(우)

(7) 배접(腹椄, side graft)

혀접을 하기에는 가지가 너무 굵고, 또 짜개접이나 박피접을 하기에는 가지가 가늘 때 이 방법을 적용한다. 대목의 지름이 2.5cm정도 되는 것이 가장 알맞다. 끌이나 무거운 칼로서 대목에 20~30도 각도로 약 2.5cm 길이의 칼자국을 낸다. 접수는 2~3개의 눈이 있고 5~8cm 길이로 절단하여 접수의 아래 끝에 약 2.5cm 길이의 절단면을 만들어 쐐기모양으로 한다. 접수와 대목의 형성층이 밀착되도록 끼우고 1.5cm 가량의 구두못으로 쳐서 고정시키거나 끈으로 묶어도 좋다(그림 3-19, 좌). 접이 끝나면 대목의 상부는 제거하나, 남겨두면 광합성 산물의 이동이 되어서 접착이 더 빨리 되기도 하니 여러 차례로 나누어 대목의 상부를 잘라준다. 이 방법은 측면에 실시하는 방법으로서 주간의 상부 가지가 풍해 또는 병충해의 침해로 손상되었거나 수형이 어긋난 나무나 수종을 갱신할 때 또는 포장에서 가을 아접에 실패한 어린 유묘에 춘기 접목을 할 때 흔히 사용한다.

(8) 홈접(wedge graft, saw-kerf grafting)

짜개접과 비슷하나, 짜개접처럼 대목을 쪼개지 않고 대목의 일부에 홈을 파서 여기에 접수를 측면에서 꽂는 방법이다(그림 3-19, 우). 톱접이라고도 하는 것은 톱으로 굵은 줄기에 홈을 내기도 해서이다. 홈접은 접목 가능 시기가 길어서 봄에 대목이 생장을 시작하기 전에 2~3개월간 접목이 가능하다.

홈접은 목질부의 발달이 불규칙적이어서 짜개접처럼 대목을 칼로 절개했을 때 수직으로 절개되지 않는 수종에 대해서 적용될 수 있다. 홈은 드라이버, 톱, 끌로 대목의 절단부의 표피부에서 수직으로 10cm 정도 삼각형이 되게 목질부를 따내어 만든다. 접수도 10cm 정도 삼각형으로 길게 깎아 대목의 홈에 삽입하면서 형성층을 맞춘 후에 접목 밀랍으로 접착시켜 준다. 단단한 모과나무 등에서 사용한다.

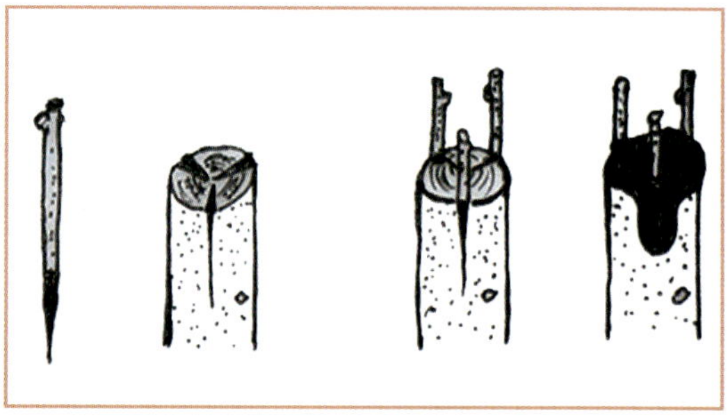

그림 3-19 배접(좌)과 홈접(우)

(9) 근접(root graft)

근접은 대목을 양성하지 못하였을 때 보통 많이 쓰이는 방법이며, 한 개의 나무뿌리 전체를 쓰는 전근접(whole root graft)과 뿌리의 일부를 사용하는 편근접(piece root graft)이 있다. 근접은 뿌리를 이용하려면 수목이 생리적 활동을 시작하였을 때 뿌리의 전부, 또는 일부를 채취하여 접목을 한다. 이 때 접수는 미리 휴면기 때에 저장하였다가 일반 접목시기에 실시한다. 전근접은 뿌리의 전체를 이용하기 때문에 그 수는 많이 이용할 수 없으나, 편근접은 큰 나무 한 그루면 많은 뿌리를 이용할 수 있다. 방법은 혀접이나 안장접을 적용하는데 뿌리 굵기는

0.6~1.5cm 정도면 된다. 영국에서는 진달래 품종을 *Rhododendron ponticum* 대목에 안장접한다. 목본 모란과 작약은 작약뿌리에 접목을 할 수가 있다. 대목과 접수뿌리 길이는 7.5~15cm 정도되야하고 접수는 2~4개 눈을 가져야 한다. 접을 하려면 늦가을에 뿌리를 캐서 1.5~4.5℃로 저장하고 접수도 잘라서 저장했다가 휴면기인 겨울에 접을 실시한다. 50~100개씩 묶어서 습한 모래나 피트, 코이어 속에 넣고 알맞은 온도를 유지하면서 캘러스 형성을 시키고 싹이 나면 봄에 정식을 한다.

(10) 기접(奇椄, approach grafting)

쌍접이라고도 하며 깎기접이나 눈접이 어려운 나무에 실시되는 접목법으로서 독립된 두 개의 식물 일부를 깍아 식물이 뿌리가 달린 채 접하는 방법이다. 기접은 1년 중 어느 때나 실시할 수 있으나, 봄에 수액의 이동이 시작한 직후 즉 3월 하순부터 5월 중순경이 좋다. 이 접목법은 3가지가 있다. 첨접식 기접(spliced approach graft)은 접수와 대목을 가까이 심고 접수와 대목이 맞닿는 곳에 2~3cm 길이로 목질부까지 깍고 양쪽의 형성층을 접착시켜 결속하는 방법이다. 접착이 되면 1년 후에 접착부위 아래쪽의 접수부분과 위쪽에 있는 대목 부분을 잘라버린다. 이 방법은 포도나무, 등나무 등의 만성식물에 많이 쓰이며 쌍접이라고도 한다(그림 3-20, 좌). 설접식 기접(tongued approach grafting)은 대목을 혀처럼 깍고 접수는 아래서 위로 칼집을 내 갈고리처럼 만들어 마치 서로 물리게 하여 비닐 테이프로 묶는 법이다. 나무딸기와 포도에 쓰인다. 삽입식 기접법(inlay approach graft)은 접수가 대목보다 작을 때 대목에 직사각형으로 칼집을 내고 접수의 한쪽 면을 대목의 칼집과 동일한 크기가 되게 깍아 대목의 표피를 떼어낸 곳에 밀어 넣고 묶어준다.

(11) 호접(呼椄, inarching)

나무가 노쇠했거나 뿌리가 약할 때 또는 나무의 아래쪽이 농기구나 동물 또는 병해 등으로 피해를 입었을 때, 이들을 보완하기 위한 수선접(修繕椄, repair graft)으로 많이 이용되고 있

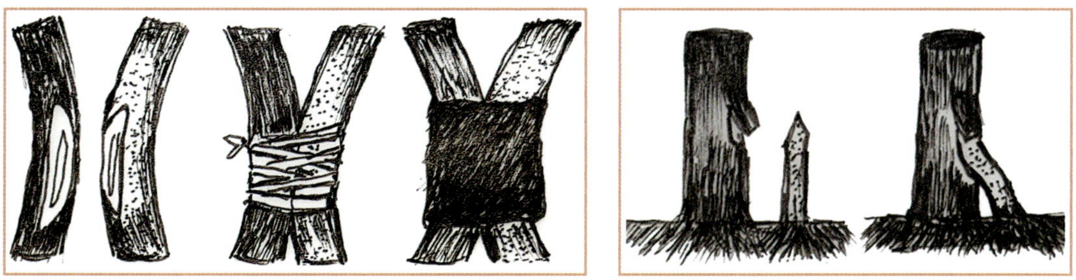

그림 3-20 기접(쌍접, 좌)과 호접(우)

다. 기접법과 같이 접을 할 때 접수식물의 뿌리를 갖고 있다는 점은 비슷하나, 대목의 윗 부분이 접목부 위에 남겨지지 않는 점이 다르다. 대목에 쓰이는 나무는 세력이 왕성한 젊은 나무를 택하며, 접수가 되는 나무 밑에 미리 심어서 대목이 완전히 활착된 후에 접목한다(그림 3-20, 우). 큰 수목의 호접은 나무주변에 여러 개의 대목 식물(줄기 직경 6~13mm)을 심는데 간격을 13~15cm로 한다. 노목에 어린 대목 줄기의 굵기 정도로 표피를 15cm 잘라내는데 윗부분은 약간 남긴다. 미리 심은 대목의 상부는 줄기 직경 1/3 정도 깊이까지 약 15cm 정도 자른다. 그 다음 노목에 호접하고 작은 못을 박은 다음 왁스를 발라준다. 피해 식물 줄기를 윗 방향으로 칼집을 내고 어린 대목을 깎아서 삽입시키는 할접식 호접도 있다.

(12) 다리접(橋接, bridge grafting)

정원수나 과수류가 염소나 토끼, 쥐 등에 의하여 수피가 손상되었을 때 쓰이는 방법이며, 체관 부분을 먹어버렸기 때문에 동화양분의 근부로의 공급 차단을 복구하는 접목법이다. 이 때 수피를 연장시키기는 곤란하므로 동일 수종의 일년생 휴면지를 접수로 하여 상처의 하부와 상부에 박피접으로 연결시킨다. 이 때 휴면지의 굵기는 1~1.5cm정도가 알맞다. 다리접의 순서는 상처부위의 수피를 건전한 부위까지 제거하고, 접수는 5~6cm 간격으로 접목하며 접수의 상하단을 깎아 대목의 수피 밑에 박피접을 한다(3-21, 좌). 이 때 접목부를 못질하고 비닐테이프로 묶거나 보다 윗쪽에 사각형으로 패치접처럼 표피를 벗기고 삽수를 고정시킨 다음 그위에 접납을 칠해준다. 완료가 되면 상처난 모든 부위를 접납을 발라서 보호하는데, 접착은 비교적 잘 이루어진다.

(13) 고접(高接, top graft)

고접은 주로 과수에서 품종을 갱신시키고자 할 때, 꽃가루를 제공하는 수분지(受粉枝)를 동

그림 3-21 다리접(좌)과 사과 고접(우, google)

일 줄기 상에 접목할 때, 자웅이주 식물을 자웅동주로 만들고자 할 때, 분재로 이용 등을 목적으로 많이 사용하는 방법이다. 유목이나 성목을 자란 채로 그대로 두고 가지의 일부에 원하는 품종의 접수를 접하는 것이다. 고접은 주로 봄에 실시하며 절접, 박피접, 할접, 복접. 홈접 등의 방법을 이용할 수 있다(그림 3-21, 우).

(14) 유대접(幼臺椄)

밤의 유근(幼根)을 이용하여 접목하는 방법으로서 줄기가 생성되지 않고 뿌리만 발근된 유근의 4~6cm 되는 곳을 절단하여 뿌리가 자라는 반대 방향으로 1년생 숙지의 접수를 접목하는 역근유대접(逆根幼臺椄)과 싹튼 밤의 어린 줄기에 접수의 새싹을 안장접목하는 유대신아접(幼臺新芽椄)이 있다(그림 3-22, 좌).

밤 알에서 발근 또는 발아된 유아나 유근은 전분열조직 상태이거나 제1분열조직 상태이기 때문에 각 기관의 형성이 되지 않은 단계로서 거의가 형성층 상태이기 때문에 접수의 형성층을 대목의 절단면 어느 곳이나 접착시키면 잘 붙게 된다. 접목 후에 수태, 코이어, 모래상에 가식하고 온도는 20℃, 습도 80~90% 되는 실내, 비닐 터널 내에서 1주일 관리하면 접착이 된다. 당년에 묘목을 생산할 수 있다는 점과 활착률이 높다는 점에서 많이 사용했으나 정식 후 근두암종병의 발병률이 높아 이용이 많지 않다.

(15) 보육종자대 접목(保育種子臺椄木, nurse seed graft)

접목이 어려운 동백의 접목번식에 적용되는 획기적인 방법이다. 동백이나 밤 종자를 모래나 수태에 파종하고 온도를 21~27℃로 보온하면 1주일 정도 지나 발아한다. 발아된 종자는 〈그림 3-22, 우〉와 같이 배축부분을 절단하고 접도로 V자 홈을 만든다. 그리고 휴면중인 알맞은

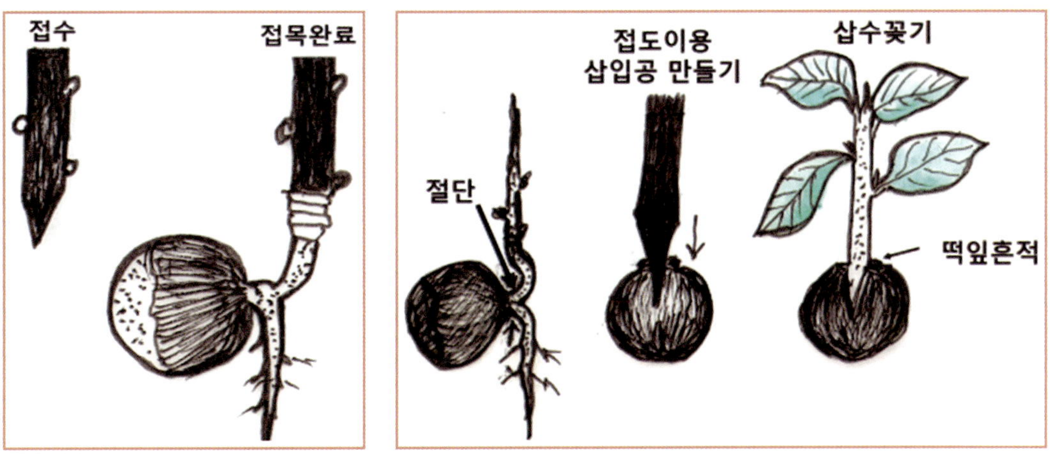

그림 3-22 밤의 유대신아접(좌)과 동백의 보육종자대 접목(우)

접수를 골라 끝을 V자로 만들어서 종자의 자엽 부분에 삽입한다. 접목이 끝나면 2.5cm 깊이로 발아상에 묻는다. 접수의 목부와 배축 부분에서 새 뿌리가 발생한다. 이때부터 서서히 환기와 수분 조절을 하여 순화시킨 후에 노지에 심는다. 이 접목의 특징은 대목의 양성 기간이 짧고, 접목작업이 간편하고, 접목시기 제한이 없고, 묶어줄 필요가 없다는 점이다.

4) 접목시기

이상의 접목기술에 대한 지식을 바탕으로 접목시기를 잘 택해야 접목을 잘할 수가 있다. 접목시기는 식물의 종류, 접목방법, 보온시설의 이용 등에 따라 다르지만 이제까지의 경험과 연구에 의해 대략적인 기간이 정해져 있다. 그러나 접목시기는 엄밀하게 그 지방의 기후, 그 해의 기후조건에 따라서 접수와 대목의 상태가 다르므로 그러한 점 등을 고려해서 정하지 않으면 안 된다. 즉 접목활착은 이제까지 말해온 접수와 대목의 내적조건, 그 당시의 생리상태, 접목 후의 외적조건에 따라서 크게 다르다. 따라서 접목활착은 접목기술과 함께 적당한 접목시기가 크게 좌우된다고 할 수 있다.

접목시기는 봄의 가지접, 여름의 녹지접, 가을의 아접으로 나누어 행하여지며, 보온시설을 이용하면 1월부터 시작해도 된다.

봄은 가지접 특히 깎기접 중심의 접목이 많이 행해진다. 대부분의 수종은 2~4월에 걸쳐서 접목된다. 빠른 것은 장미의 깎기접처럼 보온시설을 이용해서 1월 중순부터 시작한다. 2월부터 3월 상순에 걸쳐서 오엽송, 동백나무, 명자나무, 매실나무 등의 접목이 행해지고, 3월 상중순에는 복숭아나무, 자두나무, 살구나무, 배나무, 사과나무, 단풍나무, 동백나무가 행해지고, 비교적 늦은 것으로는 감나무, 밤나무, 감귤류 등이 3월 하순부터 4월에 행해진다. 이 시기의 접수와 대목의 조건으로서 중요한 것은 접수는 휴면기의 수액이 유동하지 않는 상태이고, 대목은 뿌리의 활동이 시작한 상태가 좋다. 따라서 많은 수종에서는 휴면기 중에 접수를 채취해서 저온 저장했다가 대목 식물의 뿌리가 활동할 때 접목한다.

여름은 5월 하순부터 7월 중순에 녹지접이 주로 행해진다. 녹지접은 생장이 왕성한 신초끼리의 접목이므로 숙지를 이용하는 봄접과 달라서 형성층 및 그 부근의 조직들로부터 캘러스 형성이 빠르므로 유합과 접합이 신속한 것이 특징이다. 또한 이 때는 복숭아나무, 장미나무 등의 아접도 가능하고, 기타 아접은 봄부터 계속해서 7월 중순까지 행할 수 있다.

가을에 아접은 8월 상순부터 9월에 걸쳐서 이루어진다. 빠른 것은 매실나무처럼 8월 상순부터 늦은 것은 밤나무처럼 9월 중하순에 행해진다.

주요 과수의 접목법, 접목시기, 주요 대목은 〈표 3-4〉와 같다.

표 3-4 주요 과수류의 접목 개요

과수류명	접목법	접목시기	주요대목
감귤류	깎기접 아(눈)접	4월 하~5월 상순 9월 중순	탱자, 유자, 공대(같은 대목) 탱자, 유자, 공대
매실	깎기접 아접	2월 하순 8월 중, 하순	야생매실, 복숭아, 공대 야생매실, 복숭아, 공대
감	깎기접	4월 상, 중순	돌감, 고염, 공대
사과	깎기접 아접	3월 중, 하순 9월 상순	삼엽해당, 환엽해당, EM, MM 삼엽해당, 환엽해당, EM, MM
배	깎기접 아접	3월 중, 하순 8월 하순	돌배, 콩배, 산배, 공대 돌배, 콩배, 산배, 공대
복숭아	깎기접 아접	3월 하순 8월 하~9월 상순	산복숭아, 공대 산복숭아, 공대
밤	배접 박피접	9월 상~10월 상순 4월 중하순	돌밤, 공대 돌밤, 공대
살구, 자두	깎기접 아접	3월 상중순 8월 중하순	복숭아, 공대 복숭아, 공대
포도	혀접 기접 삽접	3월 상순 8월 중순 2월 하~3월 상순	저항성 대목 저항성 대목 저항성 대목
양앵두	깎기접 아접	3월 중하순	공대 공대
무화과	삽접	3월 상중순	공대
비파	깎기접	3월 중순	공대

5) 접목용 기구와 자재

접목의 성공은 45%가 접수와 대목의 품질과 준비에 달려있고, 10%는 접목기술자의 숙련도, 45%가 접목 후의 관리에 좌우된다. 접목 후에 활착은 접수와 대목의 밀착을 위한 기구와 재료가 큰 역할을 한다. 따라서 접목을 하고자 하는 방법과 과수류에 따라 알맞은 기구, 결속재료와 피복재료를 준비해야 한다.

(1) 접목용 기구

접목용 기구로서는 접도, 전정가위, 톱의 3종류가 가장 많이 이용되지만, 이 외에도 홈접용 스크류드라이버(screwdriver), 눈접과 패치접용 양날칼, 안장접용 소형기기(French －V), 할접용 도끼, 근접 낫 등이 있다(그림 3-23).

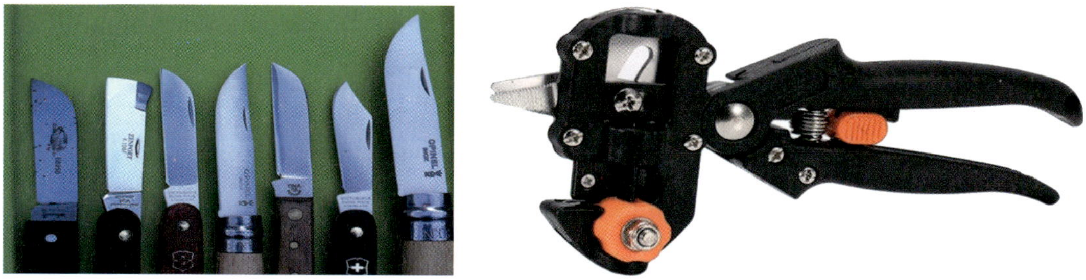

그림 3-23 접도(ourfigs.com)와 접목기(줄기를 V, U자로 절단하는 접목기, google)

(2) 결속재료

결속재료는 값이 싸고 구하기 쉽고, 사용하기 편리하고 탄력성이 있어서 건조나 습기에 신축하지 않고 활착 후는 저절로 썩어서 접목 부분의 생장을 방해하지 않는 것이 이상적이다. 외국에서는 다양한 결속재료가 소개되고 있지만 실제 가장 손쉽게 구입할 수 있고 실용적이어서 우리나라에서 가장 많이 사용되고 있는 결속재료는 폴리에틸렌 필름이나 PVC필름을 사용한다. 이 외에 결속재료로 접목용 일반 테이프, 접목용 고무테이프(rubber budding and grafting strips, 자외선으로 녹는 테이프, 풀어주는 노력이 필요없다), 파라핀테이프, 라피아(raffia, 야자잎으로 만든 줄), 소형 못 등이 있다.

(3) 피복(도포)재료

피복재료는 접목부분의 노출부가 접수를 건조로부터 막음과 함께 빗물이 들어가거나 병균 침입도 막아주는 목적으로 절단면의 피복에 이용되는 재료를 말한다. 식물체에 해가 없으면서 잘 붙고 비에 씻기지 않고 갈라지거나 고온에 녹아내리지 않아야 하며 조직이 비대함에 따라 물리적으로 압력을 주지 않아야 한다. 여기에는 테이프류, 접랍(grafting wax), 파라핀, 알루미늄포일, 실리콘 튜브 등이 있다.

6) 접목의 실제

대목과 접수는 접목의 방법에 따라 굵기와 크기가 다르다. 일반 짜개접은 대목은 크고 접수의 굵기는 작지만 안장접의 경우에 접수나 대목의 굵기가 동일해야 기계로 대량 접목이 가능하다. 따라서 적용하려는 방법에 따라 접수와 대목의 준비를 철저히 한다

(1) 대목의 구비조건

대목은 그 위에 붙여진 접수 품종의 생장과 결실에 중대한 영향을 미치므로 그 역할이 매우 중요하다. 대목은 다음과 같은 조건을 구비해야 한다.

번식이 용이하고 생장이 균일하며, 접목친화성이 높고 접목 후 묘목의 생육이 좋아야 한다. 조기결실성을 가지면서 환경 적응성이 높고 토양 병충해에 대한 저항성이 있으면서 왜성대목처럼 수세조절이 가능한 특성이 있어야 한다. 어떤 경우에도 바이러스에 오염되어 있지 않아야 한다.

(2) 접수의 구비조건

품종의 특성을 정확하게 갖추고 있으면서 신선하고 충실하며 세력이 중정도로 1년생으로(무화과와 올리브는 2년생이 좋다), 병충해의 피해가 없고 바이러스에 감염되어 있지 않아야 한다. 접수는 화아를 착생하고 있지 않은 것이라야 한다(잎눈은 가늘고 꽃눈은 둥글고 크다, 줄기의 아래쪽이 꽃눈이 많다).

(3) 접수의 채취

봄접의 경우에는 생장을 개시한 전후의 대목에 휴면 중의 접수를 접하는 것이 활착률이 제일 좋다. 따라서 접목 당시에 접수를 채취하면 접수의 눈이 이미 활동을 개시하고 있는 수가 많으므로 접수는 휴면기간 중에 채취하여 저장해 놓았다가 사용하는 것이 좋다. 채취하는 시기는 휴면기간 중이면 언제든지 가능하지만 가능한 한 빨리 채취하는 것이 접수에 저장양분이 많아서 유리하다. 보통은 1~2월의 전정 시에 잘라낸 가지 중에서 충실한 것을 골라 사용한다.

아접의 경우에는 눈이 신선하고 충실할수록 좋으므로, 접수는 접목직전에 채취하며 저장은 하지 않는다. 그러나 형편상 저장을 꼭 해야 하는 경우에는 물속에 접수를 꽂아, 냉암실에 넣어두고 매일 물을 갈아주면 10~20일 정도는 사용할 수 있다. 눈접에 사용되는 접수는 채취 후 즉시 엽병만을 남기고 엽신을 제거하는데, 이 가지를 접지(bud stick)라고 부른다.

접수를 채취할 때에 줄기 내부나 외부에 병든 가지를 전정가위로 절단했을 경우에는 다른 가지를 자르기 전에 반드시 알콜로 소독하며 절단 작업 시는 항상 깨끗한 복장과 장갑을 착용해야 한다.

(4) 접수의 저장

접수는 저온에 보관해서 저장 중의 양분 소모를 적게 함과 동시에 눈의 활동을 억제하고, 또한 건조와 부패를 방지하여야 한다. 저장온도는 0~5℃를 목표로 하고, 가능한 한 10℃ 이하의 저온을 유지하도록 하며, 다음과 같은 방법이 있다.

노지저장은 배수가 잘 되고 햇볕이 들지 않는 시원한 장소(건물의 북측이나 상록수 밑)를 택하여 가는 골을 파고서 30~40본씩 묶은 다발을 비스듬히 하여 2/3~3/4정도가 보이지 않을 정도로 흙을 덮어서 가볍게 다져준다. 건조 등의 위험이 있을 때는 전부를 흙속에 묻어서 거적 등을 씌어준다. 이 방법은 온도 변화를 받기 쉬우므로 장기간의 저장에는 부적당하다. 사과나 무나 배나무 등 활착이 잘 되는 수종에서 이용할 수 있다.

실내저장은 접수가 소량인 경우에는 나무상자 등의 용기에 적당한 수분을 포함한 모래, 톱밥, 물이끼 등을 넣어 이 속에 접수를 옆으로 눕혀 놓던가, 상부가 약간 나올 정도로 묻어서 실내의 냉암소 또는 지하실에 보관한다.

냉장고 저장은 수본 내지 수십 본을 다발로 묶은 접수를 폴리에틸렌 필름으로 밀봉하여, 5℃ 정도의 냉장고나 농촌에 비치된 냉장저장실 속에 저장한다. 예를 들어 포도대목은 30~40cm로 잘라 다발을 만들어 적당한 습도의 모래, 톱밥, 이끼에 수평으로 하여 5℃ 전후로 저장한다.

7) 접목 후의 관리

접목 조작이 끝나면 그 뒤는 대목과 접수와의 생리작용에 의한 유합이 행하여지는 것이지만, 대목으로부터 접수에 수분이 이행하기까지에는 2~4주간이나 걸리므로, 그 때까지 접수를 건조하지 않도록 하는 것이 활착을 높이는 조건이다. 이어서 식물의 종류에 따라 최적 온도유지(포도의 경우 캘러스 형성은 10~30℃ 범위에서 이루어지나 30℃가 적온), 빗물의 접목부위 침투방지, 접수의 신장을 촉진하기 위한 대목눈 제거, 활착 후의 생장기에 비배관리, 병충해 방제 등 많은 관리작업이 있다.

(1) 벤치접목시스템(bench grafting system)

근접이나, 소형화분에 심은 대목에 접목을 한 경우, 또는 채소묘의 접목은 벤치에서 이루어지므로 이러한 시설 내의 접목법을 벤치접목이라 한다.

근접한 것은 상자에 담아 7℃로 2개월 저온저장을 한다. 캘러스 형성을 위해서는 7℃에서 21℃로 온도를 올려주면 가장 좋다. 근접목 사과를 21℃, 고습도 조건에 저장하면 캘러스 형성기간을 30일 정도 단축할 수가 있다. 이와 같은 고온 캘러스 형성촉진 처리를 하려면 가을에 재료를 모아서 추위가 접수 눈의 휴면을 타파하기 전에 접목을 하여 유합기간 동안 고온처리를 한다. 접합이 되면 다시 접목된 식물의 접수가 남은 휴면이 타파되도록 2~4℃에서 정식 전까지 저장한다. 사과는 6℃ 이하 일정기간 저온처리가 되지 않으면 휴면이 타파되지 않은 특성을 이용한 방법이다. 저온에 저장한 근접한 것은 초봄에 포장에 바로 정식한다.

(2) 고온파이프 캘러스시스템(hot-pipe callusing system)

국내에서는 별로 이용하지 않지만 벤치에 고온이 흐르는 PVC파이프를 설치하고 여기에 접목 부위 만 끼울 수 있게 홈을 파서 캘러스 형성 적온인 24~27℃를 유지하고 뿌리와 접수의 눈은 5℃를 유지하도록 하는 방법이다(그림 3-24, 좌). 홈의 간격은 포트를 눕혀서 처리할 때

겨우 닿을 정도로 10cm간격으로 하고 포트를 좌우로 놓게 한다. 홈은 접목부위가 들어가게 10~15mm 로 파이프의 1/3정도 까지 판다. 그리고 관의 1/3 정도까지 27℃ 물이 계속해서 흐르도록 한다. 처리시기는 늦은 겨울이나 이른 봄으로 개암나무나 다른 접이 어려운 식물에 적합한데 기간은 수종에 따라 다르나 약 3주 내외이다. 처리에 좋은 식물은 사과, 배, 복숭아, 자두와 관상식물인 단풍, 개잎갈나무속, 개암나무속, 너도밤나무에 알맞고 소나무속은 효과가 없다. 이 처리는 나무종류에 따라 효과가 다르다.

(3) 폐쇄상자법(closed case)

근삽에서 왁스처리를 안하고 상자에 약간 습한 피트를 넣고 여기에 근삽을 한 것을 채운다. 그리고 이 상자를 21℃ 되는 방에서 12일간 처리하여 유합이 되면 다시 꺼내서 정식할 때까지 2℃에서 저장하는 방법이다. 또는 온실에 접목된 화분을 놓고 여기에 유리병을 씌워서 습도를 유지하도록 하기도 한다. 대단위 재배에서는 시설 내의 접목화분이나 삽목 트레이를 따로 관리하는 비닐터널을 벤치 위에 만들어 적습과 온도를 유지하도록 관리하기도 한다(그림 3-24, 우).

그림 3-24 고온파이프캘러스 시스템(irrecenvhort.ifas.ufl.edu)과 폐쇄 삽목터널

(4) 가지접목 묘의 관리

가지접(枝椄)을 한 후에는 접수의 증산을 방지하기 위하여 접랍을 도포한다. 접랍도포는 붓을 이용해 눈 부분만을 남기고 접수와 대목의 절단면은 빠지지 않게 바른다. 또한 습한 물이끼나 흙을 붙여서 감아주거나 비닐봉투로 싸주기도 한다. 묘포에서 열식의 경우는 위의 눈이 보일 정도로 복토하고 그 위에 바람에 날리지 않도록 신문지를 덮어 습도를 잃지 않도록 한다. 접목 후 2개월 쯤 경과하면 접목부에 감아놓았던 비닐테이프 등을 제거해 준다. 이것을 풀어

주지 않고 생장 중 그대로 놓아두면 조직 속으로 파고 들어가 비대생장을 저해할 뿐만 아니라 그 부분이 잘록해져 조그마한 자극에도 부러질 염려가 있다. 그러나 테이프를 풀었을 때 접목 활착이 아직 완전치 않는 경우는 다시 감아주어야 한다.

접목 후 대목으로부터 수 개의 눈이 나와서 신장하는 수가 많은데 이것을 대목눈이라고 한다. 이들 대목눈을 그대로 놓아두면 뿌리로부터의 양분이 대목눈에 전부 소비되어 접수의 생장이 나쁘게 되고 때로는 활착했더라도 접수가 고사하는 경우도 있으므로 대목눈을 전부 따서 접수가 잘 자라도록 한다.

식물의 종류에 따라서는 상당히 크더라도 접목부가 아직 약하므로 바람 등으로 그 부분이 박리되거나 부러질 염려가 있다. 이것을 방지하기 위하여 지주를 세워주는 것이 바람직하다. 접목묘가 활착하여 생장을 시작하면 건전하고 훌륭한 묘로 만들기 위하여 추비를 시여하는데, 병충해에 강한 묘로 만들기 위하여 질소가 과다하지 않도록 유의한다. 수종에 따라서는 병충해 방제를 위해 농약을 뿌려줄 필요가 있다.

(5) 아접묘의 관리

눈접을 행하고 2주일 쯤 지나면 대목의 비대생장에 의해 접아가 대목의 수피 속에 묻혀버리는 수가 있으므로 비닐 테이프를 풀었다가 다시 감아준다. 1개월 후 또는 이듬해 봄 발아 전에는 테이프를 제거하며, 동시에 대목을 접목부에서 절단한다. 일반적으로 접목부로부터 5~10cm 상부에서 절단하여 접아가 싹이 터서 자람에 따라 지주로 이용하기도 한다. 6~7월이 되어 신초가 튼튼해지므로 이때 신초가 나온 상부의 대목 부분을 절단하고 거기에 접랍을 발라준다. 묘의 비배관리와 병충해방제를 위한 농약산포 등은 가지접 묘목의 관리와 같게 한다.

3.3.5 과수 대목의 종류

1) 사과

보통대목과 왜성대목이 있다.

(1) 보통대목

우리나라의 사과대목은 사과나무속(*Malus*) 식물로서 아그배나무(삼엽해당), 환엽해당, 야광나무, 실생대목을 주로 이용해오다가 1970년대에 들어와서부터 왜성대목이 도입되면서 현재는 이들 왜성대목의 이용이 거의 대부분을 차지하기에 이르렀다(윤, 1995).

① **아그배나무(삼엽해당, 三葉海棠, *M. sieboldii*)**: 우리나라와 일본에서 오래전부터 대목으

로 사용해 왔으며, 우리나라의 중부이남 특히 지리산, 한라산, 전북 무주지방과 일본의 혼슈, 중부이북에서 북해도에 걸쳐 분포하고 있다. 대엽계(大葉系)와 소엽계(小葉系)가 있으며 주로 대엽계가 이용되고 있다. 종자의 발아력이 양호하고, 접목친화성이 높으나 뿌리는 세근이 적고 근계가 가늘고 길어 흡비력(吸肥力)이 약하며 건조에 약하다. 부란병과 문우병에 저항성이지만 적진병(赤疹病), 근두암종병(根頭癌腫病), 면충(綿蟲)등에 약하다. 고접 시에 스템피팅(stem pitting)바이러스에 의한 고접병(高接病)이 발생되기 쉽고 조피병에 잘 걸린다.

② **환엽해당(M. prunifolia)**: 중국대륙과 일본에 분포하며, 교목성이고 잎은 농녹색으로 타원형이다. 과실은 지름이 1cm 정도로 황색이며 익으면 적색으로 변하고 꽃받침조각이 붙어있는 것이 특징이다. 접목친화성이 좋고 삽목번식도 잘 되며, 내습성, 내한성으로 면충에 대한 저항성도 강하다. 접목수의 발육도 좋으므로 기성 사과밭의 대부분은 환엽해당에 접목한 것이 많다. 그러나 'Golden Delicious'와는 불친화현상이 나타나므로 이 품종의 대목으로는 사용하지 않는 것이 좋다. 고접병에 잘 걸리므로 고접병 보독성의 접수를 접목하면 거의 100% 발병한다.

그림 3-25 아그배와 환엽해당(wikipedia)

③ **야광나무(매주나무, *M. baccata*)**: 우리나라 중부 이북과 중국의 하북성, 산서성의 북부로부터 만주, 몽고, 시베리아, 일본의 북해도 그리고 구소련의 사할린 등에 광범위하게 분포하며, 내한성, 내건성이 극히 강한 것이 특징이다. 고접 시 고접병에 대한 면역성이 있다. 내염성(耐鹽性)이 약하기 때문에 알칼리토양과 저습지에는 적합하지 않다. 유럽에서는 오래 전부터 사용하였으며 접목활착도 잘 되나 품종에 따라서는 불친화현상을 나타내기도 한다.

④ **사과실생**: 사과종자로 번식한 대목으로 공대(共臺)라고 부른다. 흰가루병에 잘 걸리는 단점이 있지만, 고접병에 대한 면역성이 있고 수세가 왕성하며 내한성이 강하고 토양 적응력도 큰 장점이 있다. 왜성대목의 번식을 위한 모수 양성에 이용되고 있다.

(2) 왜성대목(dwarf stock)

우리나라에서 사과 왜화재배가 시도된 1970년대에는 MM106을 시작으로 M26이 실제 재배에 널리 이용되고 있으며 M9 또는 M27도 크게 주목되고 있는 대목들이다. 또한, 1980년대부터 영국에서는 virus에 감염되지 않는 EMLA 대목만이 이용되고 있다.

① **M9**: 실생대목의 30% 정도 크기로 영국의 이스트말링시험장에서 1914년에 선발한 계통이며 유럽에서는 고밀식(高密植) 왜화재배용으로 널리 이용되고 있다. 조기결실성, 대과성이며 생산성이 높다. 과실의 착색은 양호하고 당도도 높다. 삽목번식이 곤란하고 휘묻이에 의한 번식도 다소 어렵다. 뿌리는 천근성이고 지지력이 약하고 쉽게 부러지므로 반드시 지주를 설치하여야 한다. 토심이 깊은 비옥지에 적합하며 토심이 얕은 과원에서는 수세가 떨어질 우려가 있기 때문에 반드시 관수시설이 필요하며 배수불량에도 약하다. 흡지(吸枝, 움돋이)와 기근속(氣根束, 바노트)의 발생이 많고 화상병(火傷病)과 사과면충에 약하다. 국가마다 M9을 기초로 M9 EMLA(영국의 이스트말링과 롱아쉬톤시험장이 공동으로 선발하였으며 M9보다 25~30% 크게 자라며 내한성(耐寒性)에 더 약함), M9-T337(네덜란드에서 선발한 것으로 M9 EMLA에 비해 다소 더 왜화된다. 생산성이 높고 대과성이며 휘묻이 번식이 잘 됨), Pajam 1(프랑스에서 선발한 것으로 M9 EMLA에 비해 다소 더 왜화된다. 생산성이 높고 대과성이며 휘묻이 번식이 잘 됨), K29(M9 NIC29, 벨기에의 니콜라이 묘목회사에서 선발한 것으로 M9보다 지지력(支持力)이 좋으며 세력도 강하고 번식이 잘되고 발근량이 많다), M9 nagano(일본 나가노과수시험장에서 열처리하여 고접병바이러스(ACLSV)를 무독화시킨 대목), B984(Burgmer, 독일서 선발한 것으로 B.984는 M9 EMLA보다 다소 세력이 좋거나 비슷함) 등이 있다(농진청, 2019).

② **M26**: 수세는 실생의 40% 정도로 영국의 이스트말링시험장에서 M16에 M9을 교배하여 1959년에 선발한 계통이다. M9보다 수세가 강하고 뿌리가 약해 바람에 쓰러지니 지주가 반드시 필요하다. 발근력이 강하고, 번식력, 조기결실성, 다수확성이 이다. M9보다 토양 적응성이 넓기 때문에 우리나라와 일본에서 주로 중간대목방식으로 가장 많이 이용하고 있다. 일반적으로 과실은 크고 착색이 잘되고 품질이 양호하지만 접수품종과 토양조건에 따라 밀식장해, 수세쇠약 등 수세가 달라지므로 고품질의 과실을 생산할 수 없는 경우가 있다. 잠재근의 일종인 기근속(氣根束, burr knots)의 발생이 많고 접수품종의 조합에 따

라 접목혹이 발생하여 수세쇠약을 일으키기 쉽다. 삽목번식성과 내습성에 약하고 역병, 화상병 및 사과면충에 약하다. 내한성(耐寒性)은 비교적 강하다(그림 3-26).

③ **M27**: 왜화도가 실생의 15%로 수고가 1.5~2m이다. 이스트말링시험장이 1970년에 발표한 극왜성대목이며 M13에 M9를 교배하여 선발한 계통이다. 내한성과 내풍성이 약하다. 조기결실성이 높고 과실의 착색이 양호하고 당도가 높지만 수세의 저하로 과실이 작아지기 쉽다. 흡지(吸枝, 움돋이)와 기근속의 발생이 적으나 천근성이며 뿌리가 부러지기 쉽다. 휘묻이에 의한 번식이 용이하다. 역병저항성이며 화상병과 사과면충에 약하다.

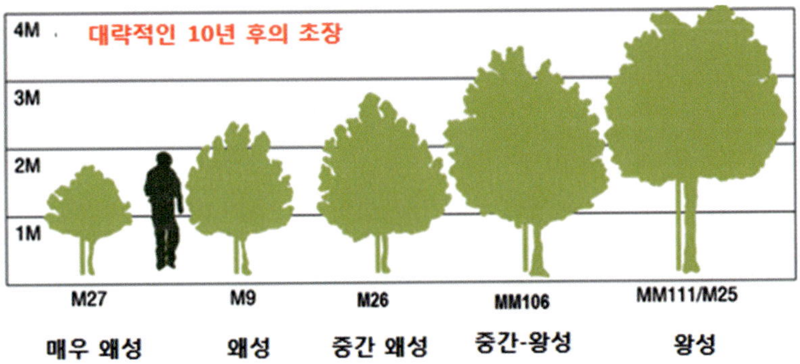

그림 3-26 왜성 M대목 이용 시 10년 후의 초장 비교

④ **MM106**: 실생의 65%정도 반왜성으로 영국의 이스트말링시험장과 존인네스연구소에서 공동 연구에 의해 1952년에 발표한 사과면충 저항성 계통이며 'Northern Spy'에 M1을 교배하여 선발한 것이다. 반왜성대목에 속한다. 조기결실성이고 생산성이 높다. 토양적응성이 넓지만 다습한 토양조건에서는 역병이 발생하기 쉽다. 지지력이 좋기 때문에 영구지주는 필요 없다. 휘묻이에 의한 번식성이 매우 양호하다.

⑤ **CG계 대목**: 미국 뉴욕주 제네바에 있는 코넬대학 시험장에서, M8에 자연교잡 실생으로부터 약 158계통이 선발되었는데 이 중에는 왜화효과를 갖는 것들이 있다. CG는 Cornell Geneva의 머리글자를 딴 것이다. CG계 가운데서는 M9 정도의 왜화 효과를 갖는 CG10, CG26, CG47, CG80이 있고, M26 정도의 CG23, CG24, CG57이 있다.

⑥ **MAC계 대목**: 미국 미시간 주립대학의 Carlson 교수가 사과면충, fire blight, crown rot, crown gall에 강하고, 번식이 용이한 것을 선발한 것이다. MAC는 Michigan Apple Clone의 머리글자를 따온 것이다. 왜화도가 가장 강하고 뿌리의 활착이 좋은 대목으로 MAC 1, MAC 9, MAC 10, MAC25, MAC46이 있다. 이 중에서 MAC9는 M9와 M26의 중간 정도의 왜화도를 나타내며 특별히 MARK라는 별명을 갖고 있고 미국 식물특허국으

로부터 특허를 받아 보호를 받고 있는 대목이다. 바이러스를 무독화했으며 뿌리목썩음병에 저항성을 갖고 있으나 화상병과 사과면충에는 약하다. 왜화도는 M9정도이고 조기결실성이 높다. 지지력은 양호하지만 토양이 척박하고 바람이 센 지역은 지주가 필요하다. 최근 우리나라에 많이 보급된 대목인데 건조하면 지하부의 대목부위가 이상 비대하면서 과실이 작아지고 수세가 급격히 떨어지는 장해가 발생할 수 있다. 이러한 현상은 재식 후 3~5년 차부터 발생되며 특히 토양건조와 과습이 되풀이되거나 사질토양에서 발생이 심하다. 재배 시 관리를 잘 해야 한다.

⑦ **Ottawa계 대목**: 캐나다 농무성 Ottawa 농업시험장이 내한성 대목 육성을 목표로 하여 육성한 것이다. 이들 중 Ottawa3은 M9 정도의 왜화 효과를 가지며, crown rot에 대해서는 M9보다 강하다.

⑧ **Bud(Budagovski)계 대목**: 구소련에서 내한성과 crown rot에 강한 대목을 목표로 육성한 것이다. M26 상당의 왜화 효과를 갖는 것으로 Bud9가 있는데 왜화도는 M9과 M26의 중간정도이고 조기결실성이고 생산성이 높다. 내한성(耐寒性)이 강하고 M9보다 번식이 잘된다. 화상병과 사과면충에는 약하지만 역병에 매우 강하다. Bud118(표준수고 75%크기), Bud490(65%크기), Bud492(20%크기)가 있는데 내동성측면에서 기대가 된다.

⑨ **P계 대목**: Poland에서 M9을 모친으로 내한성을 목표로 육성한 대목이다. P1, P2, P22는 모두 왜화 효과가 강하고 번식력이 뛰어나며 내한성이 강하고 crown rot에도 강하지만 사과면충과 fire blight에는 저항성이 없다. P22는 M27 정도의 왜화효과가 있는 조기결실성이고 수량성이 높은 극왜성대목이며 내한성(耐寒性)이 강하여 추운 지역에서 초밀식재배용으로 기대된다. 내동성도 M9보다 우수하다.

⑩ **JM(Japan Morioka)계 대목**: 일본 농림수산성 과수시험장 모리오카 지장에서 1972년에 환엽해당에 M9를 교잡하여 얻은 실생 중에서 삽목 발근율이 50% 이상 되는 10개 계통을 1차로 선발하였다. 1985년부터 여러 지역에서 계통적응성 검정시험을 실시하여 그 중 5계통을 선발하고, 1996년과 1997년에 걸쳐 신품종으로 등록하고 보급 중에 있다. JM5, JM1, JM7, JM8, JM2 등이 있다. JM8은 왜화도는 M9 EMLA정도이고 과실 생산성은 M9 EMLA와 M26 보다 다소 높다. 내습성은 다소 약하다. 뿌리목썩음병, 흑성병, 고접병 바이러스 및 사과면충에 저항성이 있다.

⑪ **대목별 초세비교**: 대목의 실생에 비한 초장의 크기 특성에 따라 극왜성, 왜성, 준왜성, 준교성, 교성으로 나누는데 국내 육성종(KAR계)을 포함한 품종은 다음과 같다.

- 극왜성(30%이하): M27, P16, P22, Bud146, Bud491, Mark(MAC9), M9, G65, KAR12

- 왜성(30~55%): P2, CG10, M9 EMLA, Bud9, MAC39, M26, G11, G16, JM7, KAR11
- 준왜성(55~65%): V5−2, CG24, M7, P1, V5−4, G30
- 준교성(65~85%): Bud490, MM106, MM111, P18, A313, Bud118
- 교성(85%이상): M25, MM104, MM109, MAC24, 실생

2) 배

우리나라에서 재배하고 있는 일본배의 대목으로는 재배품종의 실생대목(공대)이 친화력과 접목 후에 생육이 좋아 많이 이용되고 있으며, 그 이외 주로 사용되고 있는 대목의 종류를 예로 들면 다음과 같다.

접목방법은 주로 봄철에 깎기접을 많이 이용하고 있으며 아접도 일부 이용한다.

① **돌배(*Pyrus phylifolia*: Sand pear)**: 중국 본토 호남성, 호북성, 특히 양자강 유역의 사천성 동부 및 서부, 우리나라 남부 지리산 일대와 일본 구주지방에도 분포되어 있다. 수고는 15m까지 달하는 교목성이다. 대목의 특성은 발육이 왕성하고 근군이 개장이고 신장력이 좋으며 세근이 많다. 습기에는 강하나 건조와 추위에 약하다. 돌배는 일본배, 중국배, 서양배와 친화성이 강하여 많이 사용한다.

② **중국배(*Phrus ussuriensis*: Ussuri pear)**: 만주 흑룡강 유역과 우리나라에 자생하며, 근연종이 일본에 분포하고 있다. 수고는 12m 정도이다. 근부가 개장성이고 근군이 풍부하나 따뜻한 곳에서는 돌배에 비해 신장력이 불량하고 내한성은 제일 강하다. 서양배에 대해서는 친화성이 약하지만 왜화재배와 추운 곳에서의 대목으로 유망하다.

③ **콩배(豆梨: *Phyrus calleryana*: Chinese pea pear)**: 일부 지역에서는 똘배라고도 하는데 중국의 호북, 협서, 강서, 절강, 광동에 자생하고 있고, 근연종이 일본의 미에, 아이치현 등에 자생한다. 수고는 10m 내외에 달하며, 화상병과 선충에 강하다.

④ **북지콩배(*Pyrus betulaefolia*: Birchleaf pear)**: 중국 협서성, 산동성, 호북성, 만주 부근에 분포하는 야생종이다. 수세가 대단히 강건하고 수고 15m이며 근부는 주근이 적고 심근성으로 굴곡이 많다. 내건성과 내습성이 있고 왕성한 발육을 하여 다른 대목보다 양분흡수를 잘 하고 선충에 강하다. 서양배에 대한 친화력이 좋고 일본배와 중국배에 대해서도 친화력이 있으나 '20세기'에 대하여 친화력이 좋고, 특히 유부과의 발생률이 대단히 적다.

⑤ **마르메로(*Cydonia oblonga*: Quince)**: 중앙아시아가 원산으로 우리나라, 일본에도 분포한다. 수고는 2~3m에 달하는 관목으로 난형 또는 원추형으로 뒷면에는 면모가 많고 과실은 부정타원형이며 성숙하면 일종의 향기가 있다. 대목으로서의 가치는 배나무를 접목하

였을 때 왜화되며 결과기가 빨라진다.

⑥ **왜성배 대목**: 국내에서는 왜성재배를 하지 않지만 유럽의 마르메로는 열매가 작아 많이 이용한다. 유럽의 왜성대목을 5등급으로 분류해보면 다음과 같다.

- 극왜성(40% 이하): 채진목속, 산사나무속, 사과나무속, 마가목속에서 선발한 것
- 왜성(40~60%): Adams Quince, QR517/9, Quince EMA, Q-EMC, Q-EMH
- 준왜성(61~70%): FOX 16, Horner 10, OHxF 87, Pi-BU2, Pyro 2-33, Pyrodwarf
- 준교성(71~90%): BM2000, OHxF97, OHxF217, OHxF220, OHxF267
- 교성(91% 이상): 공대, Horner 4, *P. calleryana* D6, 콩배 유묘, 북지콩배 유묘

3) 복숭아

복숭아나무의 대목으로서는 야생종이나 재배종 복숭아나무의 실생이 주로 이용되고 있으며, 복숭아나무와 근연인 산복사, 아몬드도 복숭아나무 대목으로써 매우 양호하다. 이 밖에 수성도, 자두나무, 매실나무, 살구나무, 앵두나무 등도 대목으로 이용할 수 있다.

① **복숭아 실생**: 뿌리가 굵으며 넓고 깊게 뻗기 때문에 양분과 수분의 흡수가 왕성하므로 이것을 대목으로 하면 건조에도 잘 견디고, 척박한 토양에서도 잘 자라며, 수명도 길기 때문에 복숭아나무의 대목으로 가장 많이 이용되고 있다. 그러나 비옥한 토양에서는 지나치게 왕성하므로 결실이 불량해지고 수지병에 걸리는 경향이 있으므로 적합하지 않다. 조생종의 종자는 배의 발육이 불량하여 이용할 수 없어 반드시 만생종 종자를 이용한다. 종자는 채취해서 층적처리를 해서 휴면 타파를 하여 파종한다.

② **R-1**: 국내 기후에 대한 적응성이 뛰어난 국산 복숭아 1호 대목품종으로 2001년 PH193(순천시 서면, 자생 야생복숭아)을 방임수분, 2009년 1차 선발, 대목특성조사(2009~2014)를 거쳐 2014년 최종 선발하여 2015년 등록된 품종이다. 수세가 양호하고 뿌리 활력이 강하면서 발아력이 우수한 장점을 가지고 있다. 일본 육성 대목 쯔꾸바 No.4에 비해 내한성이 우수했고 근두암종병에 대해 저항성을 보였다. 선충저항성은 쯔꾸바 No.4와 유사했다. 꽃가루가 많아 수분수가 필요 없고 대목으로 사용할 종자는 9월 중하순 채취해야 충실한 종자를 얻을 수 있다. 이 품종은 복숭아를 비롯한 자두, 살구, 매실 등 핵과류(Prunus속)에 모두 이용 가능하다

③ **매실나무**: 매실나무는 발육이 균일하고, 근군이 풍부하며, 잔뿌리가 많이 발생한다. 결과기가 빠르고, 큰 과실이 열리는 장점이 있지만, 다른 대목에 비해 접착상태가 불량한 것이 많고, 수령이 짧아지는 단점도 있다.

④ **산복사(山桃, *Prunus davidiana*)**: 산복숭아, 개복숭아라고 불리며 복숭아나무와 친화력이 있고, 내건성과 내한성이 강하며 심근성으로 원뿌리는 크지만 잔뿌리가 적으며, 수지병에 걸리기 쉽다. 산복사는 중국이 원산지로서 중국에서는 이용되지만, 국내에서는 지리산 일대에서 채취 이용하는데 채취 종자를 가상을 하여 파종하면 당년에 발아하거나 2년째 발아한다.

⑤ **기타**: 중국 원산의 내한성이 강한 흑도(黑桃)가 대목용으로 이용된다. 유럽에서는 Peach x Almond Hybrids에서 육성한 GF556, GF667이 있는데 대목으로 많이 사용한다. GF667은 미세번식하여 상업적으로 많이 판매된다.

4) 자두

우리나라에서는 자두나무의 대목으로 주로 복숭아나무를 이용하나, 공대도 이용한다. 그리고 유럽에서 주로 사용해 온 Myrobalan의 이용도 증가 되고 있다. 외국에서는 반왜성 대목으로 Pixy, 일반 대목으로 Brompton이 재배된다.

① **복숭아나무**: 복숭아나무는 자두나무의 모든 품종과 접목친화력이 높으며, 종자의 구입도 용이하며, 눈접으로 쉽게 활착되며 생육도 빠르다. 복숭아나무 대목은 공대에 비해 뿌리가 얕고, 개장성이며 신초의 맹아도 빠르고 과실의 숙기를 촉진하며 과실의 크기도 증가시키는 경향이 있다. 내수성은 약하고 내건성은 강하다. 근두암종병이나 유리나방 등에 대해서는 공대보다 약하며 이 대목은 대목 주간의 비대가 접수 부위보다 늦어 가늘어 지는 대부현상(臺負現象)이 나타나는 수가 있다.

② **Myrobalan**: 뿌리는 깊이 뻗어 들어가고, 추위나 건조에 강하고 수분이 많은 토양에도 잘 견딘다. 눈접으로는 활착이 불량하고, 절접을 하여야 한다. 근두암종병에는 비교적 강하고, 수지병(樹脂病)의 발생도 적다. Myrobalan은 유럽자두나무, 일본자두나무 및 복숭아나무의 대목으로써 널리 이용되고 있다.

③ **자두실생**: 자두나무 실생대목은 복숭아나무 대목에 비해 친화성이 높고 내한성이 강하며, 내수성도 강하고, 근두암종병이나 유리나방 등의 피해가 비교적 적다. 내건성은 복숭아나무 대목보다 약하고, 잎이 타는 일소(日燒)가 발생하기 쉽다. 자두나무 실생은 눈접에 의한 활착이 떨어지고, 묘목의 초기생장이 복숭아나무보다 약하고, 과실품질이 떨어지는 등의 이유 때문에 실제로는 별로 이용되지 않는다.

5) 매실

매실나무의 대목으로는 매실나무, 살구나무, 복숭아나무, 자두나무 등이 있지만 접목활착, 그 후의 생장, 결실, 수명 등의 관점으로 보아 매실공대가 가장 좋다. 살구나무는 접목친화성은 좋으나 공대에 비해 발육이 다소 늦고 생육이 균일하지 않아 별로 이용되지 않는다. 복숭아나무 대목의 경우는 활착은 양호하나 생육도중 수세가 쇠약해져서 7, 8년 후에 고사하는 경우가 많다. 자두나무 대목은 활착과 그 후의 생육이 불량하고 복숭아나무 이상으로 생육이 나빠 수년 내에 고사한다.

공대의 경우 중생 또는 만생품종으로 완숙한 과실을 후숙시킨 다음 종자를 채취하여 저장한다. 매실나무 종자는 발아가 빠르므로 따뜻한 곳에서는 2월경에 파종하고 건조한 종자는 침수하였다가 파종한다. 접목은 당년 8월 하순부터 9월 상순에 아접을 하거나 다음 해 봄에 깍기접을 한다.

6) 살구

살구나무의 대목으로는 살구나무공대, 매실나무, 복숭아나무, 자두나무를 사용하나 공대와 매실나무가 일반적으로 많이 쓰인다. 공대가 접목 활착과 그 후의 생육도 좋고 내한성과 내건성이 강하며 선충이나 근두암종병에 저항이 있으며 척박한 토양에도 잘 견디어 좋다. 매실 대목은 공대 다음으로 좋은 대목으로 접목 활착은 공대에 떨어지지만 그 후의 생육은 양호하다. 내한성은 공대보다 떨어진다. 아접은 파종 당년 8월~9월 상순까지 실시하고 깍기접은 3월~4월 상순에 한다.

7) 양앵두

양앵두나무 대목도 교목성과 왜성이 있다. 유럽과수로서 공대를 대목으로 많이 사용하나 국가별로 다양한 대목을 육성해서 사용한다.

① **푸른잎벚나무[청엽앵(靑葉櫻), *Prunus lannesiana*]**: 청파앵, 점앵, 진앵 등이라고도 하며, 산벚나무의 일종으로서 발육이 왕성한 교목성이다. 일본의 동북지방에서는 이 대목이 가장 많이 쓰이고 있다. 가지는 직립으로 신장하며 정단부는 개장하는 성질이 있다. 대부분의 품종과 접목친화성이 매우 높다. 청엽앵의 대목번식은 삽목이 대단히 양호하므로 대부분 삽목번식을 한다.

② **Mazzard(*Prunus avium*)**: 유럽 및 서부아시아가 원산으로 수고는 10~15m 정도이고 과실은 작고 흑색으로서 쓴맛이 강하여 식용으로는 쓸 수 없다. 수세는 강건하고 발육이 왕

성하나 묘포에서 낙엽병(short-hole fungus)에 감염되기 쉬우나, 수지병(gum disease) 및 가지마름병(die back) 피해는 적다. 삽목이 잘 되지 않으므로 종자로 번식하거나 취목에 의하여 번식하기도 한다. 단양앵두나무 및 산양앵두나무와 친화성이 좋고, 습기에는 비교적 약하다. 그리스 및 로마인은 기원전 3~4세기경부터 접목을 실시하였으며, 기원전 1세기경부터 아접 또는 지접으로 Mazzard종을 사용하였다고 한다.

③ **산벚나무(*Prunus serrulata*)**: 산벚나무는 푸른잎벚나무(청엽앵) 이외 백산벚나무, 홍산벚나무 등이 있다. 백산벚나무는 우리나라 중부지방, 일본의 중부지방과 시코쿠, 규슈 등 동북지방에 많이 분포하고 있다. 교목성이며 개장성이고 잎은 적색, 갈색, 녹색 등이 있다. 꽃봉오리 때에는 홍색이다가 개화함에 따라 백색으로 된다. 접목활착은 잘 되는 편이며, 절접보다는 눈접이 안전함은 핵과류의 공통점이라 하겠다.

④ **마하렙(Mahaleb; *Prunus mahaleb*)**: 프랑스 중부, 남부독일, Caucasus에 자생하며 과형은 크고 천근성이며, 특히 건조지대에 적합하다. 왜성대목으로서 가장 많이 쓰이며, 가지는 가늘고 소형이고 청색에 회색 빛이 난다. 단양앵두나무와 신양앵두나무 모두 친화성이 좋으며, 나무 조직이 단단하고, 접목 후는 왜화도가 높다. 실생 또는 취목에 의하여 번식하며, 양앵두나무와의 접목은 주로 아(눈)접을 하며, 목질이 단단하므로 깎기접을 하면 활착률이 떨어진다.

⑤ **왜성대목**: 유럽에서는 30% 왜화효과가 있는 Colt와 GM계 등 다양한 대목이 제공된다. 앞으로 양앵두의 재배면적 증대에 대비하여 왜성대목 수입선발이 필요하다.

8) 포도

포도는 전세계적으로 포도나무의 뿌리나 잎에 기생하여 포도나무의 생육을 저해 또는 고사하게 하는 phylloxera(뿌리혹벌레)의 피해를 방지하기 위하여 미국 야생종을 교잡하여 만든 저항성 대목이 널리 사용되고 있다. 필록세라는 유럽이나 미국과 같이 건습이 중 정도인 약간 건조한 기후와 토양에서 많이 발생하며, 우리나라와 같이 겨울이 춥고 여름철에 비가 많은 지역에서는 발생이 적어 그동안 내충성 대목의 이용과 연구가 미진했다. 그러다 1998년 천안 거봉 포도 재배지에서 심각한 피해가 발생해서 더 이상 우리나라도 필록세라 안전지대라 할 수 없게 되어 이 분야에 대한 체계적 연구가 시작되어 국내 자생 산포도는 필록세라에 대한 저항성이 없는 것도 밝혔다.

포도 대목의 육성 방향은 나무활력, 근권 특성, 환경 스트레스 및 병저항성, 조기수확성, 접목 효율성(캘러스 및 근 형성), 접목 친화성, 영양 흡수능, 수목의 수령, 생과의 수량과 포도주 품질 등을 고려해야 한다.

포도대목의 3대 기본종으로 유럽 포도를 황폐화시켰던 Phylloxera에 대한 최초의 저항성 대목은 Riparia, Rupestris, Berlandieri 등의 야생종이 있는데 이들을 기초로 포도대목 육성을 해왔는데 각각 특성은 다음과 같다.

① **Riparia종(*Vitis riparia*, 강둑포도 riverbank grape, 서리포도 frost grape)**: 캐나다와 미국의 대서양변에서 로키 산맥까지 널리 분포되어 있는 자웅이주 포도이다(그림 3-29, 좌). 적습의 양토, 사질양토에 적합하며 토층이 깊고 비옥지에 알맞다. 접목 후 접수를 왜화시키며, 조숙성이고 유목기부터 우량한 과방을 형성한다. 그러나 석회질 토양 적응성이 다른 두 품종보다 낮고 수령이 짧은 결점이 있다. 내한성이 매우 강하여 -57℃까지도 견딜 수 있다. 흰가루병과 노균병에 강하며, 뿌리의 필록세라 저항성은 아주 강하나 잎은 암종(癌腫)에 감수성이다. Baco noir, Marechal Foch, Triomphe d'Alsace, Frontenac 같은 품종이 여기서 유래됐다

② **Rupestris종(*V. rupestris*: 사지, 산지포도, sand, rock, mountain grape)**: 모래나 돌이 많은 건조한 땅인 미국의 텍사스, 뉴멕시코 자라는 야생종이다. 생육이 왕성하고 내석회성을 갖는다. 삽목 시 발근력이 높으며 접목 활착력도 높다. 뿌리는 필록세라에 아주 강하고 흰가루, 노균병, 검은썩음병에 강하다. 이름에서도 알 수 있듯이 모래나 돌이 많은 건조한 땅에서 뿌리를 깊게 뻗고 잘 자란다. 삽목 시 발근력이 높으며 접목 활착력도 높다(그림 3-27, 우). PIWI, Solaris, Regent등이 육종에 의해 만들어졌다.

그림 3-27 *V. riparia*(좌)와 *V. rupestris*(우)(잎모양의 차이가 심하다, wikipedia)

③ **Berlandieri(*V. berlandieri*, fall grape)**: 텍사스, 뉴멕시코, 아르칸사스지역에서 자라며 석회에 대한 저항성이 크고 고온 건조에도 강하나 삽목발근이 곤란하다. 접수 품종에 대한 영향력은 조숙, 풍산성으로 성과기에 달하는 시기가 빠르고 수령도 길다. 수세는 강하며 신초 발아기, 개화기 및 성숙기가 강둑포도 보다 한 달 정도 늦다. 그러나 접수 품종은 숙

기가 빨라지고 수량이 증가되는 경향이 있다. 뿌리의 필록세라 저항성은 높은 편이나 잎에는 아주 드물게 암종이 형성되기도 한다. 석회질 토양에 대한 적응성이 아주 높고 내습성도 강하다. 내한성이 약하고 발근력이 낮다.

주요 포도대목의 특성의 특성을 보면 3가지 기본 품종을 대상으로 추가로 다른 야생종이나 일반종과 교잡 육종하여 다음과 같은 대목품종이 나왔으며, 대목의 종류와 특성은 다음과 같다.

- **Riparia**: 저활력, 천근성 근계, 낮은 석회암 적응성, 조숙, 다수성
- **Rupestris**: 고활력, 심근성 근계, 좋은 석회암 적응성, 만숙, 화진 현상 많음, 품질 낮음
- **Berlandieri**: 고활력, 심근성 근계, 매우 좋은 석회암 저항성
- **Riparia x Berlandieri**(중활력, 좋은 석회암 저항성, 다수성, 품질 증진): S04, Teleki 8B, Kober 5BB, Teleki 5C, Kober 125AA, 420 A Mgf, 161-49 Coudrec, Binova, 34.E.M., RSB 1
- **Riparia x Rupestris**(중활력, 중간 석회암 저항성, 다소 숙기 촉진, 다수성): 3309 Coudrec, 101-14 Mgt, Schwarzmann, 196-17 Castel, 4010 Castel
- **Riparia x Solonis**: 1616C, SORI
- **Berlandieri x Rupestris**(고활력, 높은 건조저항성, 다소 만숙, 화진 경향이 있음): 99 Richter, 110 Richter, 779 Paulsen, 1103 Paulsen, 140 Ruggeri
- **Riparia x Cordifolia x Rupestris**: 44-53 Malègue
- **Riparia x Berlandieri x Rupestris**: Gravesac

① **글루아르(Riparia Gloire de Montpellier)**: 프랑스 남부 몽펠리에 지방에서 필록세라 창궐기에 선발된 강변포도 계통의 대목으로 현재 유럽에서 널리 이용되고 있다. 번식이 용이하고 잔뿌리가 많이 발생하며 천근성으로 건조에 약하다. 필록세라 저항성이 아주 높고, 선충에 약하다. 접수 품종의 결과연령을 앞당기며, 조숙시키는 경향이 있다. 대목의 세력은 왕성하나 접수 품종을 왜화시키며, 수령을 단축시키고, 수확량을 떨어뜨린다. 석회에 아주 약한 단점이 있으나, 착색을 양호하게 하고, 과실 품질을 좋게 한다. 접목과 삽목이 쉽게 된다.

② **St. George(Rupestris du lot)**: 프랑스 몽펠리에에서 발견된 것으로서 Rupestris종 중에서 가장 이용가치가 높은 대목 품종이다. 삽목, 접목활착은 양호하며 비옥지에서는 수세가 왕성하여 꽃떨이현상(화진현상)이 가끔 일어난다. 심근성이어서 척박한 토양에서도 잘

자라고 가뭄에도 강하나 과습에는 약하다. 석회암 저항성은 중간이다.

③ **3309 C(Riparia x Rupestris, 3309 Couderc)**: 신초에 털이 없어서 3306과 차이가 있고 산성이나 알카리 토양 견딤성에 약하거나 중간 정도인데 산성토양을 선호한다. 수량이 많고 품질과 착색이 뛰어나고 수령도 길다. 건조 저항성이 아주 높고, 심근성이어서 척박한 경사지용 대목으로 적당하다. 내동성이 강하고 번식력은 중간이나 현재까지도 유럽, 미국 및 일본에서 주요 대목이며 Delaware내한성 증진에 아주 좋다.

④ **3306(Riparia x Rupestris, 3306)**: 비옥하고 습한 곳에 적합한 대목이다. 내건성이 약한 경향이 있으나 토심이 깊은 곳에서는 뿌리가 깊게 뻗어 건조가 크게 문제가 되지 않는다. 유목기부터 결실이 좋고 품질이 좋고 다수성으로 수령도 길며 캠벨얼리에 가장 적당한 대목이다.

⑤ **Schwarzmann(Riparia x Rupestris)**: 산성 토양에는 잘 견디나 선충 내성, 내습성, 내건성은 중간 정도이다. 수분이 많은 심토가 좋다.

⑥ **101-14 Mgt(Millardet et de Grassel)(Riparia x Rupestris, 101-14)**: 리파리아에 가장 닮은 대목으로서 글루아르 다음으로 조숙이고 유목기부터 품질 좋은 과실을 착생한다. 삽목발근이 용이하며 경토가 깊은 사양토 또는 양토에 적합하다. 산성에 중간, 석회암과 건조에 견딤성은 낮거나 중간이다. 켐벨얼리의 내한성 증진에 아주 좋다.

⑦ **420A(Millardet et de Grassel, Berlandieri x Riparia, 420A)**: 발근이 어려워 삽목번식은 곤란하다. 이 대목에 접목된 접수 품종은 조숙하고 당도와 생산량이 높고 해거리도 적다. 알맞은 곳은 토심이 깊고 약간 건조한 사양토이다. 습지 견딤성은 낮거나 중간, 알카리 토양에는 잘 견디며 내건성은 중간이다.

⑧ **Teleki 8B(Berlandieri x Ripara, Teleki 8B)**: 텔레키 연구소에서 육성된 품종으로 건조지로부터 습지에 적합하고 사질토양으로부터 점토까지 광범위하게 적응할 수 있는 대목으로 적지는 건습이 중간 정도인 토양이다. 어린나무 생육이 왕성하며 결과기도 빠르다. 품종에 따라서는 대목열세 현상이 나타나고 수령이 단축되기도 하나 대목열세 현상이 나타나더라도 생장이 떨어지지 않으므로 이용하기 좋은 대목이다.

⑨ **Teleki 5BB(Berlandieri x Riparia, Teleki 5BB)**: 리파리아에 가까운 품질을 가지며, 삽목발근이 매우 용이하다. 약간 천근성으로 잔뿌리가 많고 굵은 뿌리도 나온다. 건조에 강하고 습지에는 테레키 8B보다 약하다. 접붙인 후 지상부 생육이 좋고 조숙하며 수령도 길다.

⑩ **Teleki 5C(Berlandieri x Riparia, Teleki 5C)**: 근년에 널리 사용되고 있는 대목으로 유목시대부터 왕성한 생장을 하며 삽목 발근도 잘된다. 토양 적응성이 매우 넓어 각종 토양에서 잘 자라나 내건성은 8B, 5BB보다 떨어지며 내수성이 매우 강하다. Delaware내한성

증진 대목으로 아주 좋다.

⑪ **SO4(Berlandieri x Riparia, SO4)**: 유럽에서 많이 쓰이는 대목으로 우리나라에도 도입되어 있다. 서독 오펜하임 국립포도 연구소에서 선발한 것으로 SO4란 'Selection Oppenheim No. 4'의 약자이다. 내건성은 테레키 8B만큼 강하고 내수성은 3306과 비슷하며 토양 적응성이 매우 넓은 대목이다. 내한성도 강하고 대목열세 현상이 없으며 필록세라, 토양 선충 및 바이러스에 저항성이다. 거봉 같은 품종의 대목으로 쓰면 꽃떨이현상이 감소되나 착색이 좋지 않다. 지중해 연안의 생식용 포도 주산단지에서도 가장 많이 이용되는 대목이나 접목부위가 가늘어지는 것이 단점이다. 삽수 생산량이 많고, 삽목 시 발근력이 좋으며 접목도 잘 된다.

⑫ **99 R(Berlandieri x Rupestris, 99 Richter)**: 선충 내성은 중간 또는 강한 특성을 가지고 건조에는 강하나 습한 토양에는 약하다. 토양산도와 석회암에서는 중간 정도의 내성을 갖는다. 접수의 초기생장이 더딘 편이다.

⑬ **1103 P(Berlandieri x Rupestris, 1103 Paulsen)**: 건조와 습함에 대한 저항성이 강한 편이며, 산성과 석회암 토양에 중간 정도 적응성이 있다. 선충에는 중간 또는 강한 특성이 있다. 비교적 접수활력에 강한 영향을 준다.

대목은 접수의 생장, 착과성, 내병성 특히 바이러스나 네마토다의 저항성, 그리고 포도의 안토시안 함량이나 수량에 크게 영향을 미친다. Schmid등(2015)이 독일의 2지역 시험에서 송이당 무게는 독일 품종 Boemer가 좋았고, 활력은 Richter 110(110 R)이 가장 좋았다고 한다. 생과수량은 110-14Mgt, 3309, Boemer가 높았고, 안토시안은 3309가 최고였다고 한다. 따라서 포도원을 개원할 때는 대목의 특성을 고려해서 접목을 해야 한다(www.viticulturasustentavel.com/pdfs/Prof_Joachim_Schmid.pdf).

9) 감

감나무 대목의 선택조건은 종자를 용이하게 구입할 수 있고, 발아력이 좋으며, 뿌리의 신장력이 양호하고, 세근이 많은 것이 바람직하다. 단근에 의한 재생력이 강하고 지상부와 지하부의 발육이 다같이 좋고 친화력이 있으며 접목활착력이 높은 것이 좋은데, 접목은 주로 봄에 깍기접으로 하는 것이 활착력이 높다.

① **공대**: 재배용 감 종자로서 직근성이며 세근이 적지만 내건성과 내수성이 강하며 재배용 품종과는 모두 친화성이 있다. 고욤에 비하여 근두암종병에는 강하나 내한성은 좀 약한 편이다. 최근에는 공대에 접하는 경향이 많으며, 자웅동주인 한국 재래종 감이나 선사환,

정월 등은 자가수정률이 높아 종자의 형성이 매우 양호하다. 그러나 자가수정으로 형성된 종자는 파종 후 묘의 발육이 고르지 못하여 이것에 접하면 지상부와 지하부의 발육이 고르지 않고 재식 후도 생장이 불량하므로 공대의 모수는 암꽃만 가지는 품종으로서 타가수정에 의하여 결실된 종자가 바람직하다.

② **고욤**: 우리나라 각지에 분포하며, 특히 지리산과 백운산 일대에 많이 분포한다. 고욤은 공대에 비하여 내한성이 강하고 천근성이며 세근이 많으나, 내수성과 내건성은 약한 편이다. 접목친화력은 품종에 따라 차이가 있는데, 차랑, 선사환, 삼국일, 화어소, 감백목, 가라 등의 단감과 사구, 회진신부지, 홍시, 서조, 평핵무, 사곡시 등의 떫은 감과는 접목친화성이 있으나, 단감인 부유와 정월 그리고 떫은 감인 횡야와 전창 등과는 친화성이 없다. 이들 불친화성 품종과 고욤을 접목하면 접목 후 몇 년간은 생육을 하나, 발육상태가 불량하며 몇 년 후에는 생육이 극히 불량해지면서 근두암종병에 걸리기 쉽고 고사하는 수도 있다. 고욤과 공대와의 구별방법은 근군의 양과 색으로 구별한다. 고욤은 공대에 비하여 세근이 많고 직근성이 아니다. 또 뿌리의 절단부 위의 색은 공대는 담황색이고, 고욤은 시간이 경과함에 따라 농황색으로 된다.

10) 감귤류

유럽에서는 sweet orange, sweet lime, grape fruit와 orange와 탱자의 잡종인 Troyer citrange를, 국내에서는 탱자, 유자, 하귤을 사용한다.

탱자는 10월 중순경, 유자는 11월 상 · 중순경이 채종적기이고 하귤은 개화 후 160일만 되면 발아능력을 가지므로 그 이후 어느 때고 채종할 수 있다. 파종은 2월 중순~3월 중순에 하며 발근된 것을 파종하면 뿌리가 휘어져 좋은 대목이 될 수 없다. 발아 온도는 28℃가 적온이다. 파종은 0.9~1.2m에 골을 그어 1.5㎝ 정도 깊이로 점파한 후 건조 및 잡초 방지를 위하여 피복한다.

① **탱자나무**: 탱자나무(*Poncirus trifoliata*)는 낙엽 반교목으로 우리나라 남부지방의 과수원 울타리로서 가장 많이 쓰이고 있다. 구하기도 용이하고 종자도 많으며 비교적 내한성도 강하고 접목친화력이 높을 뿐만 아니라 초기생장도 양호한 편이다. 또한 탱자나무를 대목으로 이용하면 과실의 초기결실과 수세안정도 빨라져서 생산되는 과실의 품질과 착과가 양호해진다. 한편, 뿌리는 잔뿌리가 많이 발생하므로 이식의 피해가 적지만, 천근성이어서 지온과 토양수분 변화의 영향을 많이 받으므로 건조의 해, 고온과 저온의 해 등을 많이 받게 된다. 또 수세가 약해지기 쉬우므로 결실조절에 힘쓰지 않으면 해거리를 하기 쉽고, 빨리 노쇠되어 나무의 경제적 수명이 짧아지기 쉽다. 가끔 탱자나무에 접을 붙인

한라봉, 레드향(감평)등 접수에서 자근이 발생하여 수세가 약해지니 제거해야 한다.

② **유자나무**: 유자나무(*Citrus junos*)는 심근성이므로 지력의 이용률이 높고 내한성도 강하며 온주밀감과의 접목친화력도 양호하다. 그러나, 탱자나무 대목에 비하여 잔뿌리가 적게 발생하므로 이식의 피해가 많으며, 초기결실이 늦다. 또 수세가 강하여 나무의 경제적 수명은 길어지지만, 잔가지가 적게 발생하고 수관이 커지기 쉽다. 과실은 과피가 두껍고 과면이 거칠어지기 쉬우며 착색도 늦어지고 맛이 단백해지는 등 품질의 저하가 뚜렷하지만, 성과기에는 과실의 품질도 향상되고 수량이 증가되며 해거리도 적어진다. 그러므로, 유자나무는 대목으로의 직접적인 이용보다 수세가 약하거나 노쇠수의 수세회복을 위한 근접용 대목으로 좋은 성과를 얻고 있다.

③ **하귤(夏橘)**: 심근성으로 뿌리의 발육이 왕성하므로 하귤나무와 접목한 온주밀감의 성목은 수세가 왕성하여 다수성이며 과실은 대형으로 편평하고 과색은 좀 엷다. Mg의 결핍에는 약한 경향이 있다. 온주 이외의 종류와 접목하였을 때도 수세가 강하고 다수가 되나 품질은 떨어진다. 조생온주에는 부적당하다고 본다.

④ **비룡(飛龍, Flying dragon trifoliate orange, Orange Naveilina)**: 1990년 Willits and Newcomb (U.S.A.)에 의해 개발된 탱자의 한 종류로서 줄기가 용처럼 뒤틀리는 특성을 가지며(그림 3-28), 보통 탱자보다 왜화성이 강하며 초기수량도 많다. 대목으로 사용 시에 수고가 Lisbon lemon은 66%, St. John Satsuma 40%까지 왜화된다. 접목 품종의 과실 품질 중 당도가 뚜렷하게 높고 산 함량은 차이 없다. 청도온주같이 수세가 강한 품종의 수세조절용 대목이다. 종자의 변이가 많아서 대목이 고르지 못한 것이 흠이다. 토심이 깊어 큰 나무로 될 것 같은 지형에서는 왜화시킬 목적으로 사용가능하다.

그림 3-28 비룡(google)

⑤ **스윙글시트루메로(swingle citrumelo)**: 내염, 내한성은 중간으로 최근 부지화의 뿌리 생육이 불량함을 극복하기 위해서 도입된 대목이다. 던칸그레프후룻(Duncan grape fruit)과 탱자의 교잡종으로서 1907년 W.T. Swingle 씨가 개발한 품종이다. Tristeza virus(감귤 트리스테자바이러스)와 뿌리에 발생하는 *Phytophthora parasitica*(root rot, 역병)에도 강한 우수 대목으로서 수세가 극히 강하고 수량이 많으나, 시설 하우스 내에서 세력이 강한 것이 단점이다. 결실 1년 차의 수량은 탱자 대목의 2배 정도이고 과실 크기도 월등히 크지만, 착과 수가 많으므로 희석효과로 당도가 다소 낮은 경향이 있다.

⑥ **시쿠와샤(Shikuwasha)**: 일본 오끼나와 원산으로 수세나, 수량은 스윙글시트로멜로(swingle citrumelo)와 탱자의 중간이다. 부지화에서 이용하는 대목이다. 대목의 과실이 작고 껍질 제거가 쉬어 종자채취가 쉬운 장점이 있다.

3.4 취목

3.4.1 취목의 특성

취목(取木, 묻어떼기, layering)은 어미나무에 붙어있는 가지의 일부에 인위적으로 부정근(adventitious root)을 발생시킨 후, 이것을 어미나무로부터 분리시켜 새로운 개체를 만드는 방법이다. 분주(分株, 포기나누기)는 자연적으로 발근한 것을 이용하는데 대하여 취목은 가지를 땅속이나 특수 배양토에 묻거나 감싸서 인위적으로 발근시키는 점이 다르다. 삽목은 발근 전에 어미나무로부터 가지를 분리시키는데 취목은 어미나무에 붙은 체로 발근이 이루어지고 난 다음에 분리시킨다. 주로 발근이 어렵거나 불가능한 수종이나 오래된 가지, 그리고 원하는 모양의 가지를 번식시키고자 할 때에 적용한다.

취목은 번식에 대한 지식이 없는 일반인 또는 원예전문가가 별로 신경을 쓰지 않고 야외에서 특별한 도구나 시설이 필요가 없이 번식시킬 수가 있는 장점이 있다.

모수에 붙어있는 가지로부터 부정근의 발생을 촉진시켜서 번식하는 취목은 다음과 같은 특성 때문에 용이하게 성공할 수가 있다(Hartmann 등, 2014).

첫째, 물리적으로 모주에 가지가 부착되어 있다. 삽목과 달리 모주에 줄기가 붙어 있어 수분, 무기염류, 탄수화물, 식물호르몬 등을 관다발을 통해서 발근부위로 전달을 받는다. 그래서 삽목 발근이 어려운 식물의 번식에 유용하다.

둘째, 잎이 붙어있어서 광합성 산물의 집적과 줄기의 발근 부위로 식물호르몬의 이동을 촉진한다. 취목된 상부 잎과 생장점으로부터 탄수화물과 오옥신이 이동되어 발근이 쉽다. 특히 환상박피(girdling), 가지 부분 절개(incision), 가지 휘기(bending)를 통해서 양분이 모수로 내려가지 않고 발근 예상 부위에 머물러 뿌리 발생을 용이하게 한다.

셋째, 발근부위의 줄기에 광차단이 가능하여 발근을 촉진한다. 취목법에서 공통적으로 요구되는 사실은 발근부위가 햇빛을 받아서는 안된다는 점이다. 그러므로 발근부위를 흙으로 덮어주거나 공중취목에서도 수태로 줄기를 싸고 검정비닐을 이용해서 발근 부위 줄기가 햇빛을 받지 못하도록 해야 한다. 황화처리(etiolation)를 해주면 가지 내의 생리상태에 변화가 오게 되어서 발근이 잘 되는 일이 있다. 가지를 땅속에 묻어두면 그 곳에서 새 가지들이 나오게 되고, 새 가지의 밑쪽은 햇빛을 받을 수 없어 황화처리를 받게 된다. 이렇게 되면 발근이 어려운 식물도 뿌리를 잘 내리게 된다.

넷째, 취목줄기의 세력을 왕성하게 하고 재유년화(rejuvenation)가 가능하다.

끝으로 계절에 무관하게 발근을 도모할 수가 있는 특성을 갖는다

3.4.2 취목의 장단점

취목의 장점은 첫째로 삽목으로는 발근이 어려운 수종도 취목으로 뿌리가 잘 난다. 딸기와 같이 자연적으로 줄기에서 뿌리가 잘 나는 식물은 주로 취목으로 번식이 잘 되나, 그 밖의 식물은 다른 증식법이 적용되고, 다만 삽목이나 접목으로는 발근이 거의 불가능한 수종이나 희귀한 정원수 등에 취목이 적용되고 있다. 둘째로 취목은 실행이 간편하여 정원이나 야외에서도 할 수 있고, 특히 증식용 재료가 양적으로 제한되어 있을 때에 효과적이다. 셋째로 발근률이 높고 기술과 기구가 삽목이나 접목처럼 그다지 필요하지 않다. 어떤 식물은 자연적으로 줄기에서 뿌리를 발생하는 일도 있어 경제적인 증식법이 될 수 있다. 취목은 초심자들에게 흥미를 줄 수 있는 증식법이고, 취목을 할 때에는 경비와 노력이 그다지 문제가 되지 않는다.

한편, 단점으로 취목이 증식 수단으로서 비경제적인 점도 있는데, 그것은 대량증식이 어렵고, 처리에 시간이 많이 소요되고, 또 방법에 따라서는 특별한 주의를 요할 때가 있다. 같은 재료일지라도 삽목이나 접목이 가능하면 굳이 취목을 하려 하지 않는다. 때로는 취목으로 짧은 기간 내에 큰 묘목을 생산할 수가 있으나, 취목묘가 커지면 이식이 어려우므로 특별히 주의해야 한다.

외국의 예를 보면, 미국에서는 취목을 그다지 많이 쓰고 있지 않으나, 유럽 각국에서는 비교적 많이 쓰고 있고, 취목용 식물이 심어져 있는 포장을 stool bed라 하여, 그러한 목적으로 관리하고 있는 곳도 있다.

3.4.3 취목의 관리

취목은 노지에서 주로 이루어지는데 취목을 하기 위해서는 알맞은 장소, 배수가 잘되고 다소 비옥한 토양으로 기후가 온화한 곳을 택하여 취목 기간 동안 식물관리를 잘해야 한다. 특히 바이러스가 오염되지 않은 모수를 사용해야 한다. 그리고 취목기간 병충해의 피해를 줄이고 바이러스 매개충의 접근을 잘 막는 것이 필요하다. 취목에서도 뿌리가 형성되는 데에는 발근부 근처의 토양수분, 통기 및 온도가 알맞은 상태에 있어야 한다. 건조와 점질토양은 발근에 불리하고, 특히 발근 초기에는 이러한 조건이 큰 영향을 미친다. 토탄분말을 취목부위의 흙속에 넣어주면 발근에 이로우며, 토양의 표면온도가 너무 높으면 쉽게 건조하게 되어 발근에 좋지 못하므로 발근 부위의 온도 관리를 잘해야 한다. 취목 부위의 발근을 위해서는 모든 관리를 잘해야 하고 그러지 못하면 발근이 지연이 된다. 일반적으로 취목은 기간도 길고 손작업이 많아 경비가 비싸게 먹힐 때도 있다. 외국에서는 사과의 경우에 취목 전용 농장을 만들어서 기계화하여 10~20년을 운용하는 곳이 있다. 그러나 국내에서는 소규모로 이루어진다.

3.4.4. 취목방법

취목에는 단순취목, 파상취목법, 끝묻이법(선단취목), 묻어떼기, 고랑묻이법, 접목취목법, 높이떼기 등이 있다.

1) 단순취목(單純取木, simple layering, common layering)

낙엽 후 늦가을이나 이듬해 봄 싹트기 전에 실시하는데, 어미나무로부터 나온 1년생 가지를 굽혀서 흙이나 기타 발근 배지로 덮고 가지의 선단이 약간 지상에 나오도록 U자형으로 만들어 땅속 줄기 부분에서 부정근을 유도하는 방법이다(그림 3-29, 좌). 유럽의 장기 취목포장은 식물간의 간격을 2.4~3m로 하고 취목 실시 수년 전에 심어서 가꾼다. 가장자리 줄기를 돌아가면서 취목하고 중앙에 새로 나오는 줄기는 다음 해 취목용으로 사용한다. 포도나무, 무화과나무, gooseberry, 철쭉류, 목련, 금목서, 개나리 등에 적용한다.

2) 물결묻이법(波狀取木, serpentine layering)

긴 가지를 몇 번 계속해서 굽혀서 그 중 낮은 부분에만 흙으로 묻어서 발근시키고, 땅위로 노출된 가지에는 적어도 눈이 1개 이상 붙어 있어서 새가지가 발생하도록 하여 동일 어미가지로부터 수본의 묘목을 얻는 방법이다. 포도나무나 등나무와 같은 만성식물에서 이용할 수 있으며 대규모적인 처리는 어렵고, 초심자들이 취미로 하는 수가 많다(그림 3-29, 우).

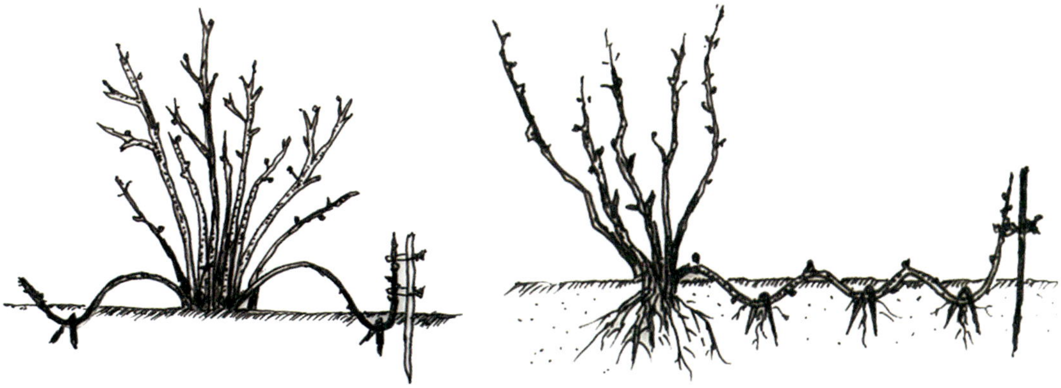

그림 3-29 단순취목(좌)과 물결묻이법(우)

3) 망치묻이법(horizontal multiple layering)

가지를 옆으로 수평되게 뉘어서 그 일부 또는 전체에 복토하여 주고 각 마디로부터 새가지 및 새뿌리를 발생시키는 방법이다. 동일모수로부터 한꺼번에 수본의 묘목을 얻을 수가 있다. 발근 후에 캐내서 모지와 함께 잘라내면 망치 모양이 되기 때문에 이렇게 부르고 있다. 이 방법에는 하나의 모지 전체를 흙 속에 묻는 방법(포도, 등나무, 스킨답시스; 그림 3-30, 좌)과 발근시킬 부분만 각각 흙을 덮어주는 방법(포도, 등나무, 크레마티스, 필로덴드롱, 스킨답시스; 3-30, 우)이 있다. 전자의 경우는 기부일수록 발근이 잘 되고 묘목은 균일하지 못하게 된다. 후자는 전자보다 발근이 좋지만 1본의 모지로부터 얻는 묘목 수가 적다.

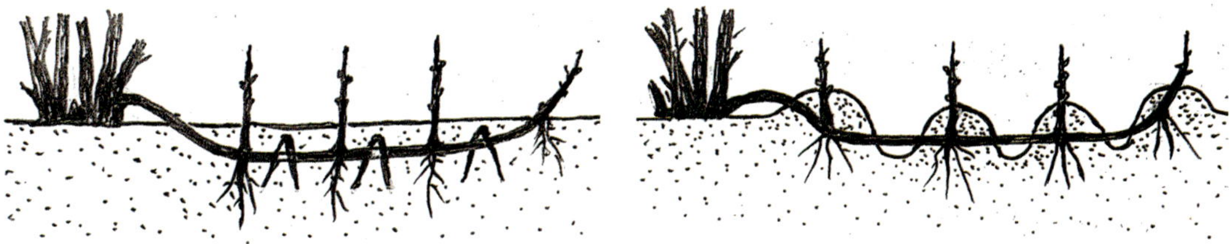

그림 3-30 망치묻이법

4) 끝묻이법(先取法, tip layering)

가지를 굽혀서 선단 생장점을 땅속에 묻고 1년생 가지에서 뿌리가 나오도록 해서 증식하는 것인데 주로 나무딸기류의 번식에 이용된다. 즉 blackberry나 raspberry는 8~9월이 되면 가지가 땅을 향해 굽기 시작하는데, 이 때에 가지를 땅속에 묻어주면 가지에서 쉽게 발근이 되므로 이것을 봄에 분주하여 독립시킨다.

5) 묻어떼기(盛土法, mound layering, stool layering)

어미나무의 줄기를 매년 짧게 잘라 여기에서 여러 개의 가지를 나오게 한 후에 이 가지 위에 흙이나 톱밥을 덮어서 새 가지의 기부로부터 부정근을 유도하여 뿌리와 함께 잘라내어 새로운 개체를 만드는 방법이다. 이 방법은 사과나무의 왜성대목, 체리, 개암, 페칸, gooseberry, currant, 마르멜로 등의 번식에 이용된다. 봄에 1년생 묘목을 어미나무로 심은 후 새순이 나오기 전에 지상 3~5cm에서 잘라 3~4개의 잠아 또는 부정아를 싹 틔운다. 이들 새로 나온 가지가 10cm정도 자라면 가지의 기부에 흙을 덮어서 가지가 자람에 따라 2~3회에 걸쳐 20~25cm 정도 성토하여 발근을 유도한다. 이와 같이하여 발근한 가지는 당년 가을에도 가능하지만 겨울동안의 동해를 고려하여 이듬해 봄에 흙을 걷어내고 기부 2~3cm를 남기고 잘라냄으로써 3~4개의 새로운 개체로 증식되는 것이다. 그러나 발근이 충분치 못한 경우는 자르지 말고 그대로 일년 간 더 똑같은 과정을 거치므로서 그 다음해에 새로운 개체로 분리시킨다. 새로운 개체를 잘라낸 어미나무는 충분한 비배관리를 행하면 10~15년간은 계속해서 번식용으로 이용할 수가 있다(그림 3-31)

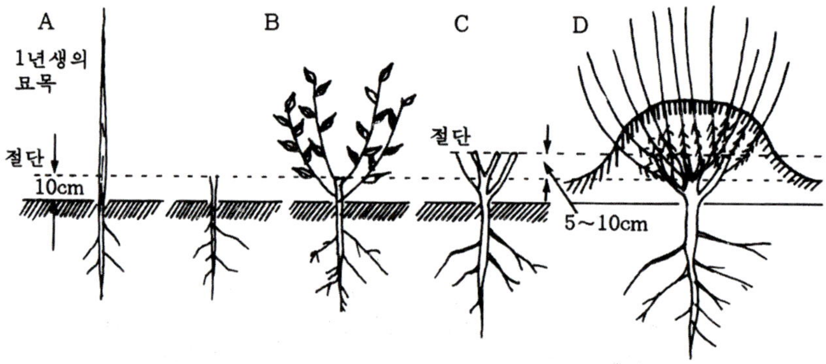

그림 3-31 묻어떼기[2년간 번식(A: 1년째 봄, B: 1년째 여름, C: 2년째 봄, D: 2년째 여름)]

6) 고랑묻이법(trench layering)

이 방법은 1년생의 모수를 짧게 절단하여 얕은 고랑 속에서 1년간 비배관리하여 4~5본의 새가지를 만든 다음, 이듬해 봄에 식물체를 40~45도 각도로 식물간격은 45~80cm 간격으로 심는다. 식물이 자라기 시작하면 식물을 핀 등을 이용하여 5cm 깊이로 고랑을 파고 눕힌다. 그리고 눈이 부풀면 그 위에 흙, 피트모스, 톱밥을 가지고 2.5~5cm 정도 덮어준다. 새가지가 생장하는데 따라 2~3회 복토하여서 15~20cm 정도 되게 복토를 한다. 그해 가을까지 새 가지 기부에 다량의 뿌리가 발생하므로 당년 늦가을에 모수로부터 분리해 낼 수도 있지만 보통은 뿌리를 더욱 충실하게 만들기 위하여 3년 째 봄에 분리하여 몇 개의 새로운 개체로 증식한다. 이 때 모수의 기부에서 가장 가까운 가지를 1본 남겨서 앞에서와 같은 처리를 반복하도록 한다. 새 가지의 밑쪽에서 뿌리를 발생시켜 3년째에 발근된 가지를 잘라내는 방법이다. 이 방법은 사과 왜성대목(M계 및 MM계 대목), 서양배의 대목(마르멜로), 양앵두의 대목(마하렙, 마짜드), 자두대목(Sun쥬리안, 미로바란), 오디, 호두나무 등에서 이용될 수 있다(그림 3-32).

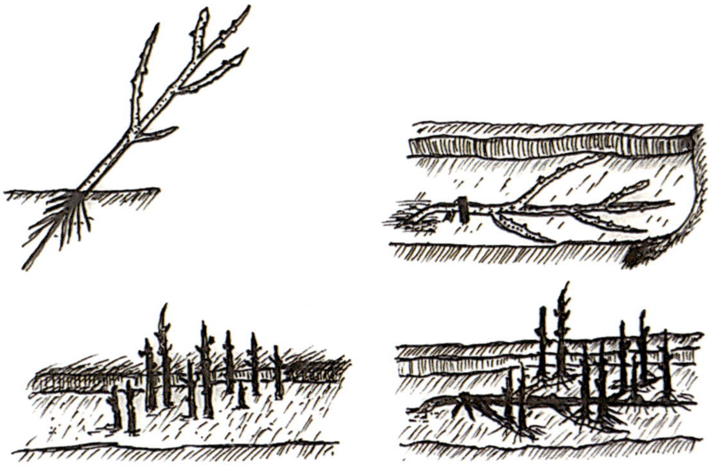

그림 3-32 고랑묻이법

7) 접목취목법(garfting layering)

사과 왜화재배에서는 단위 면적당의 재식 본수가 많고, 한편으로는 왜성대목의 생산묘수가 적기 때문에 급속히 대량의 왜성대목을 번식하는데는 접목취목법이 이용된다. 이 방법은 사과 실생이나 환엽해당, 삽엽해당의 실생(virus 오염을 막기 위하여 이용된다)에 왜성대목의 접수를 접붙여 접수의 눈이 신장함에 따라 복토를 행하여 왜성대목 부분으로부터 발근을 유도하는 방법이다.

즉 접목방법은 일반적으로 행하는 사과 묘목을 양성하는 경우와 완전히 똑같아서, 4월 상중순에 지상 5~8cm로 절단한 대목에 2~3눈을 갖는 접수(길이 6~7cm정도)를 접붙인다. 이랑 폭을 1.5cm 정도로 하여 적당한 주간으로 식재한다. 그 후 접수의 새 가지가 15~20cm정도로 신장하면 부드러운 흙을 새가지 주위에 10~15cm정도로 복토한다. 이 후 새 가지의 신장에 따라서 2~3회 복토하여 30cm정도의 높이로 한다. 그러면 늦가을 낙엽기까지 발근하는데 다음해 봄에 실생묘로부터 분리한 뿌리가 달린 왜성대목에 사과재배 품종을 접붙이면 사과 왜성묘목이 되는 것이다. 한편 잘라낸 실생대목들은 다시 번식용으로 이용할 수가 있고, 또한 재배

품종을 접한 후의 잘려나간 왜성대목의 가지부분은 왜성대목 번식용의 접수로서 이용될 수 있다. 이어서 접목 후 약 1개월 정도 지나서 20~30cm 신장한 새가지를 10~15cm 정도로 짧게 자르면 또다시 새로운 눈이 싹이 터서 2~3주간 후에 3~5개의 새 가지가 자란다. 이 새 가지 위에 복토를 하면 1주의 모수로부터 여러 개의 왜성대목을 만들 수가 있다(그림 3-33).

8) 높이떼기(空中取木, air layering)

높이떼기는 공중취목이라고도 불리우는데 옛날부터 고무나무, 목련, 망고 같은 열대과수 등의 번식에 많이 쓰여 온 방법으로 온대과수에서는 별로 이용되지 않고 열대과수에서 많이 이용되고 있다. 1년생 새 가지에 은박지를 감아 한 달 쯤 황화처리를 하고 여기에 환상박피를 실시하여 습한 점토, 수태, 피트모스를 붙이고 검정비닐로 감고 위아래를 묶어준다. 감싼 부분이 습도가 잘 유지되도록 점검한다. 발근이 되면 잘라서 화분이나 묘상에 심어서 가꾼다(그림 3-34).

감귤류, 크로톤, 드라세나, 고무나무, 망고 등 열대과수에 적용한다.

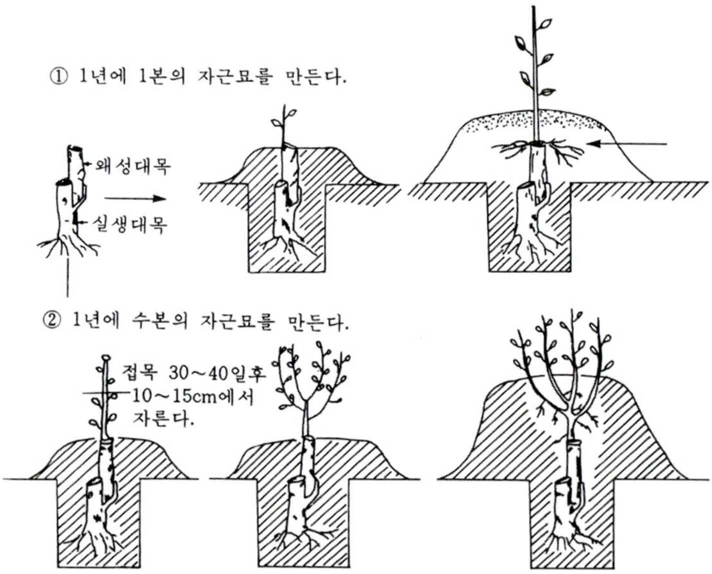

그림 3-33 접목취목법

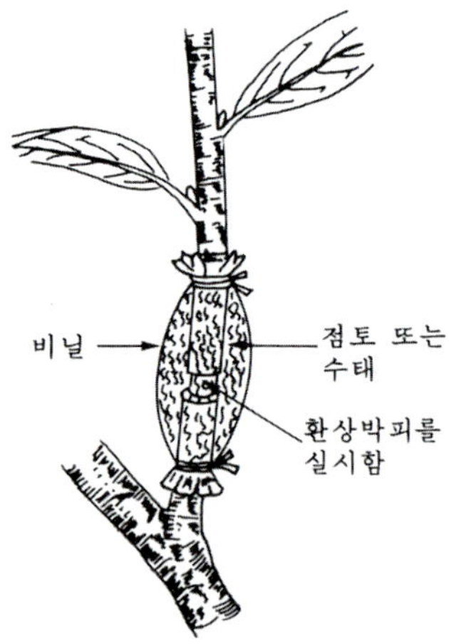

그림 3-34 높이떼기

3.4.5 취목시기와 발근촉진

1) 취목시기

온실용 원예작물은 취목을 3~5월에 주로 실시하고 온실을 20℃ 정도로 유지할 수 있으면 연중 시행할 수 있다. 일반 노지 관상원예작물은 봄철 발아 전과 6~7월 장마기에 행하고, 왜성사과 등은 봄에 실시하고 늦가을 혹은 다음 해 봄에 이식한다. 이식은 대개 취목을 수행하고 만 1년 후에 하는 것이 좋다.

2) 발근촉진처리

어떠한 취목법이라도 다음과 같은 발근촉진처리가 병용되는 수가 많다. 이들 처리는 처리한 부위로부터 상부의 동화양분 등의 하강을 저지하여 발근을 촉진하는 방법으로 다음 3가지 처리법이 있다. 이들 처리와 함께 발근촉진제를 처리하면 더욱 효과가 크다.

① **환상박피(ringing)**: 취목하려는 가지의 토양 속의 진입부분에서 폭 1cm 정도로 환상박피를 행한다.

② **절상(notching)**: 취목하려는 가지의 토양 속의 부분으로 가지를 중간쪽으로부터 선단을 향하여 직경 1/2정도를 길이 3cm 정도로 깊게 상처를 준다. 이 상처는 굽히기 힘든 식물에 이용하면 가지가 쉽게 구부러진다.

③ **철사감기(wiring)**: 주간 가까운 부분의 줄기에 가는 철사를 감아 수피에 파고 들어 가도록 하면 취목 부분에 양분의 집적이 많아 발근이 잘 된다.

3.5 채소류 접목

국내의 시설원예 재배면적이 증가하면서 대부분 주요 과채류와 절화류가 시설 내에서 재배가 이루어지고 있다. 과거에는 비고정형 온실이 많았으나 현재에는 거의가 고정온실이다. 고정온실이 증가하면서 많은 작물이 연작장해에 직면하여 내병성 또는 내염성 대목을 이용한 접목재배가 과채류를 중심으로 발달하게 되었다. 지구 환경변화에 따라 발생하는 고온과 저온에도 잘 자랄 수 있는 대목의 선발과 이용이 증가되었다.

채소류 접목재배의 효과에는 연작장해 회피, 내병성 증진, 이식이 잘되는 대목 사용으로 정식할 때 몸살 감소, 내환경성 증진으로 저온 및 고온기 재배, 흡비력이 강하여 비료절감 등이 있다.

3.5.1 박과 채소의 접목

박과 채소의 접목육묘는 떡잎 아래 줄기가 갈라지는 덩굴쪼김병(蔓割病) 예방 때문에 시작되었다. 박과 채소는 토양전염병인 덩굴쪼김병에 저항성 있는 것과 없는 것으로 대별할 수 있다. 저항성이 있는 것은 호박, 박 등이 있고, 저항성이 없는 것은 오이, 수박, 멜론, 김치 오이, 수세미 오이 등이다. 덩굴쪼김병의 저항성 없는 박과는 시설 내에서 연작재배(連作栽培)가 불가능하므로 재배단지 조성이나 연작을 위해서는 내병성 대목(耐病性 臺木)에 접목재배(椄木栽培)가 필요하게 되었다. 특히 박과 채소는 시설 내 염류에 내성이 있으면서 저온조건에서도 잘 자랄 수 있는 저온신장성 대목도 많이 개발되고 있다.

1) 접목에 의한 덩굴쪼김병 회피 기작

같은 박과이면서 오이나 수박은 발병하나 박 또는 호박은 발병하지 않는 것을 알면서도 이에 대한 해명은 전혀 연구되어 있지 않았었다. 다행히 최근에 이르러 병리 해부학적 방법(病理解剖學的 方法)에 의하여 명확하게 밝혔다.

덩굴쪼김병의 병원균은 호박이나 오이 뿌리의 세포 간극에서 침입하나, 호박에서는 균사가 근관(根冠, root cap)의 내층(內層)에서 원근관(原根冠)부근에 도달하면 정점(頂點) 세포나 원표피 및 그의 외층 등의 세포막이 리그닌(木質素)이 되기 때문에 그 이상 침입할 수 없게 되고 번지지 않게 되므로 발병이 되지 않는다. 그러나 오이는 호박에서와 같은 방위작용(防衛作用)이 없으므로 발병한다. 잎, 줄기 등 지상부의 상처로 침입하는 것을 보면 호박에서의 잎에 상처를 주어 여기에서 나오는 일비액(溢泌液)을 모아 분생포자(分生胞子)를 발아시켜 본 결과 발아가 억제되었다. 한편 엽병(葉柄)이나 배축(胚軸)에 상처를 주어 접종하면 상이세포(傷痍細胞)에는 침입하지 않는다. 그런 점에서 호박 자체에는 항균작용(抗菌作用)을 갖고 있음을 알 수 있다. 이와 같은 기작에 의하여 호박은 덩굴쪼김병균의 침입을 방지하여 발병을 회피할 수 있게 된다. 그러나 오이는 어느 작용도 갖지 않으므로 쉽게 발생하게 된다. 이런 항균작용은 접목을 하여도 호박 대목에서 수목으로 이동하지 않으므로 접수가 되는 오이에서 발생한 부정근이 토양에 뿌리를 내리면 거기에서 침입하여 발병한다. 이상의 회피기구 설명은 오이, 수박 등의 이병성인 박과 중에서 내병성 계통을 육성하는데 참고가 될 것이다.

2) 수박의 접목

수박의 접목은 덩굴쪼김병(蔓割病) 방지를 위해 시도해 왔으며, 대목으로서 재래종 박(참박) 또는 잡종호박(신토좌 등)을 사용하였으나, 박 접목묘(椄木苗)에서 풋마름증상(靑枯症狀)의 위조현상이 발생하여 호박 대목으로 전환하였다. 그러나 호박 대목의 결점인 생육초기의 초세 왕성으로 인한 착과불량과 과피가 두터운 점 및 과육의 견고 등의 단점이 있어 새로운 대목으로서 금계과(*Cucurbita pepo*), 백국좌(*C. moschata*), No. 8(*C. moschata*)를 선정하여 새로운 대목용 품종을 육성하고 있다. 즉 일본종 호박과 서양종 호박의 교배종 대목이 보급되고 있다.

대목은 수박과 접목친화성이 있으며 덩굴쪼김병 이외에 급성위조병에 강하고 환경적응성(저온 및 고온신장성, 내습성, 내염성 등)강하면서 당도를 올릴 수 있으면서 접목과 재배가 용이한 특성이 있어야 한다.

국내에서는 다양한 수박대목이 보급되고 있는데 주로 신토좌와 참박을 기본종으로 개량한 대목용으로 재배하고자 하는 품종과의 친화성을 고려하여 선택한다. 겨울철재배 작형에서는 저온신장력이 좋은 호박계통의 대목을 많이 사용하고 있으며 그 이외의 재배작형에서는 품질이 우수한 박계통의 대목을 주로 사용하고 있다. 그러나 고품질 수박을 생산하기 위하여 계절에 관계없이 박계통의 FR 대목을 선호한다. 대목을 사용할 때는 흡비력이 강하므로 기비보다는 추비로 생육을 조절한다. 아무리 저항성이 있더라도 토양 내의 균의 밀도가 높으면 병 발생이 가능하므로 경종적 방법으로 병균의 밀도를 낮추는 방법이 병행되어야 한다. 즉, 토양 약제소독, 열소독, 담수처리 등을 반드시 실시해 병원균 밀도를 줄여야 하며 줄기가 땅에 접촉하지 않게 관리를 한다.

수박의 내염성도 대목에 따라 다르다. 서천재배호박보다 합천재배호박이 내염성이 강하였다. 앞으로 내염성 대목의 육성은 시설수박에 있어서 매우 중요하다(그림 3-35).

그림 3-35 서산(B)과 합천대목(C)의 내염성(정희돈 교수제공)
(합천대목이 강해서 EC 3에서도 자란다)

- **급성 위조증**: 정상적인 생육을 하던 수박이 생육 중기에 급격히 위조하는 수가 있다. 급성 위조병(시들음병, 萎凋病)의 발생 원인은 여러 가지가 있으나, 수박에 일어나는 생리적 현상은 공통점이 있다. 즉 어느 것이나 대목(박류)의 기부 도관(基部 導管)에 tylosis라 하는 주변의 유세포(柔細胞)가 팽대하게 되어 이것이 도관을 폐쇄함으로써 경엽이 위조하게 된다. 이런 tylosis의 발생은 지상부와 지하부의 생육균형이 상실되어 지상부의 수분 요구도가 증가되어도 뿌리가 이에 응하지 못하므로 도관 내의 압력이 저하될 것으로 추측되고 있다. 재배 중에 있어서 지상부와 지하부의 균형이 상실되는 원인은, 박의 덩굴쪼김병의 근부 감염이나 근단(根端)에 발생하는 병원성이 있는 조균(藻菌) 등 박의 뿌리에서만 발생하는 병원균에 의한 경우, 뿌리혹선충 등 뿌리의 해충에 의한 경우, 그리고 멀칭(mulching)에 의한 토양의 건조나 뿌리의 고온장해 등이 있다.

재배 중 일어나는 지상부와 지하부의 균형 상실을 방지하기 위해서 앞에서 설명한 3가지 원인을 어느 정도 해소되는 대목으로 수박의 품질 특히 당도를 저하하지 않아야 한다. 이런 조건에 일치하는 대목으로서는 덩굴쪼김병 저항성 대목용의 수박 공대가 내병성이 강하여 유망하다. 그러나 공대는 줄기가 가늘어서 접목이 다소 어렵다, 근래에 공대보다 좋은 급성위조병 저항성이 강한 신토좌 개량종이 보급되고 있다. 대목은 접수용보다 6~8일 조기 파종하여 배축을 굵게하여 단근육묘(斷根育苗)도 가능하다.

접목법은 호접, 삽접, 핀접, 할접, 그리고 편엽절단삽법 등이 이용된다(그림 3-36).

3) 오이의 접목

오이의 접목은 당초 시설원예의 연작장해 예방책과 저온 신장력의 강화책으로서 도입되었다. 시설원예에서는 장기연작(長期連作)이 불가피하므로 예방책으로 접목방법이 도입되었으며, 장기재배하여도 좋은 대목을 사용하면 연작장해는 거의 일어나지 않는다.

시설재배 연작책으로 오이의 접목재배는 초기에 할접(割接)을 했으나 활착률이 60~70%밖에 성공하지 못하였으므로 보급이 적었다. 그 후 다소 개량한 방법으로 접목 접착기구인 클립(clip)을 개발하여 호접(呼接) 기술을 확립하였다. 이 방법은 접수(오이)나 대목이 다같이 뿌리가 있는 상태에서 접목하므로 초심자도 90% 이상의 활착률을 올릴 수 있어 급속도로 보급이 되었다. 당시의 대목은 신토좌(*Cucumis moschata*×*C. maxima*의 중간잡종)와 백국좌(白菊座)가 주체이었으나, 저온 신장성이 높은 신토좌(新土佐)가 더 많이 이용되었으며, 그 후 저온 신장성이 높은 흑종(黑種) 호박(*C. ficifolia*)으로 바뀌게 되었다. 오이의 촉성, 반촉성 터널(tunnel) 조숙재배는 흑종이 가장 성적이 좋고, 노지와 억제재배에서는 신토좌(新土佐)와 킹, 토좌(土佐)가 좋았다. 따라서 국내 오이대목은 흑종과 신토좌를 기본으로 육성한 대목품종이 보급된다.

오이대목은 F_1 브룸레스(bloomless, 과분이 없는)와 브룸이 발생하는 특성, 흰가루병과 덩굴쪼김병에 저항성이 강한 대목, 내환경성인 대목(내서, 내한성이 높아 주년 재배가능), 측지 및 손자덩굴의 발생이 잘되는 대목의 특성을 가져야 한다. 종묘회사마다 다양한 대목이 공급되므로 선택하여 재배한다. 대일본 수출용 오이는 브룸레스 대목이 많이 쓰인다. 브룸레스에는 '눈부셔'(저온신장성), '눈부셔파워'(흰가루내병성), '유니온'(내서성이 강함), 브룸 발생 대목에는 '아리랑'(토양병해 강함) 등이 있다.

호접은 대목의 종류에 따라 오이와 같은 날 또는 2일 후에 파종하고, 삽접의 경우는 오이보다 2~3일 일찍 파종한다.

4) 참외 및 멜론의 접목

참외 대목은 덩굴쪼김병과 뿌리썩음병에 강하며 저온신장력이 있고, 후기까지 초세가 유지되면서 착과, 당도, 색상이 우수한 고품질 참외 생산이 가능한 대목을 골라서 사용한다. 국내에서는 신토좌나 홍토좌에서 유래한 대목용 품종이 다양하게 보급되고 있다. 대목의 종류에 따라 재배조건이 다르므로 대목 적응 시험을 1년간 실시 후에 선택해야 한다. 대목은 흡비력이 강하여 질소 등 시비량이 많으면 웃자라고 착과불량 등 생리장해가 발생하므로 무접목재배보다는 20~30% 밑거름을 줄이고 덧거름 위주로 재배하는 것이 좋다. 주요 대목 계통의 특성은 다음과 같다.

① **신토좌계통**: 접목 친화성, 환경적응성(내서성, 저온신장성,) 내병성, 흡비력이 좋다. 참외 중 단성화 품종과 접목 시 발효과 발생이 많아지는 경향이 있다. 촉성재배시에 하우스내부에 가온을 하지 않는다면 저온에 강한 신토좌 계통의 호박을 이용하는 것이 유리하지만, 최근에는 저온신장성이 높은 흑종호박도 많이 사용한다.

② **홍토좌계통**: 신토좌보다 접목친화성, 흡비력이 약하고, 저온 신장성도 낮은 편으로 야간온도 약 18℃ 이하, 주간 온도 35℃ 이상이 되지 않도록 해야 한다. 사질토양 적응성이 높은 편이고, 당도가 높고 과실의 품질이 우수하여 관리만 잘하면 고품질 생산이 가능하다.

③ **백국좌계통**: 친화력이 높고 흡비력이 좋다. 내서성은 강하나 저온신장성이 약한 결점이 있어서 촉성은 불가하고 조숙 및 여름재배는 가능하다. 내습성은 백국좌 > 토좌계 > 흑종 순서이다.

④ **꽃호박계통**: 재래 꽃호박에서 육성한 품종으로 친화성이 강하다. 저온신장성이 약하여 촉성재배 시는 온도관리를 잘 해야 한다. 기형과 및 발효과 등의 발생이 적고 당도가 높

아 참외 품질이 좋아진다. 착과성이 좋기 때문에 착과 후기에 급성시들음증이 발생할 염려가 있으므로 반드시 적과를 적절히 해야 한다. 품종으로는 '홍토좌', '황토좌', '꽃토좌', '금토좌'가 있다.

⑤ **참대목**: 농촌진흥청에서 개발한 밤호박 계통의 품종으로 발효과 발생은 홍토좌보다 적으며 당도가 높고 색깔이 진하다. 기타 특성은 홍토좌와 유사하다.

⑥ **동양종호박**: 세력은 홍토좌보다 강하고 신토좌보다는 약하다. 발효과 발생은 신토좌보다 적으며, 저온에는 약하나 고온에는 대체로 강한 편이다. 선충에는 신토좌와 홍토좌보다 다소 강하다. 주요 품종으로는 '청춘토좌', '엘리트', '금강', '8번 대목' 등이 있다.

멜론은 향과 당도 때문에 대부분 접목재배가 이루어지지 않는다. 다만 연작장해 대비를 위하여 신토좌에 접목을 하는 일부 농가도 있으나 당도 등의 품질 문제가 있어 극히 제한적이다.

5) 박과채소 접목 방법

접목방법에는 삽접, 할접, 호접, 편엽절단이 있는데, 작업의 편이와 접목률이 높은 호접이 많이 사용되고 있다. 생력화를 시키기 위하여 90년대 국내에서 처음 호접 자동접목기가 개발되어 수박의 경우 시간당 480주를 접목할 수 있었으나 지금은 기계생산이 중단되어 사용하지 않는다. 일본에서 세라믹핀을 이용한 접목법이 개발되어, 국내에서도 이용되고 있다. 근래 편엽절단 접목이 개발 이용되고 있다. 주요접목법 그림과 방법은 다음과 같다(그림 3-36).

① **삽접**: 대목의 생장점을 제거하고 대나무로 만든 끝이 뾰쪽한 천공기(穿孔器)를 이용해 접수를 꽂을 수 있는 구멍을 옆으로 뚫고 여기에 떡잎 아래 10mm되는 위치의 배축을 절단하여 끝이 잘 들어가게 약간 뾰족하게 다듬은 접수를 꽂아주는 방법이다.

② **할접**: 생장점을 제거하고 칼로 생장점에서 뿌리 쪽 방향으로 1cm 깊이로 자르고 여기에 10mm 정도의 길이로 자른 접수끝을 쐐기꼴로 조제한 다음 꽂아준다. 그러나 이때 대목을 너무 깊게 자르면 떡잎이 양쪽으로 갈라진다. 꽂은 후에는 소형 집게로 고정시켜 준다.

③ **호접**: 접수의 1/3정도 길이에서 윗방향으로 비스듬히 1cm 정도 자르고, 대목은 아래 방향으로 역시 비스듬하게 잘라 서로 맞물리게 한 후 작은 집게로 고정한다. 호접을 시킨 오이와 대목은 한 포트에 심어서 관리한다. 오이 호접은 접수가 될 오이를 3~4일 먼저 심고 대목은 파종 후 7~10일째가 되는 날에 접목을 하는데 대목인 호박은 줄기가 굵지만 오이는 줄기가 가늘기 때문이다. 이 방법은 대목의 속이 비어있는 박 품종은 이용하기가 어렵다. 접목 후 8~10일이 지나 접수줄기를 제거한다. 다시 3~5일이 지나면 클립을

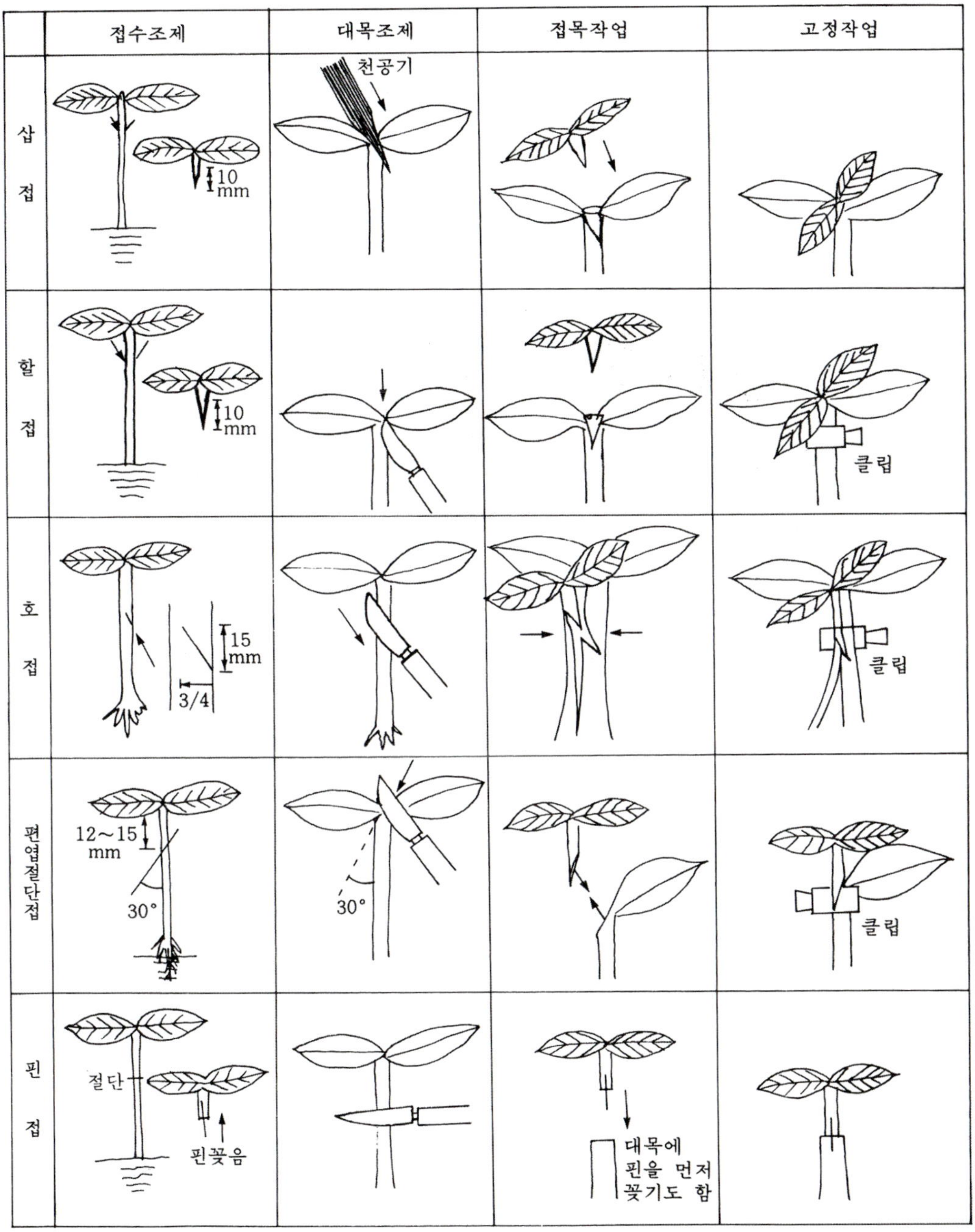

그림 3-36 박과채소 접목

제거하고 클립제거 후 8~10일째 정식한다. 접목이 완전히 이루어진 7~10일쯤 지나 접이된 대목줄기 위와 아래쪽 오이의 줄기 길이가 1cm이내가 되게 잘라줘야 한다. 클립은 바로 제거할 수도 있지만 3~5일쯤 지나 제거한다. 그리고 다시 8~10일 지나 정식한다.

④ **편엽절단접목**: 대목의 떡잎 하나와 생장점을 경사(30°)지게 자른 후 전용 클립으로 고정시키는 방법이다. 수박을 예를 들면 박대목은 파종 후 7~8일이 지나 접수용 수박을 심고 7~8일 지나서 떡잎이 완전히 펴지기 전에 접을 하고 10~15일간 관리한 다음 접이 완료되면 포트에 옮겨서 20일간 육묘 후에 정식한다. 호박대목은 잘 자라므로 파종 후 3일째 접수용 수박을 심고, 일주일째 접목한다. 접목 후 10~15일간 관리해서 접이 되면 포트에 옮겨 심고 역시 20일째 정식한다(그림 3-37).

그림 3-37 편엽절단접목(박한영교수 제공)

⑤ **핀접**: 대목과 접수를 일정 높이에서 각각 자르고 대목에 세라믹핀(길이 1.5cm, 굵기 0.5mm)을 꽂고 삽수를 그 위에 꽂아 연결시키는 방법이다. 세라믹핀은 일본 다끼이종묘가 개발하여 특허권을 가지고 있다. 그래서 국내에서는 대나무핀을 이용해서 접을 한다. 최근 접목의 기계화가 이루어져 다양한 기계가 국내에 소개되고 있다. 핀접의 경우는 시간당 약 1,200개를 접목할 수 있다. 기계접목을 하기에 알맞은 크기를 보면 품종과 온실의 온도관리에 따라 차이가 나지만 겨울철에는 발아 후 6~7일, 봄과 가을에는 5~6일, 여름에는 4~5일 정도면 충분한 크기가 된다. 이때 떡잎 아래 길이가 55~75mm, 대목의 굵기는 2.3~3.0mm, 접수는 1.5~2.2mm는 되어야 한다.

⑥ **접목 후 관리**: 알맞은 온도 유지가 중요한데 기온은 낮 23~24℃, 밤 18~20℃, 지온은 22~24℃를 목표로 한다. 관수는 접목 당일 충분히 관수하고, 활착할 때까지 건조의 해

가 없는 한 관수를 억제하고, 다만 공중습도는 80~90%정도 높게 유지한다. 접목 후에는 1~2일은 차광을 해주고, 3~5일 지나 광을 약간씩 쬐어 주면서 1주일 째 정상화시킨다. 호접은 완전히 접이 되면 접수의 줄기를 잘라 준다. 이때 대목에 남는 접수의 길이가 1cm 이상 되면서 온실내의 습도가 높으면 절단 부위로부터 공중 뿌리가 발생하여 땅으로 뻗어 접목효과가 상실되므로 주의한다.

3.5.2 가지과 채소의 접목

1) 접목에 의한 병충해 회피기구

가지과 채소에 있어서도 연작장해(連作障害)의 주요인이 병충해의 피해라 볼 수 있다. 병충해 방제 수단 중 화학적, 물리적, 생물적, 경종적(耕種的) 기타 여러 가지가 있으나, 저항성 품종 이용이 노력과 자본의 양면에서 가장 바람직한 일이다. 그러나 현재의 품종으로서는 병충해의 방제에 완벽을 이루지 못하고 있어 내병충성(耐病虫性) 대목을 활용하고 있는 것은 박과의 경우와 비슷하다. 연작장해 대책으로서 저항성 품종을 쓰고 있으나, 과도한 연작(連作)은 품종의 수명을 단축하게 된다. 연작내성 저하기작은 크게 두 가지로 나눌 수 있으며, 그의 하나는 병원균이나 해충의 종류나 분화형(分化形) 중 병원성에 관하여 큰 변이가 존재하거나 혹은 발생 가능성이 높은 것으로, 첫째 병원균의 양적 차이고, 둘째 진성 저항성(眞性 抵抗性)과 포장 저항성(圃場 抵抗性)을 들 수 있다. 진성 저항성 품종은 일반적으로 포장 저항성 품종보다는 저항이 강하여 보통의 재배조건에서는 발병하는 것이 적으나, 포장 저항성 품종은 저항성이 불완전하여, 병원균 농도가 증가하는 경우 발병하는 경우가 많다. 대부분의 연작장해에는 복수(複數)의 병충해에 관여되고 있으므로 재배 품종도 복합 저항성을 갖지 않으면 안되나, 대상 병해에 대한 저항성이 불완전한 품종이 대부분이다. 이와 같이 연작장해 대책으로서 저항성 품종 이용의 가부(可否)는 개개의 작물병해를 고찰할 필요가 있다. 전염성 병해를 주체로 하여 토마토, 가지, 피망의 저항성 품종 대목의 사용상 문제점을 예를 들면 토양 전염성 병해에는 지하부에서의 전염을 주로 하는 것뿐만 아니라 지상부 전염에 대해서도 이병주(罹病株)의 유체(遺體)에 남아있는 병원균이 차세대(次世代)의 제1차 전염원으로 되는 것이다. 따라서 접목도 중요하나 재배지의 청결이 반드시 필요하다.

2) 토마토의 접목

토마토는 채소 뿐 아니라 농작물 전체 중에서도 저항성 품종의 이용률이 가장 높은 작물의 하나라 보겠다. 토마토 재배에 있어서 연작에 가장 문제가 되는 병충해는 ToMV, 토마토 황화위축바이러스(YTLCV-IR), 풋마름병(青枯病), 시들음병(萎凋病), 뿌리혹선충, 갈색뿌리썩음병(褐色根腐病), 뿌리썩음시들음병(根腐萎凋病)과 반신시들음병(半身萎凋病)을 들 수 있다. 수확을 목표로 할 경우는 연작을 피하거나 내병성 대목에 접목함으로써 각종 병해의 피해를 면할 수 있는 것은 오이의 경우와 같다

국내에서 개발된 '스파이더'대목은 풋마름병(B)에 강한 내병성을 가지며, 시들음병 1 · 2 · 3(F1, F2, F3), 갈색뿌리썩음병(K), 뿌리시들음병(J3), 고구마뿌리혹 선충(N), 담배모자이크바이러스(Tm-2a)에 강한 특성을 가진다. '신청강'은 풋마름병(Rs), 토마토모자이크바이러스(ToMV), 시들음병 레이스 1,2,3(Fol01,2,3)에 강한 내병성을 가지며, 시들음병 1 · 2 · 3(F1, F2, F3), 갈색뿌리썩음병(K), 뿌리썩음시들음병(For), 반신시들음병(Va-1)에 저항성을 갖는다. 그 이외 '스페셜', '파이팅' 등이 복합내병충성을 가지므로 재배품종과 화합성을 조사 후에 대목으로 선택하여 접목을 한다.

3) 가지의 접목

가지의 주요 토양 병충해도 토마토의 경우와 같이 풋마름병(青枯病), 반마름병(半枯病), 반시들음병(半萎凋病) 및 선충류를 들 수 있다. 국내에서는 저항성 자근품종(自根品種)을 재배하고 있으나, 최근에는 저항성 대목의 이용이 증가하고 있다. 토마토에 비하여 재식주수(栽植株數)가 적고 재배기간이 길어 접목재배의 도입이 용이하다. 풋마름병과 반마름병은 저항성 대목으로서는 2군으로 나눌 수 있다. 하나는 재배 품종에서 선발 육종한 재배 품종과 같은 *Solanum melongena*에 속한다. 제2군은 *Solanum*속의 야생식물에서 발견된 *S. mammosum*과 *S. torvum*이 있다. 재배 품종에서 육성한 대목은 저온 신장성은 약하고 야생종 유래 품종은 고온 신장성과 흡비력은 아주 강하며, 한여름철에도 계속 성장하여 착과한다. 연작 피해는 완벽하다고 볼 수 없으며, 연작을 계속할 때는 발병률이 높아진다. 처음 연작 때는 효과가 크나, 계속 연작하면 같은 군의 대목이 다 같이 피해를 나타낸다. 반마름병(半枯病)에 대해서 *Solanum* 속 대목은 완전 저항성을 나타낸다. 이 병의 방제에는 접목으로써 완벽을 기할 수 있다. 근래 *S. integrifolium*도 사용된다.

국내 보급 가지 대목은 '하우스 VF'(반신시들음병, 반마름병 내병성, 친화성 우수, 접수와 동시 파종 또는 2~3일 일찍 파종), '썸머원'(풋마름병, 반마름병 복합내병성, 특히 풋마름병에 강함, 접목핀 사용 시 대목과 접수 동시 파종), '페트롤'(반신시들음병, 반마름병, 반신시들음병, 고구마뿌리혹 선충 등 복합내병충성, 대목 생육이 늦으니 할접일 경우에 심고, 대목은 20~22일 전에 파종) 등이 판매된다. 대목은 접목방법에 따라 할접은 대목을 다소 일찍 핀접은 동시에 파종해도 된다. 접목 직후는 고온다습하게 관리하나 온도는 30℃가 넘지 않게 관리한다.

4) 고추 및 피망의 접목

국내에서 가장 중요한 노지 건고추 및 온실 풋고추 품종은 역병, 탄저병, TMV에 대해서는 저항성을 갖은 품종이 개발 보급되고 있다. 그러나 이들은 100% 저항성이 아니라 경종적인 대

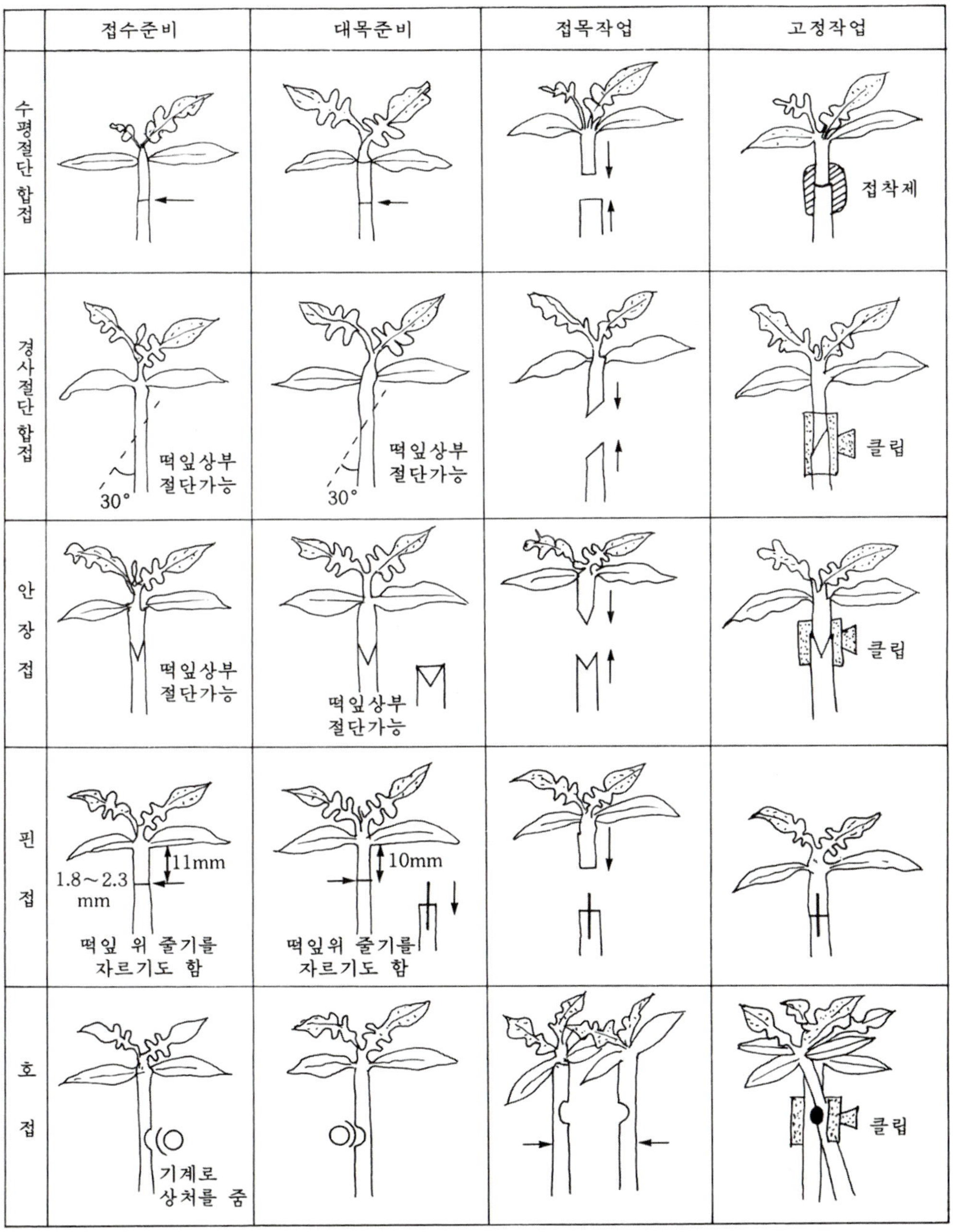

그림 3-38 가지과 채소의 접목법

처가 반드시 병행해야 한다. 그러한 점에서 최근 고추 역병 저항성 대목 품종이 개발 보급되고 있다. 주요 내병성 대목은 '미팅'(풋고추, 건고추와 피망의 역병과 TMV-L1 예방 대목), '카타구루마'(역병에 강한 저항성, TMV-L1 내병성, 내염성도 강함)와 그 이외 많은 대목이 육성되어 보급된다. 국내의 피망과 파프리카 재배는 토경보다 수경이 많아서 접목재배는 거의 없으며 자근재배가 주로 이루어진다.

고추나 피망재배에서 보통 저항성 품종이라 할지라도 과도한 연작을 피하여 화학적, 물리적 또는 경종적 수단 등을 병용한 종합 방제에 의하여 저항성 품종이 발병되지 않도록 노력할 필요가 있다.

5) 가지과 채소 접목 방법

가지과 접목은 대목의 잎을 1개 남기고 경사지게 천공기로 구멍을 뚫은 후 접수를 꽂아 주는 삽접, 오이와 같은 방법으로 이용하는 호접 그리고 할접이 이용됐으나 일본과 한국에서 기계화 접목기술이 1990년부터 실용화되면서 수평절단합접, 경사절단합접, 안장접, 핀접, 호접 등이 주로 이용된다(그림 3-38). 절단을 해서 할접이나 핀접 등을 할 때 절단부위는 떡잎의 바로 아래 또는 떡잎의 바로 위를 잘라서 접목시킬 수 있는데, 반드시 대목이나 접수 어느 쪽이든지 떡잎이 붙어 있어야 접목이 잘 된다. 양쪽에 떡잎이 없이 접목을 하면 접목률이 약 10% 정도 낮아지는데 원인은 떡잎에 내성 호르몬이 존재하는데 떡잎이 제거되면 접착을 촉진하는 오옥신이나 사이토키닌 같은 호르몬의 도움을 받을 수가 없기 때문이다.

① **할접**: 토마토와 가지를 각각 설명해 보기로 한다. 토마토는 대목용을 파종 후 5~7일째 접수가 되는 품종을 심고 파종 후 22~28일이 지나 대목은 잎이 4.5~5.0매, 접수는 4.0~4.5매가 되면 접목을 실시한다. 대목은 떡잎 위 본엽 1~2매의 줄기를 수평으로 자르고 줄기의 중앙부위를 15mm 정도로 위에서 아래로 수직으로 자른 후 여기에 접수의 끝을 쐐기꼴로 잘라서 꽂고 클립으로 고정시킨다. 7~10일이 지나 완전히 접이 이루어지면 클립을 제거한다. 가지의 *S. integrifolium* 대목은 접수파종 5~7일 전, *S. torvum* 대목은 15~20일 전에 파종한다. 접수는 대목 파종 후에 씨를 뿌리고 본엽이 4~5매 되는 55~60일된 묘를 사용한다. 이 때 대목은 파종 후 70~80일 되는 묘로 본엽이 5~6매 시기이다. 방법은 토마토 할접과 같다.

② **수평절단합접(TGR 접목, techno-grafting research 약자)**: 일본에서 1996년 개발이 완료된 방법으로 대목을 수평으로 절단하고 접수도 수직으로 절단하여 기계로 접착시키고 접착점에 특수 접착제를 순간적으로 도포시켜준다. 접착제는 1~2주 후에 자연 붕괴되

어 탈취할 필요가 없다. 작은 묘도 접목이 가능해서 128공 트레이를 이용해도 된다. 접목을 위해서는 배축 길이가 35~45mm, 본엽 1매의 크기가 25~35mm 정도 되고 식물의 전체 폭이 100mm 이내 이어야 한다.

③ **경사절단합법**: 대목을 30°로 절단하고 접수는 반대로 30°로 절단해서 접착을 시키고 클립을 묶어준다. 또는 대목에 튜브를 꽂고 그 위에 접수를 꽂아 줄 수도 있다. 토마토 튜브삽목을 위해서는 대목 파종 후 1~2일이 지나 접수가 될 토마토를 파종한다. 파종 후 17~22일째 잎이 2~2.5매일 때 접을 붙인다. 가지는 대목(*S. torvum*) 파종 후 15~20일 지나 접수가 될 가지를 심고 가지 파종 후 25~30일 지나 포트에 옮겨 심는다. 그 다음 30일(파종 후 접수는 55~60일, 대목은 70~80일) 지나서 대목의 잎이 5~6매 그리고 접수는 4~5매일 때 접을 실시한다.

④ **안장접**: 과수류에서와 같이 대목을 절단하고 쐐기꼴로 구멍을 뚫은 후 여기에 절단 후 쐐기꼴로 뾰족하게 만든 접수를 꽂아주는 방식으로 일종의 변형된 삽접이라고 볼 수 있다. 접수를 꽂은 후 클립, 접착제를 이용할 수 있으나 최근에는 접합자재를 이용하지 않고 전자동 기계로 접합시키기도 한다.

⑤ **핀접**: 세라믹 핀을 일정 위치에서 자른 대목에 꽂고 접수를 꽂아주는 방법으로 일본의 다끼이 종묘회사에서 개발한 방법인데 처리능력은 시간당 1,200개 정도이다. 핀접 때 알맞은 배축 길이는 35mm이상, 굵기는 1.8~2.3mm가 되어야 한다.

⑥ **호접**: 오이처럼 접수는 아래서 위로 자르고 대목은 위에서 아래로 줄기의 반까지 잘라서 맞물리게 할 수도 있으나 기계로 접수와 대목에 오목하게 줄로 상처를 주어서 맞물리게 하고 클립을 고정시켜 준다.

⑦ **기계접목**: 기계를 이용한 접목을 하기 위해서는 일정한 크기가 되어야 한다. 토마토 대목은 평균 30일 내외(본잎 2~5매), 접수는 20일 내외 육묘(본잎 1.5~3.5매)를 해야 한다. 그러나 가지는 대목은 40일 전후(본잎 2.0~4.0 매), 접수는 20일 전후로 육묘(본잎 1~2매)를 한다. 배축의 길이는 40mm이상, 굵기는 3mm내외 그리고 첫 번째 본엽 아래 줄기 길이가 30mm정도 되도록 하는데 설명했듯이 이용기계방식에 따라 차이가 난다. 가지과 기계접목은 처음 일본에서 개발되었는데 시간당 1,000개 정도 접을 붙이며 접합률은 95% 정도이다. 토마토나 가지의 기계화 접목의 확대를 위하여 앞으로 해결해야 할 사항은 묘의 표준화와 함께 로봇 접목을 할 경우는 접목묘의 적용 범위를 확대해야 할 필요가 있다. 특히 접목묘의 생산을 위한 온도, 습도, 건조, 바람 등을 알맞게 해서 균일한 굵기의 묘를 생산할 필요가 있다. 접목 후의 관리는 박과 채소에 준한다.

3.6 변태식물의 번식

변태식물(變態植物)에는 인경(鱗莖, bulbs), 구경(球莖, 알뿌리, corms), 괴경(塊莖, tubers), 괴근(塊根 tuberous roots), 지하경(地下莖) 또는 근경(根莖, rhizomes), 그리고 위경(僞莖, pseudo bulbs)등이 있다. 이들 지하저장기관으로 생존하는 식물을 땅속식물(geophyte)이라 하며 번식을 구근번식(球根繁殖) 또는 분구번식(分球繁殖)이라 한다. 이들 기관은 생육이 어려운 불리한 환경(고온기, 저온기, 건기, 우기)동안 필요한 영양분이나 수분 등을 저장하는 기관을 갖는다. 어린 식물은 지상부가 그해 가을에 죽게 되는 다년생 초본식물들이며, 지하부에서 육질(肉質)로서 다년간 생존하여 봄에 싹이 틀수 있는 눈을 가지고 있으며, 온대지방에서는 여름과 겨울을 지낼 수 있는 구조로 되어 있고, 열대지방에서는 우기와 건기에 적응할 수 있는 구조로 되어 있다. 이들이 변태기관(變態器官)의 영양번식방법에는 분구법(分球法, separation)과 분단법(分斷法, division) 등이 적용된다. 분단법은 괴경이나 괴근을 칼로 절단하여 번식하는 방법을 말하나 일종의 분구법의 일종이다.

3.6.1 인경(鱗莖)의 번식

인경(비늘줄기, bulbs)은 식물체의 일부가 양분저장과 번식을 위해서 변태된 것으로서 단자엽식물(單子葉植物, monocotyledonous plants)에 속한다.

인경(bulbs)이란 지하부 식물체의 기관으로서 짧고 다육질이고 경축(莖軸)을 가지고 있으며, 꽃이나 생장점이 육질(肉質)의 인편(鱗片)으로 둘러 싸인 것을 말한다. 이 인편은 외측과 내측의 기능이 다른데 외측은 저장양분을 가지고 있고, 내측은 엽형(葉型)을 가지고 있다. 또 인경의 중앙에는 생장점과 휴면 중에 있는 화경(花梗)을 가지는 영양기관으로 되어 있다. 이곳 인편의 액부(腋部)에는 자구(子球)를 형성하는 생장점이 발달한다.

자구(bulblet)란 소형의 인편을 말하며, 자구가 성장한 것을 offset이라 한다. 백합류는 지상엽액(葉腋)에 인아(鱗芽, bulbils)를 형성하는데, 이것을 주아(珠芽) 또는 목자(木子)라고 하고, 지하에는 줄기에 따라 소인경(小鱗莖)이 형성된다. 이들의 인경류는 인경이 피막에 싸여 있는 것과 피막이 없는 것들이 있다. 전자를 유피인경(有皮鱗莖, 튤립, 수선, 히야신스, 양파, 쪽파, 아마릴리스, 피막은 건조 방지)이라 하고, 후자를 무피인경(無皮鱗莖, 백합, 건조피해 조심)이라 한다.

개화기에 따라서 봄(수선, 히야신스, 튤립, 인경 아이리스), 여름(백합), 겨울 개화인경(아마릴리스)으로도 분류한다.

1) 봄 개화 인경(spring flowering bulbs)

봄에 개화하는 것은 수선화, 히야신스, 튤립, 아이리스를 들 수 있으며, 인경형성은 자구가 단축경 위의 인편액부에 형성됨으로써 시작된다. 자구는 1년간 그대로 인경 안에 있어 직접 볼 수가 없으나, 해부하면 서너개가 보인다. 자구가 성숙하기까지는 상당한 시일이 요구되며, 식물의 종류에 따라 다르나, 튤립이나 아이리스와 같은 것은 개화와 동시에 인경은 소멸하고, 전년도에 형성된 인경과 자구만 남게 된다. 그러나 자구의 크기에 따라 다소 다르나, 전년도에 형성된 것 중 큰 것은 개화하지만 작은 것들을 수년 후에 개화하는 것이 보통이다. 수선화는 개화인경의 중심부부터 해마다 성장을 계속하는 새로운 분구(分球, offset)를 형성하여 이것이 수년간 달려있게 된다. 히야신스는 해마다 성장하나, 분구는 많은 수가 아니므로 인공적으로 증식을 해야 한다.

인경 식물은 인경의 크기에 따라 저장양분의 차가 있으므로 재배적인 조건을 잘 맞추어서 크고 무병인 인경을 생산하도록 한다. 큰 것이 꽃도 탐스럽고 크며, 작은 것은 꽃이 작다. 이처럼 인경의 충실도는 화질에 큰 영향을 미친다. 화아의 형성과 개화관계를 살펴보면 인경류의 잎이 고사할 무렵은 영양생장이 끝나고 생식생장이 시작되는 시기로서 인경이 성숙하는 때이며, 이 시기가 지나면 인경의 비대 생장은 중지되면서 휴면상태로 들어간다. 상업적 생산을 위한 알맞은 기후는 봄과 여름이 시원한 지역으로 네덜란드나 미국 태평양연안 북서쪽이다. 만일 이 지역에서도 초봄에 너무 덥게 되면 영양생장이 멈추고 그 결과 작은 인경을 갖게 되고 다음해 꽃도 작게 된다. 인경종류에 따른 화아분화 특성을 설명하면 다음과 같다.

① **튤립**: 화아분화는 여름철에 인경이 휴면상태에 들어간 뒤에 시작되며, 저장 적온은 18~20℃이다. 촉성재배를 하려면 20℃에서 3~5주간 저장 후에 9℃에서 약 8주간 처리 후에 심는다. 만기 개화를 시키려면 22℃로 10주간 저장한다. 북반부에서 남반부로 선적하려면 -1℃에서 12월 말까지 저장했다가 선적 시는 25.5℃의 고온으로 한다.

② **히야신스**: 적온에 대한 감온도(感溫度)가 대단히 예민하다. 인경은 적온이 32~35℃ 정도이며, 채취 후 1~2주까지는 이 온도를 유지시키고, 그 후 25℃로 낮추었다가 17℃에 3주 정도 처리하고, 그 후 다시 13℃에서 12주간 저장한다. 이 저장기간 중 저장온도가 30℃ 이상이 되거나 13℃ 이하가 될때는 화아의 형성이 전혀 이루어지지 않는다.

③ **수선화**: 수선화의 화아형성 적온은 16℃ 정도이며 30~32℃ 고온이나 빙점 부근에서는 인편의 발육이 중지되고 개화가 지연되므로 적온 저장을 하여야 한다.

2) 여름 개화 인경

백합은 무피인경으로서 여름이 영양생장기간이며, 이때 다음해에 개화할 인경이 형성되고 저장양분 축적이 일어난다. 백합은 근계가 고사하지 않으므로 인경을 건조하지 않게 보관해야 한다. 백합의 화아분화는 늦가을 이후에 일어나며, 캐낼 때까지는 화아분화가 일어나지 않는다. 인경의 저장온도는 7~10℃에서 6주간이며, 재식할 때의 야간온도는 16℃ 또는 그 이상을 요하는데, 재식 후 80~100일이면 개화한다. 만일 저장온도를 21℃ 이상 −0.5℃ 이하에서 유지시키면 인경은 휴면을 유지해서 개화를 지연시킬 수 있다. 저장할 때 배지는 알맞은 습도유지가 필요하다.

3) 겨울 개화 인경

열대지방의 인경은 건습의 기후적 순환에 더 관계가 크고 저온이나 고온의 온도적 주기에는 큰 관계가 없다. 아마릴리스(Amaryllis)는 외부의 인편은 죽어서 탈락하고 중심부부터 성장을 계속하는 다년생 인경으로서 늦겨울부터 여름까지가 영양 생장기이며, 인경의 중심부에 새로운 엽서(葉序)가 발달한다. 인편 3개씩을 지나 네번째마다 그 액부(腋部)에 한 개씩의 생장점이 형성된다. 그래서 영양생장 기간 중에 일련의 영양분지(榮養分枝, vegetative offset)가 발달한다. 인편은 휴면 중의 건조상태에서 저장해야 하며, 가을에는 잎이 성숙하고 인경은 곧 휴면상태로 들어간다. 인경의 화아분화는 중심부부터 네 번째의 생장점과 그 외부의 생장점에서 이루어지며, 저장은 2~3개월간 건조상태에서 저장하였다가 그 뒤에 관수를 하면 화경(花梗)의 신장이 이루어지고 1~2월 중에 꽃이 피게 된다. 아마릴리스와 같은 열대산의 인경 등은 외부적 기온이 변화에는 발달상에 관계가 거의 없고, 인경의 내적 소질에 영향을 받는다.

4) 인경의 번식 방법

분지번식, 자구번식, 경삽, 인편삽, 기부절제, 엽삽, 인경절단법, 조직배양법 등 다양한 방법이 있으니 식물에 따라 알맞은 번식법을 선택하여 적용한다.

(1) 분지번식

인경식물의 번식 수단으로는 분지(단측지, 단축경, offsets)가 많이 이용된다. 아마릴리스, 히야신스, 백합 등에는 다소 시일이 걸리는 증식법이지만, 수선, 튤립, 아이리스 등은 분지가 수년간 인경의 본체에 붙은 그대로 있는데 가을철에 굴취할 때 분구하여 독립 생장시킨다.

① **수선**: 다년성 인경류로서 해마다 생장점이 인경의 중심부에 생기며, offset는 인경의 중

심부 또는 측면에 형성되고 수년간 모경(母莖)에 붙어 있다. 모경에서 offset가 떨어지게 되는 것을 슬라브구(slab bulb) 또는 열편구(split bulb), 스푼구(spoon bulb)라고 부른다. Offset는 1년 안으로 한 개의 화아 만을 가지게 되는데, 이의 자구를 단노스(single nose) 또는 구형구(round bulbs), 단노스구(single nose bulb)라고도 하며, 1년이 경과하면 인경의 인편 안에 또 자구가 형성되어 한 개의 인경에서 2개의 화아가 생기며, 이런 인경을 복노스(double-nose)라 하고, 3년째 되면서 분지인경(分枝鱗莖)은 떨어져 모구가 된다. 인경의 저장은 습도 75%, 온도 13~16℃가 알맞다. 조기 개화를 시키고자 할 때는 9℃에서 8주간, 늦게 개화시키려면 22℃에서 13~15주간을 저장한다. 북반구에서 남반구로 수출하려면 인경을 30℃에서 10월까지 두었다가 -1℃로 12월 하순까지 저장한 후 25℃에 처리하면 된다. 병과 선충류 방제를 위해 43℃ 온수에서 3~4시간 처리하고 살균제를 병행 처리한다. 처리할 때 정확성을 기해서 인경이 피해를 받지 않게 조심한다.

② **튤립**: 인경은 9~10월에 심으면 다음 해 봄에 꽃이 피고, 6~7월에 잎이 황색이 되고 땅속의 인경의 외피가 암갈색으로 변하면 수확하여 18~20℃ 되는 곳에 저장한다. 튤립은 인경의 크기에 따라 개화기간이 다르며, 보통 가을에 심어 이른 봄에 꽃을 보려면 인경의 둘레가 9~10cm정도 되는 것을 심어야 하며, 인경의 둘레가 8cm보다 큰 것은 개화하는데 1년이 필요하고, 5~7cm는 2년, 5cm 이하는 3년 만에 꽃이 피게 된다. 튤립도 개화기의 장단이 저장처리 온도에 따라 다르며, 빨리 꽃을 보고자 할 때는 20℃에서 3~5주간 처리했다가 9℃에서 8주간 처리 후 심는다. 개화를 지연시키려면 22℃에서 10주 처리 후 저온처리하면 가능하다. 북반부에서 남반부로 운송하려면 12월말까지 -1℃에서 저장했다가 선적 시는 25.5℃로 올려야 한다(그림 3-39, 좌).

③ **백합류**: 백합도 수선화처럼 모구의 인편은 바깥쪽으로부터 순차적으로 탈락된다. 자연적인 증식은 번식은 속도가 느려 인공번식이 쓰이고 있다. 인경은 가을에 새로 자라는 줄기의 기부(基部)에 새로운 생장점이 형성된다. 이 생장점이 2개 이상이 생기면 분구(分球)한다. 인경이 작을 때는 절대로 2개의 생장점이 생기지 않으므로 대형구로 육성해야 분구하기 쉽게 된다. 또 재식할 때에 얕게 심으면 분구가 잘 되나, 깊게 심으면 분구가 되지 않고 줄기의 윗부분에 소인경(小鱗莖)이 붙는데 이것을 모구로 사용할 수도 있다. 또 지하경에 자구가 생기는데 목자(木子)라고도 한다. 백합은 분구된 인경도 사용하나 대단위 번식은 다음에 설명하는 인편삽으로 번식한다(그림 3-39, 우). 미국백합 (*Lilium candidum*)은 포복경을 만들어 그 끝에 수하구(垂下球, dropper)를 착생시키는데 이것을 자구처럼 1~2년 길러서 모인경으로 사용한다.

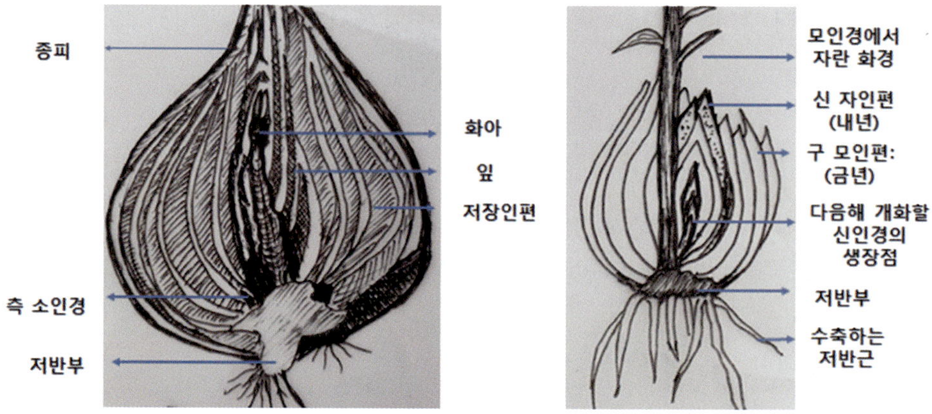

그림 3-39 튤립 인경(좌)과 백합 인경(우)의 형태

(2) 줄기 위의 자구번식

백합은 지하경에 소인경이 발달해서 번식의 수단으로 되고 있다. 철포백합은 4월부터 인경이 형성되어 비대하며, 초여름에 개화한다. 8월 중순부터 9월 중순 사이에 줄기를 인경으로부터 뽑고, 인경에 물을 주어 작은 인편의 건조를 막는다. 또 10월 중순경에 소인경을 10cm 깊이로 심고, 다음 해의 9월 중~하순에 줄기를 뽑고 인경을 꺼낸다. 이때 인경의 둘레는 18~25cm 정도 되어 모경(母莖)으로서 알맞게 성장한다. 꽃을 빨리 보고자 할 때는 7~10℃에서 6주간 처리했다가 야간온도 16℃ 또는 그 이상 되는 곳에 재식한다.

참나리는 우리나라 남해안 도서지방에 많이 야생하는 백합으로서 지상 줄기의 액아에 소인경, 즉 목자가 붙는다. 보통 이 목자를 인아 또는 주아라고 부른다. 인아(주아)는 생육초기에 생기고, 개화가 끝난 수 주일 후에 땅에 떨어지므로 떨어지기 전에 따서 지하경에서 형성되는 소인경의 취급과 동일하게 관리한다. 좋은 주아를 얻으려면 화아를 일찍 따주고, 그 후 1주일 만에 줄기의 상부를 절단해주면 주아의 형성이 빨라진다.

(3) 경삽

백합에서 경삽으로 번식할 수 있다. 경삽은 개화 직후에 실시한다. 다른 식물에서처럼 줄기에서 뿌리와 새 줄기를 형성하는 대신 잎과 줄기 사이에 주아를 형성한 다음 작은 줄기와 뿌리를 형성한다. 오랜 줄기에 한 개 잎을 붙여 삽목하는 엽아삽을 하면 역시 자구가 형성된다. 형성된 주아는 보통 방법으로 번식한다.

(4) 인편삽

백합의 인편삽은 모인경(母鱗莖)에서 인경을 따서 번식상에 삽목하면 인편의 밑쪽에 어린 부정인경이 만들어지는데, 이 방법을 스케일링(scaling)이라 한다. 인편삽을 하면 대개 한 개의 인편에서 3~5개의 소인경이 형성된다. NAA 1ppm은 소인경 형성을 촉진한다. 많은 수를 일시에 번식시키는데는 이 방법이 많이 쓰이며, 백합품종은 대부분 인편삽으로 번식할 수 있다.

인편 번식은 모경(母莖) 외부의 2개 인편 층을 제거해 버리고 그 다음부터의 인편을 하나씩 중심부까지 모조리 떼어내어 삽상에 인편 크기의 반쯤을 묻어 삽목한다. 삽목할 상토는 모래, 이끼류, 버미큘라이트 등을 사용하나, 모래만 이용해도 발근이나 소인경(자구)이 잘 형성된다. 삽상의 온도는 18~21℃ 정도가 알맞으며, 3~4주면 인편 밑에 자구가 형성된다. 자구에 충분히 뿌리가 형성되면 비옥한 포장이나 분에 옮겼다가 다음 봄에 정식한다. 다른 방법은 가습된 버미큘라이트가 든 플라스틱 상자에 차곡차곡 넣고 15~26℃에서 12주간 방치하였다가 냉한 곳(4.5℃)에 최소한 8주 이상 보관해서 겨울을 넘기고 다음해 봄에 심으면 된다. 큰 자구가 되기 위해서 2년이 필요하다.

최근에는 백합의 인편을 조직배양하여 ① 캘러스를 형성시키고, ② 엽원기를 형성한 다음, ③ 비대시켜서 소인편을 만들고, ④ 원기로부터 잎을 출하시키는 방법을 일본과 미국 등지에서 사용한다. 이 경우에는 2~3년 지나야 완전한 종구가 생산된다.

(5) 기부 절제(basal cutting)

히야신스의 인편번식은 아래쪽을 잘라줌으로써 증식이 가능하다. 번식 조작방법으로는 스쿠우핑(scooping)법, 스코어링(scoring) 또는 노칭(notching)법이 있다. 인경의 둘레가 17~18cm정도 되고, 잎과 줄기가 마른 후에 인경을 굴취하여 이 방법을 사용한다.

Scooping법은 인경의 밑쪽 단축경과 저반부(basal plate)를 모조리 파내는 것을 말한다. 〈그림 3-40〉과 같이 인경이 뿌리부분을 위로 하고, 밑을 생장점 부근에 가깝게 도려내고, 인편엽에서 자구를 발생시키는 방법으로서 이것은 백합의 인편삽의 원리를 적용시켜 절구(切口)에 부정아를 발생시키는 방법이다. 절단한 인경은 건조한 모래에 묻어 유합(callus)조직의 형성을

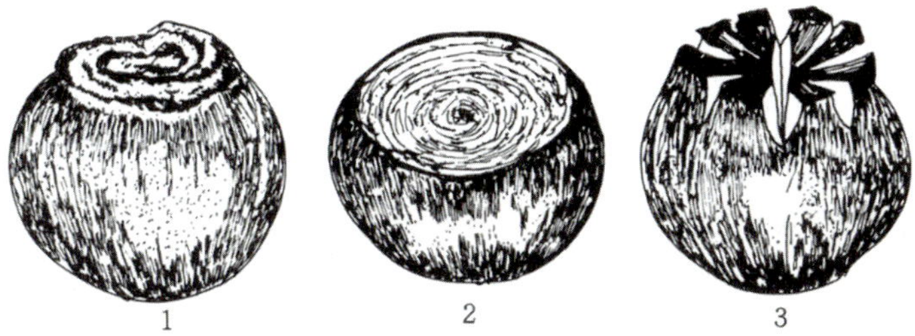

그림 3-40 히야신스의 번식
1. 처리 전 인경, 2. Scooping 처리, 3. Scoring 또는 notching 처리

촉진시켜야 한다. 유합조직이 발달하게 되면 관계습도가 높고 21~32℃ 되는 어두운 곳이나 약한 광선 아래에 80~90일 두었다 10월 중순경에 포장에 심는다. 다음해 봄이 되면 모인경에서 소인경이 60개 가량 형성되며 많은 잎을 내게 된다. 모인경은 여름에 썩어 없어진다. 해마다 캐서 굵기가 비슷한 것 끼리 선별해서 되풀이하여 심으면 4~5년이 되어 꽃이 피게 된다.

Scoring 또는 notching법은 구근의 밑부분에서 기부의 중심까지 상처를 깊이 내는 방법으로서 구근의 크기에 따라 2~6개까지의 홈을 파 준다. 이때 요령은 피라밋 모양으로 중심부의 화아 및 생장점 부위까지 도려낸다. 이때의 절상(切傷) 깊이는 인경 높이의 2/3~1/3에 달하도록 한다. 자구의 발생은 15~20개로 scooping 방법에 비하여 자구의 수는 적으나, 자구는 더 크고 대구(大球)에 이르기까지는 기간이 덜 걸린다. 구근을 포장에 심을 때까지는 scooping때와 같은 처리를 하여 10월 하순에 모구를 거꾸로 심는다. 다음 봄에 가느다란 동화엽(同化葉)이 많이 나오고 자구는 비대한다. Scoring에 의해서 생긴 자구는 3~4년이면 꽃이 핀다.

(6) 엽삽(leaf cutting)

이 방법은 히야신스, blood lily(*Haemanthus*), 무스카리(grape hyacinth, *Muscari*), 나케날리아(cape cowslip, *Lachenalia*)등에 적용한다. 잘 자란 녹색잎을 인편의 상부로부터 전체를 잘라 2~3조각으로 자른다. 각 부분을 발근용 배지에 근주(알뿌리쪽 방향)가 될 부분을 땅속 7~10cm 정도 꽂아준다. 2~4주 후에 잎의 기저에 작은 자구가 형성되고 뿌리가 발달된다. 이 시기에 자구를 상토나 토양에 심어 번식한다.

(7) 인경절단법(bulb cutting)

인경 절단법을 적용하는 식물은 수선화, 상사화, *Albuca*, *Chasmanthe*, *Cooperia*, *Haesmanthus*, *Hippeastrum*, *Hymenocallis*, *Nerine*, *Pancratium*, *Scilla*, *Sprekelia*, *Urceolina*등이 있다. 방법은 성숙된 인경을 위에서 아랫 방향으로 8~9조각으로 자르는데 반드시 인경의 저반부(底盤部)가 붙도록 한다. 그리고 3~4개인편이 붙게 다시 저반부를 붙여서 자른다. 일명 인경 깎기삽, 또는 세분화 인편 줄기삽이라 할 수 있겠다. 준비된 인경편을 피트모스나 모래에 수직으로 꽂는다. 이때 표면에 끝이 약간 나오게 하여 엽삽처럼 관리한다. 대체로 온도는 21~22℃ 정도가 좋다. 수 주일 후에 인편 사이에 자구가 형성되고 뿌리가 발달한다. 이때가 되면 준비한 플레트에 옮겨심어 계속 관리한다. 수선화에서는 쌍인편법(twin scaling)을 사용하는데 2개의 인편에 저반부가 붙게 준비하여 소독된 버미큐라이트가 든 비닐주머니에 넣고 21℃로 3~4주간 두거나 상토에 심는다. 그러면 두 인편 사이에 둥근 자구가 형성된다. 이때 사용하는 자구는 3년이 된 저반부에 2년이 된 인편이 붙어있는 것이 좋다. 1년생 인편이나 개화된 줄기를 가진 인편은 자구는 형성되나 생산성이 낮다.

(8) 조직배양을 통한 번식

대부분의 인경류가 번식에 필요한 조직은 차이가 있으나 조직배양이 가능하다. 새로운 품종의 대량번식과 모본 유지, 무병묘 육성 등의 목적으로 조직 배양을 한다. 실제적인 방법은 조직배양편을 참고하기 바라며 여기서는 번식가능 식물의 조직절취 부위를 제시한다. *Alstroemeria*는 지하경(근경, *rhizome*) 이용한다.

표 3-5 인경류 식물의 조직배양 번식 가능식물과 절편 재원

과	속	절편 재원				
		인편	잎	줄기	눈	꽃잎
백합과	백합	x	x	x	x	x
	튤립	x		x	x	x
	Ornithogalum	x	x	x	x	x
	Muscari	x	x			x
	Fritillaria	x				
	Lachenalia	x				
붓꽃과	꽃창포	x		x	x	
	글라디오러스			x	x	x
	프리지어			x		
	크로커스				x	x
아마릴리스과	수선화	x		x	x	
	Hippeastrum	x	x			
	Nerine	x	x			

(Hartmann등. 2014)

3.6.2 괴경(塊莖)의 번식

괴경(덩이줄기, tubers)은 감자, 아네모네(Anemone), 칼라디움(Caladium)이 있다. 글록시니아(Gloxinia), 시클라멘(Cyclamen), 구근베고니아(국내에서는 괴근으로 다룸)는 미국의 경우 따로 tuberous root라고 세분을 하는데(Hartmann 등, 2014) 국내에서는 전부 괴경으로 묶어서 다룬다. 식물체가 양분을 지하경의 선단 부위에 저장시켜 비대한 부분을 말한다. 시클라멘은 괴경에 속하나 종자번식을 한다. 이들 식물은 모두 줄기 삽목, 분주, 조직배양으로 번식을 한다. 베고니아는 종자번식도 잘되며, 구근베고니아는 줄기, 잎, 엽아를 잘라서 삽목 번식을 하기도 한다. 여기서는 괴경으로 번식하는 식물 중 감자(Irish potato), 구근베고니아를 예로 들어 설명한다.

1) 감자

감자는 유전적 분리가 심하고 자식약세가 분명하게 나타나므로 고정을 통한 육종과 번식이 어려워 영양번식을 통해 증식한다. 그러나 이러한 영양번식을 통한 번식법은 바이러스를 비롯한 치명적인 병원균이 쉽게 감염되므로 조직배양과 수기경법을 이용하여 생산된 씨감자나 고령지에서 재배한 무병 씨감자를 구해서 번식해야 한다(그림 4-41, 좌).

감자는 수확 후 일정한 일수를 경과를 해야 발아하는 특성을 가졌는데 이것을 휴면이라 하며 불리한 환경 극복을 위한 수단이다. 일반적으로 휴면은 전기, 중기, 후기의 3단계로 나눌 수 있다. 감자는 전기가 없고 중기부터 시작되는 것이 특징이다. 우리나라의 감자 휴면기간은 산간지대에서는 2~3개월, 평지에서는 4~5개월이 된다. 저장은 품질의 저하를 방지하기 위해서는 1~4℃의 냉온저장이 필요하지만, 휴면이 긴 품종은 대기온도에서 보관한다. 재배는 봄재배와 가을 재배가 있는데, 파종기까지 자연상태에서 휴면이 제거되지 않는 품종은 재배용으로서는 선택하기에 곤란하다. 휴면기간은 품종에 따라 다르나 보통 2~4개월 되는 것이 재배종으로서 이상적으로 '남작'은 4개월, '시마바라' 2개월, '어얼리로우스', '장기적(長崎赤)', '두마 2호'는 약 5개월이나 된다. 휴면 단축에는 저온(5℃), 고온(35℃) 처리가 알맞으며, 고온처리는 수확 30~40일 후, 저온처리는 10~40일 후가 알맞고, 처리기간은 10일 정도가 적당하다. 감자의 휴면이 제거될 무렵에는 아부(芽部)에 전분이 분해하여 당분의 농도가 높아지고 호흡도 왕성해지며 IAA(indole acetic acid), 환원형 아스코르빅산(ascorbic acid, vitamin-C), 환원형 글루타티온(glutathione), 포스파타아제(phosphatase)의 현저한 축적이나 활성 증대가 보인다. 휴면 유발의 원인은 생장억제물질(inhibitor)의 존재 또는 indole acetic acid 및 폴리페놀옥시다아제(polyphenol oxydase)의 불활성화에 있다고 보고 있다. 인공적 휴면타파는 gibberellin 1ppm+ethrel 250ppm 혼합액을 60분 침적처리하면 촉진된다.

감자의 번식은 육아법과 직파법이 있다. 육아법은 육묘상을 만들어 감자표면의 눈조직에서 자라나오는 싹을 튀워서 재배하는 방법으로 소규모 온실 감자재배 등에서 적용한다. 감자를 상자에 담아서 산광하에 육아하는 방법을 산광최아(散光催芽, chitting)라고 하며 네델란드에서 많이 이용한다

직파법은 괴경을 눈을 고려해 1/2, 또 4등분한 것을 심는다. 파종량은 10a당 중간크기 감자 4등분한 것은 100~150kg, 큰 감자도 4절은 180~200kg이 소모되나 보통 140~160kg 을 준비하면 된다. 감자 절편을 여름철 자외선의 강한 고온기에 절단면을 오래 직사광에 쪼이면 유합조직 형성을 방해하여 최아 중의 부패가 심해진다. 봄감자를 심는 시기는 재배지역의 마지막 서리가 내리는 날짜로부터 역산하여 20~25일이 적기이다.

2) 구근베고니아

번식법은 종자번식, 경삽, 엽삽, 분구법, 조직배양법이 있다. 종자번식은 여름에 잘 익은 종자를 채취해서 저장했다가 봄에 화분에 피트모스나 코이어를 채우고 표면을 편편하게 한 다음 종자를 뿌리고 분무기로 충분히 흡습을 시킨 후에 비닐을 씌우고 22℃를 유지하거나 28℃로 5~7일 유지하다 25℃로 낮추어 관리하거나 하는데 발근에 2~4주 걸린다. 경삽은 잎이 한두개 붙은 어린줄기를 잘라서 루톤을 처리하여 삽목하거나 그냥 삽목하면 발근이 잘 된다. 엽삽은 건전한 잎의 중간부위의 엽맥 만을 칼로 절단하고 엽신은 붙여서 잎 전체를 상토를 채운 화분에 편편히 놓고 약간 흙을 덮어서 지온 20℃, 기온 25℃ 정도 관리하면 2~3주면 발근한다. 그러면 잎을 부쳐서 적당하게 잘라서 화분에 옮긴다. 또는 엽맥을 중앙에 포함하고 2x2, 또는 3x3cm로 잘라서 루톤을 뒷면과 가장자리에 묻힌 다음 대형 트레이에 2cm 정도 떨어지게 올려놓고 손으로 살짝 눌러 상토와 접촉이 잘되게 하고 복토를 하지 않고 어느 정도 공간을 두면서 비닐을 씌운다. 지속적으로 알맞은 습도와 온도를 20~25℃로 유지하면 새싹이 엽맥에 따라 난다. 잎을 엽맥을 포함하여 엽병방향으로 길게 잘라서 꽂아주어도 잘 발근한다. 분주법은 구근의 눈을 포함하여 적당한 크기로 자르고 절단 부분을 황가루를 바른 후 2~3일 건조한 다음에 심는다. 구의 직경이 3cm 이하인 것은 구를 그냥 심는다. 그러나 3~4cm 보통구나 5cm 이상 대구는 1개 눈을 포함하게 절단하는 분구법으로 번식하는 것이 좋다. 무병상토를 사용하고 과습되지 않게 관리해야 부패가 작다. 조직배양은 엽병잎(leaf petioles), 엽병절편체, 체세포배를 이용한다.

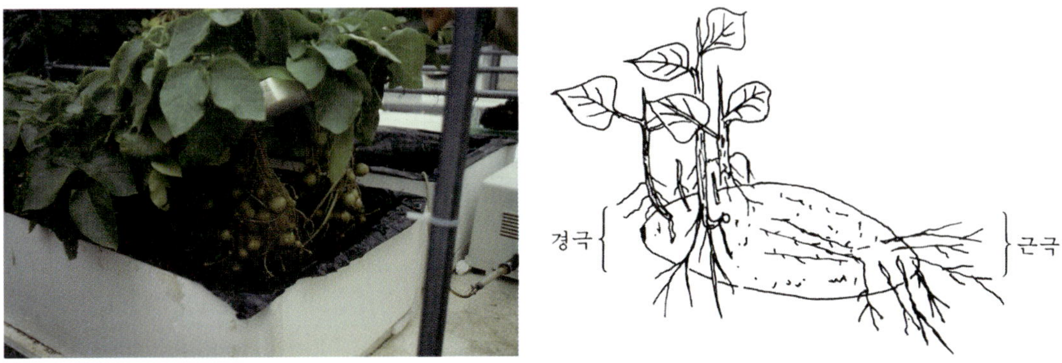

그림 3-41 수기경법 이용 씨감자생산(좌)과 고구마(우, 경극과 근극)

3.6.3 괴근(塊根)의 번식

초본과 다년생 식물로서 덩이의 비대한 뿌리를 형성하고, 그 내부에 저장 양분을 간직하게 된다. 식물의 예로서는 고구마, 다알리아(dahlia)를 들 수 있다. 괴경(tubers)은 줄기가 변해서 이루어진 것이지만, 괴근(tuberous roots)은 뿌리가 비대한 것으로서 마디에 절간부분이 없고 근관(根冠) 부위에 눈이 나오며, 뿌리는 반대쪽에서 나온다. 괴근으로 번식되는 식물 중에서 다알리아와 고구마를 예로 들어 설명한다.

1) 다알리아

다알리아는 괴근을 분구하여 번식하는 분구법, 잎 2~3장을 붙여서 삽목하는 삽목법, 종자로 번식하는 실생법, 그리고 새순을 괴근의 상부에 삽접하는 접목법이 있다.

분구법은 종근을 재배하여 거기에 발생하는 괴근을 채취해 저장해 두었다가 다음해에 괴근을 심는 방법이다. 구근의 저장은 지하수위가 높지 않은 땅에 깊이 30~40cm 정도의 구덩이를 파고 아래에 왕겨를 깐 뒤 왕겨와 구근을 번갈아 놓아 구덩이 입구까지 넣어 그 위를 흙으로 덮는 방법이다. 이때 구근의 위, 아래에 부직포나 볏짚 등을 깔아 습기의 유입을 막고 지표면보다 최소 20cm 이상 높게 흙을 덮어야 동해를 방지할 수 있으며 통풍이 잘되게 작은 환기통을 만들어 준다.

다알리아 괴근은 평지는 4월 중 순경, 남부 온난지역은 3월 하 순경, 고랭지는 4월 하순이나 5월 중 순경에 심는다. 정식 거리는 품종의 크기에 따라 다르나 30×60cm 간격이면 무난하다. 심는 구덩이는 깊이 12cm, 폭 18cm로 파고 밑거름을 넣고 흙을 올린 위에 심는다. 심는 방법은 바로 심기와 생장점을 뒤집어서 심는 방법이 있다. 뒤집어 심기는 새싹이 구부러져서 생장하므로 마디에 신구가 많이 달린다.

다알리아 촉성재배는 10월 하순경 개화 중인 다알리아를 지상 30cm에서 잘라내고 괴근을 굴취해서 온실로 옮긴다. 12시간 이하의 일장에 두어 휴면을 시킨 뒤 2~3개의 측지가 발생하면 측지의 신장과 개화를 유도하기 위해 2~4시간 전조(電照)를 한다. 전조 시에는 100W 전구를 3.3m^2당 1개씩 달면 된다. 11월 하순~12월 중순부터 난방하며 낮에는 15~20℃, 밤에는 8℃를 유지한다. 2월부터 개화하여 4월 말까지 출하한다. 기타 재배방법은 보통재배를 따른다(농진청, 2018).

2) 고구마

고구마의 번식방법은 종자번식(주로 육종에서 적용), 줄기를 잘라서 번식하는 줄기삽, 감자같이 괴근을 절단하여 번식하는 절편번식 방법이 있다. 종자번식은 육종을 위한 번식으로 실제 원예번식에서는 응용이 되지 않는다(그림 3-41, 우).

줄기번식은 씨고구마를 이용하여 줄기를 발생시키고 이것을 절단하여 번식하는 방법이다.

우선 건전한 무병 씨고구마를 구하여 육묘하는데 육묘법에는 전열온상육묘, 비닐냉상육묘, 싹 튀운 후 냉상육묘법이 있다. 전열온상법은 육묘상 3.3㎡ 에 30~40kg 씨고구마를 준비하여 전열온상을 이용하여 육묘하는 법이다. 냉상법은 비닐냉상에 고구마를 심고 자연열 만을 이용하여 육묘하는 법이다. 냉상육묘법은 높은 온도에서 싹을 틔운 후에 냉상에 옮겨서 육묘하는 방법이다. 육묘온도는 23~25℃로 하고 충분한 일조와 수분을 공급하여 건묘를 키운다. 묘상에서 자라는 기간은 4월 상순경부터 5월 하순~6월 중순까지 50~70일이 필요하다. 최근에는 식물공장에서 수경재배를 통하여 줄기를 대량 생산하는 시스템이 개발되었으나 실용화가 많이 되지 않고 있다.

고구마는 극성이 뚜렷하여 경극(莖極) 쪽에서 새싹이 많이 난다. 그러나 30~35℃에서 2~3일간 처리(토양습도 80~90%)한 후 온상에 심으면 극성이 타파되어 맹아 수가 많이 증가된다. 마네브 500배액에 10분 정도 침지했다가 심으면 씨고구마가 부패하지 않는다.

고구마의 줄기를 정식한 후 유근이 세근(細根), 경근(梗根), 괴근(塊根) 등으로 발달하는 방향이 결정되는 생리적 변화는 이식 후 극히 단시일, 즉 5일 이내에 이루어진다. 유근의 제1기 형성층의 활동이 왕성하고 중심주세포의 목화(木化)가 진행되지 않으려면 온도가 22~24℃가 알맞고, 통기성, 일조, 토양수분 등 환경조건이 좋아야 한다. 묘가 이식 후 활착하여 재생장이 개시되려면 토양수분 조건이 좋으면 10~15일쯤 걸린다. 25~30일이 지나면 괴근으로 될 뿌리가 분화한다.

고구마의 괴근을 여러 조각을 내서 감자처럼 절편 직파하는 재배연구가 보고(김 · 박, 1972, 1976)된 바 절편파종이나 줄기의 기계화 정식이 많이 이루어지도록 노력해야 한다.

3.6.4 구경(球莖)의 번식

구경(corm)은 줄기가 단축되고 비대해서 편구상(偏球狀) 또는 구상(球狀)으로 된 것으로서 그의 외부를 초엽(sheath leaf)의 엷은 피막으로 된 외피로 싸여 있다. 이에 해당되는 것은 글라디올러스(gladiolus), 크로커스(crocus), 바비아나(babiana), 토란(taro)을 들 수 있다.

1) 토란

토란은 직파법과 최아법이 있다. 직파법에서 종구(種球)는 40~60g의 자구(子球)를 사용하는 것이 좋다. 그러나 토란의 줄기가 붙어서 자란 중앙의 친구(親球)를 사용하여도 다소의 수확을 할 수 있다. 친구는 메우 커서 2~3개로 분할(分割)하여 심는 것이 좋다. 자구를 정식을 할 때에 재식거리는 이랑 폭 90cm, 주간 거리 45cm로 하면 10당 2,470주, 토란 구경은

150~170kg이 필요하다. 파종은 구덩이를 파고 기비를 한 다음 흙을 잘 섞어 6cm 정도의 깊이에 둥근 부분 쪽의 눈(eye)를 위로 비교적 뾰쪽한 부분을 아래로 향하게 하고 심는다. 그러나 크고 긴 것은 옆으로 심는다. 종구를 너무 깊게 심으면 발아가 지연되니 주의해 심는다.

최아법은 묘상에서 25℃ 전후로 15~20일간 최아시켜서 잎이 전개되기 전에 정식한다.

파종 후 발육에 따라 2~3회에 걸쳐 복토를 해준다. 복토의 요령은 1회에 6~9cm 정도로 실시한다. 복토는 건조를 방지하고 자구의 발육을 좋게 한다. 복토의 다소는 자구의 형상의 변화에 영향이 있으며, 많이 하면 오히려 분구수(分球數)가 감소한다. 주 줄기의 곁에서 나오는 얼아(어린 눈)를 제거해 주는 것이 좋다. 8~9월경에 토란 줄기를 일부 제거하는 습관이 있으나, 이것은 구의 비대를 장해하는 요인이 되므로 제거해서는 안된다.

2) 글라디오러스

번식은 종자, 목자(cormel) 및 구경에 의한 번식과 조직배양에 의한 번식이 있으나 종자는 육종의 목적으로 이용하고 주로 목자로 번식하고 최근에는 줄기, 눈, 꽃잎을 이용한 조직배양 번식도 한다.

글라디오러스 구경을 심으면 줄기 끝에 꽃이 피고 씨가 맺는다. 그러면서 지하부에는 새로운 구경이 금년에 심은 구경 위와 주변에 1~2개 형성이 된다. 아울러 포복경 유사한 구조로 따개비같은 모양의 작은 목자가 여러 개 붙는다. 일반적으로 야간이 시원하고 장일조건에서 구경의 발달이 좋다. 늦여름에 줄기가 마르면 구경을 캐서 봄에 식재한 늙은 구경, 신구경, 목자로 분리한다. 굴취한 신구경은 좋은 것을 골라서 32℃, 상대습도 80~85%에서 큐어링처리를 1주일간 지속하고 수 시간 35℃로 처리하여 유상조직의 발달과 Fusarium생육을 저해시킨다. 즉시 5℃ 상대습도 70~80% 공간에 공기소통이 잘되게 저장하며 정식 직전에는 반드시 살균제를 이용하여 소독을 하고 정식한다. 국내에서 휴면 타파의 방법은 37℃에 3주간 고온처리한 후 5℃에 5주 처리하거나 5~10℃에 5~6주간 저온처리를 하는데 저온처리 시 건조하게 한다. 2~3월 개화용 구근은 제주 등의 난지에서 1~2월에 심은 자구를 6월에 수확하여 저장했다가 10월에 정식용 구근으로 이용하는 것이 효과적이다.

목자는 모구와 새로 발생하는 신구경 사이에 형성된다. 개화구가 되려면 2~3년이 필요하다. 구경에서 분리해서 다음 해 봄에 심을 때까지 저장한다. 건조한 목자는 매우 단단하니 약간 축축한 피트모스 속에 5℃로 저장하면 유연하게 저장된다. 완전 건조된 목자는 흐르는 찬물에 1~2일 담구어 두었다가 적당한 습도에서 두면 뿌리가 나타날 기미가 보이는데 그때 노지에 심는다. 만약 무병 목자를 제조하려면 굴취 후 2~4개월이 지나서 2일간 침적을 시킨 후에 소독을 한다. 방법은 200배 포름알데히드(함량 37%)액에 4시간 침적하고 꺼내서 57℃에서 온탕에 30분간 처리 후에 바로 신선한 공기가 유동되는 5℃ 방에 옮겨 저장한다. 이듬해 봄에 밭에 5cm 깊이로 심는데 첫해는 풀 같은 잎을 형성한다. 목자는 크지는 않지만 새로운 구경을 땅속에 형성하게 된다. 생육 후반기에 수확을 하여 구경의 크기별로 분리한다. 구경은 2년째에 꽃을 피울 크기 정도인 5cm까지 자라는 것도 일부 있으나 대부분 작아서 1년 더 재배해야 꽃을 볼 수가 있는 크기가 된다.

종자번식은 육종을 하는 경우 이외는 사용하지 않는다. 보통 종자는 수분 후 20~30일이면 성숙하며 채종 후 바로 파종 상자에 뿌린다. 파종 후 발아하여 당년에 본엽이 2~3매 정도 자라고 팥알만 한 구경이 달린다. 구경을 이듬해 봄에 정식하면 일부 꽃도 피고 목자 및 구경도 생기는데 취미원예가는 가끔 사용하는 방법이다.

3.6.5 근경(根莖)의 번식

근경(지하경, rhizomes)은 외떡잎식물(單子葉植物)이 주를 이루는데 연, 대나무, 바나나, 사탕수수, 생강, 은방울꽃 등이 있다. 쌍떡잎식물(雙子葉植物)로는 저관목 블루베리(lowbush blueberry, *Vaccinium angustifolium*)와 Nandia(*Nandina domestica*) 등이 있다. 이들 식물의 줄기는 땅속 또는 지면에 따라 수평적으로 뻗으며, 지상부로 자라는 줄기를 주축으로 하여 땅속 줄기는 뿌리를 내려서 자란다. 근경에서 자란 화경이나 줄기를 culm이라 하는데 근경의 끝이나 땅속 근경 마디에서 발생한다(Hartmann 등, 2014).

근경에는 2가지 형이 있다. 하나는 pachymorph형(유한형 생장에서 나타나는 근경)으로 산세베리아와 생강에서 나타나는 형태이다. 근경이 굵어지고 육질이며 길이는 짧다. 근경에서는 많은 짧은 땅속줄기(clump)가 발생하여 개별적으로 자라 지상줄기(culm)가 된다. 각각의 줄기는 화경을 가져 개화 후 죽거나, 죽순처럼 유한형(determinate) 생장을 한다. 근경은 뿌리를 가지고 낮은 쪽에서 수평으로 자란다. 생강의 덩이 근경에서 새로운 측지가 감자의 포복경처럼 나오는 것을 볼 수가 있다(그림 3-42, 좌). 두 번째 형은 leptomorph형인데 은방울꽃에 나타나는 형태이다. 근경은 긴 마디를 가지며 가늘고 길고 분경되어 근경이 계속적으로 자라므로 무한형(indeterminate)이다. 새로운 줄기는 마디에서 자라며 줄기가 생강처럼 굵어지지 않고 가늘게 자라면서 지속적으로 자라는 것이 특징이다. 보통 은방울꽃은 3년 된 줄기가 개화하며, 이 식물은 가지친 줄기를 형성하지 않지만 생장점이 자라면서 옆으로 잘 번식한다. 우리가 차로 즐겨먹는 둥굴레의 땅속줄기도 은방울꽃과 같은 특성을 가지고 번식이 이루어진다.

대표적인 몇 가지 근경식물의 종류와 번식은 다음과 같다.

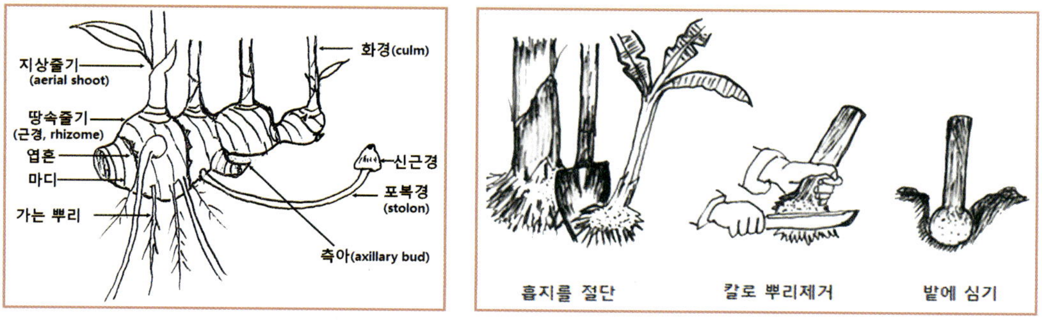

그림 3-42 생강의 땅속줄기(좌)와 바나나 번식법(우)

1) 연근

종연근은 봄철 심기 전에 파거나 가을과 겨울철에 수확하여 저장해 둔다. 말단이 잘 비대한 3~4마디로서 1~2의 지연근(枝蓮根)이 발생된 것이 좋고 정아(頂芽)는 종형(鍾形)으로 생긴 것이 좋다. 심는 시기는 4월 상순~5월 상순으로 지온이 8~10℃는 되어야 한다. 종연근은 정아가 아직 활동하지 않고 포(苞)에 약간 보일 정도가 적기로 된다. 식재간격은 종연근의 크기에 따라 다소 다르나, 3~4 마디 종근이면 3×1.2m에 1개씩 심는다. 종연근을 심는 요령은 비스듬하게 눕혀 심고 종근 끝은 깊이 18cm 정도 묻으며, 싹으로 발전하는 지아(枝芽)는 9cm의 깊이로 비스듬하게 심는다. 이때 연근의 머리 부분인 지아가 물속에 약간 나와 수면을 통과한 햇빛을 받도록 묻는다. 10a당 종근은 250~400kg이 필요하며, 수량은 1,500~2,000kg 정도 된다.

2) 생강

생강은 땅속에서 번식할 때에 감자처럼 땅속줄기(근경)를 만들어서 옆으로 퍼져나간다(그림 3-42, 좌). 고온성 다년생 채소이나 국내에서는 1년생으로 취급된다. 생강의 번식을 위해서는 건전한 종강(種薑)을 10a당 170~230kg을 준비하는데 수확 시에 건물이 9% 이상이고 20~30g 정도로 2~3개 눈을 가진 것이 좋다. 번식법은 일반직파법과 최아정식법이 있다.

일반 직파법은 벤레이트 200배액에 2~3시간 소독하여 건조시킨 종강을 4월 하순에서 5월 초에 눈을 위로 향하도록 편편하게 2~3cm 얕게 복토 후에 비닐이나 볏짚을 덮어서 건조를 막아 준다.

최아정식법은 종강을 젖은 피트모스나 코이어가 담긴 상자에 심고 25~30℃ 온상에서 직사광선을 받지 않게 7~10일간 최아를 시킨 다음에 본밭에 정식하는 방법이다. 이때 싹의 길이는 1cm 이상 자라지 않은 것이 좋다. 싹은 매우 연하기 때문에 1cm 이상이 되면 쉽게 부러지거나 상처를 입어서 번식이 어렵고 병균의 침입을 받기 때문이다.

3) 바나나

바나나는 구경(corm), 근경(rhizome), 뿌리를 포함한 흡지(吸枝, sucker, pups)를 모주로부터 잘라서 전통적으로 번식해 왔다. 우선 모수에서 큰 근경을 잘라내는데 3~4.5kg이 된다. 이것을 심기 전에 오래된 잎이나 뿌리와 병든 부분을 제거하고 52℃ 물에서 20분간 침지하거나 살충제를 사용하여 선충이나 심식충을 박멸시킨 후에 심는다(그림 3-42, 우). 그러나 바이러스나 위조병균의 방제를 목적으로 대단위 농장에서는 무병 바이러스, 웅성불임 3배체 조직배양묘를 사용한다.

4) 대나무

온대산 대나무인 왕대(*Physallotachy bambusoides*)와 맹종죽(죽순대, *P. pubecens*)은 겨울철에 파서 분주하거나 눈이 달린 땅속줄기를 잘라서 번식한다. 오죽, 신이대, 조릿대 등은 분주번식한다. 열대산 대나무(*Bambusa, Dendrocalamus*)는 삽목, 침수, 지하경 삽목, 공중취목 등으로 번식한다. 대나무 죽순을 culm이라 칭한다. 삽목은 마디 하단 5cm를 사선으로 절단하고 상부는 윗마디 상단 5cm를 잘라서 발근제를 묻혀서 피트 등에 삽목하거나 여러 마디를 잘라서 삽목한다. 지상부 텅빈 줄기에는 반쯤 물을 채워준다. 땅속으로 들어가는 부분은 밀랍을 발라주면 발근 중 썩음병을 예방한다. 발근에 4개월 걸린다. 침수법은 주로 열대대나무 번식에 적용하는데 줄기를 잘라서 투명한 그릇에 삽목하고 2일에 한 번씩 물을 갈아주면 40일이면 발근한다. 지하경 삽목은 눈이 보이는 땅속 줄기 2~3마디를 7~8cm 깊이에 묻고 적당하게 관수하면 4~8주면 싹이 난다(www.wikhow.com/propagate-Bamboo).

5) 은방울꽃

종자번식과 영양번식 모두 가능하지만 종자번식의 경우 씨앗을 뿌린 후에 5년이 지나야 개화되기 때문에 육종에 주로 이용되고, 영양번식 방법을 적용한다. 영양번식은 이른 봄이나 가을에 땅속 근경에서 뿌리가 달린 마디 3개 정도를 하나의 삽수로 하여 절단하여 재배상에 20×30cm 정도 간격으로 눈이 살짝 묻힐 정도로 얕게 심어서 잘 비배관리 하여 번식한다.

3.6.6 위경(僞莖)의 번식

특수한 저장기관으로서 비대한 줄기 조직으로 구성된 것을 위경(僞莖, pseudobulb)이라 하며, 1개~몇 개의 마디를 가지고 있다. 식물의 예를 들면 난초(蘭草, orchid) 종류를 들 수 있다. 난초는 위경의 외형으로서 감별한다. 위경은 수평위치에 있는 근경(根莖)의 측아(側芽) 또는 정아(頂芽)부터 발생해서 상향으로 성장한다. 잎과 화기(花器)는 종에 따라 위경의 선단부에 발생하는 것도 있고, 경부(莖部)부터 나오는 것도 있다. 생육기간 중에 양분으로 수분과 같이 축적하여 휴면에 대비한다. 양란의 종류는 수천 종에 달하나, 주로 열대지방에 분포하고 있어 아직 인류가 답사를 하지 못한 지역도 많아서 그 종류는 증가될 것으로 보고 있다.

유성번식에서 밝힌 바 있지만 위경식물(僞莖植物)은 종자가 미세하고 수종의 세포로만 되어 있어 자체의 발아능력이 없으나 난균(蘭菌)의 보조로 발아하는 수도 있다. 난류의 번식은 주로 분지와 분단법에 의하여 번식하고 조직배양에 의하여 번식하기도 한다.

1) 위경의 번식

위경의 번식방법에는 offshoots(offset, 단축경)이용, 분단법, 퇴화구(退化球, back bulb)와 green bulb(잎을 가진 위경)이용 그리고 기타 구경이용 방법이 있다.

단축경 이용은 주로 *Dendrobium*종에서 이용되는데 위경이 길어지고 많은 마디를 만드는데 이 마디로부터 단축경이 발달하고 여기에 뿌리가 난다. 그러면 뿌리가 난 단축경을 절단해서 포트에 심어 번식한다.

분단법은 *Cattleya*, *Laelia*, *Miltonia*와 *Odontoglossum*에서 사용되는 방법으로 근경을 분리하여 번식하는 방법이다. 난의 종류에 따라 여러 방법이 적용되고 있다. *Cattleya*은 위경이 길고 몇 개의 마디가 있어 이 마디로부터 분지가 발생한다. 분지가 발생하면 곧 그곳에서 뿌리가 나오므로 분지가 성장하면 칼로 위경 부분을 잘라 포기나누기를 한다. 이 때 4~5개의 새로운 위경이 붙어있게 하는 것이 원칙이다. 근경을 분단하여 분리시키는 방법이 있는데, 이것을 분단법(分斷法, division)이라 한다. 분단하여 번식시키는 방법은 초봄에 생리적 활동이 시작하기 직전인 휴면시기에 실시한다. 이 때 모근경(母根莖)에는 아직 다수의 위경(old pseudo bulb 또는 back bulb)이 붙어 있다. 이 위경을 포트에 심으면 기부나 마디에서 영양생장이 시작된다. 위경의 일부를 잘라내면 이에 모경(母莖)은 자극을 받아 새로운 성장이 시작되며, 모경도 오히려 젊어진다. 절단 자극에 의하여 다시 노화경이 재성장하는 것을 back breaks라 한다. 분단된 모경은 관리 여하에 따라서는 매년 분단할 수 있다. 또 다른 방법으로는 근경에 절상을 하면 1년 뒤에 새로운 back break들이 자라게 되는데, 이것을 나중에 잘라서 포트에 심을 수 있다.

퇴화구(back bulb)는 잎이 없는 근경을 말하며, 보통 *Cymbidium*의 clone을 증식하는데 쓰인다. 퇴화구를 모체식물에서 절취하고, 절취면에 밀랍을 칠하고 수태에 심어주면 새순이 발생한다. *Cymbidium*은 bulb를 붙여서 분지한다.

Green bulb는 잎이 붙은 bulb로서 IBA가 함유된 액이나 걸쭉한 파스타를 처리해 분지시키며, *Cattleya*나 *Cymbidium*등 대부분의 난은 이 방법에 의하여 번식한다.

자란(*Bletilla*)은 감자처럼 줄기 끝에 생기는 구경(球莖)을 이용해 번식한다. *Dendrobium*은 줄기의 액아에서 형성되는 고아(高芽)가 소식물체로 자라는데 이것을 채취해서 수태나 피트모스로 감아서 번식한다(그림 3-43)

(a) *Cymbidium*(back bulb로 번식)

(b) *Dendrobium* spp.(고아로 번식)

(c) *Oncydium*(위경으로 분주)

(d) *Bletilla*(구경으로 번식)

그림 3-43 몇 가지 란의 종류별 번식법

3.7 다육식물과 선인장의 번식

3.7.1 다육식물

다육식물(多肉植物, succulent plants)이란 원래 식물체에 수분이 많은 유조직(柔組織, parenchyma). 즉 저수조직이 발달되어 형태를 달리하는 부분이 다육질(다즙질)로 비대한 식물을 말하며, 다육식물은 약 50과로 종류는 8,000~1,0000개정도 된다. 넓은 뜻에서는 선인장(cactus, saboten)도 이에 속하지만, 선인장과 식물 중에는 다육식물에 들어가지 않는 것도 있으므로 좁은 뜻의 다육식물과 구별하고 있다. 원예학적 뜻에서의 다육식물 중의 대표적인 것은 선인장인데, 이 식물군이 너무나 큰 군이서 원예번식분야에서는 그것만을 독립시켜 다루고, 그 밖의 다육식물은 따로 구분하여 다루는 경우가 많다. 선인장은 잎이 변하여 가지가 되었지만 다육식물은 원래부터 가시가 있고 잎이 있다. 국내에서 재배되어 상품화되는 것에는 칼랑코에, 알로에, 로케아, 리빙스톤데이지 등 그다지 많지는 않다. 다육식물은 식물학적으로도 많은 과와 속이 포함되어 있으며, 대표적인 것을 예로 들면 다음과 같다.

① **등대초과**: 유포르비아(*Euphorbia*)속(예:오채각)
② **백 합 과**: 스타펠리아(*Stapelia*)속
세로페기아(*Seropegia*)속 백합과, 알로에(*Aloe*)속(예:알로에디코토마),
가스테리아(*Gasteria*)속, 하보르티아(*Haworthia*)속, 유카(*Yucca*)속
③ **꿩비름과**: 돌나물(*Bryophllum*)속, 코틸레도(*Cotyledo*)속, 크라슐라(*Crassula*)
카란코에(*Kalanchoe*)속, 세덤(*Sedum*)속, 셈퍼비범(*Sempervivum*)속
④ **번행초과**: 메섬브리엔테뭄(*Mesembryanthemum*)속
⑤ **용설란과**: 용설란(*Agave*)속(예:길상천)
⑥ **국 화 과**: 세네시오(*Senecio*)속
⑦ **쇠비름과**
⑧ **달개비과**

3.7.2 선인장

선인장(cactus, saboten)은 낙엽관목식물이다. 원래는 가지와 잎을 가진 보통 수목이었으나, 잎은 없어지고 자생지환경에 적응하여 진화되었다. 원산지는 북미 서남부, 멕시코의 강우량이 많은 열대, 아열대 지방에 야생하였던 식물이었으나, 이것이 사막으로 옮겨가게 되어 연간

2~3개월의 우기를 제외하고는 연중 강우가 없고, 강렬한 태양이 쪼이는 사막에서 공기와 토양이 극도로 건조한 지대에서 생존해 왔다. 이들은 생존을 위해 체내의 수분 발산을 될 수 있는 대로 제한하기 위해서 잎을 없애게 되었고, 저수조직은 극도로 발달하게 되었다. 잎은 가시로 변화하고 잎이 없으므로 저수조직이 엽록소를 가지고 잎 대신 동화작용을 이루며, 기공수도 다른 식물에 비하여 아주 적다.

선인장은 학자에 따라서 3속 8아속 60류로 분류하기도 하나 최근에는 형태나 성상에 따라 3아과 개로 분류하는 것이 정설이다.

① **나뭇잎 선인장아과 (Peireskioideae)**: 일반적으로 나무와 같은 형상을 하고 다육질이 아니고 보통 광엽수와 가장 가까운 잎의 형태를 갖는다. 종류는 30종이며 남북 양대륙, 열대 · 아열대, 산림지대가 원산지이다.

② **부채선인장아과(Opuntioideae)**: 다육도가 낮은 나뭇잎 선인장아과와 가까운 모습을 가진 것으로부터 평평하고 과육이 두터운, 혹은 봉상이나 구상의 줄기마디가 겹친 것까지 폭넓은 형태를 나타낸다. 분포지역이 열대에서 냉온대지역까지 광범위하고 약 400종과 100여종의 변종이 있다.

③ **기둥선인장아과(Cereoideae)**: 굵은 기둥모양 또는 가는 끈 같이 생긴 것까지 기둥과 같은 모양을 하는데 공작선인장이나 게발선인장 등도 여기에 속하며, 가장 많은 2,000여종이 있다. 원예적 특징을 가진 가장 많은 종류가 대부분 여기에 속한다.

실용적인 측면에서는 선인장을 크게 원산지나 모양에 따라 북미 구형종, 남미 구형종, 화좌구형종, 주상(기둥형)종, 반입종, 철화(綴化)종 등 6종으로 나누기도 한다.

3.7.3 번식방법

다육식물이나 선인장은 무성번식이나 유성번식에 의하여 번식하는 것은 고등식물의 경우와 같으나, 무성번식은 분주(分株), 삽목, 접목으로 번식하면 성장이 빠르므로 이 방법을 많이 쓰고 있다.

실생은 대량 번식을 원할 때 실시하나 성주(成株)에 이르기까지는 장시일을 요하는 단점과 모주가 교배종일 경우 이형이 많이 나오는 단점이 있으므로 육종을 할때나 취미 원예가가 사용하는 방법이며 곁가지 따기나 삽목 또는 접목으로서 주로 번식한다.

여기서는 다육식물의 종자번식, 삽목 및 접목에 대하여 설명하고자 하나 수많은 선인장은 각각의 특성이 다르므로 소개하는 번식법 이외의 알맞은 방법을 찾아서 적용해야 한다.

1) 종자번식

다양한 선인장이 존재하기 때문에 품종에 따라 생육과 개화습성이 다르다. 종류에 따라 개화기간이 하루인 것이 있는가 하면 칠레사보텐같은 것은 7~10일간 개화가 지속된다. 그래서 육종하고자하는 선인장의 개화 지속 기간을 잘 파악하고 수정을 위해서는 개화 시기를 맞춰야 한다. 만일 개화기 조절이 어려울 경우에는 꽃가루를 채취해서 저장해야 한다. 선인장 꽃가루는 최고 15년까지 발아력을 갖는다. 그러나 일반적으로 선인장 꽃가루의 수명은 약 2주 정도 된다. 저장법은 유산지로 싸거나 작은 유리병에 넣고 데시게이터에 저장한다. 선인장도 다른 식물처럼 자가수정, 폐화수정, 타가수정, 이화수정군으로 나눌 수 있다. 자가수정은 남미산 선인장이 많다. 폐화수정이 되는 꽃은 다른 꽃가루를 받지 못하면 완전 자가수정이 된다. 이 속간 수정에서 잡종 강세가 나타나면 예쁜 선인장이 작출된다.

표 3-6 선인장의 수정 양식에 따른 분류

수정 양식	해당속	대표품종군
자가수정	Rebutia속	보선인장
	Chilenia속	칠레선인장
	Frailea속	초희선인장
	Notocactus속	남국선인장
폐화수정	Frailea속	초희선인장
타가수정	Astrophytum속	란봉옥
이종간수정	Lobivia×Notocactus속	여화×남국옥

교배시킨 후에 교배종의 부계와 모계를 표시한 라벨을 식물이나 포트에 꽂고 과실이 익으면 수확을 한다. 과실은 일반적으로 익게 되면 황색 또는 적색 등으로 품종 고유의 색을 나타낸다. 또는 종에 따라서 열과가 되기도 한다. 보통 교배 후 50~60일이 되면, 과실이 익게 되는데 품종에 따라 30일에 익거나, 70일이 되어야 익는 것도 있어 매일 관찰해서 적기에 종자를 채취한다. 채취한 종자는 삼베주머니 등에 넣고 흐르는 물 속에서 주물러서 과육을 제거한 뒤 건조시킨다. 선인장은 신선한 종자가 발아가 잘 되니 즉시 파종하거나 저장했다 다음에 파종한다. 파종시 상토는 가는 강모래, 부엽토와 흙을 섞은 것, 훈탄, 버미큘라이트 등을 이용한다. 종자가 작기 때문에 화분에 파종할 때에는 저면 관수를 하는 것이 좋다. 발아일이 빠른 것은 3~4일에 이루어지나 늦은 것은 1개월이 걸린다. 발아기간 동안은 수분 관리를 잘하고 발아 후 1개월째 1회 이식을 한다. 유묘는 0.5mm~2mm정도로 작기 때문에 이식할 때 조심한

다. 실생묘는 고온 다습한 경우에 잡균의 발생이 많으니 주의한다. 1년째 직경 1cm 내외가 되면 유식물로서 판매할 수 있다.

2) 삽목

삽목의 목적은 첫째, 번식 수단으로 쓰이고, 둘째, 군생하는 품종의 번식을 하기 위해 사용하고, 셋째, 뿌리 썩음이 일어나는 개체를 살리기 위해 그리고 오래된 식물 등을 절단하여 성장을 촉진시키기 위해서 실시한다.

삽목 시기는 봄에는 5~6월, 가을에는 9~10월경이 가장 알맞다. 삽목은 장마기나 한겨울을 제외하고 어느 때나 하며 삽수 채취법은 종류에 따라 다르다.

선인장이나 다육식물의 곁가지는 쉽게 잘 떨어지므로 손, 접도 또는 핀셋으로 딴 다음 모래에 꽂는다. 접도로 딸 때는 절구(切口)가 아주 작은 것은 2~3일 동안, 큰 것은 7~10주간 그리고 두꺼운 기둥선인장은 2~3주간 건조시킨 후 삽목하여야 부패하지 않는다. 건조할 때는 햇빛에 노출시켜 절단 부분이 피막을 만들면서 건조되게 한 다음 음지에서 말린다. 모주의 절구에 관수할 때 물이 묻으면 부패하므로 물이 묻지 않게 주의하여야 한다.

지삽(stem cutting)으로는 목기린, 꽃기린, 위류(葦類), 공작(孔雀), 부채류, 주류(柱類) 등이 있고, 대목으로 쓰이는 용신목, 화성환은 10cm정도 잘라 절구를 충분히 건조시켜 삽목한다. 게발선인장등은 3~5마디를 따서 삽목한다. 주류선인장(柱類仙人掌)은 크기에 따라 다른데, 잔설(殘雪) 등은 10cm 정도, 귀면각(鬼面角)과 같은 대형은 30~45cm가 적당하다. 부채류 선인장은 작은 가지를 따서 그대로 삽목해도 좋으나, 대량번식을 원할 때는 2cm 간격으로 횡절(橫切)하거나 큰 것은 3cm 간격으로 하고, 다시 2등분 또는 3등분하여 모래에 꽂으면 절단점에서 뿌리가 나오면서 가지가 나온다. 이때 어린 가지를 따서 삽목하는데 가지를 딴 곳에서 연속해서 새 가지가 나온다. 금성선인장(金星仙人掌)은 많은 돌기구(突起球)가 나오는데, 이것을 절취해서 모래에 꽂으면 어린 식물체가 나온다. 게발선인장이나 위류선인장 등은 수태재배하는 것도 처음에는 모래에 삽목한다. 1개월쯤 되어 충분히 뿌리가 나오면 분에 옮긴다.

발근까지는 온도 조절과 과습이 되지 않게 하여야 한다. 선인장의 삽목에서 특히 주의할 것은 삽목한 후는 절대로 삽수를 뽑아보면 안된다. 식물에 따라 2~3개월이 지나 발근하므로 뿌리가 나왔을 것으로 생각하고 뽑았을 때는 어린뿌리가 고사해 버리는 수가 많다. 그러므로 뿌리가 완전히 나올 때까지는 기다리는 것이 좋다.

3) 접목

선인장의 접목 목적은 다음과 같다. 첫째, 재배가 곤란한 종의 보존을 위해서 필요하다. 예를 들어 비모란 같은 품종은 엽록소가 없어서 자기 스스로 자라기에 불가능하므로 접목을 통해서 종을 보존할 수 있다. 둘째로 부패가 쉽거나 진귀한 식물을 보존할 수 있다. 즉 뿌리 등이 썩어서 죽게 되는 귀중한 식물은 삽목하기 곤란한 경우에 접목을 해서 보존한다. 셋째, 생장을 촉진시킬 수 있다. 이는 생육 기간을 단축시키고 개화 촉진의 효과를 가져올 수 있다. 넷째, 번식의 목적으로 사용될 수 있다. 예컨대 우리나라의 수출 선인장처럼 대단위 번식이 가능한 장점이 있다. 그 외 관상 가치를 높일 수 있다.

선인장 접목 시기는 봄에 온실 내에서는 3~6월, 옥외에서는 5~6월에 실시하고, 가을에 온실에서는 10~11월에 실시한다. 접목할 때는 날씨가 좋은 날 실시하고 모든 작업을 청결히 해야 한다. 접목시 접도는 알코올 등에 자주 소독하면서 사용해서 병균의 오염을 막아야 한다. 대목이 갖추어야 할 조건은 개화촉진의 효과를 가져올 수 있는 대목이어야 하고 우리나라와 같이 겨울이 있는 곳에서는 내한성이 강하고 수명이 길어야 하고, 대목 자체의 번식이 용이하

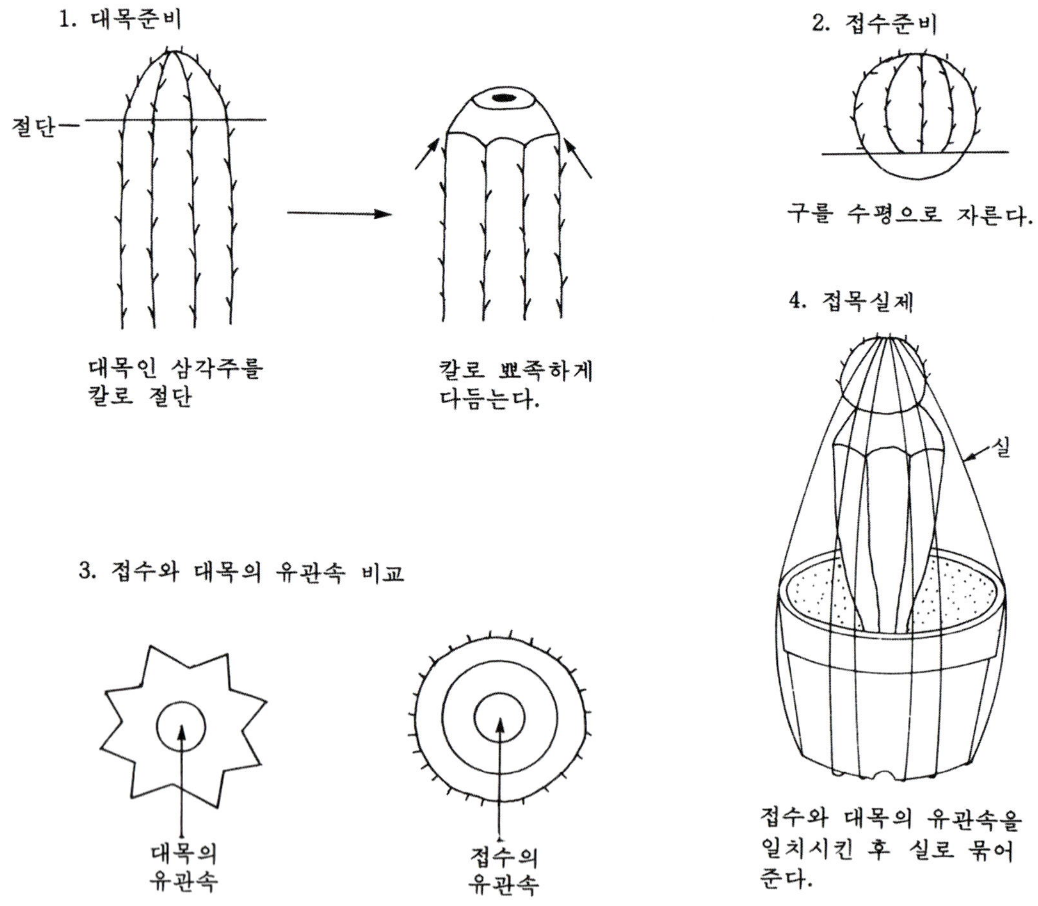

그림 3-44 삼각주에 비모란을 접붙이기(실과 접목크립 사용)

여 가격은 낮아야 한다. 현재, 우리나라에서 사용하는 대목의 품종을 보면 대형 대목은 연성각, 귀면각이 좋고 소형 대목은 용신목과 와룡, 줄기형 대목은 삼각주가 좋다. 구형종은 단모환, 화성환을 대목으로 사용한다. 이들 대목은 뿌리가 많고 원기가 왕성해야 한다. 대목 절단 위치는 하부나 상부가 아닌 중간에서 약간 상부에 예리한 칼도 편편하게 잘 자른다.

접수도 품종에 따라 알맞게 다듬어서 접을 한다. 접목의 기본원리는 접수와 대목의 유관속이 겹치게 해야 한다. 선인장 유관속은 중앙 부위에 둥글고 작게 위치하므로 대목과 접수의 유관속을 잘 관찰해서 일치되도록 하는 것이 중요하다. 접수와 대목은 준비한 즉시 접목을 하고 선인장용 접목집게나 실 등으로 고정시켜서 접합이 이루어지도록 하면 2~3일에 접목이 이루어지나 큰 것은 2주 이상이 필요하다. 접목 후 1주일 후에 실이나 크립을 풀어주는데 접목 후에 날씨가 나쁘면 보광처리를 해주면 생육이 좋다(그림 3-44).

3.8 원예 조직배양

3.8.1 조직배양 분류와 목적

원예식물의 조직배양은 식물체의 일부를 모체로부터 분리시켜서 *in vitro*(시험관 내 상태)의 적당한 조건에서 무균적으로 배양하는 기술로서 원예번식학에서는 육종과 묘증식 등에 응용이 되고 있다. 조직배양은 학문적 측면과 실용적인 생산의 측면에서의 배양으로 나눈다. 먼저 배양기관에 따라 크게 다음 두 가지로 나눌 수 있다.

① **영양기관과 조직으로부터 증식**: 생장점 배양(meristem-tip culture), 미세 접목(micrografting), 경정배양(shoot-tip culture), 부정경배양(adventitious shoot culture), 조직 및 세포배양(tissue and cell culture), 체세포형성(somatic embryogenesis), 합성종자생산(synthetic seed prodution)

② **생식기관을 이용한 증식**: 약과 화분배양(anther and pollen culture), 자방 및 배주배양(ovary and ovule culture), 배배양(embryo culture), 무균종자배양(aseptic seed culture), 포자배양(spore culture).

유식물 번식을 목적으로는 4가지로 분류한다(Hartmann 등, 2014)

① **소식물체 형성(plantlet formation)**: 액아형성(axillary shoot formation, 생장점 배양과 줄기배양), 액생가지(axillary branching-잎과 정아 포함), 마디배양(nodal culture), stool shoot(작은 수직생장 총생줄기-thicket-에서 형성되는 측생 생장점), 위구경(pseudocorms), 소괴경(minituber), 미세접목(micrografting), 부정경 형성(2배체식물 재분화, 다배체 식물로부터 재생)

② **유묘생산(seedling formation)**: 종자(seeds-주로 란류), 배배양(embryo culture, 배구제(胚救濟, embryo rescue, 미성숙배의 분리), 배주와 자방배양(ovule and ovary culture-미성숙 기관)

③ **캘러스 형성(callus formation)**: 캘러스배양(callus cultures), 캘러스 현탁배양(callus suspension cultures), 원형질체 배양(protoplast cultures)

④ **체세포 배성**: 직접 체세포 배형성(direct somatic embryogenesis), 간접 또는 유기시킨 체세포 배형성(indirect or induced somatic embryogenesis)

3.8.2 조직배양 응용과 문제점

식물조직배양은 영양체 대량번식, 무병식물체 생산, 신품종육성, 유용2차 대사산물 생산, 유전자원(germplasm)의 보존과 교환(백 등, 2001)에 목적을 두지만 원예번식학적 이용 목적과 배양 실용화의 문제점은 다음과 같다.

1) 무병무균식물의 육성

원예식물의 병 가운데 가장 문제가 되는 것은 바이러스병이다. 이 병의 일반적 방제법은 지금까지 매개체 진딧물과 온실가루이의 방제 등 간접적인 방법이 수행되었을 뿐이다. 특히 영양번식을 하는 카네이션, 국화, 거베라 등 숙근초류, 백합, 프리지아, 글라디올러스 등 구근류, 감자, 고구마, 마늘 등 채소류, 과수류의 왜성사과 대목은 바이러스 감염이 높고 한 번 걸린 것은 다음 대에 상품성과 수확량에 막대한 영향을 끼친다. 그러므로 1940년대 이들 식물의 뿌리 또는 경정 분열조직이 다른 조직보다 바이러스 분포도가 낮은 것이 발견되어 이를 기초로 Morel(1952)이 다알리아에서 바이러스 프리(virus free)개체를 육성하게 되었고, 이것을 원예식물에 적용하게 되었다.

일반적으로 바이러스 무병묘의 특징은 바이러스에 걸린 식물보다 화훼류에서는 꽃색이 선명하고, 잎, 줄기의 발육이 우세하여 생체중이 증가되며, 착화수가 많아진다. 또한 식물의 크기가 크며, 삽목할 때 충실히 발근하고, 절화수량이 증가한다. 채소에서도 싹의 발생과 수량이 많고 과실이 정상적으로 자란다. 감자, 고구마, 딸기, 카네이션, 거베라, 국화, 왜성대목 모본 생산 등이 국내에서도 실용화되고 있다.

2) 대량 급속증식

조직배양의 또 다른 주요한 목적은 형질이 우량한 영양계(clone)를 급속하게 대량으로 시험관이나 기타 용기 내에서 증식시키는 것이다.

원예식물은 유성번식이나 무성번식을 통해 번식하는데, 무성번식을 하는 식물 중에 삽목 등을 통해서 얻는 식물은 그 숫자가 한정되어 있으며, 유성번식을 시키는 작물 가운데는 종자의 생리적인 원인 때문에 번식이 곤란한 것이 있다. 이와 같은 문제점의 해결을 위해 조직배양법을 이용한 급속대량증식의 연구가 1950~1960년에 걸쳐 이루어졌는데, 맨 처음 시도한 것이 양란이다. 번식에 사용되는 식물의 기관은 영양기관으로서 경정, 줄기, 잎 뿌리, 뿌리줄기(地下莖), 구경 그리고 생식기관으로서 꽃잎, 꽃자루, 암술대, 꽃가루 등이다. 이들을 이용한 배양 중에는 경정배양(mericlone-meristem clone의 약자)이 가장 많이 실용화되어 있다. 배양법으로는 한천배지 이용배양, 진탕배양, 회전배양, 탱크배양 등이 있는데 번식할 식물에 효율이 좋은 방법을 선택한다.

조직배양을 이용하면 1개의 생장점에서 1년에 약 1,000만 주의 clone식물을 얻을 수 있어서 기존방법으로 얻을 수 있는 10~15개체에 비해 높은 증식의 가능성이 있다.

국내에서는 주로 양란이 실용화되어 있고, 기타 한란, 백합, 과수 묘 등도 이용되는 단계이다. 그 외 1년생 초본의 육종모체, 양파 등의 웅성불임계통의 유지 · 번식 등에 이용된다.

3) 육종에의 이용

육종에의 조직배양 응용은 근래 많이 이루어지고 있는데, 1대 잡종 생산을 위하여 양친의 영양계를 번식 유지시킬 수가 있다. 반수체식물을 얻기 위하여 약(葯)이나 화분배양(anther and pollen culture), 3배체식물의 육성을 목적으로 배유배양, 불화합성을 회피함과 아울러 이종간의 교잡을 목적으로 시험관내 수정, 배양시킨 세포나 조직의 돌연변이 유발, 서로 다른 종속간 또는 이과 간의 원형질의 융합 또는 이종의 DNA를 세포에 도입 등 놀랄만한 기술이 이용되고 있다. 반수체를 만드는 약배양, 당근의 핵융합, 양파 웅성불임, 토마토 병저항성 육종 등 다양하게 적용하는데 주요 분야는 다음과 같다.

① **난의 종자발아:** 난종자는 완숙되어도 정상적인 발아가 곤란하고 불완전균의 일종과 공생관계를 통해서만이 발아된다. 이를 무균적으로 배양 시 발아율이 좋고 이를 급속히 번식시킬 수 있어 종속간의 교잡육종이 가능하게 되었으며, 그 결과 많은 원예품종이 교잡군에 속해 있다.

② **자방배양, 배주배양, 배배양, 시험관내 수정:** 자방배양(ovary culture)은 자방과 그 부속기

관을 배양시켜 종자를 얻는 방법으로 조작이 비교적 용이하다. 배주배양(ovule culture)은 자방내의 배주를 택해 배양하는 법인데, 태좌조직(胎座組織)도 같이 배양해야 유묘를 많이 얻는다. 배배양(embryo culture)은 배주 내에서 배만을 분리시켜 배양하는 법으로 배의 발육단계를 정확히 모를 경우 유배(幼胚)를 채취할 수 있는데, 이 방법은 잘 이루어지지 않는다. 시험관 내 수정은 아직 수분이 이루어지지 않은 자방 가운데 태좌조직을 분리시켜 그 조직상의 배주에 꽃가루를 직접 살포하여 수정시키는 방법이다. 이와 같은 방법을 통해 다음과 같은 육종목적을 이룰 수 있다. 첫째, 불임성 종자식물에서 종자를 얻을 수 있는데, 즉 불임성 타파에 이용되며 배배양을 응용한다. 왜냐하면 종속내의 교잡을 할 때 수정한 배가 발육 중에 정지되고 미숙되어 죽기 때문인데, 주로 교잡의 목적으로 이용되며 백합과, 배추과에서 이용된다. 둘째, 종자의 휴면을 막을 수 있다. 즉 발아가 어려운 식물의 휴면을 회피시키는데, 휴면이 들기 전의 배를 배양시켜 발아를 정상으로 자라게 하는 방법으로 발아기간을 단축시켜서 육종적으로 이용이 가능하다. 셋째, 불화합성의 타파에 이용된다. 이는 시험관내 수정법을 이용하는데 페추니아 등에 이용된다. 넷째, 암꽃의 부담을 줄일 수 있는데, 이는 자방배양을 통해 이룰 수 있고 덴드로비움에서 보고되어 있다.

③ **배유배양**: 배유배양(endosperm culture)의 목적은 3배체 식물의 육성에 있는데, 이는 3배체 식물이 보통 불임성이 강하기 때문이다. 그 성질을 이용하여 과수나 과채류의 종자가 없는 과실을 만드는데 이용된다. 화훼류는 3배체가 2배체보다 잎, 줄기, 꽃이 크고 착화수(着花數)가 많아 화훼에 이용이 높다.

④ **약배양, 화분배양**: 반수체를 육성하는 방법으로 반수체에 나타난 표현형 가운데 유용한 형질이 있는 계통을 선발하여, 선발된 식물의 염색체수를 배가시켜 고정계통을 얻는 방법으로 필요한 형질을 얻게 되는 점에서 육종적으로 이용이 가능하다. 화분배양(pollen culture)에 비해 약배양(anther culture)은 일부 식물에 한정되고 있다.

⑤ **돌연변이의 유기**: 배양하는 중에 여러 가지 처리를 통해 돌연변이를 유발시킬 목적으로 배양하는 방법인데, 식물체의 모든 조직을 배양하기 때문에 자연상태보다 유발가능성이 높은 이점이 있다. 일반적으로 경정배양은 유전적으로 안정되어 있는 편이나 돌연변이의 유기가 어렵고, callus나 세포배양에서 염색체의 변이를 일으킬 확률이 높다. 유기방법으로 많이 쓰이는 것이 식물호르몬 auxin류(2,4-D, NAA)와 cytokinin류(BA, kinetin)의 비율을 조절 처리하여 배수체(倍數體)나 이수체(異數體)를 유기시킨다. 세포배양에서 내병성 계통선발을 목적으로 어떤 병원균의 독소를 배양액에 넣어서 여기에 견디는 clone을 선발할 수 있다. 그 외 이미 알려진 자외선, X-선, γ-선 등, 방사선조사를 통해서 유기시

킬 수 있다(그림 3-45).

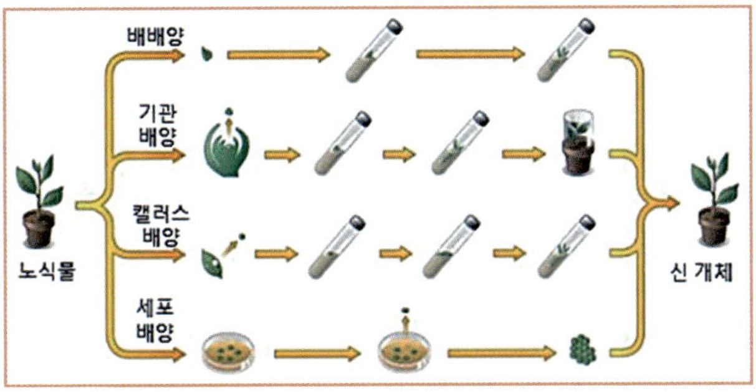

그림 3-45 조직배양법(좌)과 동양란 캘러스에 방사선 처리로 유기된 변이체(우, 유성오교수 제공)

⑥ **원형질체 배양 및 유전자 변형**: 세포벽을 효소적으로 분해하여 원형질체(protoplast)를 얻어서 여기에 다른 종류의 원형질체를 융합시킨 후 세포벽을 재생시켜 융합을 일으키는 방법으로 많은 연구가 이루어지고 있다. 이와같이 원형질체의 변형과정에서 외부로부터 만들어진 새로운 유전자를 주입하거나, 2개 이상의 세포가 융합하여 종간잡종을 만들 수 있다(예: 감자 등). 유전적 변형기술에 의해 작성된 유기체인 유전자변형생물체(genetically modified organism: GMO)는 미국이 중심이 되어 개발되어 왔다. 이는 특정 생물체의 유전자에 내바이러스성, 내충성, 제초제 저항성, 과일 성숙의 조절에 관여하는 유전정보, 즉 DNA를 주입해 유전자를 변형시킨 것이다. 근래 이와 같은 유전자변형 식물이 수십 종이 생산되고 있고, 원예식물도 고추 등이 개발되어 실용화단계이다. 국내 수입되는 콩, 사료용 옥수수, 면화 등은 대부분 유전자 조작 농산물이다.

4) 유묘의 주년 생산

목본 원예식물의 경우에는 노지에서는 연중 1회 묘 생산이 가능하나 조직배양은 인공환경 조건에서 외부환경과 무관하게 배양하여 유묘의 연중 생산이 가능하다. 생산된 묘를 저온고에 넣어서 저장하면 묘의 요구도가 높은 시기에 출하가 가능하다.

5) 유전자원(germplasm)의 보존

유전자원 보존은 주로 종자로 하지만 시설과 장비가 많이 필요하다. 특히 영양계의 보존은 조직배양이 노지조건에서 보다 유전자원의 보존이 매우 용이하다. 영양조직을 초저온보존(cryopreservation, 보통 －196℃)하면서 보존할 수가 있다. 초저온으로 냉동된 재료를 녹여서 본래 식물처럼 미세번식을 할 수가 있다. 다만 해동식물체가 물리 화학적인 상해를 입고, 세포

증식 방해 미지물질이 형성되고, 세포재생분화가 가능할 정도의 생존 세포수가 확보되지 않으면 재배양 증식이 불가능하다.

6) 조직배양 실용화 문제점

조직배양의 적용은 많은 장점이 있으나 원예적 실용화는 먼저 해결할 점이 있다.

첫 번째는 시설비가 많이 든다는 점이다. 아무리 좋은 번식수단이라고 할지라도 경제적인 의미가 없다면 원예적인 이용이 불가능하며, 그래서 경제적인 번식수단으로서 대부분의 식물에 적용할 수 없는 것이 문제다.

둘째로 상당한 고비용 노동력이 필요한 점이다. 일반 유성 및 무성번식법에 비해 높은 기술을 필요로 하며, 이는 어느 정도 경험을 거친 숙련자만이 각종 조직배양이 가능하다는 점에서 인건비가 많이 소요된다. 고비용으로 인하여 정부와 민간 기업이 중심이 되어 무병묘 등이 생산된다.

셋째로 새로운 개체의 선발 등을 위하여 보다 깊은 유전적, 식물생리학적인 기술이 요구된다. 극히 작은 부분의 식물조직을 짧은 기간에 많이 번식시키는 만큼 식물 자체 내의 잠재적인 능력의 발휘가 여러 양상으로 나타날 수 있으므로 식물에 따른 배양기술, 선발 등에 높은 지식이 요구된다.

넷째로 몇 가지 생리적 장해의 대처가 요구된다. 즉 조직배양에 따라 식물에 나타날 수 있는 식물조직의 투명화(hyperhydricity), 내부 병원체(internal pathogen)의 발생으로 인한 생장저해, 생장점 괴사와 내부갈변화(internal browning), 첨가생장조절제 등에 대한 순화(habituation) 그리고 뿌리혹 같은 조직증식(tissue proliferation)의 문제 등이 나타나 농가에 보급 후에 문제가 발생할 수가 있어서 위험이 제거된 묘의 생산이 쉽지가 않다는 점이다. 예를 들어 무병바이러스묘의 낮은 생산성 등의 문제점이 야기 될 수도 있는 점에서 지속적인 포장 생산 검정을 거쳐야 한다

다섯째, 대량 주년 생산이 가능하여 지속적인 소비처가 필요하며 아울러 성수기를 대비한 유묘의 저장시설이 필요하다.

이상의 문제점 이외 각각 식물에 따라 적용법이 다양하여 이들 번식체계의 확립이 필요하나, 앞으로 여러 면에서 노력한다면 조직배양의 원예적 이용은 예상보다 많은 공헌을 할 수 있으리라 본다.

3.8.3 조직배양 방법

원예작물에 적용할 수가 있는 방법은 많지만 여기서는 많이 이용하는 방법만을 간단하게 설명하기로 한다.

1) 생장점 배양

식물 줄기의 끝에는 세포분열이 계속되는 생장점이 있고, 생장점 배양은 이 부분을 노출시켜 분리하여 배양하는 방법이다. 주로 생장분열하는 불룩한 돔(dome)형태의 부분과 약간의 엽원기(葉原基, leaf primordia)가 포함되게 된다.

생장점 배양(meristem-tip culture)을 하는 목적은 생장점이 진균, 박테리아, 바이러스 또는 바이러스와 유사한 병 등에 대해 감염되어 있지 않기 때문에 이를 번식시킴으로써 병에 감염되지 않는 묘를 육성하는데 있다. 일반적으로 생장점의 0.10~0.15mm는 100% 바이러스에 안전하며 크기가 1mm 될 때까지 감염률은 증가한다. 그러나 실제 채취하는 생장점의 크기는 식물에 따라 다른데, 딸기는 0.5~0.9mm, 국화 0.6mm 정도로 이용하며, 식물에 따라 보통 0.2~1.0mm의 절편을 이용하나 작을수록 좋아 상당한 숙련이 요구된다. 절편체(explant) 채취시는 미리 준비한 건전한 식물체를 준비하는 것이 필수이다. 생장점을 떼는데 차아염소산나트륨을 이용해 소독을 충분히 실시한 후에 메스 등을 이용해서 채취한다. 채취하여 분리한 생장점은 배지에 치상한다. 배지의 사이토키닌의 농도는 낮게 오옥신은 보통의 농도를 사용하나, 종류에 따라 오옥신이 없어도 발근이 잘 된다. 어떤 경우에는 0.1ppm의 지베렐린이 발근을 촉진하기도 한다. 주로 딸기, 카아네이션, 제라늄, 국화, 난, 카사바, 고구마, 감자, 바나나 등에서 이용되고 목본류는 초본류보다 고도의 기술이 요구된다.

또, 최근 발달된 기술은 목본의 생장점 배양을 가능케 하였으며 국내에서도 배, 사과 등의 배양이 잘 되고 있다.

실제 사과의 생장점 배양 순서를 보면, ① 건전하고 품종이 분명한 묘에서 눈을 채취한다. ② 70% 알콜에서 1분간 헹군 다음 1% 차아염소산나트륨용액에 10분간 담궈둔 후 인편의 껍질을 2~3개 벗기고 털이 보일 때쯤 0.5%로 1분간 소독한다. 그리고 증류수로 씻어준다. ③ 70% 알콜에 소독한 기구로 해부현미경을 이용해 0.2~0.3mm 경정을 적출한다. ④ 배지에 치상하고 온도를 20~25℃, 3,000lux에서 16시간 일장에 둔다. ⑤ 1~2개월 정도 지나서 경엽이 신장하면 배지를 옮겨 발근시킨다. ⑥ 2~3개월 지나 시험관 외로 옮겨 하이포넥스 2,000배를 주면서 순화시킨다. ⑦ 화분에 옮겨 온실에서 격리재배하여 순화를 시키면서 튼튼한 유묘 식물체를 만든다. 이 모든 단계에서 오염을 극소화하고 순화를 잘 시키는 것이 중요하다.

2) 경정배양

경정배양(莖頂培養, shoot-tip culture)은 정아나 측아에 보다 가까운 2~3마디의 줄기까지를 포함시켜서 배양하는 것을 뜻하는데, 생장점 배양처럼 0.1~0.5mm 되게 잘라서 배양할 수도 있으나, 보통 0.5~2.0mm 크기로 잘라서 번식시킨다. 이 경우에 바이러스 문제를 배제시킬 수 없다. 과수류에서는 보다 큰 조직, 즉 1~2cm 크기로 목화되지 않은 것은 조직을 잘라서 배양하는데, 이 경우가 쉽게 급속증식이 가능한 방법이다. 식물체나 종자의 곰팡이, 박테리아, 선충을 사멸시키려면 43.5~57℃에서 1.5~4시간 고온처리한다. 경정의 바이러스를 무독화하려면 묘목을 37~38℃에서 2~4주 이상 열처리하여 0.33mm이하 생장점을 사용한다(Styer & Chin, 1983).

3) 기정접목

기정접목(基頂椄木, shoot-tip grafting)을 일명 마이크로접목(micro-grafting)이라고도 하는데, 목본류의 생장점(크기 0.14~0.18mm)을 *in vitro* 상태에서 가꾼 유묘대목에 접을 붙이는 방법이다. 일반적인 기정배양법에 의해 뿌리나 줄기를 잘 형성하지 않는 감귤류, 사과 그리고 자두류에서 이용된다.

방법은 각각 종자의 배를 소독한 후 무기염류와 1% 한천으로 구성된 배지에 올려 놓고 암흑상태에서 약 2주일간 두면 싹이 난다. 그 후 꺼내서 잎과 떡잎을 자른다. 여기에 0.14~0.18mm 크기의 3엽원기(3葉原基)를 가진 경정을 접을 붙이는데 방법은 T눈접을 응용한다. 즉 절단된 줄기의 1mm 아래에 T자를 만들어 여기에 경정을 접붙이는데 다소의 숙련이 필요하다. 접목이 되면 시험관 내부에 옮기는데 식물이 시험관 내벽에 닿지 않게 중앙에 뚫린 작은 여과지를 시험관 내부에 넣어 식물을 지지한다. 이를 광조건 하에서 3~5주 두면 잎이 발생하는데 완전히 2잎이 나오려면 8주 정도가 필요하다. 잎이 나온 후에 준비한 포트에 이식을 한다.

기내접목법을 이용하는 과수류는 대목과 품종에 따라 차이가 있지만, 피스타치오(성공율 79.25~100%), 올리브(45~83%), 포도(50~80%), 개암(72%), 사과(42.25%), 호도(56~73%), 밤(80%), 아몬드(56~100%), 감귤(33~36%), 배(83%)등이 보고되고 있다(Hussain 등, 2014). 최근에는 선인장 종류의 기내접목도 이루어지고 있다.

4) 부정경의 유기 및 배양

새로운 눈을 배양된 조직으로부터 얻기 위해서는 첫째, 식물체로부터 채취하여 배양시킨 조직절편으로부터 직접 유기시키거나, 둘째, 일단 배양을 시킨 식물조직 표면으로부터 캘러스를 형성하게끔 유도한 다음 거기에서 신생아를 형성시키는 두 가지 방법이 있다. 이상 두 가지 방법에서 새로운 부정아의 유기에 영향을 미치는 요인은 역시 재료 식물의 상태와 선발 배지에 처리한 알맞은 생장조절제와 농도이다.

몇 가지 식물에서 배양시킬 식물체의 부분에 대해 알아보기로 하자.

(1) 엽편(葉片, leaf pieces)

잎조직을 4각형으로 절단해서 배양하는데 아프리칸 바이올렛(*Saintpaulia*), painted tongue(*Salpiglossis*), 서양고추냉이(horseradish)가 있다.

여기서 아프리칸 바이올렛(*Saintpaulia ionantha*)의 엽편을 이용한 상업적인 생산에 대하여 설명한다. 성숙된 잎을 따서 증류수에 씻고 약 15분간 1~2% 되는 차아염소산나트륨(약간의 전착체 혼용)액에 담궈 소독을 하고 꺼내어 4~5분간 증류수로 헹군다. 잎의 가장자리는 소독된 가위로 잘라내고 잎을 10mm^2 크기로 자른다. 각각의 잎을 뒷면이 배지에 접착하도록 치상한다. I 치상단계 및 II 줄기발생 단계에서 기본배지로는 MS배지를 사용하는데, $NaH_2PO_4 \cdot H_2O$(170mg/ℓ), IAA(2mg/ℓ), BA(0.8mg/ℓ), 설탕(3%) 그리고 한천(0.9%) 등을 첨가 또는 약간 수정한다. 재배조건으로는 온도는 27℃, 광도는 1,000lux로 16시간을 조명한다. 어린줄기는 30~60일이면 발생하는데, 아데닌설페이트(adenine sulfate) 125mg/ℓ를 첨가하면 줄기의 발생을 촉진시킨다. III 발근단계에서는 배지를 옮겨 뿌리를 촉진시켜야 하는데, 배지는 I과 II단계에서 사용한 것과 동일배지를 이용하나 생장제를 전부 뺀다. 가끔 IAA 10mg/ℓ을 첨가하는 것이 발근을 촉진한다고 한다. IV 순화단계에서는 뿌리가 내리면 소독된 상토에 식물체를 옮기고, 초기에 차광을 실시하면서 순화 재배하면 3~6개월이면 개화한다.

엽병을 잘라서 번식을 할 수 있는데, 역시 MS 기본배지를 이용하는데, 생장조절제는 NAA(0.1mg/ℓ)와 BA(0.01mg/ℓ)를 제 I, II단계에서 사용한다. III단계에서 발근을 위해서는 광도를 약 2주일간 낮게 해준다.

(2) 균질조직(homogenized tissue)

조직을 믹서로 갈아서 액체배지에 혼합해서 한천배지에 치상하면 많은 수의 식물체가 형성된다. 고사리류, 아프리칸 바이올렛, 베고니아에 적용된다.

(3) 조각난 경정(fragmented shoot apices)

길이 0.1mm 포도 줄기 끝을 2~5개 절편으로 만들어서 배지에 떨어뜨려 배양한다. 작은 절편은 잎으로 발달하고 나중에 식물체로 자란다.

(4) 떡잎(子葉)과 배축(胚軸, hypocotyle)

많은 식물이 떡잎과 떡잎 아래 줄기인 배축 조직을 이용하여 조직 배양한다. 다른 식물기관으로부터 조직배양이 안되는 구과식물(Conifer, 毬果植物)인 소나무류에서 유용하게 사용하는 방법이다.

(5) 어린 침엽 총생(young needle fascicles)

노침염수 줄기에서 발생한 어린싹을 이용하는데 재유년화 식물(rejuvenated plant)조직에서 채취한 절편체를 이용한다.

(6) 미숙화기(未熟花器)이용

몇 가지 식물에서 재생력이 매우 강한데, 주로 외떡잎식물의 미숙화기가 많이 이용된다. 글라디올러스, 원추리(*Hemerocallis*), 꽃창포, 옥잠화, 난 그리고 프리지어가 실용화 되고 있고 쌍떡잎식물로는 거베라와 국화가 해당된다. 많은 인경류의 화경이 조직배양에 이용되는데 양파, 수선화, 오니토갈룸(*Ornithogalum*), 네리네(*Nerine*)가 대상이다.

(7) 인경(鱗莖)과 기타 저장기관

대부분의 외떡잎식물이 여기에 속하는데, 인경의 근저(根底, basal plate)쪽의 생장점이 이용된다. 백합조직배양이 여기에 해당된다.

5) 조직 및 세포배양

식물체의 어느 부위에 상관없이 세포나 조직의 일부를 채취하여 병균처리를 한 다음 배지에서 캘러스를 형성시키고 여기서 새로운 식물을 만들어 내는 배양법으로 캘러스 배양(callus culture), 세포현탁배양(cell suspension culture) 그리고 원형질체배양(protoplast culture) 등이 있다. 캘러스 배양은 식물체로부터 나출된 일부 조직이 상처의 자극에 따라 형성된 캘러스(유상조직), 혹은 식물조직 자체내성 또는 식물생장조절제에 의한 반응으로 형성된 캘러스를 계속 배양해나가는 방법으로, 주로 MS 배지를 이용한다. 국내에서 인삼의 캘러스 배양을 하여 대량 생산이 실용화되고 있다.

세포현탁액배양은 세포나 많은 세포의 집단으로 구성되어 있는 조직이나 캘러스를 확산시켜서 이것을 액체배지에서 배양하는 방법이다. 캘러스나 세포가 계속적으로 공기와 현탁액에 접촉할 수 있도록 흔들어 주는데, 이때 플라스크에 넣어 흔들어 주는 법(batch culture)과 회전배양기를 이용하는 법 등이 있다. 최근에 대단위 상업적 배양을 위해 세포가 배양할 수 있는 최적조건은 컴퓨터를 이용 조작하는 bioreactors를 사용한다. 주로 미생물 등을 발효시켜 생성된 2차 대사산물을 산업적으로 이용한다.

원형질배양은 각각 식물의 세포벽을 효소(주로 cellulase)를 이용하여 제거한 다음에 나출된 원형질체를 융합(fusion)시키는데 이때 질산나트륨($NaNO_3$)이나 PEG(polyethylene glycol)를 이용한다. 융합은 며칠 내로 이루어지는 경우가 많은데, 융합된 것을 원심분리한 다음 씻어, 생장제가 잘 배합된 한천배지가 들어 있는 페트리 디쉬(petri dish)에 넣어 배양한다. 그러면 캘러스가 형성되며 여기서 식물체를 얻는다. 그러나 이 경우 어느 식물이나 융합을 시킬 수 있는 것은 아니고 지금까지 담배와 페추니아에서 주로 이루어졌다.

이와 같은 방법은 유전공학적인 측면에서 많은 연구가 이루어지나, 원예번식학적 의미에서 보면 경제적인 측면이나 실용적인 면에서 아직 많은 문제가 있다.

6) 약과 화분배양

재배하는 몇 가지 식물에서는 미숙화분립이나 약을 배양하여 새로운 식물체를 만들 수 있는데, 이것을 화분배양 또는 약배양(anther and pollen culture)이라 한다. 이와 같은 배양법을 통해 반수체(半數體)를 육성하여 육종적인 면에서 많이 이용한다.

지금까지 완전한 식물체를 형성시키는 식물로는 Datura, Nicotiana, Hyoscyamus, Solaum(가지과), Brassica(배추과), Pelagonium 그리고 몇몇 콩과이다. 약과 화분배양에서 중요한 것은 작물별로 알맞은 시기에 약을 채취하고 각각 알맞은 배지와 순화방법을 택하는 것이다.

배추약배양 순서는 다음과 같다(오, 1994). 배추 약배양 시료를 오전 9시 전후에서 채취하여 70%의 에탄올에 20초간 표면살균하고 4.2% calcium hypochlorite에 5분간 소독하여 멸균수에 담아 수분증발을 막으면서 치상한다. 치상한 소포자의 발육단계는 1핵기 초부터 화분유사분열기 중심으로 약을 치상한다. 배지는 Keller의 B5 개량배지를 사용하고 치상 후 35℃에 2일 암상태에서 온도처리를 하고 완료 후에 25℃의 암상태로 배가 발생할 때까지 배양한다. 발생된 배는 sucrose농도를 2%로 낮추고 배지에 생장호르몬을 첨가하지 않은 배생장배지에 이식해서 정상적인 배를 생장시킨다. 정상적으로 본잎이 2~3매 나오면 4×4연결포트에 버이큘라이트 단일배지에서 순화시키면 약배양식물체가 만들어진다.

이와 같은 과정은 작물에 따라 다르므로 알맞은 방법을 선택해야 하며 특히 순화과정에 주의를 요한다.

7) 자방 또는 배주배양(ovary and ovule culture)

자방(子房)이라 함은 미성숙과(immatured fruit)를 의미하고, 배주(胚珠, ovule)라 함은 미성숙종자(immatured seed)를 뜻하는데, 이들을 배양하여 새로운 개체를 만드는 법으로 토마토, 딸기, 양파, 딜(dill), 목화, 양귀비 등에서 실시되고 있다. 또한 유전적으로 근연이 아니어서 불화합성을 나타내는 경우에 수정이 되지 않은 배주를 배양시켜 여기에 화분(花粉)을 공급하여 수정을 시켜서 1대 잡종을 만들 수 있다. 이때 화분은 암술대를 통과하지 않고 직접 수정이 된다. 이와 같은 방법은 어렵지 않고 단지 식물에 따라 어느 때가 가장 수정이 잘 되는가를 여러 실험을 통해 결정해야 한다.

8) 배배양

배배양(胚培養, embryo culture)은 종자 내의 배를 분리시켜 배양하는 방법으로 비교적 쉬운 방법이다. 그러나 배(embryo)도 어느 단계나 되는 것이 아니고 미숙종자라 하더라도 발아능력이 있어야만 배양이 가능하다. 주로 종속간(種屬間)의 교잡에 따른 불화합성으로 배유가 생성되지 않거나, 배미숙(胚未熟) 또는 기타 휴면 등의 요인으로 배의 발육이 되지 않거나 발아가 곤란한 시기에 배를 분리시켜 배양을 통하여 육종연한을 단축시킨다.

배배양이 많이 이루어지는 원예식물로는 콩, 복숭아, 감자, 토마토, 꽃창포, 백합, 마란타, 장미, 올리브 등인데, 이 가운데 꽃창포, 마란타, 복숭아, 장미는 종피(種皮)나 배유(胚乳)가 휴면물질이 있기 때문에 실시한다.

9) 종자배양

종자배양 방법은 유성번식의 일종이라 할 수 있으며, 앞에서 유성번식의 특수종자번식에서 언급했다. 식물의 특성상 종자가 아주 미세하여 취급이 곤란하거나 무배유종자(無胚乳種子)로서 발아가 곤란할 때 종자배양(seed culture)을 실시하는데, 현재 가장 널리 사용되는 것이 난(蘭)의 종자배양(種子培養)이다.

난의 종자는 배는 있고 배유가 없는데 종자가 난의 주위에 떨어지면 난균(蘭菌)이 침입하여 이 균의 도움을 받아 발아되나, 그렇지 못하면 발아가 되지 않는다. 난균과 난의 종자와는 공생관계에 있다고 할 수 있다. 즉 난의 자생주(自生株)의 주변에서 실생묘가 발아하는 것은 난균의 공생때문이며, 이것을 친주파종법(親株播種法)이라 한다.

서양란은 비교적 종자배양이 쉬우나 동양란은 곤란하다. 종자가 성숙하려면 개화한 다음에 팔레놉시스 6개월, 심비디움 10개월, 카틀레야 11개월, 덴드로비움 12개월 그리고 반다는 20개월이 필요하다. 배양법은 종자를 10% 락스용액에 tween을 약간 첨가시킨 용액을 만들고, 여기에 난종자가 든 작은 꼬투리를 담가 5~10분간 소독한다. 소독된 꼬투리속의 종자를 꺼내 다시 살균수로 소독한 다음, 배지에 파종하여 2~3일간 어두운 배양실에 넣고 기온을

20~28℃ 전후로 해주고 광조건은 발아 후 12~16시간(형광등)정도 처리한다. 발아가 된 유란(幼蘭)은 4~5개월 되어 배지를 옮겨주며 묘가 2~3cm 자라면 조직배양에서처럼 순화를 시켜 소독된 배양토에 옮긴다.

10) 포자배양(spore culture)

고사리류 등에서 포자를 채취하여 배양하는 방법으로 주로 MS배지를 기본배지로 약간씩 변형하여 이용한다. 종류에 따라 다르나, 2~3주일이면 발아하는데 2~3개월 이내에 토양에 옮겨 심는다. 기타 mushroom의 종균번식에도 쓰인다.

체세포배 형성은 *in vitro*상태에서 세포와 조직으로부터 배를 형성시키는 것이다. 초기에는 세포현탁배양에서 출발했는데, 당근 세포질배양이 성공하게 되어 이 방법이 실용화되게 되었다. 체세포배는 접합배의 발달과 거의 유사한 단계를 거쳐서 발달한다. 그러나, 떡잎의 최종 크기는 다소 작아지나 배유나 종피의 발달은 수반되지 않는다. 체세포배는 두 가지 서로 다른 단계, 즉 부정체세포배형성(adventitious somatic embryogenesis)과 유기된 체세포배형성(induced somatic embryogenesis)으로 나누어져 일어날 수 있다.

부정체세포배형성은 세 가지 형을 갖는데 첫째, 다배성 식물의 젊은 배의 주심 또는 주피로부터 오는 경우(예: 감귤, 망고, 고무나무, 사과, 배, 카카오, 포도) 둘째, 배발달의 초기단계에서 혼재한 배-배병집단(embryonal-suspensor mass: ESM)에서 유기되는 경우 그리고 셋째, 발육의 여러 단계에서 나타나는 접합배 발달에서 오는 경우가 있다. 유기된 체세포배 형성은 캘러스와 세포 현탁액으로부터 배형성경쟁을 유기시키기 위한 조건이 주어지면 조직으로부터 형성된다. 이들은 다양한 식물로부터 배발달 잠재력을 조직적으로 분석함으로써 당근, 알팔파, 셀러리 그리고 몇 가지 수목류에서 얻어졌다.

이와 같은 체세포 배는 결국 합성종자가 될 수 있는데, 이때 배를 인공적 종피를 이용해 캡슐식으로 만들면 인공종자가 된다. 인공종자의 이용은 초보단계에 있으며 국내에서는 연구단계로 여기서는 생략하며 자세한 내용은 조직배양 서적(백 등, 2001)을 참고바란다.

3.8.4 조직배양의 환경조건

조직배양 시 주요한 환경은 온도, 광, 광주기와 광질, 가스 요인을 들 수 있다.

1) 온도

온도범위는 20~25℃가 조직배양하는데 알맞다. 고온에서는 줄기형성을 감소시키는데 특히, 사이토키닌에 의해 유기되는 줄기형성이 작아진다. 그래서 조직배양실은 식물이 요구하는 일정한 온도를 유지시켜야 한다. 다만, 백합 같은 경우는 밤낮의 온도 변환이 자구 형성에 더 좋다. 상업적 재배에서는 소식물체를 저온에서 저장함으로써 계대배양시 비용이 절감된다. 단열재를 적절히사용하면 전력비를 절할 수가 있다.

2) 광

광의 효과는 광조사 방법, 일조시간, 광품질 등이 조직의 발달과 생장을 촉진시킨다. 지금까지는 광원을 배양묘의 상부에 설치하고 하향광조사를 통한 배양을 했으나 측면에서 광을 제공하는 측향 광조사가 감자 등에서는 효과가 좋았다고 한다. 따라서 조직배양 작물에 따른 광조사 방법도 고려해야 한다.

일반적인 미세번식을 위한 광조사량은 40~80μmol · m^{-2} · sec^{-1}이다. 공급과 중단 시간은 16/8이 일반적이다. 그러나 배양기내의 실내광량은 제공한 것보다 낮다. 식물의 종류에 따라 광요구도는 다른데 그 범위는 온실조건(600~1200μmol · m^{-2} · sec^{-1})보다 작다. 이것은 기내 식물의 배지에 당을 제공함으로써 식물체가 광에너지를 필요로 하는 독립영양을 하지 않기 때문이다. 기내에서 높은 광조건은 오히려 식물의 엽록소가 파괴되고 크로로시스가 나타나므로 작물별 적당 광량을 제공할 필요가 있다.

3) 광주기와 광질(파장)

광주기에 대한 연구는 많지 않으나 대체로 12~16시간의 일장이 조직배양에 좋다. Alstroemeria에서 7~14시간 일장, 3% 당조건에서 배양 시 잘 자라는 것을 볼 수 있다. 조직배양에 사용하는 것은 열이 나지 않는 백색 형광등으로 대체적 파장은 400~800nm가 좋다. 광질은 기내 식물생장을 바꾸는데 백열등을 켜주면 펠라고니움의 생장이 형광등에서 보다 촉진된다. 이는 청색광이 줄기생장을 억제하기 때문이다. 그러나 반대로 자작나무의 광합성은 백색이나 적색광보다 청색광에서 높다. 청색광이 엽록소와 잎 생장을 촉진하기 때문이다. 그래서 기내 배양이나 순화 시에 광질이 매우 중요하다. 유식물체를 배지로부터 옮기기 전에 청색광을 처리하는 것이 순화를 촉진한다. 최근에 LED조명을 많이 사용하는데 적색광과 청색과의 비율을 작물마다 잘 조절하여 사용하는 것이 좋다.

기내 배양단계의 카네이션은 16시간 일장처리를 하면 개화유도가 되고 12시간 처리는 영양생장만 한다. 따라서 일장조절을 통해 기내에서도 개화를 유도할 수 있다.

4) 가스

상업적 재배에서는 가스는 신경을 쓰지 않는다. 그러나 배양기에는 여러 밀봉장치가 있어 일부 공기의 이동이 가능할 수 있다. 이때 여과된 공기와 함께 CO_2공급과 ethylene의 제거는 식물생장을 좋게 한다. 특히 CO_2시비는 광독립영양 식물에서 광합성 촉진의 효과가 있다.

3.8.5 기내 배양 시 문제점

기내 배양에서는 다양한 문제점이 나타날 수 있는데 여기에는 투명화 현상, 기내 발생병, 과잉 일액현상, 생장점 고사, 조직 혹 발생, 순화단계 등이 있다. 그 외 특이적인 변이가 나타나는 경우가 있다. 그러므로 모든 배양에 있어 이러한 문제를 이해하고 발생하지 않게 대처하는 것이 중요하다.

1) 투명화 현상

투명화 현상(hyperhydricity 또는 vitrification)은 물에 식물잎을 침지할 때처럼 조직이 물러져 수침현상을 발현하면서, 투명화되는 현상으로 결국 죽게 되고 증식이 되지 않는다. 이는 과다한 수분흡수(water logging)와 함께 리그닌과 셀룰로오즈 합성이 억제되기 때문이다. 이는 배지의 매트릭 포텐셜과 발육되는 줄기와 수분관계의 쟁탈전 때문에, 또는 배지 내의 NO_3와 NH_4의 비가 낮은데서 나타난다. 투명화 현상은 식물이 액상배지에 자라거나 또는 낮은 한천농도, 높은 수분함량 그리고 높은 NH_4농도(MS배지)에서 잘 나타난다. 이와 같은 현상을 막기 위해서는 한천농도, 한천 제조원의 변환, 배지 내 무기성분과 사이토키닌 함량변화 그리고 항투명화제제의 첨가 등이 필요하다(그림 3-46).

2) 내부병균

몇몇 나출식물(裸出植物)에서는 어느 정도 기내에서 자랄 때는 나타나지 않던 병이 배지 내에 발생하는 경우가 있다. 이 경우는 생장점을 잘 채취하더라도 아직까지 알려지지 않은 내부병균에 의해 감염이 되기 때문으로 완전 무병묘에서의 시료채취가 무엇보다 중요하다. 감염된 것은 폐기해야 한다.

3) 과다 일비와 갈변현상

배지 내에서 나출식물이 자라는 과정에서 과다한 일비현상(溢泌現象, exudation)이 나타난다. 이들 물질은 대부분 페놀계 화합물로 간주되며 그 결과 배지 내 갈색의 산화물을 형성시킨

그림 3-46 알로에 잎의 투명화 현상(출처:Wikipedia)

그림 3-47 측백의 과다 일비에 의한 갈변(출처: Google)

다. 이 물질은 식물을 검게하고 자라는 것을 억제한다. 이들을 방제하기 위해서는 배지에 흡착물질(polyvinylpyrrolidone, 또는 활성탄)을 첨가하거나 항산화제(아스코르브산 100mg/ℓ, 씨트릭산)를 처리한다(그림 3-47).

4) 생장점 괴사와 내부갈변

생장점이 발육하다가 까맣게 되면서 괴사(壞死, necrosis)하는 경우가 있는데, 이는 일반적으로 배지 내의 칼슘부족에서 나타난다. 그래서 기본 배지를 잘 만들어야 한다. 기본 배지에 칼슘이 충분하더라도 배양식물이 자라기에 알맞은 온도보다 너무 높거나 낮은 상태, 광도가 너무 낮은 상태를 생장이 왕성한 시기에 일시적으로 접하면 칼슘 이동 저하로 갈변 현상이나 괴사가 진행된다. 그러므로 배양실의 온도와 광환경도 동시에 최적으로 조절해야 한다.

5) 조직 혹

기내 증식식물의 조직상에 혹 같은 이상 조직을 형성하는 경우가 있다. 이와 같은 현상은 배양상태에서는 나타나지 않다가 온실이나 육묘장에 옮겨 심을 때 출현한다. 조직 혹은 철쭉(Rhododendron)이나 산월계수(Kalmia)에서 자주 나타난다. 이것이 발생하는 원인은 아직까지 알려져 있지 않는데, 병으로 간주되지도 않는다. 혹과 늙은 구조는 자연상태의 철쭉에서도 나타나는데 조직배양하면 좀 더 잘 나타나는 것으로 추측된다. 몇 가지 재배종에서 혹 발생이 나타나므로 이런 식물은 기내번식 시 유의한다.

6) 기내식물의 순화

기내식물의 순화현상(길들임, habituation)은 식물의 배양세포가 계대를 거듭하는 동안에 그때까지 필요로 하고 있던 생장에 관여하는 조절물질을 첨가하지 않아도 마치 생장조절물질을 처리한 것처럼 자가영양생장을 하게 되는 것을 의미한다. 예를 들어서 줄기배양에서 사이토키닌에 순화되면 생장조절물질을 전혀 공급하지 않았는데도 계대배양을 하면 마치 생장조절제를 공급한 것처럼 증식을 하는 경우가 발생한다. 이 경우는 사이토키닌을 제공하지 않아도 자체적으로 내성 사이토키닌을 형성하는데 아마도 사이토키닌 형성 형질의 변환이나 후생적인 변화에 기인한 것으로 본다.

생장조절물질이 첨가되지 않은 경우에도 야생형 *Agrobacterium*을 감염시키면 오옥신이나 사이토키닌을 처리한 것과 같은 효과를 볼 수 있다. 야생형 *Agrobacterium*은 크게 혹을 형성시키는 *A. tumefaciens*와 수염뿌리(혹은 모상근)를 형성시키는 *A. rhizogens*로 구분할 수 있는데, 이들은 자신의 T-DNA를 식물체의 염색체에 삽입시키고, 이의 발현을 통하여 식물체의 내생 호르몬인 오옥신과 사이토키닌의 균형을 깨뜨려, 식물체의 감염 부위에서 급속한 세포분열이 일어나도록 유도한다. 특히, *A. rhizogens*를 이용하면, 발근이 어려운 식물체에 이 박테리아를 감염시켜 수염뿌리 형성을 유도할 수 있다. 또한, 이러한 특성을 2차 대사산물을 생산하기 위한 뿌리배양에 도입시켜, 형질 전환된 수염뿌리의 지속적인 배양에 이용하고 있다. 이렇게 식물체의 염색체로 자신의 T-DNA를 삽입할 수 있는 *Agrobacterium*의 이용은 식물유전공학의 급속한 발전을 초래하였다.

3.8.6 미세증식 식물의 변이

조직배양은 대부분의 식물에서 동일한 개체를 균일하게 대량 번식할 수 있지만 식물에 따라 변이가 일어나 포장 정식 후 문제점이 야기되기도 한다. 그래서 몇 가지 조직배양에서 나타날 수 있는 변이에 대해 언급하기로 한다.

1) 병 발생 문제

생장점 배양 등을 통해서 무병묘를 육성하지만 우리가 알지 못하는 사이에 생장점에 바이러스나 또는 내부 병이 감염될 수가 있다. 이것은 난의 인편배양에서 그런 현상을 가끔 목격한다. 그래서 묘 판매에서의 상업적 손실을 가져오기도 한다.

2) 표현형 변이

미세증식 식물에서 흔히 볼 수 있는 것은 가끔씩 모본과 전혀 다른 생장을 나타내는 경우가 있다. 먼저 생육이 왕성해지는 경우가 있는데 딸기에서 가끔 목격된다. 이는 바이러스나 다른 병으로 자유로워졌기 때문이거나 또는 유년상태(juvenile state)가 더욱 오래 계속되기 때문으로 생각된다. 다른 한 예는 발육단계가 변화하는 것으로 딸기에서 그런 예가 있다. 즉 딸기를 직접생산에 이용하면 열매가 작고 수량이 감소되는 경우가 있다. 그러나 같은 식물을 런너 발생에만 이용하면 묘 생산에는 좋다.

어떤 식물을 미세번식을 하면 분지(branching)가 생기는데 이것은 통상적인 번식에 유용하게 쓰인다. 그 예는 Hosta, 베고니아, 과꽃, 국화, 장미, Syngonium, 딸기, blackberry, 사과, 양치식물 그리고 다른 관엽식물에서 찾아볼 수 있다. 그러나 안개초, 카란코에, 거베라 그리고 아프리칸 바이올렛에서는 원하지 않는 바이다. 이것은 배지에서 제공했던 cytokinin의 이월효과(carry-over effects) 원인 또는 후생적 효과(epigenetic effects)로 설명할 수 있다.

3) 후생적 효과(epigenetic effects)

후생적 효과는 유년기 성숙단계가 포함된 생장상의 변화를 말한다.

미세번식 식물은 무균상태에서 자라므로 절편체의 첫 번째 단계에서 민감해 질뿐만 아니라 배양기간 동안의 조건이 생장의 변화 즉, 재유년화(rejuvenility)의 변화를 가져올 수 있다. 재유년화의 현상은 blackberry, 포도, 사과 같은 목본식물에서 자주 볼 수 있다. 발근력 상승이 미세번식 후에 유지된다는 것은 일반 삽목재배에서 모본식물로 유용하는데 효과적이다.

개화의 효과는 국화, 패랭이꽃, 카란코에 그리고 안개초 같은 초본성 식물에서 보고된 바 있다. 이들 조직배양 묘는 개화가 균일하지 않고, 개화유도가 어려우며 그리고 개화가 지연되는 수도 있다. 이와 같은 원인은 각각 배양 묘가 유소기의 상태변이에서 나타난 결과로 추측된다. 개화기에 대한 미세번식의 효과는 유전형, 취급방법 그리고 절편체의 근원에 따라 다르다. 과수나 개암나무류는 일반접목재배와 비교해서 기내 접목묘가 착과년한이 증가하지 않는다. 오히려 몇 식물에는 비정상적으로 조기개화와 착과를 하는 수도 있다. 따라서 과수류에서는 기내번식이 큰 문제가 없다.

4) 유전적 그리고 키메라 효과

조직배양 묘는 배양 중 생장조절제 또는 기타 요인에 의해 유전적 변이나 키메라 효과가 나올 수 있다. 관엽식물과 같은 것은 키메라 효과가 나타나면 조심스럽게 번식시켜 새로운 품종으로 발전 가능성이 있으나 딸기 같은 경우는 다소 문제가 있다. 딸기에서는 키메라(0.1%~7%), 줄무늬 현상(1~8%) 그리고 왜성화(1%) 등이 나타나 재배에 문제를 일으킨다.

유전적 변이의 제어를 위해서는 미세번식에 의해 생산된 식물이 어미와 유전적으로 일치하는지 반드시 장기간 시험을 통한 표현형을 확인 후에 대량증식하여 소비자에게 판매할 필요가 있다. 이에 대한 예비책은 인편, 떡잎, 잎, 그리고 꽃대를 이용해서 유전자분석 등 특수한 조사를 시행하여 완전히 원종과 일치하면 출하하는 것이 종묘사고를 방지할 수가 있다.

3.8.7 조직배양의 설비와 자재

식물의 조직배양에 있어 가장 기본원리는 첫째, 균이 없는 조건을 만들고 둘째, 그와 같은 조건 아래서 식물을 육성하는 점이다. 첫 번째 조건을 갖추기 위해서는 균을 제거시키는 법, 균을 죽이는 법 그리고 균을 격리시키는 법이 이용되는데, 여기에 알맞은 장비, 기자재 및 약품이 준비되어야 한다. 다음은 육성을 위해서는 번식하고자 하는 식물조직의 성질, 배지의 조성, 호르몬 종류 및 농도, 배양 방법, 빛, 온도 등 모든 조건이 갖추어져야 한다. 무균조건 상태에서 배양을 하기 위해서는 유성번식이나 무성번식같은 기존의 방법보다 다른 고가의 시설과 자재가 필요하다.

1) 배양시설

배양을 위해서는 3가지의 기본시설이 갖추어져 있어야 하는데, 이는 재료식물 또는 기타 기자재의 준비실, 무균실 그리고 배양실이다.

준비실은 각종 기구를 닦고 건조하며, 배지를 만들고 배지를 고압증기살균하는 작업에 이용되는데 전기시설, 유리기구 세척기, 증류기, 수도시설 등이 완전히 갖추어져야 하며 고압증기살균기(autoclave) 등도 필요하다.

무균실은 재료식물의 기관을 배양목적에 맞게 조작하여 치상하고 배양체를 이식하는 목적으로 사용하는데, 무균상태로 장시간 유지가 가능해야 한다. 그러기 위해 문은 2중으로 하고 가능한 한 통기구 이외는 밀폐되며 입구에는 에어샤워(air shower)장치가 설치되어야 한다. 그리고 내부에는 작업이 가능한 모든 시설, 즉 작업대, 전기시설, 가스, 싱크대 등이 준비되어야 하며, 벽은 타일로 만드는 것이 좋다. 공기는 제균(除菌)된 공기가 들어오게끔 특수한 시설을 부착한다. 그러나 이와 같은 시설은 대부분 원예농가에서는 어렵고, 크기 60×50×50cm의 무균상을 이용한다. 무균상에는 양손이 들어갈 수 있게 하고, 사용 전에는 알콜(ethyl alcohol) 70%액을 뿌리고, 락스액을 타서 상자 내면을 닦아 준다. 그리고서 30분 있다가 사용하며, 내부에는 자외선 등을 켜주는데, 눈이나 피부에 직접 닿지 않게 한다. 대학이나 상업적인 조직배양실에서는 clean bench라는 공기정화장치(특수필터 사용)가 부착된 실험대에서 대량번식을 위한 작업을 하게 된다.

배양실은 재료를 생육하게 하는 장소로서 온도, 빛, 공기의 무균정도를 감안해야 한다. 온도는 에어컨 등을 이용하여 20~27℃ 범위 내에서 일정한 온도가 유지되게 한다. 실내습도는 70~80% 되게 하며, 광원은 형광등으로 광도는 배양액면에 1,000~3,000lux가 조사되도록 조절하고, 조명시간은 16시간 정도로 설정한다.

2) 기자재

조직배양에 필요한 기자재는 그 종류가 다양하나, 원예식물의 번식을 위해 필요한 기자재에 대해 살펴보기로 한다.

① **살균용 기구**: 살균기는 건열건조기와 고압증기살균기가 있다. 건조살균기는 유리나 금속제 소기구를 살균시키는데 150℃로 약 1시간 걸린다. 고압살균기는 120℃(2기압) 약 15분간이 소요된다. 사용상 주의점은 95℃ 전후로 온도가 올라가면 배기구를 열어서 기내 공기가 수증기로 치환되도록 한다. 그렇지 않고 배기구가 닫혀 있으면 기압은 오르나, 온도는 오르지 않는다. 소독이 끝나면 열원을 제거하고 기압과 온도가 내려가는 것을 기다리다 온도가 100℃부근까지 내려가면 천천히 배기구를 열어 놓는다. 100℃ 이하로 완전히 내려가면 그 때 배양병을 꺼낸다.

② **배양용 용기**: 실험실에서 구할 수 있는 삼각플라스크(erlenmeyer flask), 시험관, 기타 내열성 유리기구 및 플라스틱기구 등을 이용할 수 있다.

③ **저울**: 0.1~100g을 달 수 있는 것, 1~100mg을 달 수 있는 것 등 최소한 두 가지 저울은 준비해야 한다.

④ **정량용 각종 용기**: 메스플라스크(mass flask), 볼피펫(ball pipette), 메스피펫(mass pipette), 메스실린더(mass cyrinder) 등은 크기별로 충분히 준비해야 한다.

⑤ **재료의 분리 및 치상용 기재**: 각종 핀셋(forceps), 메스(scalpels), 침, 가위, 코르크보러(cork borer) 그리고 실체해부현미경 등이 필요하다.

⑥ **기타**: pH-측정기, 3차증류수 제조기, 냉동고, 교반기, 알콜램프, 멸균액, 고무장갑, 표찰, 무균 상토 및 화분, 유리기구 자동 세척기, 분무기, 주사기 등이 필요하다.

3.8.8 배지

조직배양용 배지는 원예식물의 배양목적, 식물종류, 배양방법에 따라 다르므로 잘 이해하고 대처하는 것이 중요하다

1) 배지성분

배지의 종류는 매우 다양한데, 보통 습관적으로 배지는 앞에 실험한 사람의 이름을 붙이고, 발표한 연도를 기록한다. 예컨대 White(1943)의 배지, 또는 Murashige and Skoog(1962)의 배지(MS 배지) 등이다.

배지는 무균상태에서 식물이 자랄 수 있게끔 몇 가지 성분으로 구성되어 있는데, 크게 무기염, 유기화합물, 천연물 그리고 배양체의 지지재료 등 4가지로 나눌 수 있다.

무기염에는 N, P, K, Ca, Mg, S, Fe 등 주요 무기염류와 B, Mn, Zn, B, Mo, Cu, Co등 미량원소가 필요하다. 이 가운데 질소는 NH_4태(암모니아태)와 NO_3태(질산태)로 공급할 수 있는데, 일반 수경재배에서처럼 이들의 비가 식물에 따라 다르므로 배양식물에 따라 영향이 있음을 알아서 배양해야 한다.

유기화합물은 탄수화물, 비타민, 식물 생장조절제, 아미노산 등인데, 탄수화물은 설탕을 이용하며 20~30g/ℓ의 농도를 이용한다. 식물호르몬은 앞에서 언급했듯이 사이토키닌과 오옥신의 비가 중요한데, 오옥신은 0.05~10ppm, 사이토키닌은 0.05~20ppm을 이용하며, 그 외 GA나 ABA는 실제적으로 이용하지 않는다. 오옥신은 많은 종류가 있으나, NAA는 녹색 callus를, 2,4-D는 백색 캘러스를 형성한다. 사이토키닌류로는 BA가 많이 이용된다.

천연물로는 코코넛 밀크(coconut milk, CM), 바나나(황색바나나, 150~200g/ℓ), 껍질과 눈을 제거한 감자(150~200g/ℓ), 그 외 peptone, tryptone 등 단백질 가수분해물 또는 아미노산류를 사용하는데 100~2,000mg/ℓ의 농도를 사용한다.

배양체의 지지를 위해서 주로 한천을 쓰는데, 회전배양과 진탕배양에는 필요가 없다.한천의 첨가량은 6~10g/ℓ이다. 한천 이외에 유리섬유, 활성탄(活性炭) 등을 이용하기도 한다. 활성탄이 유해물질을 흡수하나, 가끔 유용물질을 흡수하기도 하므로 시용 시 예비시험을 거쳐서 이용한다.

이상 배지의 일반 성분을 알아보았는데 주요 배지의 성분을 보면 〈표 3-7〉과 같다.

2) 배지의 조합

(1) 저장액 만들기

배지를 만들려면 각종 성분을 준비하여 이들을 희석해서 사용하여야 하는데, 이는 앞에서 표시한 배지의 희석농도만 보고서는 다소 어렵다. 그런 점에서 실제 배지를 만드는데 주의해야 할 점에 대해 언급하고자 한다.

먼저 자주 사용하는 양분은 100배의 농축액을 만들어서 냉장고에 보존하였다가 사용한다. 이는 수경재배에서와 유사한데 주의할 점은 몇 가지 성분을 잘못 희석할 때 침전하여 불용화가되는데 Ca^{2+}와 SO_4^{2-}를 같이 섞으면 석고($CaSO_4$)가 생기므로, Ca^{2+}, Mg^{2+}, PO_4^{3-}기를 가진 염을 동시에 용해시키면 안된다.

원예번식에서 많이 쓰이는 Murashige and Skoog(1962)배지의 저장액 만드는 방법과 순차적

표 3-7 주요 조직배양용 배지의 조성(단위:mg/l)

구분		MS배지(1962)	Anderson 배지(1984)	Nitsch배지(1967)
다량요소	KNO_3	1,900	480	125
	NH_4NO_3	1,650	400	–
	$Ca(NO_3)_2 \cdot 4H_2O$	–	–	500
	$CaCl_2 \cdot 2H_2O$	440	440	–
	$MgSO_4 \cdot 7H_2O$	370	370	125
	KH_2PO_4	170	–	125
	$NaH_2PO_4 \cdot H_2O$	–	170	–
미량요소	$MnSO_4 \cdot 4H_2O$	22.3	19.6	25
	$ZnSO_4 \cdot 7H_2O$	8.6	8.6	10
	H_3BO_3	6.2	6.2	10
	KI	0.83	0.30	–
	$CuSO_4 \cdot 5H_2O$	0.025	0.025	–
	$NaMoO_4 \cdot 2H_2O$	0.25	0.25	–
	$CoCl_2 \cdot 6H_2O$	0.025	0.025	0.025
	$FeSO_4 \cdot 7H_2O$	27.8	55.7	0.025
	$Na_2 \cdot$ EDTA	37.3	37.3	37.25
유기물질	glycine	2	–	2
	myo–inositol	100	100	100
	nicotinic acid	9.5	–	5
	pyridoxine HCl	0.5	–	0.5
	thiamine HCl	0.1	0.4	0.5
	sucrose	3%	3%	2~3%

으로 희석하는 방법을 설명하기로 한다. 이 경우 저장액을 6개를 만드는데 각각 저울로 정확한 양을 만들어 보관하였다가 준비된 배지에서 제1차 저장액부터 차례로 희석해서 이용한다.

① **제1저장액**: NH_4NO_3 82.5g, KNO_3 95.0g, $MgSO_4 \cdot 7H_2O$ 18.5g을 물 1ℓ에 녹이는데 배지 1ℓ에 이를 각각을 20㎖를 섞어서 사용한다.

② **제2저장액**: $CaCl_2 \cdot 2H_2O$ 22.0g을 물 500㎖에 녹여 배지 1ℓ당 10㎖를 이용한다.

③ **제3저장액**: KH_2PO_4 8.5g을 물 500㎖에 녹여 배지 1ℓ당 10㎖를 섞어 사용한다.

④ **제4저장액**: $Na_2 \cdot$ EDTA 3.7g, $FeSO_4 \cdot 7H_2O$ 2.78g을 물 1ℓ에 녹이는데, 이 때 100℃의

물 위에서 10분간 열을 주면서 녹이는 것이 좋다. 역시 배지 1ℓ에 물을 10㎖를 넣는다.

⑤ **제5저장액**: 종류가 많은데, H_3BO_3 620mg, $MnSO_4 \cdot 4H_2O$ 2,230mg, $ZnSO_4 \cdot 7H_2O$ 860mg, KI 83mg, $NaMoO_4 \cdot 2H_2O$ 12.5mg, $CuSO_4 \cdot 5H_2O$ 1.25mg, $CoCl_2 \cdot 6H_2O$ 1.25mg을 물 1ℓ에 녹이며, 배지 1ℓ에 10㎖를 이용한다. 여기서 몰리브덴산나트륨, 황산구리, 염화코발트는 정확한 양을 달기가 곤란하므로 몰리브덴산나트륨은 2배량을 그리고 구리와 코발트 염은 20배를 섞어서 녹인 후 이용액의 전자는 반량을, 후자들은 1/20을 사용한다.

⑥ **제6저장액**: myo-inositol 5g, glycine 100mg, nicotine 산 25mg, pyridoxine 염산 25mg, thiamine 염산 5mg을 물 500㎖에 녹여 폴리에틸렌제 시약병에 담아 동결 보존하여 사용하는데 1ℓ당 10㎖를 희석 사용한다.

이와 같은 방법에 의해 각각 배지의 무기 및 유기양분 저장액을 만들었다가 이용하면 보다 효과적이다.

(2) 식물호르몬 이용

식물호르몬은 보통 100ppm(1mg/10㎖)의 저장액을 만들어 이용하는데, 몇 가지 용액을 만드는데 주의점을 알아보자.

오옥신류에서 NAA는 따뜻한 물에는 천천히 용해되며, 아세톤, 에탄올 등에는 잘 녹는다. 물에 녹일 때는 50℃의 따뜻한 물에 마그네틱을 이용한 교반기로 용해한다. NAA의 Na염이나 K염은 용해가 잘 된다. 2,4-D는 물에 잘 녹지 않으므로 2,4-D 50mg을 정확히 달아 1㎖의 95% 에탄올에 녹이고 여기에 서서히 녹이는데 이때 2,4-D의 흰가루가 석출되면 다시 동량의 에탄올을 가해 용해한다. 이렇게 계속해서 4~5㎖의 에탄올을 이용하여 녹인 후 500㎖가 되게 증류수를 채우는데, 이 경우 10㎖ 중에 1mg의 2,4-D가 포함되어있다.

사이토키닌류의 BA는 물에만 녹고 에탄올이나 아세톤에는 녹지 않는데, NAA와 동일한 방법으로 온수에 녹인다. 또는 0.1N 염산 2㎖에 50mg의 BA를 녹여서 따뜻한 물에 섞어 주어도 된다. 카이네틴도 BA처럼 녹인다.

(3) pH조절

보통 1N 또는 0.1N의 NaOH 또는 HCl를 pH 보정액으로 이용한다. 모든 염과 호르몬이 들어 있는 비이커를 마그네틱 스테러(magnetic stirrer)로 저으면서 그 용액 내에 pH meter의 전극을 꽂고 보정액을 첨가시켜서 교정한다. 쉽게 하는 방법은 pH 시험지를 이용하는 법인데, 순간적으로 pH가 변하므로 천천히 보정액을 떨어뜨려 비색반응을 보는데 3초 이상 비색표(比

色表)와 비교해야 한다. 주요 원예식물의 적정 pH는 Cattleya 5.2~5.3, Cymbidium 5.2~5.5, 튜울립 5.7 등이다. 그러나 캘러스 배양 또는 발근 배지 등에 따라 pH가 다소 다르며 작물에 따라 다를 수 있으니 배양시키는 식물마다 적정 pH를 반드시 제공하여야 한다.

(4) 한천의 용해

필요로 하는 한천의 양(0.6~1.0%)을 전체 배지용액이 결정되면 산출하여 pH를 조정한 다음에 넣는다. 끓는 물에 배지가 담긴 용기를 넣어 천천히 용액에 녹도록 하는데 반드시 저어준다. 녹이는데 시간이 필요하므로 참을성 있게 녹여야 한다.

(5) 분주

한천이 완전히 용해되면 아직 열기가 있는 용액을 준비한 삼각플라스크 또는 시험관에 넣는 작업을 분주라 한다. 이때 주의점은 일정량을 나누어 넣는데 100㎖ 용기에 약 40㎖를 넣으며, 넣는 양은 배양식물, 배양하는 기간에 따라 차이가 난다. 배지의 분주가 끝나면 배지의 종류, 제조 년 월일 등을 유성 흑색 매직잉크로 적어 넣는다. 이때 면전, 알루미늄 포일 또는 개발된 특수 뚜껑 등을 이용해서 용기를 닫는다.

(6) 고압증기살균기를 이용한 배지의 멸균

고압증기살균기를 이용해서 살균하며, 살균된 배지는 책상에 올려 한천을 굳히는데, 배양기에 따라 비스듬히 세워 경사가 되게 굳히기도 한다. 배지는 보통 2주간 보존이 가능하다. Autoclave이용 시는 사용법을 잘 지켜야 살균도 잘되고 사고를 줄일 수 있다.

3.8.9 재료 식물의 준비

식물조직배양에서 가장 중요한 것은 번식하고자 하는 재료 식물이 충실하여 우리가 원하는 방향으로 자랄 수 있는 적당한 영양상태에 도달해야 한다. 특히 식물은 재배적인 조건에 따라 내성 호르몬의 양상이 다르므로 파종기, 정식기, 일장, 온도조건, 시비조건 그리고 모식물로부터 어떻게 분리하였는가 등에 대해 충분한 조사가 필요하다. 일반적으로 노지조건에서는 이와 같은 재배환경의 제어가 곤란하므로 가능하면 환경조건의 조작이 가능한 온실을 택해 번식식물을 가꾸는 것이 좋다.

이상 여러 조건을 감안해서 배양식물의 재배관리 주의점을 살펴보면 첫째, 노지보다 온실에서 자란 식물이 오염이 낮으므로 바람직하다. 둘째, 지하부의 기관배양 시는 멸균이 된 버미큘라이트 등을 상토로 이용하는 것이 좋다. 셋째, 병충해의 오염이 없어야 한다. 넷째, 식물은 너무 오래된 노엽 또는 오랜 줄기보다 발육 초기의 잎이나 줄기가 배양에 좋다. 다섯째, 휴면기가 타파된 식물이 좋다. 여섯째, 모든 조건은 생육이 최상이 되는 조건에서 가꾸며, 기타 비가 온 직후에 채취하지 말고 시간이 지나 잎줄기가 다소 마른 상태에 실시한다.

최적의 조건에서 자란 좋은 재료를 배양하기에 앞서 완전 무균화를 위해 기본적으로 불필요한 부분을 제거하고 물에 씻은 후 에탄올이나 락스 등으로 소독한다. 그다음 증류수로 소독액을 닦아내고 배양할 부분을 각종 기기를 이용하여 분리시킨다. 이때 많이 사용하는 소독제로는 차아염소산나트륨($NaClO \cdot 5H_2O$) 등이 있다. 차아염소산나트륨은 6~10% 용액이 판매되는데 냉암소에 저장해서 사용한다. 실제 사용농도는 0.5~3% 범위로서 전착제(Tween 20) 등을 0.1% 첨가해서 5~20분간 침지 소독하는데 가끔 저어서 약액이 고루 묻게 한다.

이처럼 소독된 식물의 조직 가운데 번식시킬 부분을 핀셋, 메스 등을 이용해서 해부현미경 아래서 분리시켜 배지에 옮긴다. 분리 후에 바로 이식하지 않으면 조직이 갈변하는데, 0.1% 구연산과 0.1% ascorbic acid가 용해된 용액을 여과지가 든 샤레에 떨어뜨린 후 여기에 조직을 짧은 시간 보관하면 색이 변하지 않는다.

이상과 같이 재료식물을 준비하나, 가장 중요한 점은 번식하고자 하는 식물의 어느 생육단계에서 어떤 부위를 어느 정도 크기로 채취해야 하는가 등에 대해 표준화를 설정한다면 다량번식에서 재생력을 높일 수가 있다.

3.8.10 조직배양의 생산 단계

실제 조직배양법을 이용한 번식은 반드시 다음 4가지 단계, I 식물조직을 분리하여 용기내 치상(establishment) 단계, II 줄기나 기관 증식 단계(shoot or organ mutiplication), III 뿌리 형성단계(root formation), 그리고 마지막 IV단계는 외부환경에 순화단계(aclimatization stage)를 거쳐 건전 묘를 생산할 수가 있다.

1) 용기 내의 치상 단계

I 단계는 분리된 무균조직을 용기 내에 치상하여 고정시켜 배양시키는 작업으로 원하는 조직의 채취로부터 줄기나 뿌리의 발생, 또는 캘러스(callus) 형성 등 같은 일련의 치상작업 과정이 포함된다. 일반적으로 조직을 노출시켜야 할 식물의 선택, 식물체로부터 오염되지 않은 조직의 분리, 배양조건, 즉 배지, 광조건, 온도조건 등이 골고루 잘 이루어져야 조직의 치상은 성공적일 수 있다. 그러므로 식물을 선택하고 원하는 조직을 오려내 분리시킬 때 많은 경험을 통해 채취시기와 부위 및 최적방법의 도출을 위한 생리적 지식을 갖고 체계적인 작업수행이

필요하다. 같은 식물체의 조직이라도 생장점 끝이나 젊은 유조직이 중간부위 줄기나 노화 조직보다 재생이 잘 되기 때문이다.

식물을 채취할 때 가장 중요한 것은 병균오염을 철저히 막는 것이다. 이들은 각종 병균이 치상하려는 인편, 줄기 표면 등에 묻어 있거나 바이러스 같이 조직에 침투되어 있는 것, 그리고 식물 체내의 병균 등이 있다. 이들을 방지하기 위해서 calcium hypochlorite($CaOCl_2$), sodium hypochlorite(NaClO)를 많이 쓴다.

배지에 있어 중요한 것은 식물호르몬의 농도인데, 1단계에서는 다만 배양목적에 따라 어떤 호르몬을 얼마 정도 사용할 것인가가 결정해야 한다. 즉 맹아형성을 위해서는 저농도의 오옥신과 사이토키닌이 필요하며, 부정경 발생을 위해서는 높은 사이토키닌과 거기에 알맞은 오옥신이 필요하다. 캘러스형성을 위해서는 일반적으로 높은 농도의 오옥신과 낮은 농도의 사이토키닌이 필요하며 농도는 작물에 따라 그리고 치상단계에 따라 다르므로 반드시 생장조절제의 농도를 잘 파악해야 한다(그림 3-48).

식물을 치상 후에 생기는 문제로는 일액현상(exudation)이 있는데, 이것이 나타나면 식물이 갈변되어 죽는 경우가 많다. 방지하기 위해서는 먼저 식물을 항산화제(구연산이나 아스코르브산)에 처리하고 흡수를 잘하는 물질(polyvinylpyrrolidone 또는 활성탄)을 배지에 첨가시키거나 자주 배지를 갈아 준다.

모식물로부터 분리된 목본류에서 조직배양 전 선발(preselection)을 실시하는 경우가 있는데, 이는 간단한 배지에서 호르몬 처리 없이 1~2주일간 실시한다. 이와 같은 처리를 통해 분리된 식물조직의 감염 여부를 확인할 수 있고, 보다 강하고 건강한 조직을 다음의 증식을 위해 선발할 수 있는 이점이 있다. 빛이나 온도는 이 단계에서는 그렇게 큰 의미가 없으나, 보통

그림 3-48 BA와 NAA농도가 녹두잎 조직의 캘러스 및 뿌리형성(Konning, 1994)
(BA는 줄기, NAA는 뿌리만 발달, 2가지 조합처리가 캘러스형성)

1,000lux 와 20~25℃ 온도조건이면 된다.

이 기간은 조직이나 작물에 따라 다르나 4~6주일이 걸린다.

2) 조직의 증식단계

II 단계에서는 잎 단계에서 자란 조직을 새로운 배지에 옮겨서 부정아(adeventious shoot)로부터 측아(axillary shoots)를 계속적으로 발생시키거나 캘러스와 같은 조직으로부터 부정경 또는 뿌리를 유발시키는 증식작업이다. 물론 배양하는 식물조직의 종류, 배양법에 따라 다소 그 작업은 다르나, 가능하면 2~4주 간격으로 자주 배지를 옮기는 것이 조직의 변질(deterioration)을 막고 이식 후의 계속적인 생장을 가져온다. 왜냐하면 보통 1개 조직에서 5~50개 어린 식물이 형성되기 때문이다. 미세번식(micro-culture)시 생산되는 미세경(microshoots)의 수를 미세경률(propagation ratio: PR)이라고 한다. 일반적으로 미세경률은 부정아를 배양한 것이 측아를 배양한 것 보다 높다. 그러나 비정상 줄기와 생육이 부진한 줄기가 부정아 배양에서 높게 나타나기 쉽다. 결국, 높은 미세경률은 실제적인 배양줄기의 품질이나 정상적 줄기 발생에 가장 적합한 것만은 아니다.

배양용기는 배양하고자 하는 식물체나 조직에 따라 다르다. 배지는 보통 한천배지나 액체배지를 이용하나 희석된 한천 용액도 많이 쓴다. 그러나 한천배지는 지지나 통기 등은 좋으나, 조직으로부터 배양된 식물(propagule)이 양분흡수를 위해 접촉하는 면적이 작다. 후자의 문제 해결을 위해 한천배양액을 많이 희석(0.3~0.4%)하여 유식물(plantlets)이 자주 잠길 수 있게 한다. 한천배양을 시킬 때는 1분에 한 바퀴 회전하도록 조절한다.

알맞은 생장조절제의 농도를 찾는 것이 유식물의 생산성 제고와 균일 생산에 중요하며, 이를 위해서는 끊임없이 해외 기술정보를 수집 분석하고 실제 경험과 연구를 통해서 확립해야 한다. 이는 재배시설이나 재배지의 환경여건 등에 따라 다르므로 자기가 원하는 식물의 조직에 기존연구를 바탕으로 오옥신과 사이토키닌의 조합을 만들어 몇 번 실험을 거쳐 알맞은 농도와 비율을 결정해야 상업적 생산이 가능하다.

일반적으로 2번째 증식 기간은 식물에 따라 다르나 2~8주일 필요하다.

3) 뿌리형성 단계

III 단계에서는 유식물을 인공적이며 폐쇄된 환경조건을 갖춘 재배용기에서 옮기기 전에 준비하는 단계로 주로 뿌리 형성을 촉진시킨다. 이 단계는 기내발근(*in vitro* rooting)과 기외발근(*ex vitro* rooting)이 있다. 기간은 식물에 따라 다르나 4~8주가 필요하다.

(1) 기내 발근

작물에 따라서는 둘째 증식단계가 계속되지만, 여기에서는 주로 높은 사이토키닌의 농도가 주어지므로 부정아의 발생이 좋은 반면 뿌리는 억제된다. 그러므로 기내 발근을 유도시키는 III 단계에서는 뿌리와 줄기 형성조건을 부여하기 위해 배지 내의 생장조절제 농도를 변화시킨다. 예를 들어 사이토키닌 농도를 낮추거나 공급하지 않고 오옥신의 양을 높이고 배지 내 염의 양은 표준액의 절반으로 줄인다. 미세삽목은 발근을 유도하기 위해 수일간 발근배지(또는 액체)에 담궜다가 오옥신이 없는 배지에 발근을 위해 옮긴다. 이때 광과 암조건을 주기도 하고 왜성사과 M9 경우에는 phloroglucinol(1,3,5-trihydroxybenzene)을 오옥신과 같이 첨가시키면 효과적이기도 하다.

(2) 기외 발근

기내에서 어느 정도 자란 조직, 예컨대 과수류 번식 등에서는 식물을 소독된 상토가 갖추어진 mist 장치 내에서 가꾸기도 한다. 이 때 미세번식체를 오옥신(IBA)에 단시간 담궜다가 높은 습도의 온실 내 무균배지에 심는다. 그렇지 않은 품종은 미세삽목을 오옥신이 첨가된 액체배지에서 5~15일간 기르다가, 한천을 씻어 내고 기외로 옮겨서 발근시키기도 한다. 이 단계에서 중요한 것은 지금까지는 배지 속의 당을 이용하여 생장하는 단계였던 어린 식물이 뿌리와 잎을 가지고 스스로 탄소동화작용을 하여 생장할 수 있는 능력을 갖추게 되어야 하므로 줄기와 잎이 계속 자랄 수 있는 최적 환경조건을 부여하여야 한다. 또한 인공적인 환경하에서 자란 유식물이 공중습도의 변화나 병에 대한 저항성에 강하게 될 수 있게 하는 것도 필요하다.

4) 환경 순화(馴化)

마지막 IV단계는 배지 내의 당으로부터 영양을 얻는 종속영양(heterotrophic)에서 독립영양(autotrophic)으로 바꾸면서 기내에서 기외의 환경에 적응시키는 환경순화(acclimatization)의 단계이다. 이 단계는 매우 중요한데 기내상태에서 기외 조건으로 옮김으로써 초기의 적응력이 줄기의 생장에 매우 큰 영향을 주기 때문이다. 기내식물은 일반 노지 조건에서 자란 식물보다 잎이 얇고 표층왁스가 발달되어 있지 않아서 건조, 광 그리고 병의 피해가 심하게 나타날 수 있다. 그 결과 기내식물을 기외에 옮겨 놓으면 급속한 위조현상이 나타난다. 기내식물은 기공의 공변세포가 개폐가 잘되지 않아서 쉽게 마르게 된다. 따라서 많은 식물을 기내에서 밖으로 옮기는 과정에서 죽이게 된다. 이것을 막기 위해 기외로 옮기기 전에 기내의 습도를 35%까지 낮추는 방법을 사용한다. 대개 용기에 건조제를 넣거나 용기의 하단을 차갑게 해서 습도가 낮아지게 한다. 이식하기 전에 뚜껑을 닫지 않은 용기에서 5~7일간 처리하는 것이 효과적이다.

또는 정식 전에 생장억제제(예: paclobutrazol)를 사용하기도 한다.

이식 후에는 지온도 잘 유지하면서 습도를 서서히 감소시키며 강한 광조건에 적응을 시킨다. 습도는 가끔 미스트나 포그 시스템을 이용해서 유지시킨다. 또는 비닐을 씌워서 유지할 수도 있다.

이 과정이 끝나면 온실에서 정상적 재배법을 적용하면서 생육단계에 맞은 시비를 관리를 하고 충분한 광조건에 노출시켜 가면서 하나의 독립된 식물체로 육성을 하면 조직배양의 4단계는 끝이 난다. 이상의 조직배양 단계를 이해하고 상업적인 대량 생산에의 도전은 많은 자본과 노력 그리고 기술이 필요하므로 문헌, 인터넷을 통한 정보를 확보하며 관련 기관이나 농가에서 충분한 교육과 실습을 필한 후에 하는 것이 좋다.

5) 미세번식 실제

진달래의 미세번식 4단계를 통한 묘생산을 보면 〈그림 3-49〉와 같은데 단계별 배양법을 설명한다.

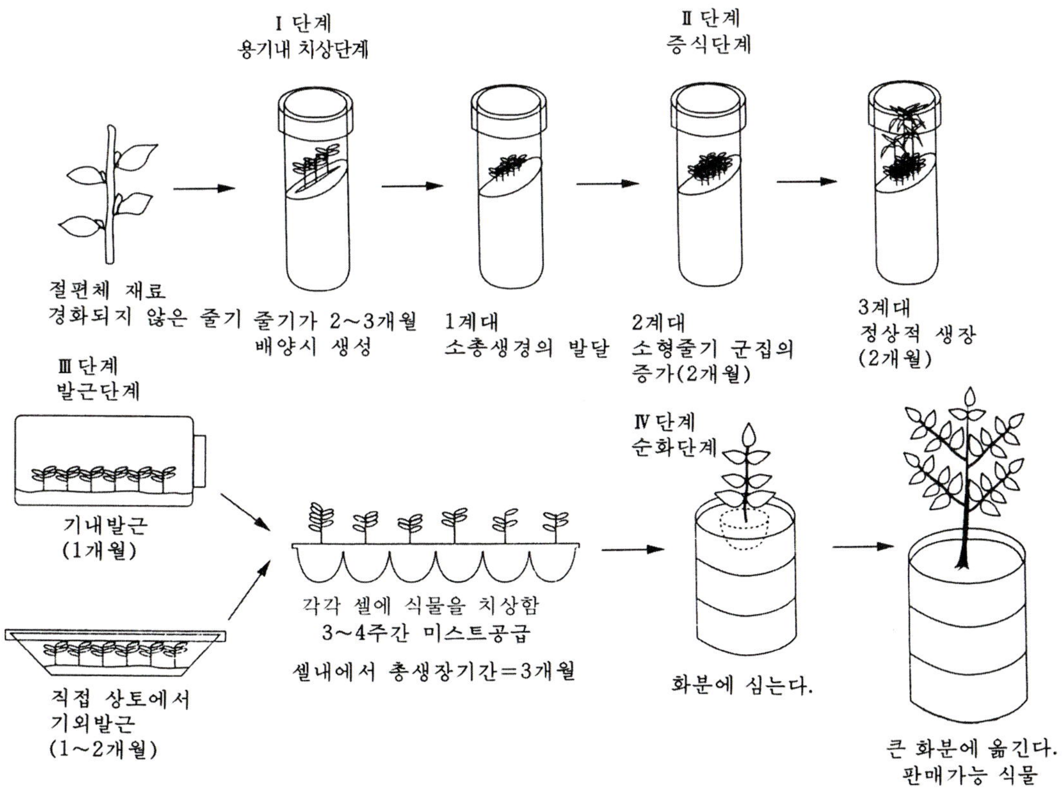

그림 3-49 진달래 미세번식 4단계(Hartmann 등, 2014)

I 치상 단계는 생장점을 포함한 새줄기를 5cm로 잘라서 10~20% 차아염소산나트륨에 처리하고 물로 씻는다. 다시 70% 알콜에 10초간 담궜다가 씻고, 10% 차아염소산나트륨에 20분간 담궜다 3회 수세한다. 생장점을 포함해서 2~4cm 길이로 절단하여 2iP(5.0mg/ℓ), IAA(1.0mg/ℓ), adenine(80mg/ℓ)을 첨가한 Anderson한천배지에 옆으로 눕힌다. 매 2주마다 신선한 배지로 옮겨주면서 2개월 정도 기른다.

II단계는 증식단계로 줄기를 2iP가 첨가된 Anderson배지에서 2~4개월 기르면서 줄기가 많이 나오게 한다.

III단계는 발근을 시키는데 2~7mg IBA가 첨가된 1/2 MS배지에 줄기를 하나씩 분리하여 기내발근 시키거나, 피트:펄라이트 1:1 배지에 IBA를 첨가시키고 기외배양을 1~2개월 시킨다.

IV단계는 순화를 시키는데 각각 식물을 무균배양토가 담긴 플러그 트레이에 옮겨심고 미스트로 공중습도를 조절해준다. 3~4주간 기른 후에 큰 포트에 옮겨서 3개월간 순화를 시킨다. 완전히 자란 묘는 판매가 가능하다.

모든 원예식물은 4단계를 거쳐서 증식되는데 원예작물의 배양법은 백 등(2001)의 문헌을 참고하기 바란다.

참고문헌

1. 김수석, 박현태, 2013, 종자산업의 도약을 위한 발전전략, 한국농촌경제연구원
2. 김용철, 박권우, 한원지. 11: 29-33
3. 김의대. 2017. 양파연구소 25년사. 경남기술원 양파연구소
4. 김정호 등. 2014, 종자관련 통계조사, (사)환경농업연구원
5. 남은영 등. 2015. 기후 적응성이 뛰어난 복숭아 대목 'PR-1'. 원과지. 33 II. 182
6. 농림축산식품부. 2009, 신성장동력 산업으로서 2020 종자산업 육성대책
7. 농림축산식품부. 2016. 과수 무병묘 생산·유통 활성화 방안
8. 농림축산식품부. 2017. 2016 화훼재배현황
9. 농촌진흥청. 1993. 국제 종자검사규정.
10. 농촌진흥청. 2019. 농사로.www.nongsaro.go.kr
11. 문영현. 2015. 마삭줄의 삽목발근에 미치는 삽수의 조건과 발근촉진제의 영향. 고대 석사논문.
12. 박권우. 2018. 서양채소론. 월드 사이언스
13. 박권우, 김영식. 2017. 수경재배의 이론과 실제. 월드 사이언스
14. 박권우, 이창후. 1999. 최신 원예번식학. 선진문화사
15. 박기환, 박현태, 한혜성. 2011. 육묘산업실태와 발전 방향. 한국농촌경제연구원
16. 박병호 등. 1980. 원예번식학. 선진문화사
17. 박병호, 박권우. 1985. 신고 원예번식학. 선진문화사
18. 백기엽 등. 2001. 신고 식물조직배양기술. 향문사
19. 서기호, 이정명, 김광호. 1999. 종자 생산의 이론과 실제. 청목문화
20. 오월선. 1994. 약배양을 이용한 배추의 F1 품종육성에 관하여. 고대 석사논문
21. 윤태명. 1995. 사과나무 우량묘목 생산 기술. 안동대학교 출판부
22. 이광식. 2018. 배추과 채소의 채종 이론과 실제. 토담미디어
23. 임지안. 2015. 스피어민트, 페퍼민트, 및 캐트민트의 발근에 미치는 배지 및 루톤의 영향. 고대 석사논문
24. 채종현. 2016. 과수묘목 생산유통의 과제와 개선 방향. 대구경북연구원
25. 한국농업신문. 2019. http://www.newsfarm.co.kr
26. 한국종자협회. 2018. 연보
27. Austin, RB et al. 1969. Ann. Bot. 33:883-895
28. Baskin, CC and Baskin, JM. 1985. Seeds: Ecology, biogeography, and, evolution of dormancy and germination. AP
29. Brinker, M, et al. 2004. Plant Physiol. 135:1526-39.
30. Copeland, LC and McDonald, MB. 1985. Principles of seed science and technology. Burgess

Pub. Co.
31. Davis, TD and Potter, JR. 1985. Hortsci. 20:292-93
32. Desai. BB et al. 1997. Seeds handbook. Lia Pelosi of Marcel Dekker Inc.
33. Dixon, KW. et al. 2009. Acta Hort. 813:155-170
34. doi: https://doi.org/10.1371, 2020
35. Dunn, DE et al. 1996. J. Amer. Soc. Hort. Sci. 121:269-73
36. Finkelstein, R. et al. 2008. Ann. Rev. Plant Biol. 59:387-415
37. Flore, MF et al. 2015. J. Seed Sci. 37 print version ISSN 2317-1545
38. George, RAT. 1985. Vegetable seed production. Longman.
39. Giorno, F. et al. 2013. Plants. 2(3). 489-506
40. Guimord et al. 1998. J. Amer. Hort. Sci. 123:513-517
41. Harrington, JF. 1972. Hilgardia. 30:219-235
42. Hartmann, H. et al. 2014. Hartmann & Kester's plant propagation. Principles and practices. Pearson
43. Hawthorn, LR et al. 1960. Utah Agric. Exp. Sta. Bull. 422
44. Hussain G et al. 2014. Afr. J. Biotechnol. 13: 2474-2483
45. 今西英雄 等. 1997. 園藝種苗生產學. 朝倉書店
46. ISTA, 2015. Inter. Rules for Seed Testing. Bassersdorf, Switzerland
47. Jarvis, BC. 1986. Endogenous control of adventitious rooting in non-woody species. In M. B. Jackson, ed. New root formation in plants and cuttings. Dordrecht: Martinus Nijhoff Pub.
48. Justice, OL and Bass LN. 1978. Principles and practices of seed storage, Agri. Handbook, No 506
49. Koning, RE. 1994. http://plantphys.info/plant_physiology/cytokinin.shtml.
50. Pavia, EP et al. 2017. Revista Ciência Agronômica, 48(1):118-124
51. Mordor intelligence. 2019. GLOBAL SEED MARKET - GROWTH, TRENDS, AND FORECAST (2019-2024). info@mordorintelligence.com
52. Moser, E. 1984. Verfahrenstechnik Intensivkulture. Verlag Paul Parey
53. Motoki, K. et al. 2019. Frontiers in Pl. Sci. 9. Jan.
54. Murashige T and Skoog F. 1962. Physiol. Plant. 15:473-497
55. Anderson WC: 1984. J. Amer. Soc. Hort. Sci. 109:343-347
56. Nitsch, C and Nitsch, JP. 1967. Planta 72, 355-370
57. Ream TS, et al. 2012. Cold Spring Harb. Symp. Quant Biol 77: 105-115
58. Mancinelli, AL. et al. 1966. Botanical Gazette. 127, 1-5
59. Mert, C. 2009. J. Biol. Environ. Sci. 3(8), 37-43
60. Nikolaeva, MG. 1977. in The physiology and biochemistry of seed dormancy and germination. North-Holland Pub. Co. pp 51-74
61. Rizarraga, A. et al. 2017. Amer. Pl. Sci. 8(10): 2474-2482

62. Rylsky, I. 1973. J. Amer. Soc. Hort.Sci. 98: 149−152
63. Schmid, J. 2015. www.viticulturasustentavel.com/pdfs/Prof_Joachim_Schmid.pdf.
64. Smith, BM and Jackson, JC. 1976. Hort. Res. 16:53−55
65. Smith RD et L. eds. Royal Botanic Gardens Kew, 307−325
66. Terry J, et. al. 2003. Processing and maintenance of the Millennium Seed Bank collections. In: Seed Conservation. Turning Science into Practice.
67. Tissaouri, T. et al. 1975. Planta 111:315−322
68. Van de Pol, PA. 1988. Acta Hort. 226:519−524
69. Van Overbeek, J. 1966. Plant hormones and regulators. Science 152:721−731
70. Wareing, PF and Phillips, LDJ. 1981. Growth and differentiation in plants. Pergamon
71. Wilson, PJ. 1994. J. Hort. Sci. 69:999−1007/
72. Wood, DP. 2016. Pl. Physiol. 170:2124−2135.

찾아보기

ㅅ

ㅎ

영문

기타

원 예 번 식 학

2019년 8월 30일 초판1쇄 발행
2022년 8월 20일 2쇄 발행

값 32,000원

대표저자 **박 권 우**

발 행 자 **양 희 돌**

경기도 고양시 일산서구 하이파크3로 17

發行處 **先 進 文 化 社**

〈등록 제410-2005-000040호〉

ISBN 978-89-7392-273-4 93520

☏ (031)925-8237 FAX 925-8239